LES CIGARES

Dieter H. Wirtz

LES CIGARES

Dieter H. Wirtz

L'imprévu

72, rue Marguerite de Rochechouart
75009 Paris

Tableaux : Cigar Calendarium 2005. Reproduction avec l'autorisation amicale
de la maison d'édition Verlag Elke Wirtz, Mönchengladbach

ISBN : 979-10-295-1060-1
Imprimé en Chine

Dépôt légal : 1er semestre 2024

Sommaire

Introduction 6

Tout sur le cigare 9

De la semence au cigare 10

Histoire et histoires 20

Contenu et emballages 24

Dégustation, achats, soins 36

Régions de culture 48

Sortes, types, formats 74

Lexique des formats 95

Tableaux récapitulatifs 134

Marques et fabricants 143

Tableaux récapitulatifs 292

Introduction

Il s'est passé tant de choses dans l'univers du cigare ces dernières années. La palette des marques et des séries s'est tellement élargie, que même l'expert, qui conseille les clients dans son magasin, aura parfois peine à s'y retrouver. Une nouvelle série de cigares est créée presque chaque jour, mais presque chaque jour aussi, une marque que l'on connaissait, ou un certain module, disparaît de la circulation ; des cigares sont retirés de l'assortiment ou ne sont plus fabriqués. Cela ne veut pas dire qu'ils étaient de mauvaise qualité ou pas assez demandés. Mais les raisons peuvent en être par exemple que certains tabacs sont devenus rares et ne sont plus disponibles.

Il s'agit donc d'un marché instable, qui peut présenter demain des variations auxquelles on ne s'attendrait pas aujourd'hui. À la différence, par exemple d'une revue, un livre tel que celui-ci en subit forcément les conséquences. « Oser présenter des lacunes » dans ce lexique des cigares découle par conséquent d'une démarche pratiquement dictée par la nécessité. On n'y trouve ainsi que très peu de cigares à classer dans le bas de la gamme des prix et un seul qui ne soit pas composé à 100 % de tabac pur, mais contienne aussi du tabac reconstitué.

Puisque ce livre a « seulement » pour vocation d'être un lexique, et non une encyclopédie, il a paru opportun de se concentrer surtout sur les marques de cigares situées dans le haut de la gamme des prix, de même que sur celles de cigares titrés Premium, toutes des marques auréolées d'un certain prestige. Et puis, il y a encore les très grands noms, devenus légendaires parce qu'ils exercent une véritable fascination.

Toutes les marques de havanes sont naturellement présentées, même celles qui sont désormais difficiles à obtenir. Cela s'imposait d'abord par respect pour la « patrie du cigare », l'île de Cuba, mais aussi parce que ces marques racontent une page de l'histoire de la culture du tabac et du cigare.

D'ailleurs, l'histoire du cigare occupe une place d'une certaine importance dans ce livre. On peut en effet véritablement classer le cigare parmi les « objets » dotés d'une signification historico-culturelle. Bien des siècles avant la découverte de l'Amérique, le cigare était un instrument de culte et faisait partie des rites accompagnant certaines cérémonies religieuses de la civilisation précolombienne. Chez les Indiens d'Amérique du Nord, la cérémonie du calumet de la paix avait une signification considérable. Au terme de diverses délibérations, fumer ensemble la longue pipe bourrée de tabac équivalait à une « signature » des accords ou contrats passés. En accord avec les circonstances, ce rituel était célébré dans la gravité, et la dégustation du tabac ne jouait qu'un rôle secondaire.

Aujourd'hui, le tabac et le cigare n'ont plus d'autres fonctions que de satisfaire des envies. Pourtant, quiconque s'allume par exemple un cigare le soir, après une longue journée de travail, se réjouit certes du plaisir qui l'attend, mais sait aussi qu'il devra accorder quelque attention à son cigare. Un cigare ne se fume pas « par pur réflexe » comme une cigarette. Et c'est ce qui fait la différence entre les deux: alors que la cigarette peut facilement conduire à la dépendance, fumer un ou deux cigares par jour n'a rien à voir avec une nécessité, mais est synonyme de plaisir et de dégustation. Finalement, la boucle se referme ici : fumer le cigare demeure une célébration empreinte de rituels.

La première partie de cet ouvrage présente des informations sur la production, les marques et la consommation de cigares, qui facilitent l'entrée dans l'univers du cigare et expliquent le bon usage de ce produit de luxe. Dans la deuxième et la troisième partie, formats, marques et entreprises sont présentés par ordre alphabétique.

À propos de la dernière partie : la liste de 400 marques et séries lui est adjointe sous forme de tableaux, ceux-ci donnant des renseignements sur l'origine des différentes marques ou séries, la composition de chaque tabac et l'intensité de l'assortiment particulier de cigares. Ainsi, beaucoup de marques qui n'avaient pas été abordées dans le texte sont citées, et cette lacune se trouve un peu comblée.

Enfin, il ne me reste plus qu'à souhaiter à tous les lecteurs de cet ouvrage un grand plaisir de lecture, mais surtout un bénéfice personnel dans l'usage et la consommation de « l'or brun ».

Tout sur le cigare

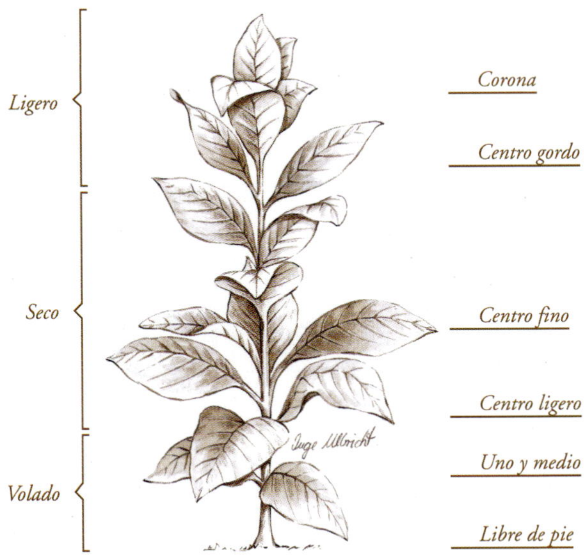

De la semence au cigare

Le parcours depuis l'ensemencement des graines de tabac jusqu'à la manufacture est pratiquement identique dans la plupart des pays producteurs de cigares. On peut ainsi prendre un seul pays en exemple pour expliquer les nombreuses étapes qui sont requises lors du procédé complexe de la fabrication des cigares. Cuba, que nous avons choisi ici, nous paraît de circonstance puisque l'État antillais est la « mère patrie des cigares ».

Un havane a parcouru un long chemin avant de se retrouver dans une boîte. Il a d'abord été une plante, livrée au vent et au soleil, et soignée dans les champs par de nombreux *vegueros*. Après la récolte, les feuilles de tabac ont séché dans des hangars, puis ont subi plusieurs fermentations et manipulations, et ont été finalement roulées ensemble par le *torcedor*. Elles sont passées entre de très nombreuses mains avant d'être jugées dignes de devenir cigares et de prendre enfin leur place dans une boîte de havanes.

La toute première étape consiste à préparer le sol pour les plants. Les *vegueros* effectuent les travaux de labour avec des charrues auxquelles ils attellent un ou deux bœufs. Seules des bêtes de trait sont utilisées car la terre doit être travaillée avec toutes les précautions possibles. Un tracteur endommagerait trop les diverses couches du sol. Les travaux de labour s'effectuent en juillet et en août. Les

Préparation du sol de façon traditionnelle

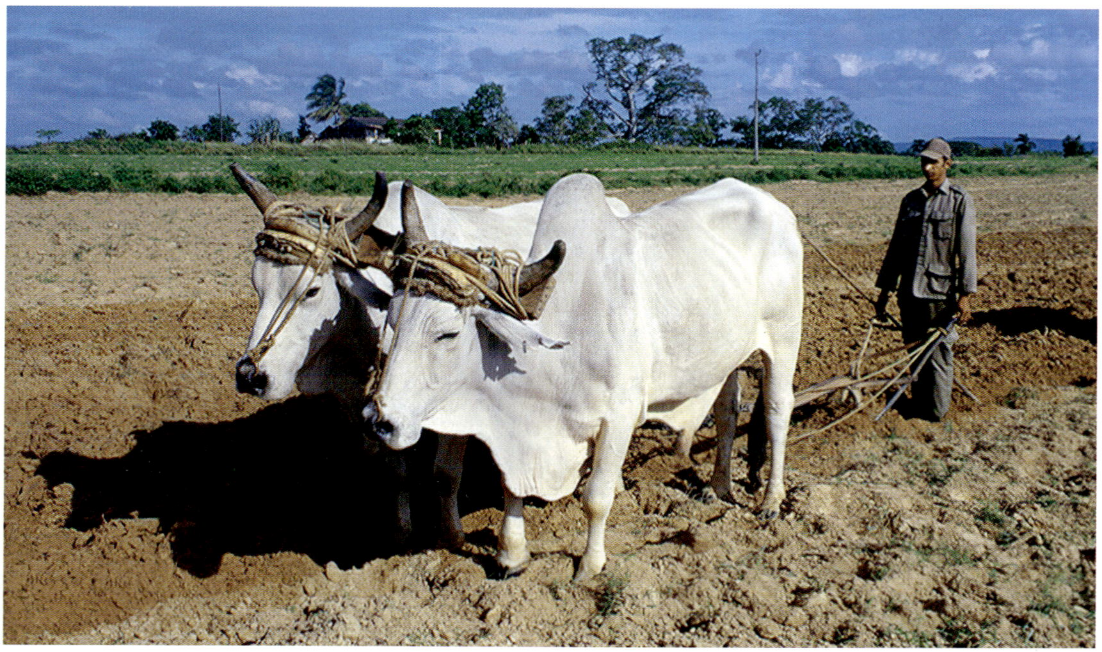

plants de tabac, aux racines très délicates, nécessitent une terre bien meuble pour croître. Les *vegueros* doivent donc labourer les champs plusieurs fois et les plantes sauvages déterrées servent alors de fertilisant naturel au sol.

Le sol doit impérativement avoir une teneur en substances nutritives équilibrée pour produire des feuilles de tabac de bonne qualité – et par conséquent de bons cigares. Le chlore, le potassium, le calcium, le magnésium, le phosphore et l'azote sont les substances nutritives les plus importantes dans la culture du tabac. Mais si le sol renferme trop de calcium par exemple, les feuilles poussent mal : elles présentent une couleur terne, sont cassantes et ont l'air flétries. Si de telles feuilles arrivaient au stade de la fabrication, elles donneraient des cigares au tirage très insatisfaisant !

Les *vegueros* s'astreignent à apporter des soins intensifs et à opérer des contrôles réguliers. Il s'agit tout d'abord de débarrasser les plants des germes et rejetons qu'ils ne cessent de produire et qui nuisent à leur croissance. Il faut également faire la chasse aux mauvaises herbes et aux parasites éventuels. La lutte contre les insectes nuisibles et autres parasites est capitale, car leur propagation entraîne des dommages énormes dans les champs de tabac, ce qui se répercute automatiquement sur les récoltes et la production de cigares. L'année 1980 a été funeste pour Cuba puisque le mildiou du tabac a ravagé presque toutes ses plantations. Seule une infime partie des récoltes a pu être sauvée, et l'industrie du cigare cubaine a mis des années à se redresser.

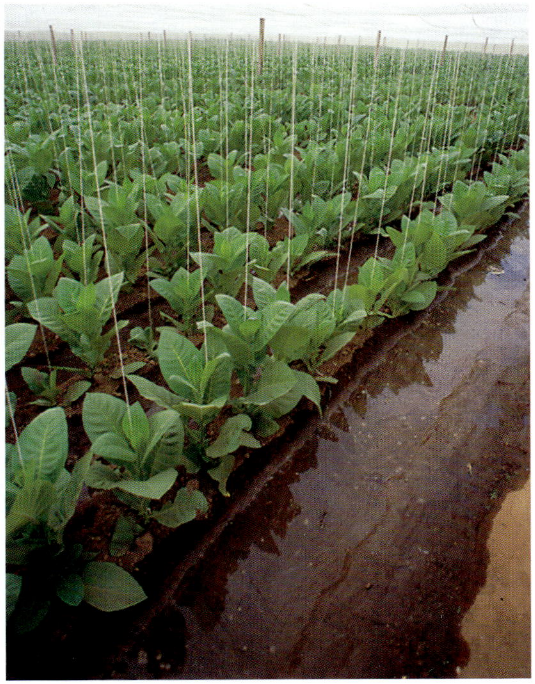

Plants de tabac, soigneusement alignés et ombragés

Un de ces parasites porte le nom bien innocent de « insecte du tabac ». Le *lasioderma*, selon sa dénomination latine, est très justement désigné par l'expression *perforador del tobaco* (« le perforateur de tabac ») en espagnol. En effet, le *lasioderma*, cette horrible bestiole, crible littéralement de trous chaque feuille de tabac qu'il envahit. Il y pond d'abord un œuf, qui devient larve et qui, au bout d'une vingtaine de jours, se développe en un ver. Ce ver a pour unique objectif de se nourrir de la feuille, où sa faim laisse de minuscules trous et galeries, jusqu'à ce qu'il ait atteint une taille suffisante pour se transformer en un insecte et s'envoler. Cela est certes fascinant, mais laisse hélas une feuille de tabac qui ne mérite plus de porter ce nom.

La moisissure bleue est également redoutée dans la culture du tabac. À Cuba, un hybride, le Havana 2000, a été spécialement développé avec pour objectif de rendre cette plante résistante. En ce qui concerne la qualité du tabac, les *tabaqueros* ont réalisé dans les différents pays des expériences très variées avec la plante.

Ce n'est pas seulement dans le cadre de la « résistance » que la culture de nouvelles variétés de plants de tabac se révèle être un domaine intéressant. La plupart du temps, il s'agit pour le *tabaquero* d'enrichir la famille du tabac quant au développement de l'arôme et/ou de l'intensité. Que ce soit en République dominicaine, en Équateur, au Honduras, au Mexique, au Nicaragua ou ailleurs, une proportion vient souvent de Cuba, parfois aussi du Connecticut. Cela ne doit pas pour autant déboucher sur un tabac presque identique au tabac cubain dont la semence a été employée. Le résultat est au contraire souvent un tabac plus fort que celui qui a joué le second rôle dans la naissance du nouvel hybride.

Revenons à la culture des plants de tabac. Dès que ces derniers ont atteint leur hauteur maximale, les *vegueros* coupent leurs fleurs afin que la sève n'alimente que les feuilles, offrant ainsi une dernière « poussée » d'énergie qui leur permet d'arriver à pleine maturité. Ce processus vaut pour tous les tabacs mais remontons ici un peu dans le temps pour aborder deux « programmes de soins » donnés aux feuilles.

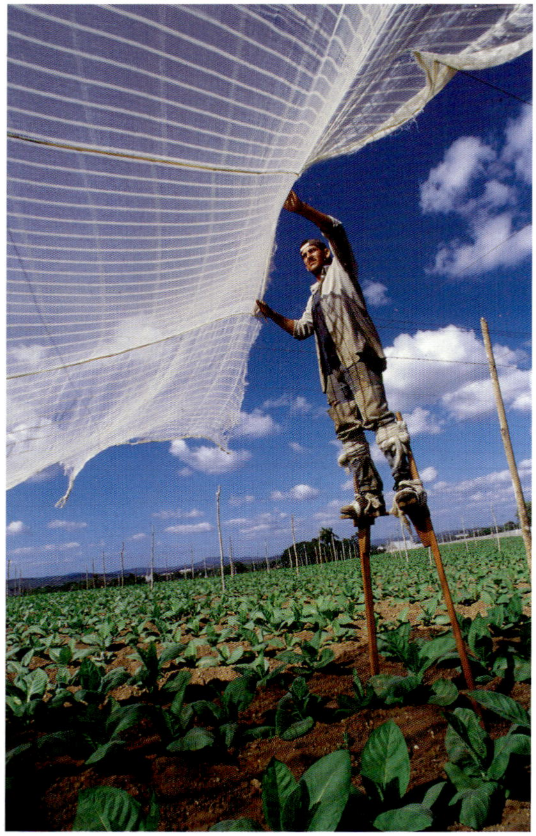

Sur des échasses, il est plus facile de tendre les lés de mousseline qui protégeront les plants de tabacs des rayons puissants du soleil

Parlons d'abord de la plante *corojo*, qui fournit les capes des cigares. Pour que les feuilles extérieures des modules aient un aspect lisse, régulier et soyeux, il est vital de ne pas les laisser exposées aux rayons directs du soleil. Aussi, peu après le repiquage des plants, les *vegueros* tendent de vastes lés de mousseline au-dessus des champs de tabac pour les protéger du soleil. En revanche, d'autres tabacs, telle la plante *criollo*, doivent être exposés au soleil. C'est ainsi que les *vegueros* obtiennent un large éventail de saveurs.

Les diverses saveurs des feuilles sont essentielles pour obtenir les mélanges de tabacs utilisés dans la fabrication des différentes marques de havanes. Il existe bien d'autres variétés de tabacs que les deux plantes précédemment citées, mais celles-ci seront prises comme exemples pour expliquer plus facilement les processus. La récolte commence environ 50 jours après le repiquage. Chaque feuille est cueillie à la main.

Un plant *corojo* porte huit à neuf paires de feuilles, qui ne mûrissent pas toutes en même temps. Aussi ces feuilles sont-elles cueillies au fur et à mesure qu'elles ont atteint la maturité nécessaire. Les intervalles entre le mûrissement de chaque feuille pouvant durer six à sept jours, il faut compter environ 40 jours avant de terminer la récolte d'un plant *corojo.* Les *vegueros* distinguent les feuilles suivantes (depuis le pied jusqu'au sommet de la plante) : *libre de pie, uno y medio, centro ligero, centro fino, centro gordo, corona.*

En revanche, la plante *criollo* ne porte que six à sept paires de feuilles dénommées *ligero, seco, volado* et *capote.* Les feuilles qui poussent au pied du plant ont moins de goût puisqu'elles se trouvent plus à l'ombre, tandis que les feuilles supérieures, largement exposées au soleil, exhalent un arôme capiteux. Après la récolte, les feuilles *corojo* et *criollo* sont apportées dans les *casas del tobaco,* les « maisons du tabac », où elles sécheront à l'air libre. Cette phase de séchage est un processus très délicat car les feuilles exigent un contrôle permanent. Celles-ci sont attachées par bouquets à de longues perches en bois *(cujes)* que l'on déplace peu à peu. D'abord près du sol, les perches sont suspendues de plus en plus haut, pour que toutes les feuilles bénéficient d'une température et d'une humidité identiques.

La phase de séchage dure environ 50 jours. Au cours de cette période, les feuilles deviennent d'abord jaunes, puis, en raison d'un phénomène d'oxydation naturelle, prennent cette belle couleur brun doré propre aux havanes. La première fermentation peut alors commencer.

On rassemble d'abord les feuilles en paquets, appelés *gavillas,* avant de les transporter dans les salles de fermentation. Là, les paquets sont empilés pour former des tas de plus de 60 cm de hauteur, les *pilones.*

La première phase de fermentation dure jusqu'à 30 jours. Les balles de feuilles sont constamment contrôlées. Si la température d'une balle dépasse 35° Celsius, on la défait pour rafraîchir les feuilles, puis on la forme de nouveau. Cette phase est nécessaire afin de réduire la teneur en résine des feuilles,

Après la récolte, on emporte le tabac vers les hangars de séchage

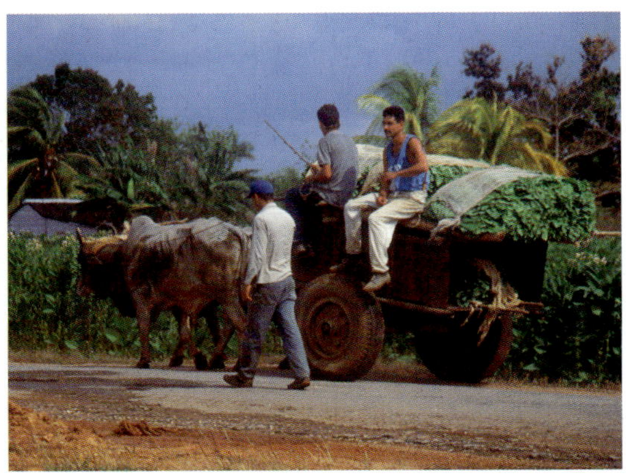

qui deviennent ainsi plus souples et donc plus faciles à manier. Par ailleurs, les feuilles prennent une couleur plus uniforme durant ce processus.

Avant de commencer la seconde fermentation, on humidifie les feuilles afin de prévenir leur décoloration. Les feuilles *corojo*, destinées aux capes, sont soumises à un premier triage et réservées, tandis que les feuilles *criollo*, qui constituent la tripe et les sous-capes, sont écotées. Finalement, toutes les feuilles sont triées selon leur variété, leur dimension, leur couleur et leur qualité.

Les feuilles sont de nouveau empilées en balles, cette fois de plus grandes dimensions *(burros)*, pour la seconde fermentation. La taille des balles et

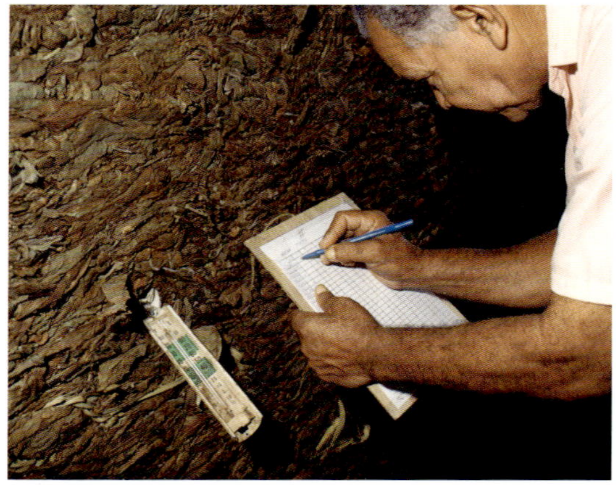

Le tabac est soumis à des contrôles de température constants durant la fermentation

Un hangar de séchage : les feuilles prennent une teinte d'autant plus foncée qu'elles sont suspendues plus haut

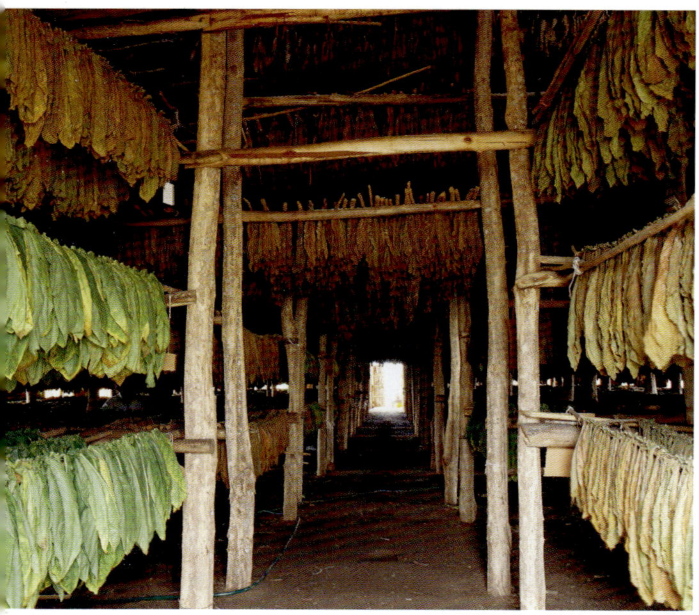

l'humidité que renferment encore les feuilles entraînent un processus de fermentation plus intense, au cours duquel le tabac subit une modification chimique. C'est alors qu'il développe tous ses arômes et est débarrassé de toutes les substances résiduelles. La température ne doit pas dépasser 42° Celsius durant cette phase.

Un temps de repos succède à la seconde fermentation. Les feuilles sont étendues sur des supports aérés, où elles éliminent ce qui leur reste d'humidité excédentaire. La phase de repos achevée, les feuilles sont rassemblées en balles appelées *tercios*. Selon la tradition, les *tercios* sont enveloppés dans un emballage léger, fabriqué à partir de l'écorce du palmier royal yagua.

Les *tercios* restent stockés dans les entrepôts jusqu'à ce qu'ils soient requis par les fabriques de cigares. Il n'est pas rare que l'entreposage s'étende sur plusieurs mois et parfois même sur plusieurs années. Cela ne nuit nullement à la qualité du tabac, au contraire : l'expérience a montré que, comme les vins, les feuilles se bonifient avec le temps ; leurs arômes s'intensifient.

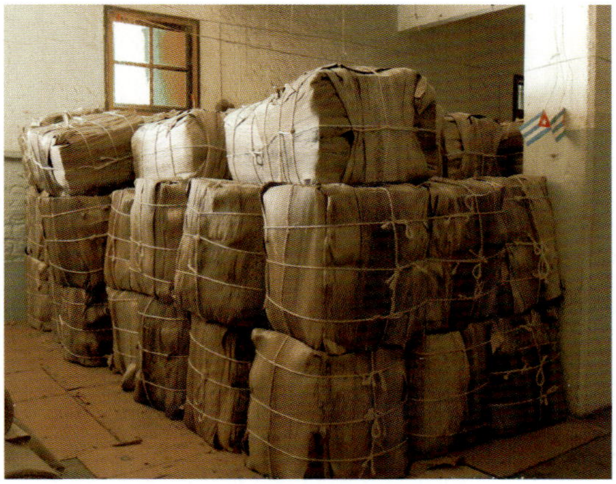

Les balles de tabac, appelées tercios, *reposent des mois ou même des années avant d'être manufacturées*

À la fabrique de cigares, les feuilles contenues dans les *tercios* sont traitées différemment selon leurs variétés. Les feuilles très délicates qui serviront de capes aux cigares font l'objet de soins tout particuliers, qui leur permettront de retrouver leur élasticité et leur brillance soyeuse. Elles sont ainsi soumises à un procédé spécial d'humidification qui ne s'effectue que très tôt le matin, quand il fait encore frais. Au bout de quelques heures, les feuilles sont alors secouées pour perdre l'excès d'eau. Elles resteront ensuite suspendues une nuit afin que l'humidité restante se répartisse uniformément sur leur surface.

Le matin suivant commence le travail des *despilladoras* – c'est ainsi que sont appelées les ouvrières qui enlèvent la nervure centrale des capes, en coupant chaque feuille en deux. Les *rezagadoras* prennent ensuite le relais. Leur tâche consiste à trier les feuilles en fonction de leur couleur, de leur taille et de leur structure. Les capes sont désormais prêtes à être utilisées. Les quatre autres variétés de feuilles subissent un traitement différent. Au contraire des capes, elles n'ont pas besoin d'être humidifiées. En revanche, leur temps de stockage est d'importance vitale. Tandis que les *capotes* et les *volados* nécessitent environ une année de maturation, les *secos* sont entreposés un peu plus longtemps, et les *ligeros* ont besoin d'au moins deux ans pour arriver à maturité et développer tout leur arôme.

La responsabilité du stockage des feuilles revient à un « maître-mélangeur ». Cette fonction est assurée par des *tabacaleros* expérimentés, qui déterminent à quel moment chaque feuille de chaque variété peut être enfin « acceptée » dans la salle des mélanges.

Si le savoir-faire du « maître-mélangeur » est indispensable pour pouvoir surveiller efficacement le processus de maturation, la discrétion se révèle être une qualité tout aussi capitale quand il s'agit des mélanges de feuilles. En effet, les contenus des diverses marques de havanes font l'objet d'un secret absolu.

Toutefois, on sait que si la tripe contient davantage de feuilles *seco* et *volado* que de *ligero*, le cigare aura un goût suave, alors qu'une plus grande quantité de feuilles *ligero* donnera une saveur plus puissante. Les mélanges, chacun étant destiné à fabriquer 50 cigares, sont ensuite remis aux *torcedores*, les rouleurs de cigares.

Les *torcedores* travaillent assis à des tables. Leurs outils de travail sont un couteau à lame acérée appelé *chaveta*, une guillotine, un pot de colle végétale et la *tabla*, une planche en bois rectangulaire sur laquelle ils forment les cigares. Le *torcedor* roule d'abord les feuilles de remplissage *(tripa)* dans la sous-cape *(capote)*, constituant ainsi la poupée *(bonche)*. Il coupe ensuite à la taille désirée la feuille destinée à la cape à l'aide de la *chaveta*, puis l'enroule délicatement autour de la poupée. Il prend alors un petit morceau de feuille pour cape et forme la tête du cigare. Finalement, il en coupe l'autre extrémité (le pied) à la guillotine pour lui donner la longueur voulue.

Mais, avant qu'un cigare ne rejoigne la boîte qui lui est destinée, il doit encore passer par plusieurs étapes, qui sont notamment destinées au contrôle et à la (future) présentation.

C'est ainsi qu'une partie seulement des paquets de cigares fabriqués par le *torcedor* prend enfin le chemin de la table du *tasador*, le goûteur. Ce dernier prélève au hasard un cigare dans chaque paquet afin d'en vérifier la qualité – ce qu'il ne peut évidemment faire qu'en le fumant. Les paquets de cigares sont ensuite dirigés vers le *controllador*. Le contrôleur examine à l'œil nu la forme, la longueur, le diamètre et le poids de chaque cigare. Si le goûteur, ou *controllador*, constate que certains cigares ne remplissent pas la totalité des critères de qualité exigés, il les retire des paquets.

Une fois les derniers tests de contrôle passés, une période de repos attend les cigares. Cette étape les emmène dans une salle climatisée aux murs couverts de hautes étagères en cèdre. Ils y seront entreposés, de trois semaines au minimum jusqu'à plusieurs mois, dans des conditions climatiques idéales : une température constamment comprise entre 16 et 18° Celsius, avec 65 à 70 % d'humidité de l'air. Ce temps de stockage remplit en outre une fonction importante : au fil des jours, les cigares perdent l'excès d'humidité qu'ils ont absorbé durant leur fabrication.

Il reste ensuite à trier les cigares selon leurs couleurs et à les entourer de bagues avant de les ranger

Poste de travail d'un torcedor

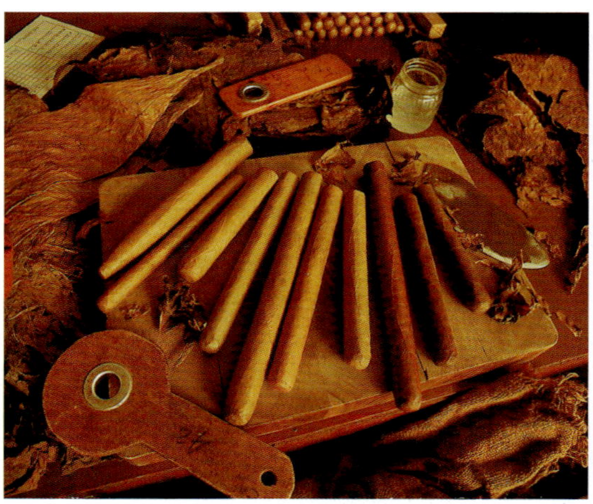

Les torcedores *roulent la tripe dans la cape*

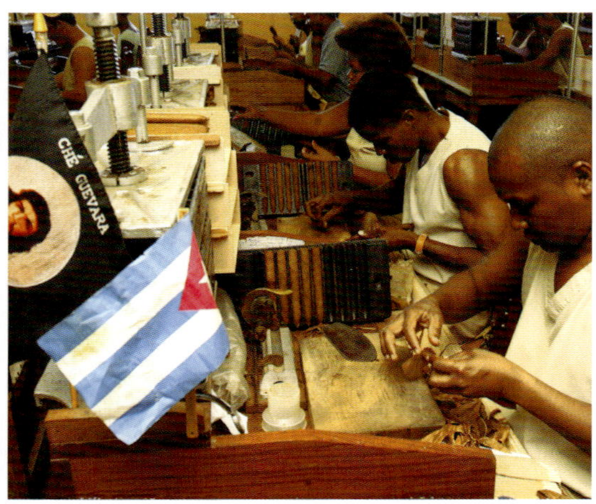

dans différentes sortes de boîtes. Une fois munies de divers labels de garantie, les boîtes peuvent entreprendre leur voyage vers des pays plus ou moins lointains, où elles seront achetées par des *aficionados*, des amateurs de cigares. Si la personne est un vrai connaisseur, elle ne se contentera pas de fumer son havane négligemment, mais l'allumera avec tout le respect qui lui est dû – en sachant peut-être qu'il a fallu quelque 170 opérations pour qu'une graine de tabac devienne un cigare.

De nombreuses personnes y ont participé, beaucoup de *tabacaleros* ou *tabaqueros* – terme désignant dans les pays hispanophones tous les ouvriers et employés de l'industrie du tabac. Le travail le plus pénible est certainement celui des *vegueros*, ces cultivateurs de tabac qui, dans les *vegas*, les champs de tabac, sont responsables des semis, de la culture et de l'entretien des plantes ainsi que, finalement, de la récolte des feuilles de tabac.

Tous les efforts des hommes et des femmes qui ont cultivé, soigné, cueilli ou encore traité les feuilles de tabac, reposent entre les mains du *torcedor*, également appelé *torquedor*. L'étymologie de ce vocable espagnol indique sa fonction : il est le rouleur de cigare.

Bien qu'il ne s'agisse pas de minimiser l'importance de la tâche des autres *tabacaleros* ou *tabaqueros*, le *torcedor* – de même que le *ligador* – est toutefois le maillon le plus important de la longue chaîne formée par tous ceux qui travaillent dans les champs de tabac, dans les « maisons du tabac » et dans les fabriques de cigares. Que le *torcedor* fournisse un mauvais travail, des cigares mal roulés, et toutes les peines des *tabacaleros* auront été vaines.

Cela explique pourquoi, de tous les *tabacaleros*, le rouleur de cigares reçoit la formation la plus longue. Son apprentissage prend en moyenne un an, avec quelques différences minimes dans la durée

Étape intermédiaire : poupée dans la presse

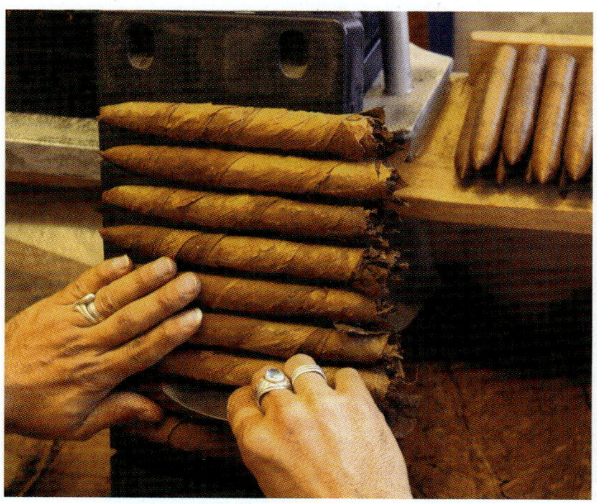

La poupée est enroulée dans la feuille de cape

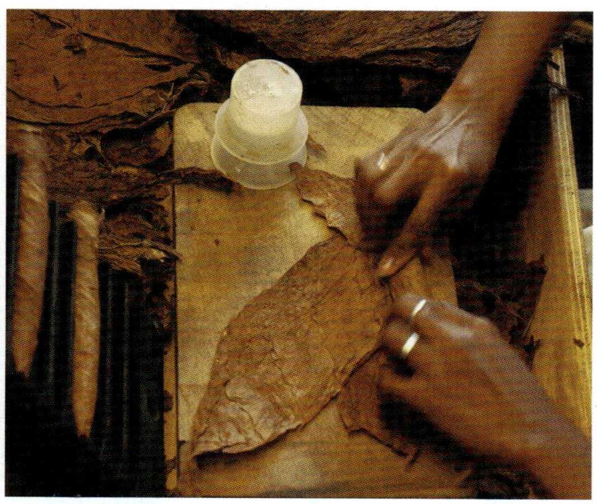

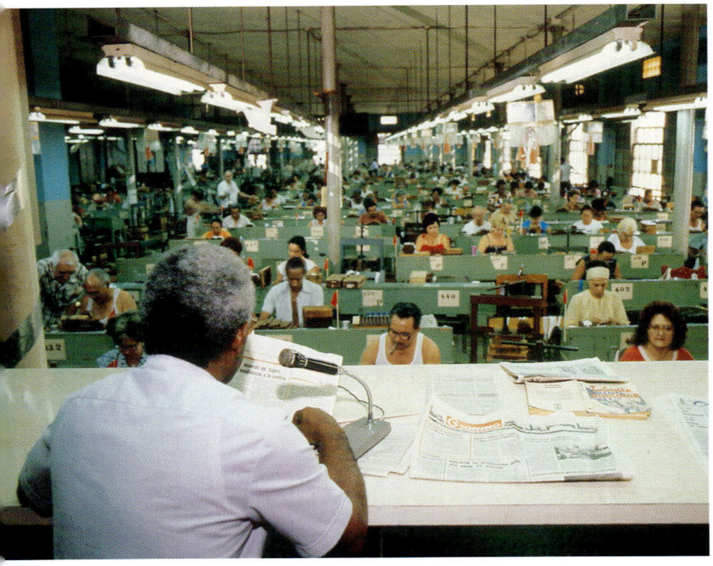

Formation et propagande : la tâche du lecteur

selon les manufactures. Mais c'est seulement après des années d'expérience que le spécialiste devient un *torcedor* accompli, c'est-à-dire qu'il acquiert la faculté de rouler automatiquement et à la perfection les divers formats de cigares.

Beaucoup se demandent combien un *torcedor* chevronné peut rouler de cigares en une journée de travail. Cela dépend bien sûr de la grosseur du cigare, mais bien plus encore du type de cigare réalisé. Un Corona est par exemple plus facile à fabriquer qu'un Pyramide ou un Torpedo. Par ailleurs, produire un nombre élevé de cigares ne sert pas à grand-chose si la qualité en pâtit. Mais, dans l'ensemble, on peut dire qu'un bon *torcedor* fabrique environ 120 à 150 cigares de type Corona par jour.

La salle dans laquelle les *torcedores* travaillent est nommée *galera*. Ce terme remonte au premier tiers du XIXe siècle, lorsque les cigares de Cuba furent de plus en plus demandés en Europe, jusqu'à ce que les havanes connaissent un véritable boom dans les années 1830.

La main d'œuvre se faisait plutôt rare à l'époque, mais les propriétaires des nombreuses fabriques de cigares se refusaient à prendre des esclaves pour accomplir cette tâche. C'est ainsi qu'ils décidèrent d'avoir recours à des bagnards. Et, comme les cachots rappelaient les soutes d'un navire, les salles de travail des *torcedores* furent baptisées *galeras*, évocation de la vie misérable des pauvres ères condamnés à ramer sur les galères.

Si ce triste nom est resté jusqu'à nos jours, le travail dans une *galera* cubaine est bien plus plaisant que jadis, d'autant plus qu'un *lector* y divertit désormais les ouvriers – cette fonction n'existe qu'à Cuba. Comme le vocable l'indique, il s'agit d'une personne dont le rôle est de faire la lecture aux *torcedores* pendant les heures de travail.

C'est ainsi qu'en roulant les cigares, les *torcedores* découvrent les œuvres d'auteurs contemporains sud-américains, mais aussi des classiques de la littérature mondiale. Le lecteur leur rapporte par ailleurs les dernières nouvelles de la *Granma*, le journal du Partido Comunista de Cuba, ce programme culturel étant parfois interrompu par des hits et chansons populaires diffusés à la radio. Il y a quelques décennies, une première fabrique de cigares a voulu remplacer en partie, sinon complètement, son *lector* par des

« Un cigare n'est pas un cigare
si l'on est seul à en profiter. »

John Milleson

programmes radiophoniques culturels et musicaux, bruyamment retransmis par haut-parleurs.

D'autres fabriques ont suivi son exemple. Néanmoins, ce n'est sans doute pas demain que le dernier *lector* cessera de faire la lecture aux *torcedores*. L'institution que représente le *lector* est en effet toujours très vivante.

C'est en 1850 qu'un *lector* est entré pour la première fois dans une *galera*, celle de la fabrique Partagás. Il est monté sur une estrade, s'est assis sur une chaise et a commencé à lire.

Bientôt, chaque fabrique eut son *lector* et, avec le temps, les *torcedores* devinrent « lettrés » en écoutant ainsi de la littérature.

Le fait est que les œuvres d'Honoré de Balzac, de Charles Dickens, d'Alexandre Dumas, père et fils, et plus récemment d'Ernest Hemingway – pour ne citer que quelques noms – ont largement contribué, et contribuent encore, à élever le niveau d'instruction des *torcedores*.

Si Cuba fait aujourd'hui partie des pays ayant les taux d'analphabétisme les plus bas dans le monde, c'est-à-dire des pays où toutes les couches de la société ont accès à l'instruction, la situation était fort différente avant que Fidel Castro ne prenne le pouvoir.

On peut alors comprendre que les *torcedores* jouissaient d'un statut particulier au sein de la classe ouvrière privée d'éducation. Ils étaient considérés comme les « intellectuels du prolétariat », puisqu'ils avaient le privilège d'approcher la littérature grâce à un *lector*.

Torcedora dans une fábrica

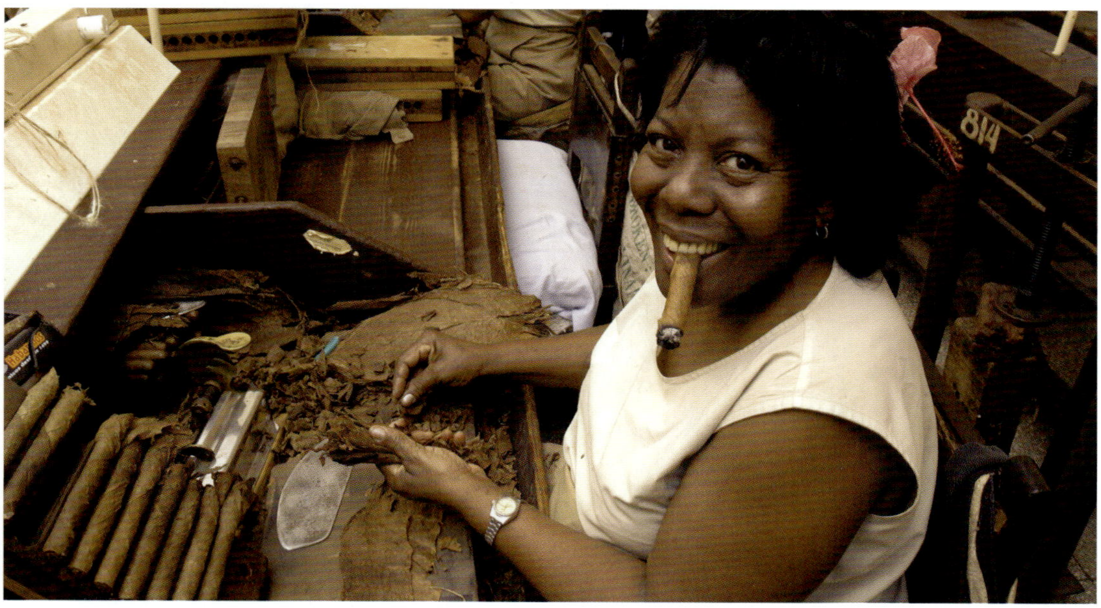

Histoire et histoires

On ne sait pas quand exactement le premier cigare a été formé et fumé. Il est seulement établi que, longtemps avant Christophe Colomb, Mayas et Aztèques connaissaient le *« ciquar »* – mot par lequel les Mayas désignaient ce produit considéré comme un « ancêtre » du cigare connu aujourd'hui. Il est également établi que de fumer le cigare est la manière la plus ancienne d'inhaler la fumée du tabac. Cette consommation du *ciquar* était en premier lieu réservée aux prêtres précolombiens qui, avec la fumée, se mettaient en transes et étaient ainsi plus proches de leurs dieux et entraient en relation avec l'au-delà. Les Mayas expliquaient l'origine du *ciquar* de la façon suivante : « Les dieux ont inventé les cigares pour s'offrir le plaisir tout particulier du goût du tabac. Chaque fois qu'il y a des éclairs et du tonnerre, ce sont les dieux qui font jaillir du feu pour s'allumer un cigare. »

Le *« ciquar »* se transforma progressivement en *« cigar »*, puis en « cigare ». De manière globale – et remontant ainsi très loin –, les Européens traduisirent autrefois le terme par : « Quelque chose de combustible, qui a bon goût et qui sent bon. » Mais, avant de pouvoir en arriver à cette traduction, de nombreux autres événements se produisirent.

C'est dans les années 1298 et 1299 qu'un voyageur et aventurier vénitien, fait prisonnier à Gênes, dicta à l'un de ses codétenus les expériences qu'il avait vécues au cours de ses voyages excitants en Asie Centrale et en Chine du Nord (1271-1275), ainsi que lors de ses missions pour le compte de l'empereur mongol Kubilai (1275-1292). Avec ce compte rendu narratif, Marco Polo éveilla l'intérêt du Vieux Monde pour l'Asie, ce qui conduisit au bout du compte à la découverte de l'Amérique (et du tabac).

Au cours de sa toute première expédition au service de l'Espagne, le 12 octobre 1492, Christophe Colomb, un marin originaire de Gênes, jeta l'ancre devant une île qui faisait partie des Bahamas. Il venait d'accoster devant Guanahaní, qu'il baptisa « San Salvador ». C'est ainsi que, par totale inadvertance, Christophe Colomb découvrit les deux Amériques. Quinze jours plus tard, le 27 octobre, il navigua avec ses bateaux *Santa Maria*, *Pinta* et *Niña* dans les eaux protectrices de la Bahia de Gibara de l'île Colca, nom que les indigènes donnaient à la plus grande des îles locales. Colomb pensait être tombé sur Zipangu, ce Japon enveloppé de légendes qui devait être situé devant l'empire du Grand Khan décrit par Marco Polo. Ce n'était toutefois pas le Japon qu'il avait rencontré mais, comme on l'a dit, Colba, l'actuelle Cuba.

Christophe Colomb décida alors d'envoyer deux de ses hommes à terre et leur demanda d'explorer l'île. Ces deux marins, Rodrigo de Jerez et Luis de Torres, rencontrèrent des indigènes qui fabriquaient d'étranges bâtons en feuilles séchées pour ensuite « mettre le feu » d'un côté et inhaler de l'autre la fumée produite par l'allumage. Rodrigo de Jerez et Luis de Torres furent ainsi les tout premiers Européens qui découvrirent l'acte de fumer du tabac et – même si c'était dans le sens le plus lointain – avec un « cigare ».

La ville de Séville fut le premier endroit en Europe où l'on confectionna des cigares. En 1676, la ville universitaire andalouse devint ainsi le lieu de naissance des cigares, avec la forme et l'aspect que nous leur connaissons encore aujourd'hui. Plus d'un demi-siècle plus tard, l'État espagnol reconnut alors qu'avec les cigares – ainsi qu'avec l'augmentation des impôts sur le tabac –, l'alimentation des caisses de l'État se faisait plus facilement : les « manufactures royales

Une illustration de 1493 des voyages de Christophe Colomb montre des Indiens fumant le cigare.

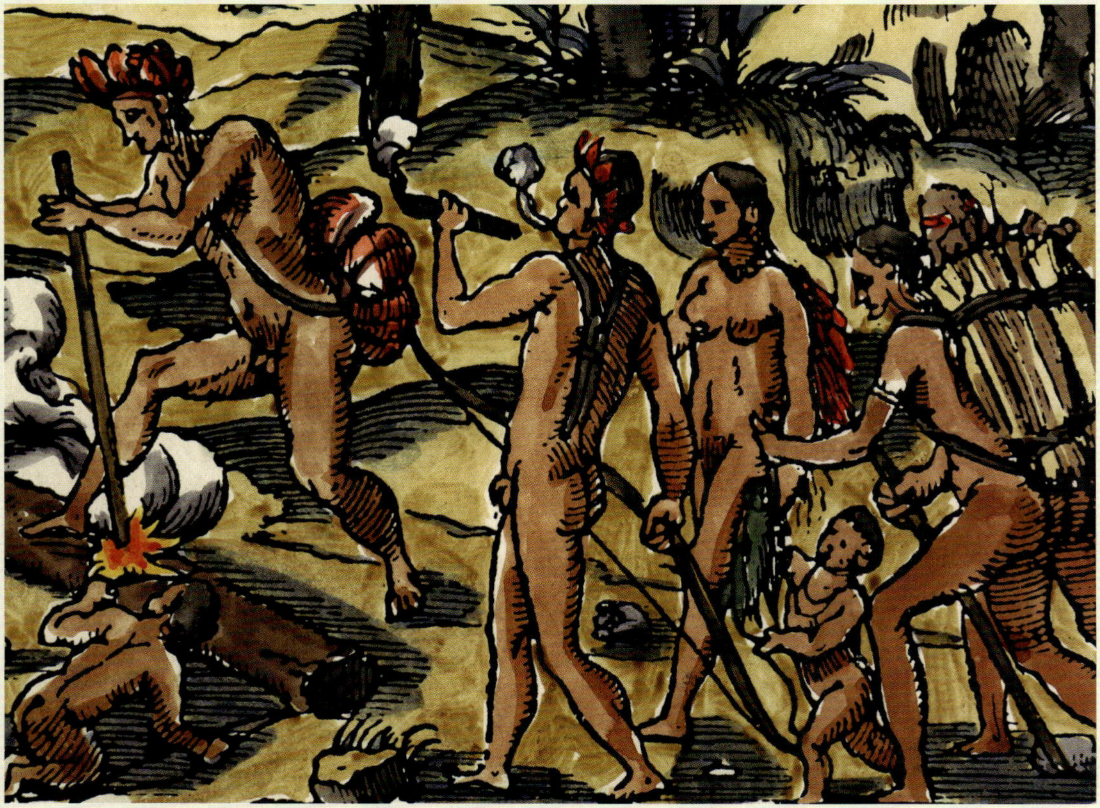

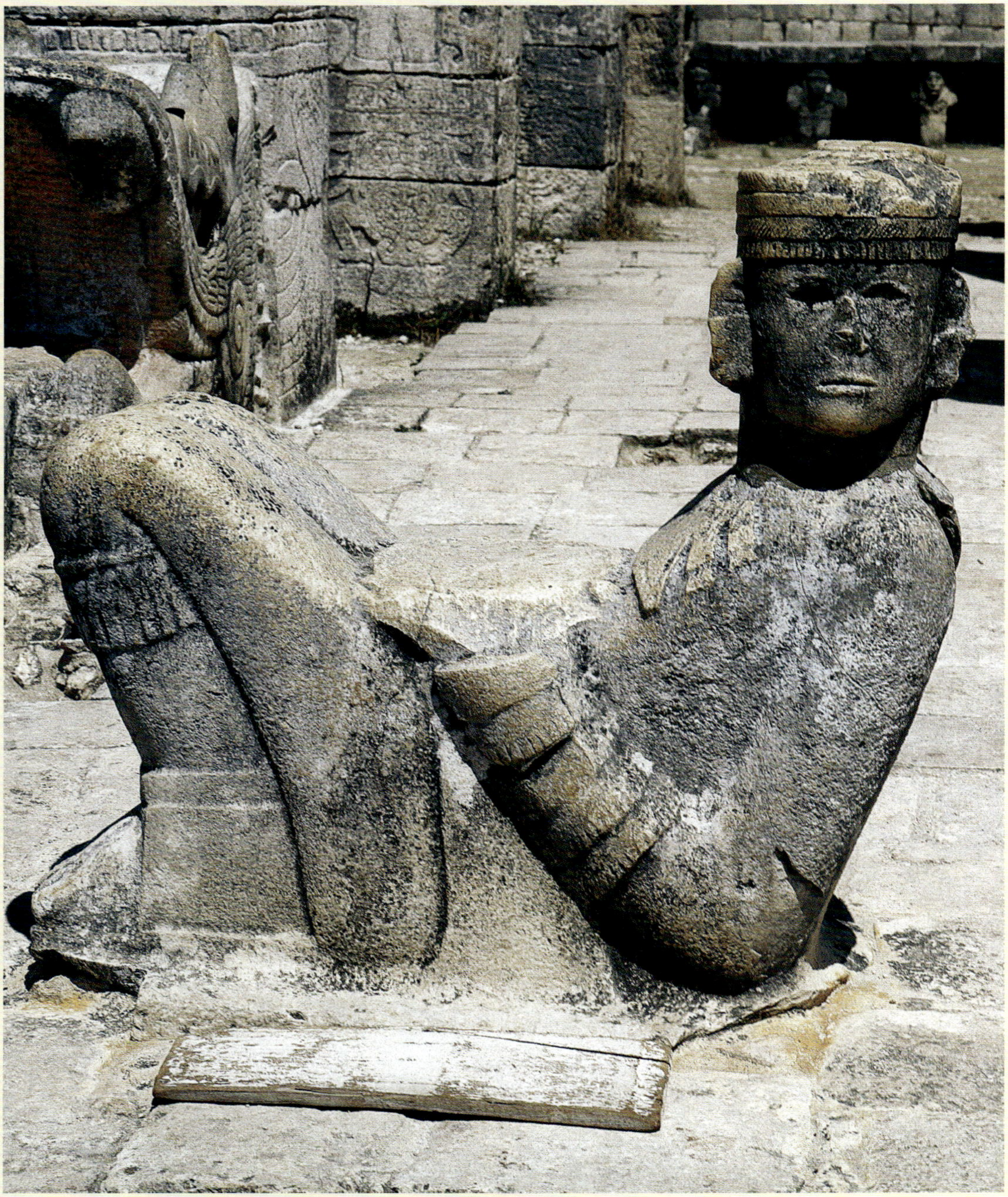

de cigares » virent le jour à Séville en 1731.

Il s'écoula encore un demi-siècle avant que la première fabrique de cigares allemande voie le jour. C'est le commerçant Heinrich Schlottmann qui créa l'entreprise en 1788 à Hambourg. Au préalable, il avait étudié le métier à Séville, qui était à l'époque l'incontestée « métropole des cigares ». Bientôt, les « Schlottmann » furent connus et appréciés par-delà les frontières du pays.

Si l'on peut retracer l'histoire du cigare relativement clairement jusqu'à cette période, la vérité au sujet de toutes les petites histoires qui se sont formées par la suite reste la plupart du temps difficile à établir. C'est d'ailleurs le cas avec l'histoire qui suit. Si elle est avérée, elle s'est produite le 25 octobre de l'année 1881 dans la ville portuaire du sud de l'Espagne, Malaga...

Les fouilles de ruines comme celles-ci, l'ancien centre religieux Chichén Itzá, au Mexique, ont révélé quelque chose d'étonnant sur la culture maya : au cours des rituels, les prêtres précolombiens aspiraient de la fumée de tabac jusqu'à ce qu'ils se retrouvent en transes. C'est alors seulement qu'ils se figuraient proches des dieux.

Un garçon vint au monde dans cette ville espagnole. Cela devait être une naissance comme toutes les autres : le médecin avait accouru auprès de la mère dès l'arrivée des premières douleurs dans l'après-midi. Or, à la nuit tombée, les contractions n'étaient toujours pas assez fortes. Et cela dura ainsi un long moment avant que l'enfant ne vienne au monde. C'était un garçon. Mais le nouveau-né ne bougeait pas, et ne bougea pas non plus quand le médecin lui eut administré quelques légères tapes sur le derrière. Un mort-né ? Le médecin ne pouvait se résoudre à le croire. Il alluma un cigare, tira quelques bouffées vigoureuses, puis garda la fumée de la dernière bouffée dans sa bouche avant de souffler la vapeur bleue sur le visage du bébé. Peu après, un cri plaintif retentit à travers la pièce.

Le cri provenait bien sûr du nouveau-né. L'effet curatif que l'on accordait au tabac depuis son arrivée dans le Vieux Monde avait-il servi ici aussi ? C'était alors certainement un cadeau du ciel, car le garçon allait un jour être fêté comme l'un des plus grands artistes du XXe siècle. Si l'histoire s'est passée ainsi, le garçon doit avoir été baptisé quelques jours après cet événement mémorable sous le nom de Pablo. Il s'agissait de Pablo Picasso qui, le 25 octobre 1881, vit le jour en Espagne, à Málaga.

Est prouvé, en revanche, le rôle particulier que le cigare a joué dans la vie de José Martí (1853-1895). L'écrivain cubain, qui soutint la libération de son île natale de la domination espagnole et refusa avec véhémence une annexion de Cuba par les États-Unis, invita ses compatriotes à lutter contre l'injustice. Afin que les messages secrets qu'il envoyait par des coursiers à ses compagnons de lutte ou qu'il recevait d'eux restent bien dissimulés, José Martí avait imaginé quelque chose de très particulier : il faisait rouler ses messages dans des cigares !

Contenu et emballages

Boîtes de cigares

Les boîtes de cigares se présentent sous toutes sortes de dimensions et de formes : carrées, rectangulaires, pyramidales, certaines ont même de petits tiroirs. Les unes sont laquées, d'autres en bois blanc, et quelques-unes sont aujourd'hui dotées d'un humidificateur intégré. On trouve aussi des boîtes très colorées. Celles-ci viennent pour la plupart de Cuba et sont ornées de motifs souvent romantiques qui sautent aux yeux – surtout quand il s'agit de reproductions de lithographies évoquant des marques de cigares créées au siècle dernier.

Boîtes cabinets de Montecristo

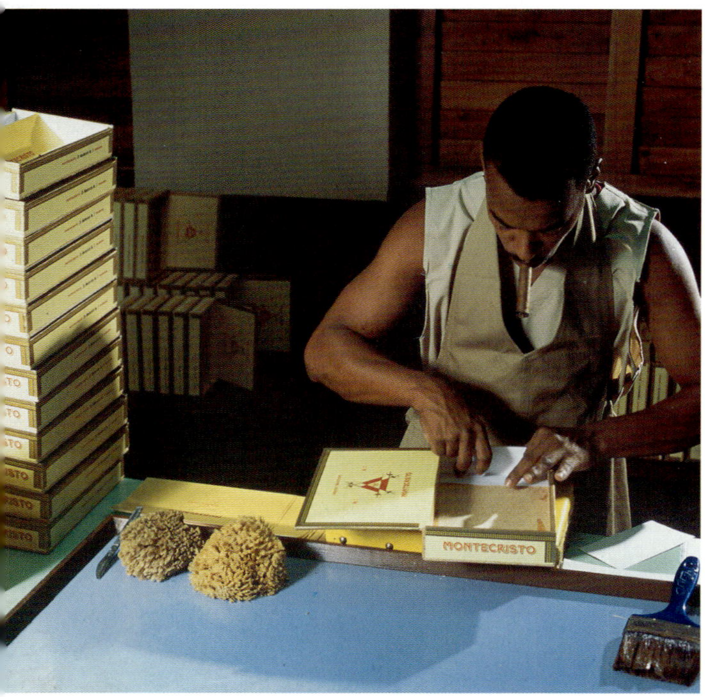

Ce qui saute d'abord aux yeux est la *cubierta* dont est décoré le couvercle. En ouvrant la boîte, on découvre ensuite deux autres illustrations lithographiques. La *vista* recouvre l'intérieur du couvercle, tandis que le *bofetón* chemise le fond de la boîte et se rabat sur les cigares. Ces derniers n'apparaissent ainsi que quand on soulève la feuille de papier imprimé.

Les images très bariolées réunissent huit à dix couleurs. Leur réalisation fut rendue possible grâce à l'invention de la lithographie par l'Allemand Alois Senefelder. Ce procédé, au cours duquel des plaques de calcaire de grain fin étaient préparées pour chaque couleur, permettait d'obtenir les motifs bigarrés. Le principe de la lithographie repose – comme l'offset aujourd'hui – sur l'utilisation de substances grasses sur les zones à imprimer, et d'eau, qui comme chacun le sait repousse la graisse.

La vogue des lithographies colorées commença vers le milieu du XIXe siècle, avec le développement du procédé lithographique qui permettait la reproduction illimitée de motifs. Par ailleurs, de nombreux imprimeurs fuirent l'Allemagne et le régime de Bismarck pour aller s'installer dans le Nouveau Monde de même qu'à Cuba. C'est ainsi que la Litográfica de Habana, alors la première imprimerie de La Havane, connut un essor considérable. Toutes les fabriques de cigares avaient besoin de *cubiertas*, de *vistas* et de *bofetóns* pour habiller les boîtes des diverses marques – et plus elles étaient colorées, mieux c'était !

Les motifs kitsch des *vistas* peuvent prêter à sourire, et même être considérés comme étant de mauvais goût, mais certains les trouveront beaux, justement parce qu'ils sont si kitsch. Quoi qu'il en soit, ces reproductions de lithographies témoignent de la mode d'une époque. Pour ce seul fait, elles ont un rôle historico-culturel significatif.

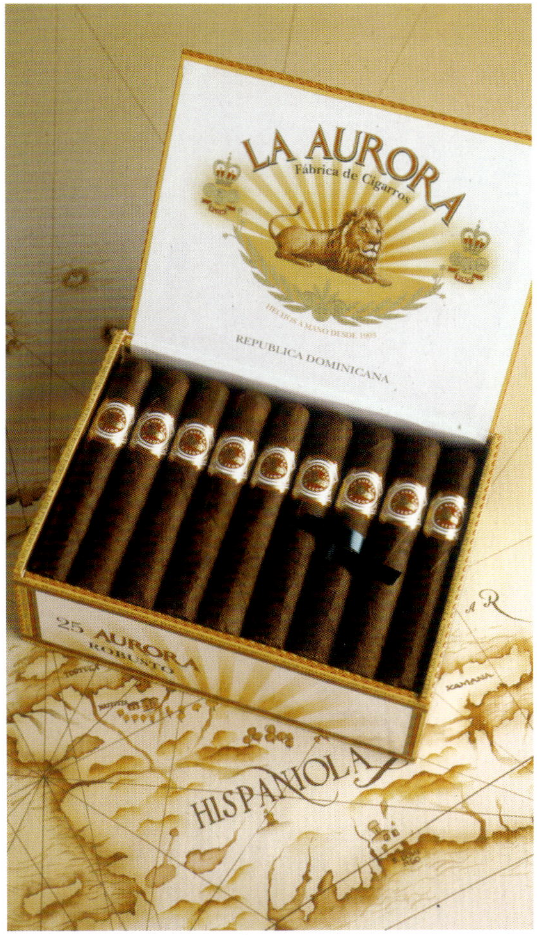

Bien rangés, des cigares La Aurora

La tripe du cigare

La tripe constitue le cœur du cigare. Elle joue un rôle déterminant dans le goût du module ainsi que dans les arômes que ce dernier exhale quand on le fume. Cependant, puisque l'*aficionado* qui choisit un cigare en voit d'abord l'aspect, on accorde davantage d'importance à la cape, c'est-à-dire la feuille extérieure. Voilà pourquoi la tripe, qu'on nomme « poupée » une fois qu'elle est entourée d'une sous-cape, ne reçoit pas tous les égards qu'elle mériterait.

Cela est pourtant une erreur, car c'est bien la tripe qui détermine, au moins aux deux tiers, le caractère d'un cigare. Connaissant ce fait, on peut ainsi comprendre pourquoi de nombreux fabricants de cigares protègent comme un secret d'État la composition du mélange de leurs tripes. On sait certes souvent quelles variétés de tabacs sont en général utilisées pour confectionner les tripes, mais la composition précise des mélanges n'est que très rarement révélée.

On pourrait comparer le mélange des tripes à une composition musicale. Les notes des gammes sont aussi connues que les nombreux tabacs utilisés pour fabriquer un cigare. C'est seulement leur combinaison qui détermine si un morceau de musique est harmonieux ou cacophonique. Un chef-d'œuvre se révèle dans l'accord parfait de l'ensemble des notes.

Il en va de même pour l'assemblage d'un cigare de luxe : chaque tabac possédant sa note particulière, la combinaison harmonieuse des diverses feuilles confère cette unité parfaite, une orchestration idéale des saveurs que l'*aficionado* découvre en fumant son cigare.

Que l'assemblage soit effectué pour une tripe courte (à tabac haché) ou à pleines feuilles est d'importance secondaire. Le mélange destiné à un cigare shortfiller offre certes davantage de possibilités que celui utilisé pour un longfiller, mais l'essentiel réside dans la qualité des tabacs utilisés et dans leur assemblage harmonieux. Un grand fabricant de cigares est conscient de cet art – et l'exerce en gardant précieusement tous ses secrets.

La sous-cape

La sous-cape, qui est la feuille située entre la tripe et la cape, a revêtu davantage d'importance au cours de ces dernières années. Auparavant, elle servait surtout à maintenir la tripe pour faciliter ensuite l'enroulement de la cape autour de la poupée, et provenait d'un tabac dont le goût devait être relativement neutre. Mais, aujourd'hui, la sous-cape joue un rôle plus significatif dans la composition du cigare dans son ensemble. Désormais, presque toutes les régions de culture du tabac produisent des feuilles de qualité destinées aux sous-capes.

La cape

Comme son nom l'indique, la cape, également appelée « robe », est l'enveloppe extérieure du cigare. Cette feuille recouvre la poupée, c'est-à-dire le produit semi-fini constitué de la tripe entourée de la sous-cape. La cape, qui selon la règle devrait s'enrouler en spirale du pied à la tête du cigare, exerce bien évidemment une influence non négligeable sur le goût du cigare, mais cette influence est souvent surestimée.

L'aspect, la consistance et la structure de la feuille extérieure de la *capa*, selon le terme espagnol, sont bien plus déterminants que sa saveur. La cape doit présenter une belle couleur et une veinure fine (comme un bois précieux) car elle a pour mission de séduire le regard critique de l'*escogedor*, qui trie les couleurs, puis du négociant en cigares et finalement de l'*aficionado* (pour ne citer que quelques-unes des personnes qui jetteront plus qu'un regard fugitif sur les cigares qui passeront entre leurs mains).

La cape du cigare, ou « robe », doit présenter une structure et une couleur irréprochables, car aucun *aficionado* ne saurait se satisfaire d'un cigare dont l'apparence ne lui inspirerait pas une totale confiance – confiance notamment dans ce qui n'est pas visible, c'est-à-dire la tripe et la sous-cape. La poupée cachée doit pouvoir tenir toutes les promesses annoncées par la cape. Néanmoins, même une cape de grande qualité ne sauvera pas un cigare si elle ne forme pas une unité, une symbiose réussie avec la tripe et la sous-cape. Une marque signerait son arrêt de mort si ses cigares ne faisaient que « paraître » sans « être », c'est-à-dire si la cape dissimulait une poupée médiocre. Une telle cape ne serait pas seulement trompeuse, mais constituerait une véritable « publicité mensongère ».

En revanche : même la meilleure des poupées ne serait en aucun cas acceptable si elle était habillée d'une cape médiocre. Par conséquent, poupée et cape doivent être toutes deux d'excellente qualité pour constituer un cigare digne de ce nom.

Une cape de qualité ne doit pas seulement avoir un bel aspect. En effet, sa fonction réside surtout dans la transmission du goût et des arômes. La cape en elle-même peut renfermer plus de la moitié de l'ensemble des arômes d'un cigare – en outre, elle doit être capable tour à tour d'absorber et de libérer les autres arômes qui proviennent de la tripe et de la sous-cape.

Une cape doit être élastique et assez fine pour s'enrouler facilement et bien maintenir la poupée, mais elle doit aussi avoir une consistance assez ferme pour pouvoir être manipulée durant les opérations de fabrication. Toutes ces qualités, notamment la finesse de la feuille, se révèlent lors de la combustion du cigare.

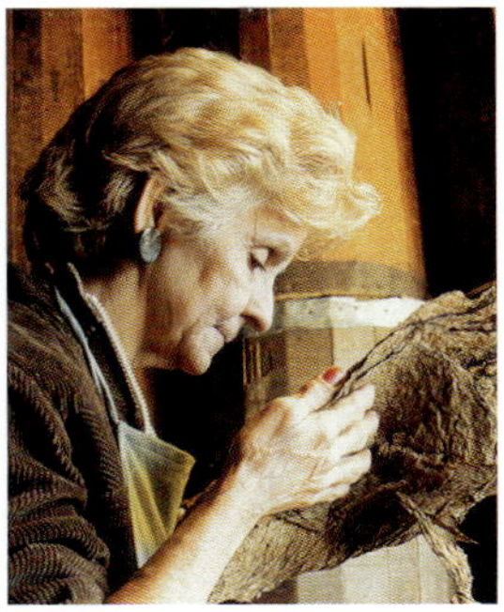

Seule une bonne cape garantit un bon cigare

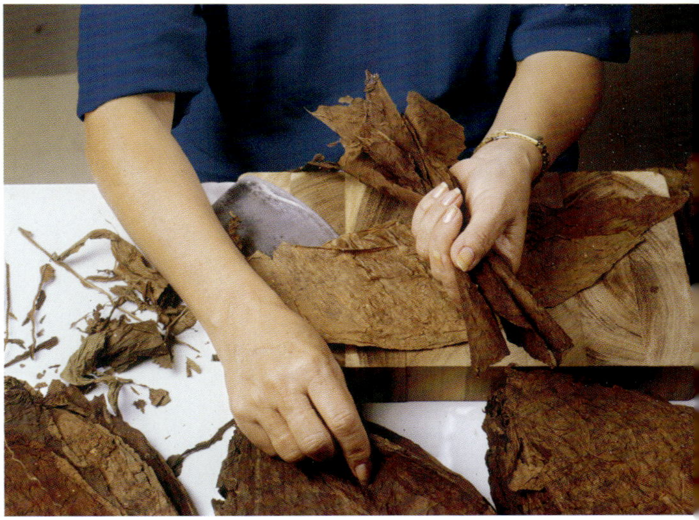

La sous-cape étalée et les trois feuilles de tripe formeront bientôt la poupée

Le « meilleur cigare » n'existe pas davantage que la « meilleure cape ». En tout cas, des *capas* d'excellente qualité poussent aussi bien à Cuba que dans la vallée de la Connecticut River, au Honduras, au Mexique, au Nicaragua, au Brésil, en Équateur, mais aussi en Indonésie, au Cameroun et, depuis peu, en République dominicaine.

Comme nous l'avons déjà mentionné, l'harmonisation de la *capa* (cape), de la *capote* (sous-cape) et de la *tripa* (tripe) est extrêmement importante dans le choix des feuilles qui habillent le cigare. Les tabacs indigènes de République dominicaine forment par exemple souvent la poupée, que l'on enveloppe d'une cape Connecticut-Shade ou d'une cape originaire d'Équateur. Ces assemblages ne peuvent pas être des plus mauvais, puisque la par-

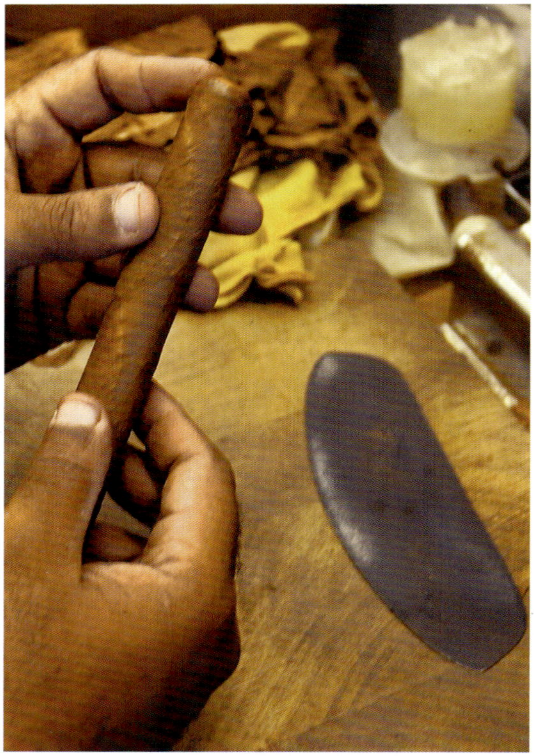

Peu avant la fin : le rouleur de cigare met la dernière main avec l'achèvement de la cape

tie occidentale de l'ancienne île Hispaniola est productrice de nombreux cigares Premium présentant cette composition. Comme pour beaucoup d'autres choses, il s'agit de trouver ici le juste mélange – dans ce cas, le « trio » idéal.

La couleur des capes constitue un chapitre en soi. Certaines personnes au regard perçant auraient discerné plus de 140 teintes, mais ce chiffre est sans doute très exagéré, car il représente à peu près le double du nombre de couleurs que distingue un *escogedor*, c'est-à-dire le *tabacalero*, qui jour après jour dans une manufacture ne fait rien d'autre que trier les modules selon les différences (minimes) de leurs couleurs. À l'issue de nombreuses années d'expérience, un *escogedor*, qui pourrait prêter ses yeux à un aigle, est capable de différencier environ 80 couleurs de *capas*.

Si la couleur de la cape n'est pas déterminante pour le goût d'un cigare, elle donne quand même des indications sur sa force ainsi que sur la richesse de ses arômes. Un *escogedor* chevronné est capable de discerner jusqu'à 80 nuances, mais nous présenterons dans les pages suivantes une classification réduite à sept catégories de couleurs – cette dernière suffit généralement à l'*aficionado*. Cependant, une telle classification ne se base que sur des règles générales, dictées certes par l'expérience, mais qui ne considèrent pas l'ensemble des spécificités. Le goût et les qualités d'une cape dépendent davantage d'autres facteurs que de celui de sa couleur. Par exemple, on peut se demander si la cape provient d'une feuille semi-corona ou centro-fino, ou encore à quelle époque elle a été cueillie (c'est-à-dire combien de temps elle est restée au soleil), et finalement quelle fermentation elle a subi. Plus une feuille garde longtemps sa « place au soleil », plus elle contient d'huile et de sucre – et le cigare aura ainsi une saveur plus sucrée, notamment pendant le fumage du premier tiers du corps, lorsque le goût est surtout déterminé par la cape. En laissant de côté les inévitables exceptions qui confirment la règle, on peut affirmer qu'un cigare aura généralement un goût d'autant plus intense et sucré que sa cape a une couleur foncée.

Le récapitulatif suivant commence par les catégories de couleurs les plus claires et s'achève avec les plus foncées.

« Le cigare engourdit le chagrin et remplit les heures solitaires d'un million de choses agréables. »

George Sand

Claro Claro. Cette catégorie inclut les capes dont la palette des couleurs s'étend du vert jaune au vert olive – dans ce cas, on parle parfois de Clarissimo et Jade – jusqu'à un brun vert assez foncé. Ces nuances, qui rappellent également un blond foncé, sont produites en premier lieu par une récolte précoce des feuilles, cueillies avant qu'elles ne soient complètement mûres, mais aussi par la brève étape de séchage qui s'opère assez souvent avec l'ajout d'une source de chaleur (la plupart du temps, on tient les feuilles au-dessus de braises de charbon de bois). D'autres termes acceptés pour Claro Claro sont Doble Claro ou Double Claro, Candela et AMS, abréviation de « American Market Selection » et référence à la faveur (ancienne) dont jouissait cette couleur dans l'espace nord-américain. Les cigares habillés de capes Claro Claro ont en général un goût léger et développent relativement peu d'arômes.

Claro. La couleur de cape la plus claire après Claro Claro est un brun pâle, avec souvent une note de jaune. De nombreuses feuilles qui ont poussé à l'ombre présentent cette teinte, par exemple certaines capes (pas toutes) qui proviennent du Connecticut et qui reçoivent aussi la dénomination Shade (ombre). La plupart des *capas* Claro sont récoltées juste avant la fin du mûrissement et séchées à l'air. Aussi appelées Natural, les capes Claro habillent le plus souvent des cigares au goût suave.

Colorado Claro. Ces capes d'un brun clair à brun doré sont issues de plants qui poussent aussi bien au soleil qu'à l'ombre, car l'on sait que les diverses couleurs ne dépendent pas seulement du sol et du climat, ou encore du temps que les feuilles ont passé – ou non – au soleil, mais également de leurs traitements ultérieurs (ici, il s'agit surtout de la fermentation). Mais, dans l'ensemble, les feuilles de cette catégorie ont bénéficié de plus de soleil que celles des catégories décrites précédemment. Les capes Colorado Claro sont souvent issues de feuilles qui ont poussé sous le soleil du Cameroun. En règle générale, le fumeur d'un cigare habillé de cette cape peut s'attendre à un goût rond en bouche et à une complexité aromatique équilibrée.

L'escogedor *classe les cigares par nuances de couleurs*

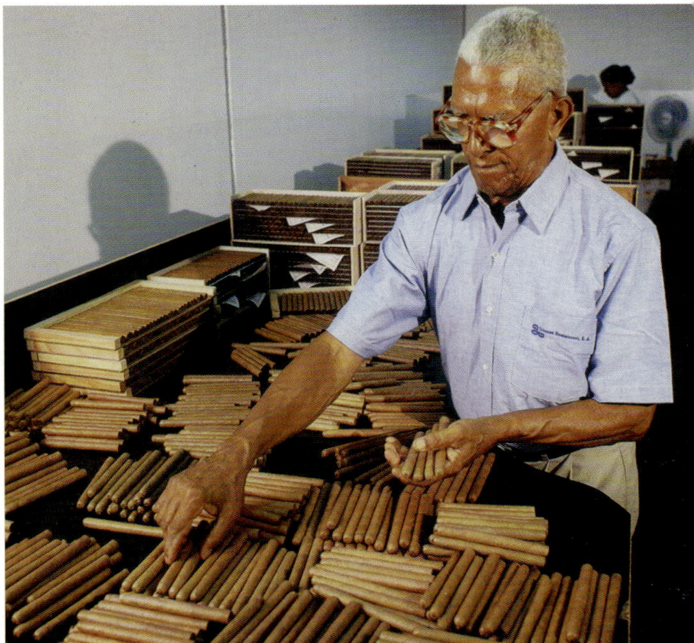

Colorado. C'est ainsi que l'on appelle les capes – d'ailleurs très largement utilisées – dont la gamme de teintes commence au brun moyen, et comprend régulièrement une note rougeâtre. Les capes Colorado offrent dans l'ensemble un goût et des arômes plutôt bien définis. Très appréciée depuis toujours en Grande-Bretagne, cette couleur de cape est ainsi également dénommée EMS (« English Market Selection »).

Colorado Maduro. Cette dénomination annonce la palette des couleurs foncées. Colorado Maduro désigne un brun riche, qui correspond en règle générale à des cigares au goût fort et aux arômes capiteux. Ces caractéristiques s'expliquent notamment par l'époque de la récolte des feuilles : ces dernières ne sont cueillies qu'une fois arrivées à pleine maturité.

Maduro. Grasse et sucrée – voilà deux composantes qui caractérisent clairement une cape Maduro bien mûre, de même qu'une teinte d'un brun foncé et profond. En règle générale, un cigare habillé de ce type de cape « grasse » possède un goût très intense, sans toutefois présenter la large complexité aromatique que l'on retrouve fréquemment dans les capes Colorado Maduro (cette réserve ne visant que l'adjectif « large »). Une cape Maduro est presque toujours issue de la partie supérieure du plant de tabac et a bénéficié d'un long ensoleillement. Très souvent, une cape de cette couleur habille les havanes qui incarnent le style traditionnel, c'est-à-dire des cigares au goût très riche et avec une puissance qui ne peut que forcer le respect. Ce type de cigares est particulièrement apprécié en Espagne, aussi utilise-t-on parfois pour Maduro la dénomination SMS, acronyme de « Spanish Market Selection ».

Oscuro. La gamme chromatique se termine par des couleurs qui sombrent littéralement dans l'obscurité. Les capes Oscuro vont d'un brun très foncé à un noir profond, ce qui explique le terme *Negro* (« noir » en espagnol) qui les désigne parfois. Un cigare habillé d'une telle cape, le plus souvent très grasse, possède la plupart du temps un goût très fort, mais sans présenter une pleine complexité aromatique (l'accent étant mis sur l'adjectif « pleine »). Les feuilles qui fournissent les Oscuros ont toutes, sans exception, poussé au soleil, ce qu'indique par exemple le terme « Broadleaf » ajouté à la désignation des capes du Connecticut (pour être correct, disons plutôt « ce que peut indiquer » le terme « Broadleaf », car l'expression est également employée avec les deux couleurs précédentes). Outre le Connecticut, le Brésil et le Mexique sont les deux principaux pays producteurs d'Oscuros.

Pour terminer, voici une dernière information d'importance : il est question plus haut « d'exceptions ». Ces exceptions se rapportent à la force du cigare. Dans l'ensemble, une cape foncée signifie qu'un cigare est corsé et une cape claire qu'il est doux. Mais ce n'est pas toujours le cas, car un cigare à la cape foncée peut surprendre par un goût suave et un cigare à la cape claire par un goût puissant. Cependant, les faiseurs de cigares prennent ces idées préconçues en considération et tendent à choisir des couleurs de cape qui correspondent au goût du contenu.

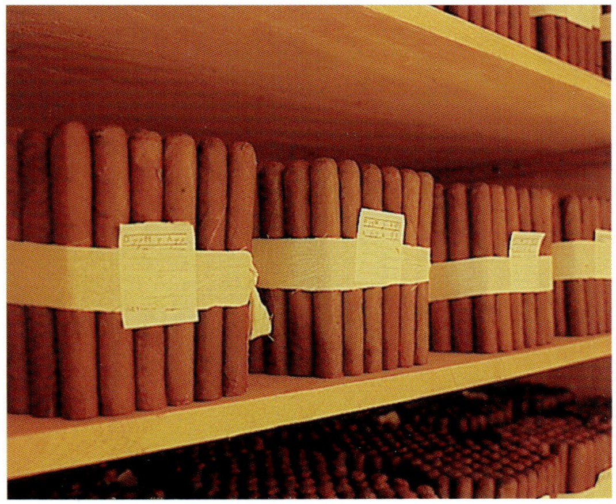

Une couleur régulière fait également partie du plaisir de fumer un cigare

Déguster du regard

Si le palais transporte en premier lieu la perception gustative dans le système nerveux humain, un autre organe des sens joue également un rôle non négligeable : l'œil. Il suscite en quelque sorte le plaisir que l'on éprouve avant de commencer à savourer un repas. Un adage bien connu avertit même de ne pas avoir « les yeux plus gros que le ventre ». Ce qui est souvent vrai, car on mange d'abord avec les yeux, comme on anticipe les goûts avec les yeux – et, de même, on déguste d'abord un cigare avec les yeux.

Toutes les manufactures de tabacs sérieuses des Antilles, d'Amérique centrale et du Sud emploient des trieurs de couleurs, appelés *escogedores* à Cuba. Lorsque les cigares finis appartenant à un format quittent la table de travail du *torcedor*, ils passent encore quatre autres contrôles avant d'être soumis au regard critique de l'*escogedor*, qui les examine minutieusement, puis les trie selon les teintes des capes. Le trieur doit posséder un sens aigu des couleurs car les capes des havanes et autres cigares non cubains présentent bien davantage de nuances que celles comprises dans les sept catégories de couleurs de capes décrites aux pages 28 à 30.

Le travail de l'*escogedor* joue également un rôle très important dans le cadre de la vente d'une boîte de cigares Premium. En effet, la régularité des cigares présentés dans leur boîte est ce qui attire le regard en premier, et cette présentation dépend en grande partie de l'harmonie des nuances, qui contribue à ce qu'il n'y ait aucune discordance dans les rangées de cigares. Cela est très important, car un cigare se déguste en premier lieu avec les yeux. Par ailleurs, peu de chose ravissent autant un *aficionado* qu'une boîte de cigares qui se révèlent pratiquement identiques quant à leur structure, leur forme et leur couleur. Non seulement la couleur concordante des cigares présentés dans une boîte réjouit le connaisseur, mais elle constitue également un facteur élémentaire de vente.

À l'inverse, une discordance de teintes parmi les différents cigares d'une boîte constitue aussi un facteur de vente important. Un paradoxe ? Pas du tout. Rappelons que des nuances différentes sont très courantes dans un même format – sinon le travail de l'*escogedor* n'aurait aucun sens. Or, avant que le trieur de couleurs ne pose son regard sur les cigares, ceux-ci passent entre les mains du *tasador*, lequel prend au hasard un cigare des divers formats et les goûte pour en contrôler la qualité. Les cigares vont ensuite au *controlador*, qui s'assure qu'ils sont bien roulés et répondent aux normes de qualité requises.

Des nuances discordantes parmi des cigares alignés dans une boîte ne laissent donc pas présumer d'une mauvaise qualité, de même qu'une boîte contenant des modules de couleur identique ne garantit pas la perfection. Quoi qu'il en soit, cela explique pourquoi la disparité des teintes constitue un facteur de vente important. Certains acheteurs pourront en effet penser : « Les nuances ne s'accordent pas toutes ensemble, mais il n'y a rien à dire sur la qualité – et sur le prix ! » Un prix bas, dans ce cas, puisque chacun sait qu'on déguste aussi les cigares avec les yeux.

Tête

C'est ainsi que se nomme l'extrémité du cigare que l'on prend en bouche. La tête n'est pas encore coupée dans certains modules, par exemple les longfillers Premium ; il faut alors le faire, de préférence avec un coupe-cigare à guillotine, juste avant de commencer la dégustation.

Pied

Le pied est l'extrémité du cigare que l'on allume. La cape est particulièrement fragile et s'abîme facilement à cet endroit. Pour remédier à ce problème, la marque Juan Clemente a par exemple trouvé une solution en changeant la bague de place. Celle-ci ne décore plus la partie supérieure du cigare, près de la tête, mais entoure désormais le pied. Les cigares de la marque Profesor Sila portent également une protection, en plus de la bague habituelle.

Bagues

Les premières bagues à cigares ont été introduites par Gustav(o) Bock en 1850. Ce négociant ingénieux qui gagna d'abord sa vie dans l'import-export de havanes, puis plus tard en fabriquant ses propres marques de cigares, n'eut pas cette idée en pensant aux mains soignées des aristocrates et autres honorables fumeurs de cigare, qui se creusaient désespérément la tête pour trouver des solutions afin de protéger leurs doigts. Lui-même avait bien autre chose en tête. Son invention de la bague repose tout simplement sur de viles pensées pécuniaires : pourvus de bagues – les premières étaient de simples anneaux de papier blanc – les cigares Bock se distingueraient de ceux de la concurrence et se vendraient mieux. C'est ce qui arriva, mais ne dura pas longtemps.

Grâce à la lithographie, qui se propageait à même cette époque, il devint aisé d'imprimer des anneaux de papier de couleurs variées. Ainsi, peu de temps après l'introduction des bagues, on pouvait voir ces dernières sur tous les cigares et dans des teintes toutes plus bariolées les unes que les autres. De petits chefs-d'œuvre naissaient pratiquement chaque jour et décoraient les diverses sortes de cigares. Certains figuraient des emblèmes colorés qui sautaient aux yeux, d'autres des formules et des noms imprimés en lettres d'or. Les possibilités de créer des bagues individuelles ne cessaient de s'étendre.

Cette évolution provoqua l'entrée en lice des Grands de ce monde – et de ceux qui se prenaient pour tels. Bientôt, de nombreux fabricants reçurent moult commandes de cigares avec l'ordre de les décorer de bagues figurant le portrait du commanditaire. Ce souhait, trahissant une part de vanité pure, fut émis jusqu'au XXe siècle – le roi Farouk d'Égypte, par exemple, fait partie de ces personnages qui fumaient uniquement des cigares dont les bagues les représentaient. Aujourd'hui, de nombreuses bagues restent très bigarrées, mais celles qui figurent encore des portraits disparaissent progressivement. En revanche, ce qui ne disparaîtra jamais (et nul n'a besoin d'être prophète pour l'affirmer), ce sont les bagues elles-mêmes.

Une querelle, qui s'est rapidement transformée en véritable croisade, tourne autour d'une question brûlante : faut-il fumer un cigare avec ou sans sa bague ? Au cours de discussions acharnées sur ce thème, même les connaisseurs les plus distingués ont parfois « oublié » de faire preuve de tolérance

Application de la bague

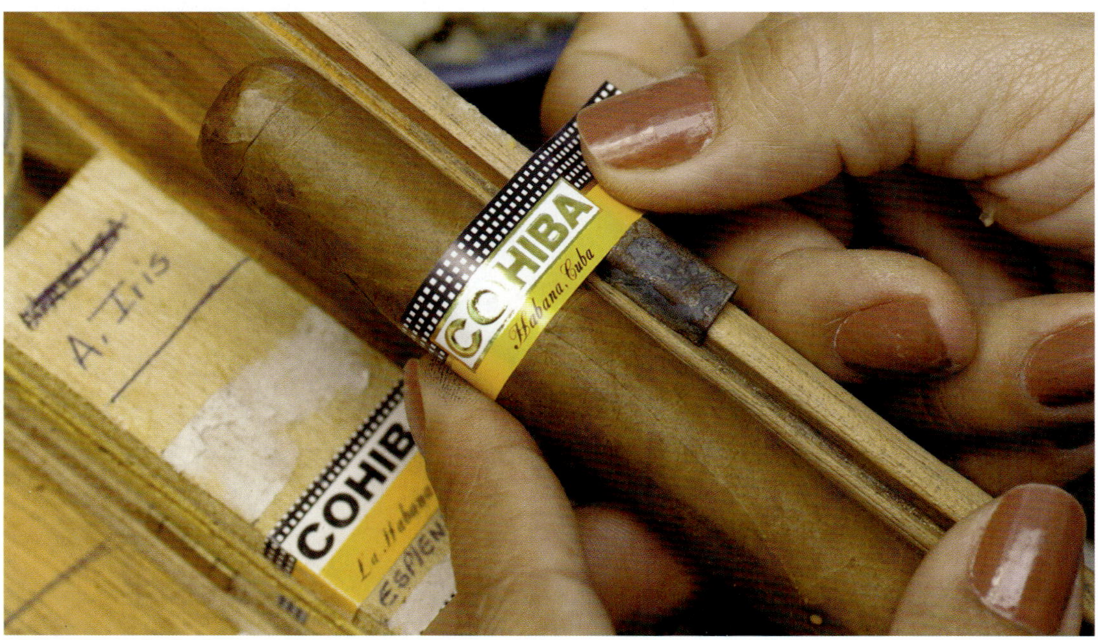

face à leurs opposants. Certains, peut-être emprunts d'une forme de nostalgie pour les duels courtois d'autrefois, en vinrent même à perdre tout sang-froid et à se comporter comme des enragés. Quoi qu'il en soit, on peut objectivement fumer un cigare avec ou sans la bague, celle-ci n'ayant en effet aucune influence sur le goût – à moins bien sûr d'avoir le geste absurde d'y mettre le feu pendant le fumage. Fumer un cigare avec ou sans sa bague doit donc rester une affaire personnelle et correspondre aux principes de savoir-vivre qui nous sont propres. Seul un point technique est à considérer : si l'on préfère enlever la bague pour fumer son cigare, il est recommandé d'allumer d'abord ce dernier et d'attendre que la cape soit chaude. La bague fixée avec une colle végétale spéciale, sans aucun goût, se détachera ainsi plus aisément. En essayant de retirer la bague à froid, on peut endommager la cape – ce qui serait désastreux pour tout amateur de cigare, quel que soit son point de vue sur les règles de bienséance.

Media rueda : appelés « demi-roues », des fagots de 50 cigares attendent d'être empaquetés dans leurs boîtes

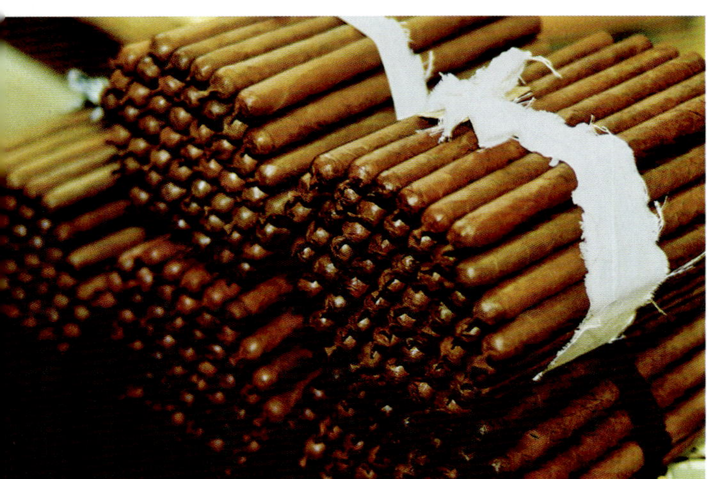

8-9-8 (huit-neuf-huit)

Autrefois, les cigares étaient quasiment entassés, comprimés dans les boîtes, de sorte qu'ils prenaient vite une forme rectangulaire. Un jour, Ramón Allones, fabricant de cigare cubain, eut l'idée d'empiler les cigares sur trois couches – et c'est ainsi que fut créé un nouveau mode d'empaquetage, utilisé entre autres dans les boîtes de 25 cigares. Les rangées supérieure et inférieure comptent huit cigares, tandis que neuf cigares composent la rangée du milieu.

Fagots

Le fagot est un autre mode de présentation des cigares. De nombreux fabricants proposent certains formats de leurs marques en fagots de 25 ou 50 cigares, liés par un ruban de soie et placés dans un cabinet. Un fagot de 25 cigares est nommé « quart de roue », un fagot de 50 cigares est une « demi-roue ». Cette dernière dénomination est tirée d'une expression cubaine courante : quand une personne arrive à l'âge de 50 ans, on dit qu'elle a atteint la *media rueda* (« la moitié de la roue de sa vie »). Chacun sait qu'un Cubain digne de ce nom compte devenir centenaire. Ni plus, ni moins.

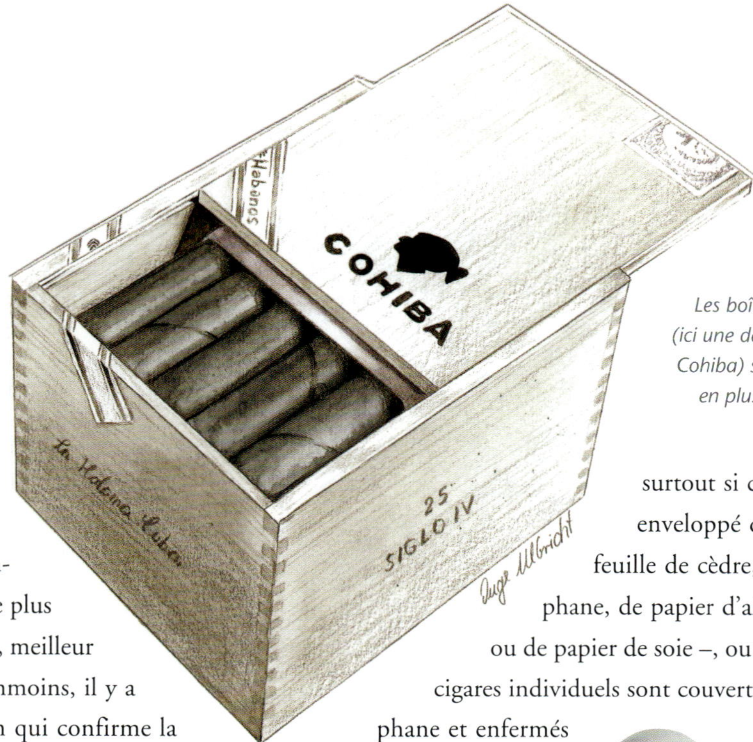

Les boîtes cabinets (ici une de la marque Cohiba) sont de plus en plus populaires

Emballages

Les apparences sont souvent trompeuses, et cela vaut aussi pour l'emballage de certaines marques de cigares. Mais, dans l'ensemble, on peut établir que plus l'emballage est luxueux, meilleur sera son contenu. Néanmoins, il y a toujours une exception qui confirme la règle… Autre certitude : si la présentation d'un cigare est somptueuse, son prix sera en conséquence – qu'il soit justifié ou non est une toute autre histoire. De toute façon, l'essentiel dans l'achat d'un cigare est son goût, et il n'y a pas à discuter sur ce point.

Cette petite introduction dévoile qu'il est difficile de s'assurer de la qualité d'un cigare d'après son emballage. Il existe néanmoins quelques repères : si l'emballage est, par exemple, une belle boîte en cèdre ou si chaque cigare d'une boîte de 25 est enveloppé de cellophane, le produit ne peut pas être médiocre, du moins pas aux yeux du fabricant, qui n'aurait aucun intérêt à traiter des vitoles de qualité inférieure comme des cigares Premium. Il en serait pour ses frais. Car un vrai amateur de cigare ne se laisse pas aveugler par un emballage fastueux, et en fait encore moins un critère d'achat. Il goûte d'abord avant de choisir et d'accorder sa fidélité à une marque.

Toutefois, un *aficionado* le sait aussi : quand les cigares sont présentés dans une boîte en cèdre – surtout si chacun est enveloppé d'une fine feuille de cèdre, de cellophane, de papier d'aluminium ou de papier de soie –, ou quand les cigares individuels sont couverts de cellophane et enfermés dans des tubes d'aluminium ou de verre (cela existe aussi), ou encore quand les cigares sont proposés dans des tubes d'aluminium chemisés de bois de cèdre, la qualité a plus de chance d'être au rendez-vous au moment du fumage. Tous ces emballages servent à conserver la fraîcheur des cigares plus longtemps. Ces mesures de conservation ne remplacent naturellement pas un humidificateur – mais cela est une autre histoire.

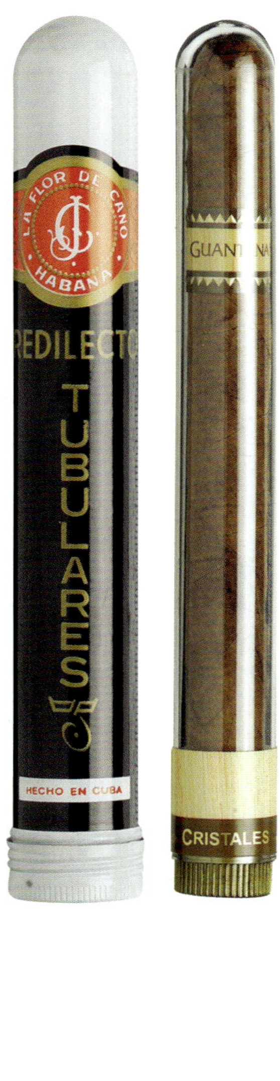

Emballages individuels

Dégustation, achats, soins

Aficionado

Le mot *afición* peut se traduire par « affection », « passion », ou encore « penchant » ; le terme dérivé « *aficionado* » s'applique à une personne passionnée par une chose – dans notre cas, par l'univers des cigares. Cet univers a sa propre terminologie, et le vocable espagnol *aficionado* a été repris dans plusieurs langues, dont le français, pour désigner un fervent fumeur de cigares.

Alors qu'un connaisseur n'est pas obligatoirement un *aficionado*, ce dernier fait à cent pour cent partie de l'espèce des connaisseurs, d'abord parce qu'il place au-dessus de tout la dégustation de ses cigares bien-aimés. Ensuite, il connaît admirablement bien l'univers des cigares, et sait exactement comment les modules doivent être composés et fabriqués pour être dignes de satisfaire ses attentes. Le vaste domaine des accessoires n'a pas non plus de secrets pour lui. Il sait les choisir avec circonspection pour traiter et conserver ses chères vitoles avec tous les égards qu'elles le méritent. L'*aficionado* est bien davantage qu'un connaisseur et un fumeur de cigares : il est le gourmet par excellence.

Cette description s'applique naturellement aussi aux ferventes *aficionadas*. Les fumeuses de cigares restent encore une minorité par rapport à leurs homologues masculins, cependant leur nombre ne cesse de croître, non seulement aux États-Unis – où l'on trouve déjà de nombreux de clubs réservés aux *aficionadas* – mais aussi dans les pays de l'Ancien Monde.

À noter qu'il est toujours question « d'*aficionados* », de « fumeurs » et de « connaisseurs » de cigares dans cet ouvrage. Or ces formulations n'expriment aucun dédain envers le sexe féminin, mais le fait de n'utiliser que le genre masculin donne de la fluidité au texte. Ce serait très ennuyeux de lire sans cesse des répétitions telles que « fumeurs et fumeuses de cigares », « *aficionados* et *aficionadas* »,

Le véritable aficionado ne se laisse nullement impressionner par des circonstances fâcheuses, surtout pas par des trains en retard

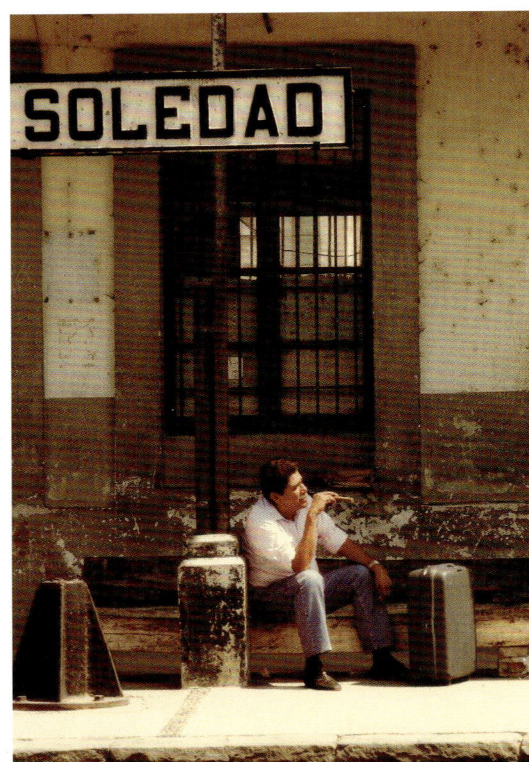

« connaisseurs et connaisseuses », ou encore d'avoir à déchiffrer des morceaux de phrases remplis de parenthèses du genre : «...qu'un(e) fumeur (fumeuse) de cigares soit prêt(e) à acheter... », ou « il (elle) est amateur... ». Aussi, pour plus de facilité, la forme masculine a été choisie et désigne aussi bien les hommes que les femmes.

D'ailleurs, les véritables *aficionados* sont très au courant de la popularité croissante du cigare parmi la gent féminine, et portent en haute estime les *aficionadas* qui partagent leur passion.

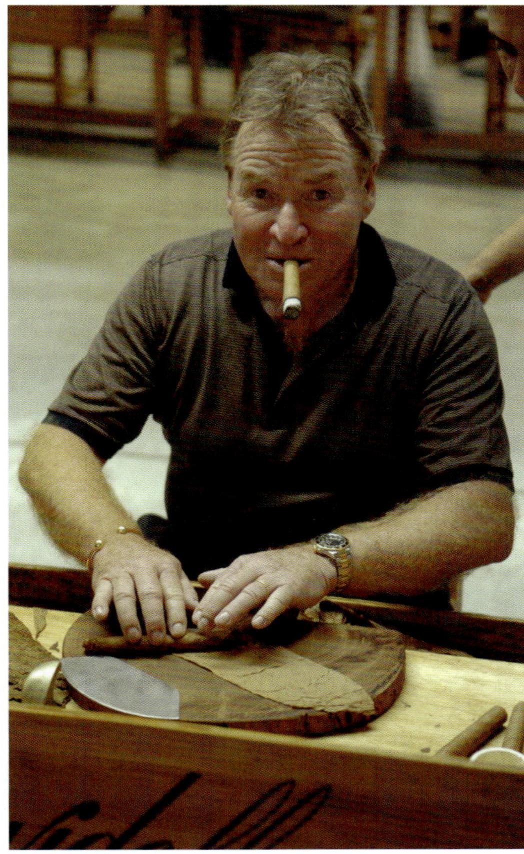

Un connaisseur comme torcedor *en visite à la manufacture Davidoff en République dominicaine : l'acteur Fritz Wepper est convaincant en rouleur de cigares*

Connaisseur

Selon la définition du dictionnaire, un connaisseur est un expert, une personne qui est versée dans une matière spécifique. On parle aussi de fin connaisseur, à savoir de gourmet, et c'est plutôt dans ce sens que le mot « connaisseur » est employé dans ce livre. Bien que l'attribut « gourmet » manque un peu de force dans ce contexte, le remplacer par « hédoniste », celui dont l'éthique est la recherche absolue du plaisir, serait aussi exagéré. Dans le sens le plus adéquat du terme, un connaisseur est un épicurien, qui sait reconnaître et déguster le meilleur.

Le grand connaisseur Zino Davidoff a déclaré un jour à une journaliste qui l'interviewait : « Les gens que j'aime me mettent en appétit. » Cette déclaration est celle d'un épicurien : il apprécie la présence de gens intéressants, goûte le plaisir de converser avec eux, de préférence autour d'une table bien garnie (qui ravit aussi le regard), et se réjouit de boire de bons vins, avant de terminer la soirée en beauté par la dégustation d'un excellent cognac, accompagné d'un cigare « grand cru », associant dans ce dernier plaisir ses qualités de connaisseur et d'*aficionado*.

La vie offre évidemment bien d'autres joies et plaisirs que ceux qui sont évoqués ici, mais le tableau ainsi présenté permet de brosser à grands traits le portrait des grands connaisseurs, tel qu'on l'entend dans cet ouvrage.

Couper un cigare

La coupe d'une tête de cigare constituerait presque une philosophie en soi. Si un amateur de module ne jure que par un coupe-cigare ciseaux, un autre utilisera une lame de rasoir (c'est assez exceptionnel, mais cela existe) ou encore ses dents (dans ce cas, il s'agit certainement d'un Cubain) pour inciser la tête du cigare avant de l'allumer. Couper un cigare avec ses dents semble très peu répandu en Europe. Hormis à Cuba, on ne la rencontre guère qu'aux Caraïbes, chez les fumeurs qui ont grandi près des plantations de tabac.

Dans les autres parties du monde, couper un cigare avec ses dents est plutôt un signe de manque d'éducation, surtout si, lors d'une soirée de « dégustation de cigares » par exemple, le fumeur crache le morceau de la tête en lui faisant décrire une large trajectoire. Le déchet peut atterrir n'importe où, notamment dans le décolleté d'une belle *aficionada*, ce qui dans ce cas, peut engendrer une situation bien fâcheuse.

Il est préférable de se servir de l'un des ustensiles spécialement destinés à la coupe des cigares. L'un d'eux est la « guillotine », dérivée de l'instrument martial et célèbre depuis son utilisation funeste au cours de la Révolution française, lorsqu'elle servait à détacher la tête du corps des condamnés à l'échafaud. Cet instrument a, depuis, trouvé un usage beaucoup plus pacifique auprès des *aficionados*, qui apprécient ses qualités en matière de coupe de cigare. En effet, le coupe-cigare à guillotine permet une incision nette et précise de la tête d'un module, et ce quel que soit le format

La bonne coupe garantit un pur plaisir de fumer

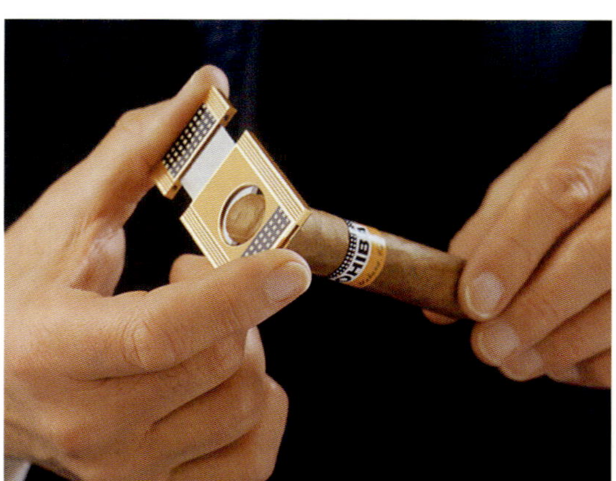

Différents instruments conviennent pour une coupe conforme et appropriée du cigare

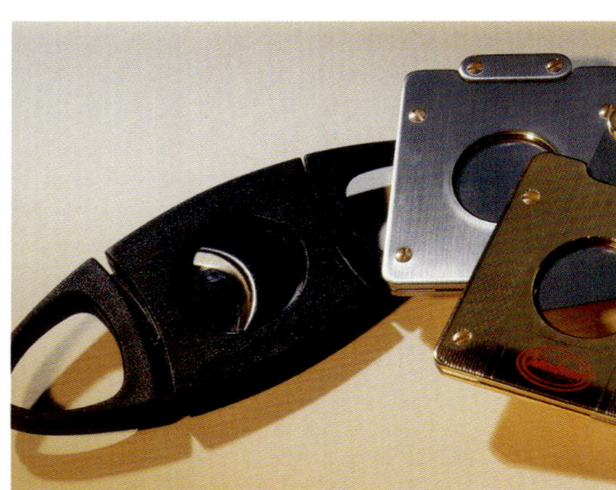

de ce dernier. Une coupe nette influence considérablement la bonne combustion du cigare. À l'inverse, un cigare mal coupé aura une combustion irrégulière, ce qui se répercutera bien entendu sur le plaisir de le fumer car il faudra le rallumer à plusieurs reprises. Par ailleurs, la cape du cigare encourt le risque d'être endommagée si elle est coupée sans ménagement. En bref, une coupe précise garantit un tirage parfait et permet de goûter pleinement les arômes.

Cependant, le coupe-cigare à guillotine, tout apprécié qu'il soit, a des concurrents. Beaucoup d'*aficionados* utilisent par exemple des « cutters arrondis », qui jouissent depuis quelque temps d'un succès croissant sur le marché. Ce type de cutter, à la lame arrondie, perce un trou d'environ 1,5 millimètre de profondeur dans la tête du cigare. Le tabac coupé est retiré à cet endroit dans un mouvement de forage.

Les ciseaux spécialement conçus pour la coupe des cigares sont également très utilisés par les *aficionados.* Ils étaient d'ailleurs l'instrument préféré du grand connaisseur Zino Davidoff. Si l'on en croit ce qu'il assurait (et qui en douterait ?), un coupe-cigare ciseaux, d'excellente qualité naturellement, a l'avantage d'assurer une incision circulaire très nette et précise, quel que soit le diamètre que présente le module coupé.

Il existe ainsi plusieurs possibilités pour couper la tête d'un cigare de la façon la plus parfaite qui soit. Un fumeur utilisera un coupe-cigare à guillotine tandis qu'un autre choisira de préférence des ciseaux parce qu'il se sent plus à l'aise dans leur maniement. C'est assez comparable à la manière dont on choisit ses cigares : on fait des essais et, selon ses expériences, on retient ce qui convient le mieux à ses goûts.

Allumer un cigare

La dégustation d'un cigare commence logiquement par son allumage, qui doit être fait en suivant certaines règles. Il faut d'abord faire pivoter lentement la tête coupée du module au-dessus de la flamme d'un briquet ou d'une allumette, jusqu'à ce qu'elle se réchauffe. Cette opération requiert de l'attention car la flamme ne doit pas toucher le cigare – sinon, ce dernier risquerait de « roussir » et de développer un goût âcre.

En faisant délicatement tourner la tête du cigare qui se réchauffe progressivement à environ 1 cm de la flamme, on aspire doucement de façon à attiser le foyer ainsi formé et à obtenir une incandescence uniforme.

De même qu'au sujet de la polémique concernant le retrait ou non de la bague du cigare, les opinions divergent quant à « l'outil » le plus approprié pour allumer les modules. Doit-on choisir un briquet ou une allumette ? Le véritable connaisseur ne songerait jamais à se poser cette question. Depuis toujours, il utilise une longue allumette, de préférence en bois de cèdre. Malheureusement, de telles allumettes ne sont pas toujours des plus simples à trouver. Mais il existe d'autres solutions...

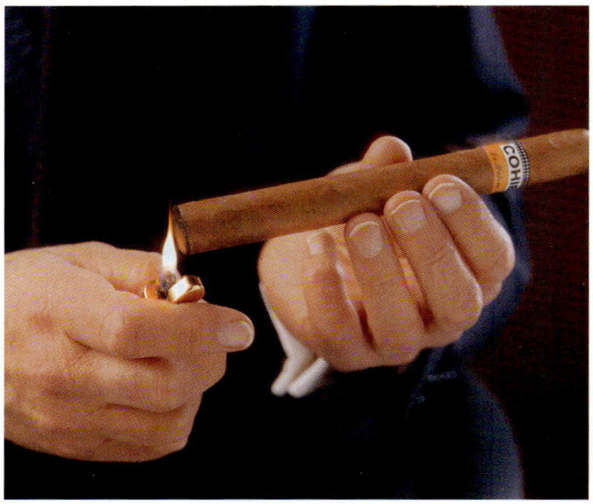

Que ce soit avec un briquet à gaz ou…

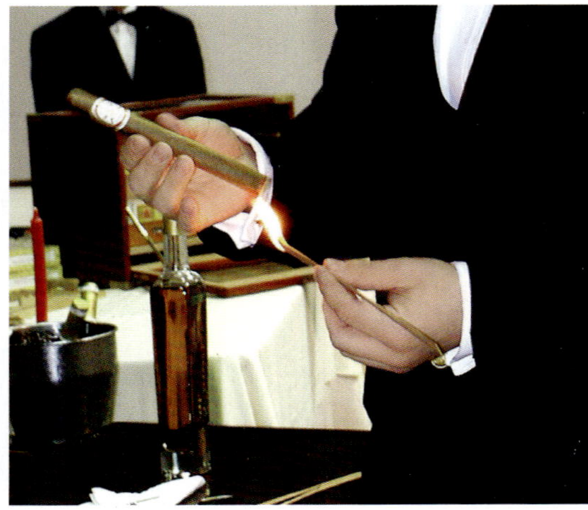

une allumette : un allumage dans les règles est de rigueur

L'allumette en bois est sans aucun doute l'un des ustensiles les plus importants aux yeux du fumeur de cigare. En effet, il est préférable d'utiliser une longue allumette en bois afin que l'odeur du soufre enflammé se dissipe rapidement, ou encore une allumette non soufrée, comme on peut en acheter dans les magasins spécialisés. L'accent est ici mis sur le mot « bois », car les allumettes en carton, en cire ou en toute autre matière que le bois ne conviennent absolument pas. En effet, de telles allumettes apportent un arrière-goût désagréable au cigare et nuisent donc grandement au plaisir de fumer.

Selon les situations, l'allumette ne constitue pas toujours l'ustensile adéquat pour allumer son cigare. En voyage, par exemple, un bon briquet à gaz est bien plus pratique qu'une boîte de longues allumettes, qui finit toujours par déformer la poche du veston dans laquelle elle est logée. Un bon briquet à gaz remplit aussi bien sa fonction qu'une allumette. Toutefois, il est loin d'être aussi agréable car il ne crée pas le voluptueux rituel consistant à allumer son cigare avec une longue allumette en cèdre.

Concernant le briquet, l'accent est mis sur le mot « gaz », tout comme il l'était sur le mot « bois » au sujet des allumettes. En effet, allumer un cigare avec un briquet à essence confère un goût encore plus désagréable que celui produit par une allumette en cire et enlèverait presque tout le plaisir de fumer. Mais un connaisseur ne commettrait jamais cette erreur.

La bougie est l'ustensile à éviter à tout prix. Quiconque aurait l'idée absurde d'allumer un module de luxe à la flamme d'une bougie devrait de préférence définitivement renoncer à parler « cigares » ou à en fumer, surtout en compagnie d'*aficionados*.

Arôme

Quand le mot « arôme » est écrit au singulier dans ce livre, il s'applique en général à la force d'un cigare. Chaque cigare délivre des notes aromatiques dont certaines sont dominantes, jusqu'à couvrir parfois les autres, mais elles ont toutes une propriété commune : chacune développe une certaine force.

L'expression « arôme » définit aussi la puissance aromatique d'un cigare. Dans ce cas, l'arôme n'a rien à voir avec le goût, de même que le goût n'indique pas la force d'un cigare. Par exemple, un cigare dit doux prendra un goût relativement amer lorsque l'on en aura fumé les deux tiers. Beaucoup d'*aficionados* préfèrent ne pas fumer le purin (ainsi qu'est nommé le dernier tiers du cigare) car l'âcreté, même légère, que l'on a alors en bouche, couvre les autres notes aromatiques qui ne déploient plus toutes leurs saveurs.

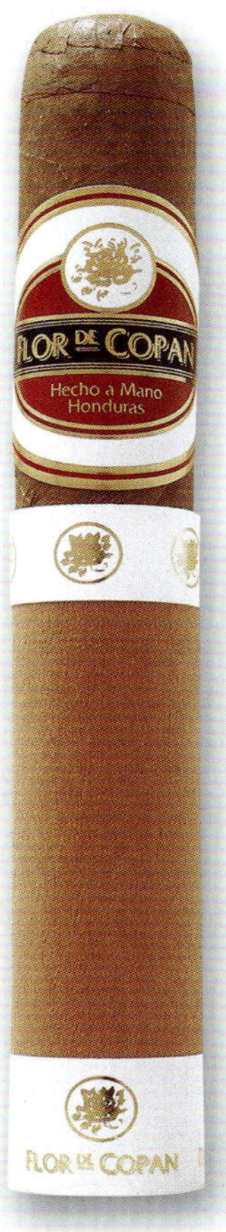

Plaisir pur – en bois de cèdre

Arômes

Il est également possible d'utiliser le terme « saveur » quand il est question des arômes d'un cigare. Un module peut par exemple surprendre par un « arôme sucré », notamment lors de l'allumage. Dans ce cas, le mot « arôme » définit alors une saveur qui est spécifique au cigare, et non la puissance du corps.

Une remarque importante est à placer dans ce contexte. Il est inutile de chercher dans les « portraits » du lexique de cet ouvrage les descriptions caractéristiques souvent usitées pour juger les modules. On ne trouvera aucune phrase du genre : « Le capiteux parfum de cuir du Corona, allié à de légères notes de miel, rappelle effectivement le goût classique, auquel s'ajoute, à l'abord du purin, une saveur épicée évoquant l'écorce. » Ce lexique n'a pas pour vocation de décrire les diverses senteurs, touches et notes de la palette aromatique, ni de commenter dans quels modules, et à quels endroits de ces derniers se développent certains goûts, avec plus ou moins d'intensité. Laissons ces analyses aux experts, mais aussi au connaisseur qui découvre, en dégustant un cigare, quels arômes lui restent en bouche, apportant une plénitude, et quels autres ne sont que fugitifs.

Force

S'il est impossible de déterminer l'intensité de certains arômes d'un cigare, on peut déterminer la force de ce dernier avec assez de précision. Certes, un *aficionado* expérimenté éprouvera la puissance d'un havane corsé d'une autre manière qu'un débutant, mais la force du cigare reste la même.

Tout le monde sait que les goûts ne se discutent pas ; or, le goût d'un cigare peut donner matière à maintes discussions. Mais la vocation de ce lexique est moins d'encourager des débats entre connaisseurs que de donner d'abord des informations impartiales. Aussi, des commentaires tels que « cigare au goût fort » ou « arôme puissant » ne se rapportent toujours qu'à la force du module.

Combustion

On reconnaît un cigare de bonne qualité à la façon dont il se consume. Deux points surtout sont capitaux : le tirage doit se faire facilement, sans effort, et l'incandescence doit être parfaitement uniforme.

Après l'allumage : on obtiendra une combustion régulière en soufflant un peu sur la première braise

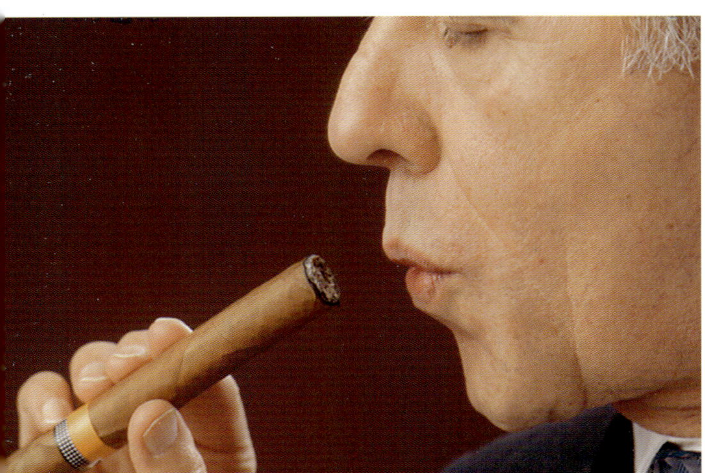

Qu'elle soit blanche, gris clair ou encore gris foncé, la couleur des cendres, contrairement à l'opinion générale, n'indique absolument rien quant à la qualité du cigare. Encore un mot sur la cendre : le fumage d'un cigare ne devrait jamais se transformer en un sport où chacun tente de « garder » les cendres aussi longtemps que possible. Cela n'est vraiment pas nécessaire. En outre, ce « sport » n'a comme résultat que des vêtements souillés, ou pis encore de vilaines taches sur les housses des canapés.

Une bonne combustion dépend bien sûr également du traitement du cigare. Si l'on garde ses havanes dans une boîte ouverte près de la cheminée, si l'on en coupe la tête avec les dents, à la manière cubaine, si on les allume avec une bougie en laissant en outre la flamme lécher le tabac, la combustion sera lamentable.

Goût

Comme cela a déjà été mentionné, les goûts ne se discutent pas, aussi cet ouvrage ne comprend-il pas plus d'estimations sur les goûts que sur les arômes. On y trouve parfois des indications sur la combustion et la puissance des cigares, afin d'aider le néophyte à s'orienter dans la recherche de « ses » marques et formats. Ces indications aideront aussi le connaisseur à découvrir d'autres marques.

On ne le dira jamais assez : derrière chaque fumeur de cigare se cache un individualiste, quelqu'un qui développe seul ses goûts, à moins qu'il ne les ait déjà trouvés.

Conservation

Tous les amateurs de cigares Premium sont loin de posséder chez eux une cave au taux d'hygrométrie constant d'environ 70 %, dont la température ne dépasse jamais 20 °Celsius, et en plus sans odeurs intempestives. Car, même si une cave présente le taux d'humidité et la température adéquats pour conserver des boîtes de cigares, ces derniers absorbent toutes les odeurs, aussi faut-il éviter si possible de les placer près des stocks de pommes de terre, ou de les ranger entre les piments séchés, le poisson fumé et les tresses d'ail.

Il existe heureusement d'autres solutions de stockage. On peut en effet conserver ses cigares dans un humidificateur (pour assurer une dégustation parfaite). Un *humidor* doit être pourvu d'un système d'humidification avec un régulateur garantissant le taux d'hygrométrie constant déjà cité (70 %), mais permettant également d'absorber un éventuel excédent d'humidité. L'*humidor* idéal est doté de telles propriétés. Il procure aux cigares l'humidité nécessaire, c'est-à-dire équivalente à celle d'un climat tropical, et contribue au plaisir d'une dégustation parfaite.

Cependant, ce plaisir peut être assombri si l'*humidor* a par exemple été placé sur le rebord d'une fenêtre sous lequel un radiateur marche à pleine puissance, ou encore près d'une cheminée. Il est encore plus déconseillé, du moins en hiver, de faire trôner son *humidor* de luxe sur la tablette de la cheminée du salon, où il attirera bien sûr le regard des visiteurs, mais...

D'une part, un vrai *aficionado* n'a nullement besoin d'exhiber ses trésors, d'autre part, il connaît les dommages causés par la chaleur. La plupart des *humidores* sont certes fabriqués dans des bois précieux et dotés de fermetures hermétiques, deux éléments qui protègent les cigares des influences extérieures. Toutefois, les bois exotiques, comme n'importe quels autres bois, s'adaptent aux températures environnantes. La température régnant à l'intérieur d'un *humidor* placé près d'une source de chaleur s'élèvera par conséquent de quelques degrés Celsius et les cigares en pâtiront. Comme cela a déjà été mentionné, non seulement le degré d'humidité, mais aussi la température sont importants pour une bonne conservation des cigares. La température ne devrait pas dépasser 20 °Celsius. Aussi vaut-il mieux placer un *humidor* dans une pièce relativement fraîche.

Un humidificateur est le contenant indispensable pour tous les modules provenant des Antilles, mais les cigares de type hollandais, qui renferment relativement peu de tabacs de Sumatra, remercieront également leurs possesseurs si ces deniers les rangent dans un *humidor*, sinon dans une armoire à cigares.

À propos d'armoire à cigares : le magasin dans lequel on achète ses cigares doit en être équipé d'un nombre adéquat ou, mieux, disposer d'une pièce de stockage climatisée. Il faut absolument s'en assurer, car le plus perfectionné des *humidores* ne servira pas à grand-chose si les cigares ont été mal stockés auparavant.

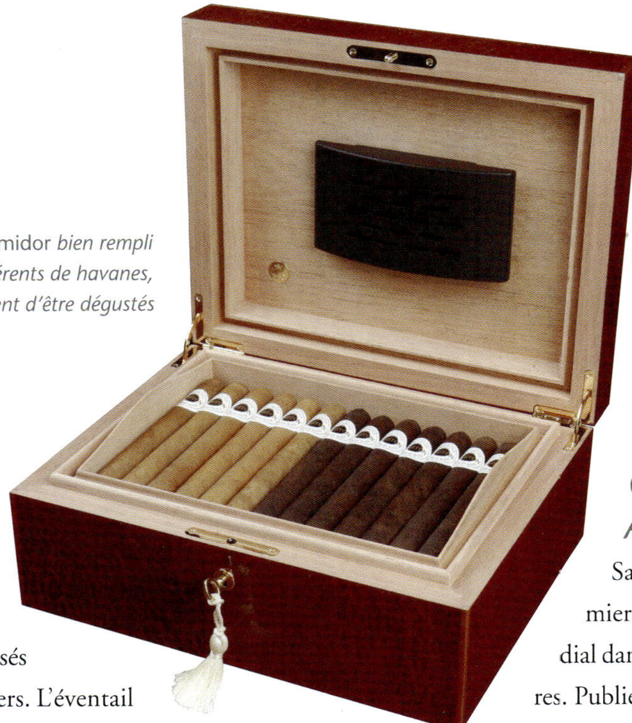

Un humidor *bien rempli de quatre modules différents de havanes, qui attendent d'être dégustés*

On peut acheter des humidificateurs dans des magasins ou maisons de ventes par correspondance spécialisés dans les produits cigariers. L'éventail des prix est très vaste. L'offre comprend des *humidores* à prix assez modiques (une centaine d'euros), pourtant fabriqués en bois précieux (et qui remplissent bien leur fonction), de même que de véritables œuvres d'art, pour lesquelles on déboursera facilement des sommes atteignant des milliers d'euros.

Comme dans tous les autres secteurs, il n'existe aucune limite de prix vers le haut. Il existe par exemple une armoire spéciale, conçue non seulement pour accueillir des cigares, mais aussi des grands vins. Chaque compartiment est naturellement doté d'un système de climatisation propre. Ce meuble est entièrement fabriqué en bois d'ébène « marcassa ». Au demeurant, ce « roi des bois » est l'unique bois précieux qu'un menuisier doit payer au poids. Mais il existe aussi des cigares proposés à un prix tel qu'en gagnant un salaire moyen européen un *aficionado* passionné ne peut s'offrir qu'une fois par semaine.

Cigar Aficionado

Sans doute le tout premier « porte-parole » mondial dans le domaine des cigares. Publié pour la première fois en septembre 1972 par l'éditeur Marvin Shanken, ce magazine américain a joué un rôle essentiel dans l'immense popularité qu'allaient connaître les modules Premium à la fin des années 1980 aux États-Unis et qui atteindrait l'Europe un peu plus tard.

Les amateurs de cigares européens ont d'ailleurs eu à souffrir un certain temps de cette « course » américaine au Premium, car l'offre sur le marché couvrait rarement la demande, notamment en modules non cubains (mais ce problème est résolu depuis longtemps).

Marques maison

La quasi-totalité des commerces de cigares, qui tiennent à leur réputation, les ont dans leur catalogue. Nous parlons ici des « marques maison », qui englobent des cigares de très bonne qualité, disponibles dans divers formats. Il peut s'agir de cigares aux tabacs provenant du Brésil ou de Sumatra, et fabriqués en Europe, mais également de cigares manufacturés en République dominicaine ou encore au Honduras.

En règle générale, les cigares d'une marque maison se situent dans une catégorie de prix très acceptable, c'est-à-dire que la relation entre le prix et la qualité est souvent plus que satisfaisante. Une marque maison est un produit qui ne génère pas de coûts de marketing et pour lequel on peut donc réduire les frais de présentation. Ainsi, le client obtient un produit de bonne qualité à un prix plus modique qu'un cigare de marque connue. Par ailleurs, un marchand sérieux a une renommée à défendre, et il évitera de proposer, dans ses marques maison, de mauvais cigares à placer dans la catégorie des « infumables ».

Depuis quelques années, d'importants commerçants en cigares importent directement depuis les pays des Caraïbes (hormis Cuba) et les îles Canaries. De même, il s'agit ici de produits de bonne qualité qui sont exclusivement proposés à la vente, sous un nom de marque précis, chez le commerçant qui les a commandés. En règle générale, la marchandise doit certes passer par un intermédiaire, mais celui-ci n'est responsable que du transport et des démarches (formalités de douanes, etc.), ainsi que du stockage à l'arrivée : l'exclusivité de la marque est donc garantie. Ces cigares sont le plus souvent des longfillers fabriqués en République dominicaine, au Honduras, au Nicaragua, et parfois aux îles Canaries.

La Casa del Habano

Il en existe pas moins de 100 dans le monde, du moins c'était leur nombre en 2005. Nous parlons ici des « maisons du havane », qui font briller les yeux de tout *aficionado* qui y pénètre. Une *Casa del Habano* est un véritable « temple du tabac », où ne se vendent que des havanes, ainsi que tous les accessoires indispensables à un fumeur de cigares passionné.

Il y a déjà quelque temps que la société étatique Habanos S. A., responsable de l'industrie cigarière à Cuba, a initié la création de ces *Casas del Habano*, et ce dans le but de diffuser mondialement les produits de l'art cubain dans le domaine de la fabrication des cigares.

Tout bon commerce de cigares vend une marque maison

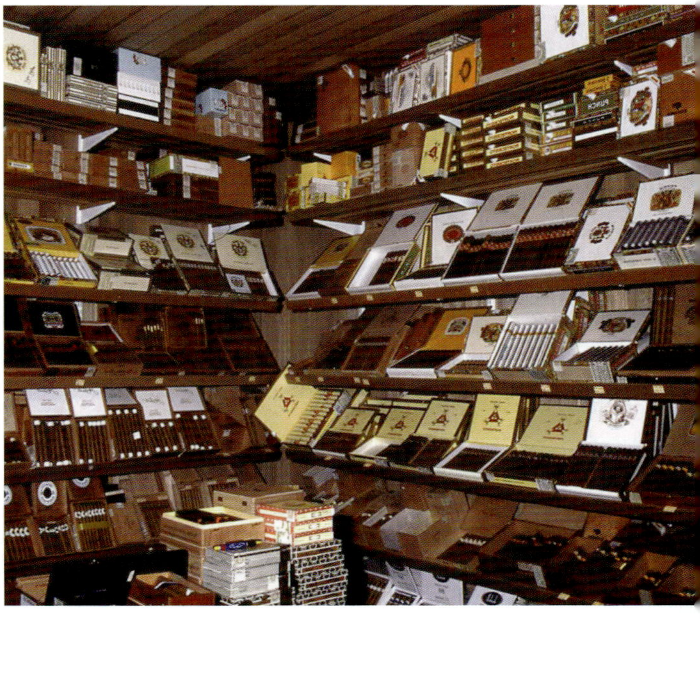

Le général Montgomery à Churchill :
« Je ne bois pas, je ne fume pas, je dors beaucoup.
Voilà pourquoi je suis en forme à cent pour cent. »

Ce ne sont pas les nouveautés (Cuba projette constamment l'introduction d'autres formats) qui attirent les *aficionados* dans les *Casas del Habano*, puisque les cigares qui sont nouveaux sur le marché cubain parviennent toujours au bout d'un certain temps dans les magasins spécialisés « normaux ». Ce qui fait l'intérêt des *Casas*, ce sont les éditions spéciales, ainsi que diverses marques et divers modules dont elles sont les seules dépositaires. On y trouve pratiquement l'assortiment entier des habanos existants : ces magasins sont un véritable El Dorado pour les « havanophiles ».

Accessoires

Les accessoires qui sont indispensables à un amateur de cigares, l'équipement sans lequel un *aficionado* ne pourrait se livrer à sa passion, se présentent sous toutes sortes de modèles et dans diverses catégories de prix.

Les allumettes longues de Cohiba ou de Dunhill, les *humidores* en résine acrylique ou en bois exotique de Davidoff, le briquet à gaz en or de S. T. Dupont ou celui en argent de Rowenta, l'étui à cigares en bois précieux ou en cuir fin, les tubes à modules en plexiglas ou en verre fumé, le coupe-cigare à la lame en acier biseauté et au manche en or ou en acier mat, les ciseaux à cigare argentés ou chromés, les cutters à doubles lames ou à lame ronde, fournis avec ou sans leur étui en cuir, l'*humidor* de voyage en cuir cousu à la main, l'*humidor* en bois de cèdre et même celui au décor de marqueterie et velours de la marque Guy Janot : ces accessoires ne doivent pas obligatoirement faire partie de la panoplie standard d'un fumeur de cigares, mais un connaisseur voudra en posséder au moins quelques-uns.

Il est vrai qu'on peut tout à fait allumer un cigare avec n'importe quelle allumette ordinaire d'un paquet à 10 cents, et même avec un briquet à gaz jetable ; on peut également décapiter son module avec la « guillotine » basique que le commerçant offre parfois gratuitement à l'acheteur d'une boîte de cigares. Mais quel *aficionado* aurait le cœur de maltraiter par exemple un Montecristo A avec de tels ustensiles ?

Il n'est nul besoin de chercher absolument à acquérir une armoire à cigares ultra-perfectionnée, un bon *humidor* fait aussi l'affaire. Néanmoins, créer une certaine ambiance accroît le plaisir de déguster un bon cigare. Voilà pourquoi les magasins et les maisons de ventes spécialisés proposent, outre ceux cités précédemment, maints autres

De beaux accessoires sont tout de suite remarqués – ici, un superbe repose-cigare de Chambrair

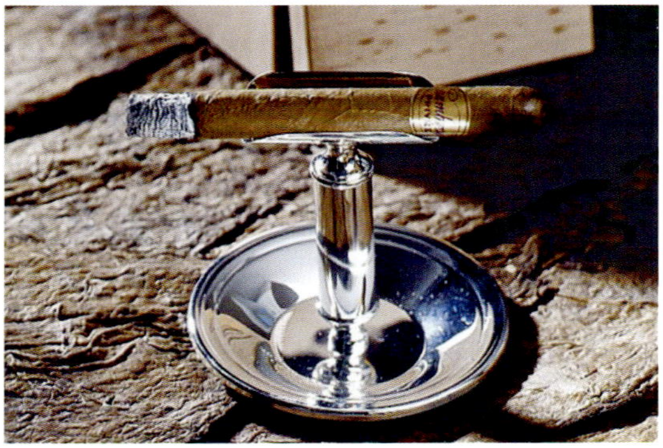

Réponse de Churchill au général Montgomery :
« Je bois beaucoup, je dors peu, je fume cigare sur cigare.
Voilà pourquoi je suis en forme à deux cents pour cent. »

accessoires destinés à rendre encore plus agréables les moments de plénitude qu'offrent les cigares.

Un mot sur la consommation du tabac : comme pour toutes les bonnes choses que l'on aime savourer, la modération est une règle à suivre si l'on veut éviter de nuire à sa santé. Le principe est le même pour le tabac que pour une alimentation déséquilibrée ou l'alcool. Quiconque se nourrit essentiellement de viandes rouges (agneau, bœuf, porc), ou boit plusieurs verres de vin par jour sait qu'il risque de sérieux ennuis de santé, et quiconque fume un paquet de cigarettes par jour doit aussi s'attendre à ce que son corps se rebelle tôt ou tard.

L'abus de tabac n'entraîne pas automatiquement des problèmes de santé, mais il comporte des risques graves qu'il est préférable de ne pas prendre.

Notre corps est habitué à vivre avec des substances nocives et peut en assimiler de faibles doses (vaccins, certains médicaments, etc.). Chacun est libre de décider de la quantité de tabac qu'il veut fumer, cependant, il doit aussi et surtout réaliser qu'il vaut mieux goûter un plaisir avec modération – ce qu'apporte la dégustation d'un cigare – que consommer à l'excès.

Huit à dix cigares, éventuellement un peu plus, dégustés pendant la semaine peuvent vraiment contribuer au bien-être d'une personne, car cette manière de « consommer » fait du bien au mental, à l'équilibre psychique, ce qui en retour, renforce le système immunitaire – une confirmation qu'un « poison » savouré avec modération, peut être tout à fait salutaire à la santé.

Régions de culture

De l'expédition qui, involontairement, le conduisit dans les deux Amériques, Christophe Colomb rapporta dans le Vieux Monde certaines denrées qui y étaient complètement inconnues jusque-là. Parmi ces dernières se trouvaient également deux plantes qui, aujourd'hui encore, jouent un rôle important en Europe. Il faut d'abord citer ce tubercule qui compte de nos jours parmi les aliments de base plus importants, la pomme de terre, et ensuite aussi, naturellement, cette plante qui, diversement traitée, fait désormais partie des produits de luxe les plus demandés chez nous : le tabac.

La pomme de terre, *Salanum tuberosum*, ainsi que le tabac, *Nicotiana*, sont des solanacées, des plantes qui vivent pendant la nuit, ou quand il fait sombre, c'est-à-dire qu'elles font ce qu'elles doivent faire avant tout : pousser.

À l'époque précolombienne, ces plantes poussaient surtout relativement près de l'Équateur, car le jour et la nuit durent à peu près le même nombre d'heure en toute saison à cet endroit du globe terrestre. Pour une solanacée, cela est excessivement important, car des nuits extrêmement courtes, comme c'est par exemple le cas pendant l'été en Europe du Nord, ne favorisent ni la croissance ni le développement des plantes.

Avec des procédés appropriés, on peut désormais cultiver aussi les deux solanacées sous les climats plus nordiques. C'est donc également le cas – même si c'est dans une moindre mesure que la pomme de terre – pour le tabac, cette plante sauvage à l'origine. On cultive même aujourd'hui le tabac spécialement destiné à la fabrication de cigares, bien que ce dernier apprécie un climat qui ressemble au climat tropical ou subtropical, c'est-à-dire caractérisé par des températures élevées et des précipitations importantes. C'est dans ces zones climatiques que se trouvent aussi les régions « classiques » de culture du tabac à cigares : Brésil, Indonésie et Caraïbes.

Pourtant, comme cela a déjà été mentionné, la culture rend beaucoup de choses possibles. Et c'est ainsi que le tabac à cigares est également cultivé en Amérique du Nord, en Italie, en France, et même en Pologne et en Allemagne. L'Uckermark, qui

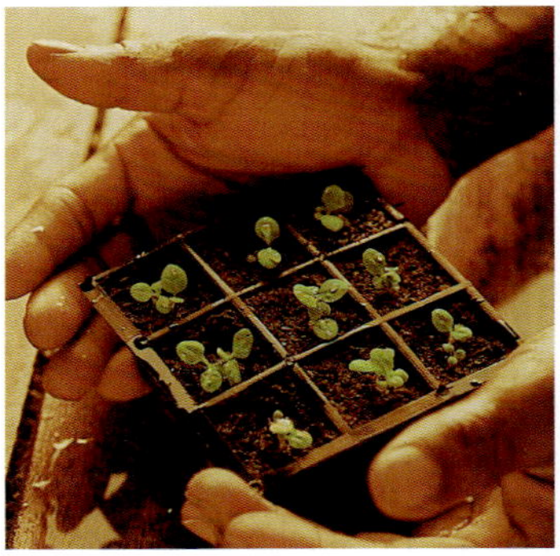

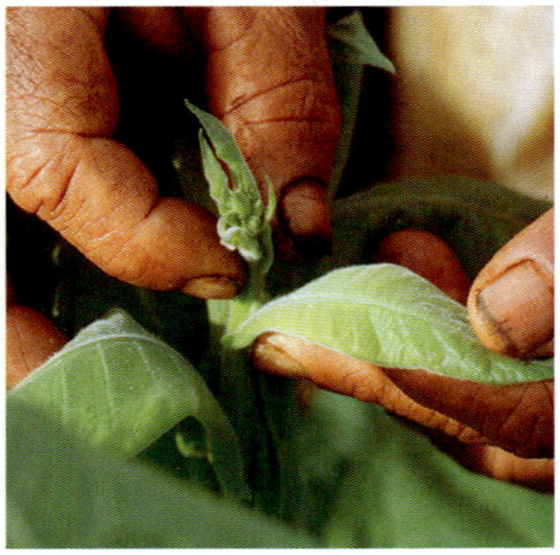

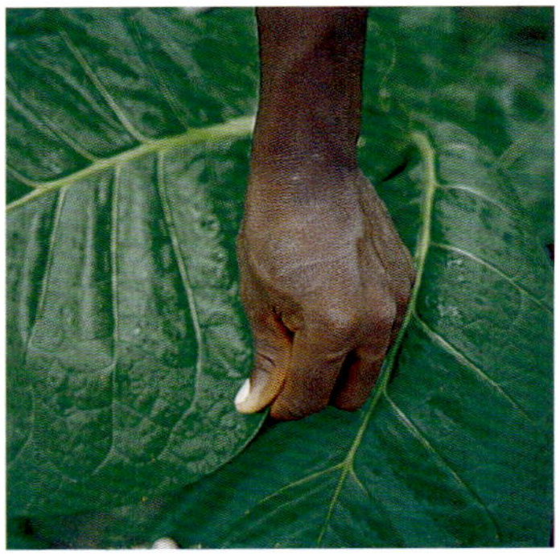

s'étend au nord de Berlin, la région du Palatinat autour de Speyer, ainsi que la plaine du Haut-Rhin entre Heidelberg et Fribourg-en-Brisgau : voilà les régions allemandes les plus importantes où pousse du tabac à cigare. Le plus connu est le Geudertheimer, un tabac doux, pauvre en nicotine, avec un léger caractère de noisette, qui peut être employé tout simplement comme élément de composition d'une tripe, mais aussi comme cape. Les régions citées ne se distinguent pas par un climat favorable à la culture du tabac, mais elles disposent aussi d'un deuxième composant important dont la solanacée ne peut se dispenser : des sols légèrement glaiseux, essentiellement sableux, qui présentent en outre un taux élevé de substances nutritives.

Dans ce qui suit, les régions de culture de tabac sont présentées avec leurs particularités respectives.

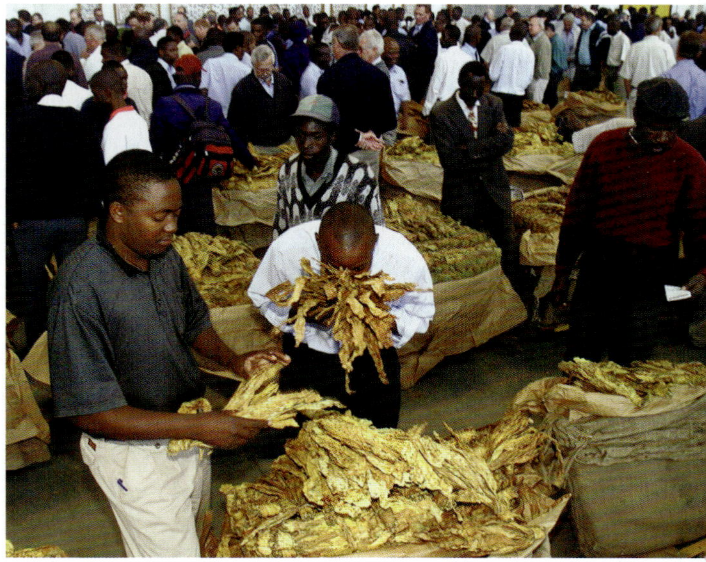

Des négociants en tabac examinent la qualité de la marchandise lors d'une vente aux enchères

Afrique

Quelques pays d'Afrique, par exemple la Tanzanie et l'Ouganda, pratiquent la culture du tabac. Ces tabacs sont de temps à autre utilisés dans la confection des tripes. Toutefois, le seul tabac africain de qualité vraiment supérieure provient du Cameroun et fournit des capes.

Cameroun

Ces dernières années, la production et l'exportation des capes provenant de ce pays d'Afrique occidentale ont de nouveau augmenté, après avoir subi une baisse considérable. Cela est très réjouissant car les capes du Cameroun comptent parmi les meilleures du monde.

L'emblème du pays est le mont Cameroun, un volcan actif de 4 000 mètres de hauteur qui se dresse près du littoral. Le versant occidental de cette montagne reçoit 10 000 millimètres de précipitations par an, ce qui en fait l'un des endroits les plus pluvieux du monde. Le Cameroun possède en outre une végétation aussi luxuriante que diversifiée. Au Nord s'étendent de vastes prairies verdoyantes, rejointes par des savanes à leurs lisières sud. Suivent ensuite des savanes arborées, que bordent des forêts tropicales à l'approche du littoral. Outre le mont Cameroun déjà cité, quelques plateaux, qui s'élèvent de 600 à 1 200 mètres au-dessus du niveau de la mer, dominent majestueusement le relief à l'intérieur du pays.

Dans ce pays recouvert pour moitié de forêts, les différentes formes de végétation apportent de nombreuses précipitations, notamment dans les régions côtières. Le climat est dans l'ensemble équatorial. Relativement sec au nord, il devient de plus en plus intertropical au fur et à mesure que l'on descend vers le sud, et est naturellement idéal pour la culture de plantes telles que les bananes, le coton, les haricots, les arachides, le mil, le manioc, le café, le cacao, le caoutchouc, le maïs, le palmier à huile, le riz, les patates douces, et bien sûr le tabac. Les plants de tabac poussent dans les clairières des forêts vierges, et produisent des feuilles donnant des capes d'une couleur brun-vert à brun et se distinguant par un goût aromatique épicé. Par ailleurs, elles ont une texture si fine qu'elles se laissent facilement manipuler.

Europe

Il n'est pas rare de lire sur les boîtes de cigares l'inscription « made in EU ». Il s'agit là bien entendu d'une indication très générale relative à la région de fabrication. Elle peut en effet désigner l'Italie, l'Espagne, le Danemark, l'Irlande, l'Allemagne, l'Autriche ou encore la Suisse. Mais aussi la Pologne ou la République tchèque, qui ont récemment commencé à manufacturer des cigares.

Ceci est tout à fait légal et n'indique pas forcément que la qualité est inférieure. Néanmoins, il est toujours préférable de s'enquérir, lors de l'achat, de la provenance des cigares. Un commerçant avisé la connaîtra.

Bien que quelques nations européennes, notamment le Danemark, l'Allemagne, les Pays-Bas ou encore la Suisse, jouissent d'une longue tradition de la manufacture des cigares, un seul pays et son histoire « cigarière », seront décrits dans le présent chapitre sur l'Europe.

Îles Canaries

Les îles Canaries ont joué un rôle assez important à l'époque de la découverte, puis de la colonisation de l'Amérique. L'archipel, qui s'étend au large des côtes nord-africaines, représentait pour Christophe Colomb, puis les *conquistadores*, la dernière étape sur la terre ferme avant la longue et périlleuse traversée de l'océan Atlantique. De même, les voiliers qui revenaient du Nouveau Monde mettaient le cap sur Gomera, une île située à l'ouest de Ténériffe, leur première station en Europe.

Dans les temps qui suivirent, un échange de « capital humain » (pour employer cette froide définition sociologique) se poursuivit entre les îles Canaries et Cuba. Des insulaires espagnols émigrèrent à Cuba, tandis que des descendants des premiers colons venaient tenter leur chance dans l'Ancien Monde. Leur première escale était l'archipel des îles Canaries (où ils s'installaient parfois définitivement).

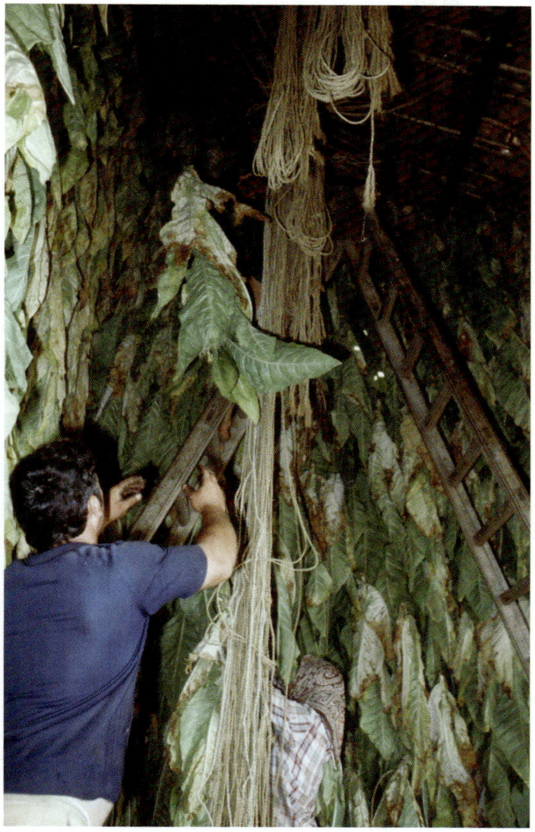

Séchage du tabac dans les îles Canaries

Les migrations vers l'Europe étaient surtout fréquentes lorsque des périodes de troubles agitaient la plus grande des îles antillaises, lorsque la situation économique y était désastreuse ou le climat politique si menaçant que l'on pouvait craindre pour sa vie.

La dernière vague migratoire majeure eut lieu après la prise de pouvoir par Fidel Castro. De nombreux Cubains ont quitté leur patrie, la plupart pour l'Amérique centrale. À l'instar de leurs ancêtres, quelques-uns ont cependant risqué le grand bond au-delà de l'Atlantique, vers l'Espagne. Parmi eux, les familles García et Menéndez, descendantes de dynasties du tabac, qui tenaient le haut du pavé dans l'univers des cigares (et le tiennent encore aujourd'hui). À cette époque, la décision d'émigrer était facilitée par le gouvernement espagnol, qui accordait d'importants avantages fiscaux aux entreprises disposées à s'installer sur les îles Canaries et à contribuer ainsi à la création d'emplois.

Après avoir trouvé leurs marques aux îles Canaries, Pepe García et Benjamín Menéndez ne perdirent pas de temps pour créer le Montecruz, un cigare composé de tabacs non cubains qui rappelait le Montecristo qu'ils avaient autrefois manufacturé à Cuba. Aujourd'hui, les Garcías et les Menéndez s'adonnent à leur passion dans d'autres régions du monde. Au milieu des années 1970, la société américaine General Cigar offrit par exemple à Benjamin Menéndez de diriger la fabrication des Partagás en République dominicaine après avoir acquis les droits sur cette marque.

Dans les années 1980, plusieurs autres fabricants de cigares quittèrent les îles Canaries. La raison : l'entrée de l'Espagne dans l'Union européenne le 1er janvier 1986 obligeait l'État à harmoniser certaines de ses lois fiscales avec celles de l'Union. Divers avantages fiscaux furent ainsi supprimés, y compris ceux dont avaient bénéficié jusqu'alors les manufactures de cigares. La situation a de nouveau changé à partir de 1994, grâce à la formule magique du « offshore ». Comme divers autres pays, les îles Canaries accueillent désormais ces « sociétés extraterritoriales » qui s'implantent dans des zones de libre-échange, ne paient qu'un minimum d'impôts, mais créent en contrepartie des emplois dans des pays où

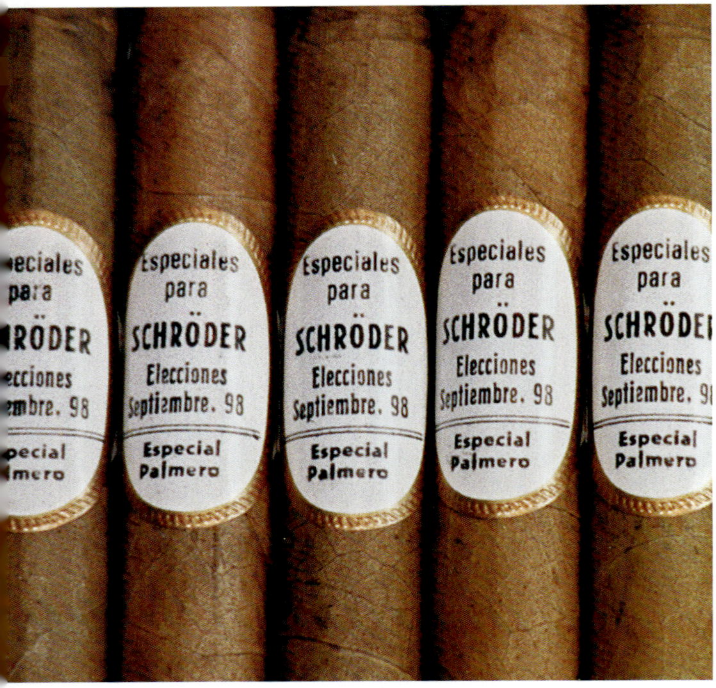

En 1998, le maire social-démocrate de El Paso, située sur l'île de Palma, offrit au chancelier allemand, grand amateur de cigares, des modules bagués à son nom

sévit souvent le chômage. Chacun y trouve son compte : l'État et la société concernée.

Les manufactures qui produisent aujourd'hui des cigares dans l'archipel des îles Canaries maîtrisent naturellement l'art de la fabrication des cigares : il s'y est en effet développé durant plusieurs siècles ce qui a abouti à un savoir-faire unique, répondant aux plus hautes exigences. Il est ainsi facile de comprendre pourquoi diverses marques des îles Canaries sont particulièrement prisées des amateurs de cigares. Condal, Goya, Hacienda, Peñamil, Vargas : ces marques ne sont peut-être pas connues de tous les *aficionados*, mais chacune possède son cercle d'amateurs fidèles dans tous les endroits où elle est distribuée ; une des raisons à cela étant également que ces cigares peuvent se prévaloir du sigle *Hecho a mano*.

Des sept îles de l'archipel, Las Palmas est considérée comme le centre de la manufacture des cigares aux îles Canaries. Elle est également l'unique île où est cultivé du tabac indigène. Les quelque cinq hectares de plantations (tendance régressive) ne permettent toutefois que d'ajouter un peu de tabac indigène aux assemblages des diverses tripes.

Ce tabac doit au moins entrer dans la composition des tripes des cigares principalement destinés au marché local. En effet, les Palmeros, ainsi que sont nommés les habitants de Las Palmas, adorent leurs tabacs foncés à la saveur corsée.

Asie

Le tabac est cultivé dans de nombreuses régions de ce vaste continent, par exemple en Chine et en Inde. Toutefois, seuls deux pays sont intéressants en ce qui concerne la culture du tabac pour cigares : les Philippines, mais surtout l'Indonésie.

Indonésie

Située dans le Sud-Est asiatique, la République indonésienne s'étend sur 13 667 îles, dont 6 044 seulement

sont habitées. Le tabac est cultivé sur plusieurs îles, en particulier sur Java et Sumatra, qui appartiennent, avec Bornéo et Célèbes, à l'archipel de la Sonde. La culture de tabacs destinés aux cigares jouit d'une tradition longue de plusieurs siècles à Java et à Sumatra ; toute l'expérience accumulée au fil des générations a ainsi énormément contribué à ce que les tabacs indonésiens soient d'excellente qualité. Le savoir-faire humain serait néanmoins inutile si ces régions ne bénéficiaient pas des conditions climatiques et topographiques idéales pour cultiver le tabac, de l'ensemencement à la maturation des plants.
Sumatra réunit les conditions évoquées ci-dessus.

À la pointe nord de l'île règne une température annuelle moyenne de 27° Celsius. Le sol, en partie volcanique, en partie sableux et limoneux, est très fertile. Les pluies sont abondantes et la voûte fréquente de nuages bas constitue une protection contre les rayons puissants du soleil. Cette action conjuguée de la chaleur et de l'humidité offre les conditions climatiques idéales à la culture du tabac pour cigares.

La principale région de culture du tabac, celle qui bénéficie de tous les avantages permettant l'obtention de plantations prospères, s'appelle Medan, nommée ainsi d'après la grande ville portuaire située sur sa lisière méridionale. C'est dans cette région que poussent les feuilles « libre de pie Deli », l'une des capes pour cigares les plus chères au monde.

Pour acquérir ces capes si recherchées, ce n'est pas à Sumatra, mais à Brême en Allemagne qu'il faut se rendre. Une courte explication : après l'expropriation, en 1958, de la société néerlandaise détenant le monopole du tabac à Sumatra, les plantations furent reprises et dirigées par des organismes étatiques (et le sont d'ailleurs encore aujourd'hui). Mais ces derniers ne maîtrisaient pas comme ils le souhaitaient la commercialisation des précieuses matières premières. Aussi ce secteur fut-il confié à la Société de tabac germano-indonésienne (DITH), fondée en 1959. Et rien n'a changé depuis. Le fabricant de cigare désireux d'acquérir du tabac de Sumatra doit se rendre dans l'ancienne ville hanséatique de Brême, où se déroule une vente annuelle. Il ne trouvera nulle part ailleurs cette matière première si recherchée.

Il en va différemment pour le tabac de Java : les négociants peuvent en effet l'acheter directement sur place. La culture du tabac est certes contrôlée par l'État, mais les transactions directes sont possibles, et sont même devenues monnaie courante.

Tabac de Java

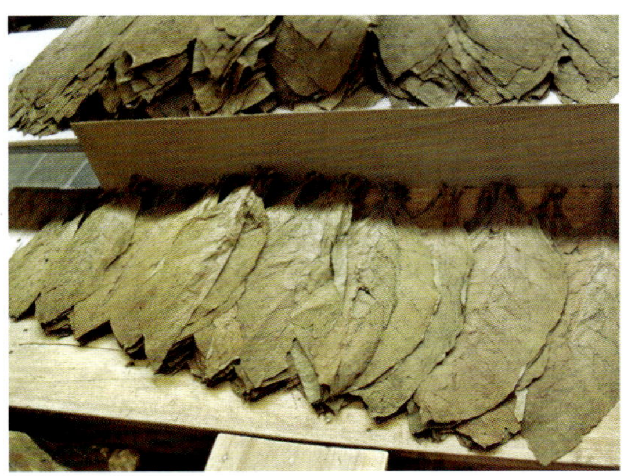

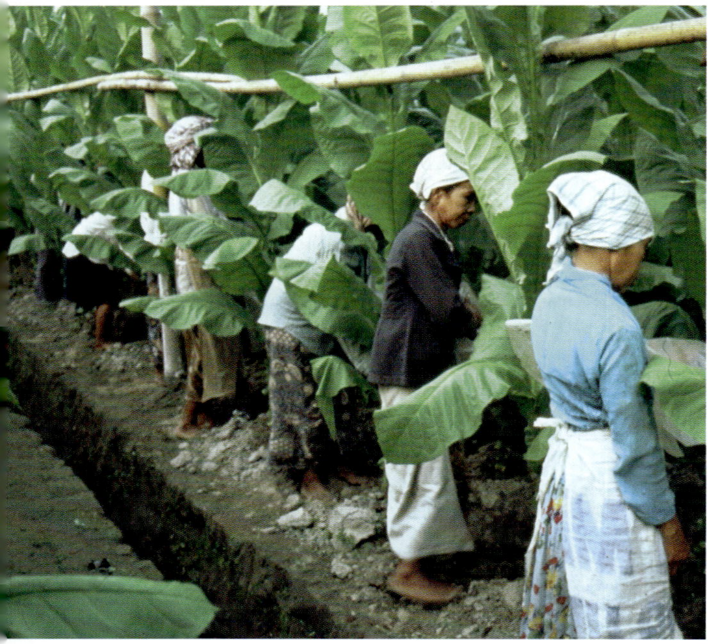

Cueillette aux Philippines

Philippines

Durant de nombreuses décennies, l'industrie du tabac est restée en sommeil aux Philippines. Elle existait, certes, mais avec difficulté, et ne jouait donc qu'un rôle minime dans la production des cigares. Pourtant, le pays avait autrefois été réputé pour ses cigares. Des manufactures de renom, installées à Manille et dans les environs de la capitale, expédiaient en effet leurs produits dans le monde entier, à destination des meilleures adresses. L'art philippin de la fabrication des cigares avait une tradition dont l'origine remontait au tournant du XVIe siècle, et était prisé par tous les connaisseurs.

Cette tradition s'est ravivée ces dernières années. Il existe aujourd'hui quelques marques de cigares Premium philippins capables de soutenir la comparaison avec de grands noms internationaux.

Les acheteurs n'ont donc pas à passer par la bourse du tabac de Brême.

Pour pallier la régression de la culture du tabac à Sumatra ces dernières années, Java a intensifié la collaboration entre les diverses sections étatiques responsables de l'exploitation des plantations, de même que sa prospection auprès de cigariers de renom. Avec succès : dans la région de Besuki, à la pointe sud de l'île, ainsi que dans le Vorstenlanden qui s'étend au nord de Besuki, on cultive désormais divers tabacs dont les feuilles peuvent être utilisées pour les tripes, les sous-capes et les capes.

Amérique du Nord

Pour un cigare très particulier, le Toscano italien, on utilise un tabac qui pousse dans le Kentucky, un État situé dans le centre-est des États-Unis. Toutefois, nous nous rendrons plus haut, vers le nord-est, dans une région où l'on cultive principalement du tabac fournissant des capes.

Connecticut

Après Rhodes Island et le Delaware, le Connecticut est le plus petit État des États-Unis par sa superficie, mais pourtant l'un des plus importants par son histoire. Colonisé au début du XVIIe siècle par les Hollandais, auxquels succédèrent des immigrés anglais, le Connecticut, fondé en 1635, fut le cinquième État à accepter la Constitution américaine et à rejoindre ainsi la communauté d'États nouvellement créée.

Cela se passa le 9 janvier 1788. Aujourd'hui, l'économie du Connecticut repose sur la construction navale et sur l'industrie aérospatiale et de l'armement. L'agriculture joue également un rôle non négligeable. Si la production laitière, l'aviculture, les cultures maraîchères et fruitières sont en premier lieu destinées aux grandes agglomérations du Connecticut, et ont ainsi une importance plutôt régionale, un autre secteur agricole a une portée dépassant les frontières de l'État puisqu'il fournit une matière première remarquable à de nombreux fabricants, à l'intérieur comme à l'extérieur des États-Unis.

Nous parlons ici de ces feuilles de tabac qui revêtent une si grande importance dans la fabrication des cigares : les capes. Celles qui proviennent de la Nouvelle-Angleterre comptent parmi les meilleures du monde. Pourtant, les premiers essais réalisés dans le but de produire des capes qui égalaient en qualité les feuilles de Cuba ou Sumatra ne furent guère couronnés de succès. Vers la fin du XIXe siècle, malgré tous leurs efforts pour cultiver des capes dans la vallée fertile de la Connecticut River à partir de semences de Sumatra, les exploitants ne parvenaient pas à obtenir les résultats escomptés. Ils renouvelèrent l'expérience quelques années plus tard, cette fois avec succès. Le sol limoneux et sableux de la partie de la vallée de la Connecticut River qui s'étendait jusqu'à 30 kilomètres de largeur au nord de Hartford, capitale de la province, se révéla idéal pour les semences cubaines sur lesquelles s'était alors porté le choix. Au fil du temps, bâtissant sur leurs réussites, les cultivateurs perfectionnèrent leurs techniques de culture et de soins des plants de tabac.

Aujourd'hui, le Connecticut Shade, un tabac élevé à l'ombre, fournit l'une des meilleures capes qui soit

Au début du XXe siècle, le travail des enfants était courant aux États-Unis. Cette photographie qui date de 1916 montre de jeunes garçons portant des feuilles de tabac récoltées dans un hangar.

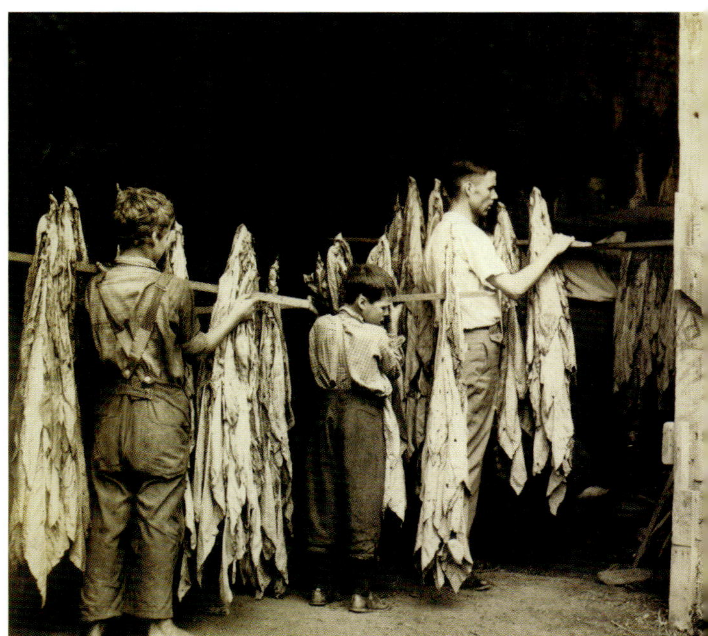

« Une chose que je n'ai jamais comprise chez les femmes : elles n'hésitent pas une seconde à s'arroser d'un demi-litre de parfum, à se poudrer d'un demi-kilo de talc, à se farder les lèvres de rouge qui sent mauvais, à utiliser de la brillantine et une demi-douzaine d'huiles pour le corps aux odeurs étranges, et elles se plaignent de l'arôme d'un bon cigare. »

Groucho Marx, comédien américain

au monde. En fait, l'expression « à l'ombre » n'est pas tout à fait correcte. Pour être précis, il conviendrait plutôt de dire « à l'ombre apportée par des panneaux en matière plastique », puisque le Connecticut n'a ni l'humidité tropicale, ni les ciels chargés de nuages bas qui permettraient d'assurer aux plants de tabac une protection naturelle contre le soleil.

Si on laisse faire la nature, c'est-à-dire si les plants de tabac ne sont pas recouverts par des panneaux de plastique et mûrissent en plein soleil, on obtient des feuilles Connecticut Broadleaf, c'est-à-dire des capes sombres qui, dans la palette des couleurs de capes, vont du Colorado Maduro au noir profond de l'Oscuro.

Qu'il s'agisse de capes Shade ou Broadleaf, le tabac du Connecticut fournit l'un des produits les plus prisés dans l'univers des cigares, mais aussi l'un des plus coûteux. Si un kilogramme de Connecticut Shade coûtait 28 dollars américains en 1996, son prix s'élevait à 145 dollars l'année suivante, une hausse de plus de 500 % que l'on peut véritablement qualifier d'exorbitante. Mais qui aura sans aucun doute fort réjoui la société américaine General Cigar Company puisque celle-ci contrôle, par le biais de sa filiale Culbro, près des deux tiers de la culture du tabac dans la vallée de la Connecticut River. Les prix du tabac du Connecticut n'ont pratiquement pas augmenté ces dernières années, une stagnation causée en partie par le développement récent en Équateur de la culture de tabac destiné aux capes, dont la qualité égale celles du Connecticut mais qui sont bien moins chères. La loi de l'offre et de la demande continue de primer.

Amérique centrale

L'isthme qui réunit l'Amérique du Nord et l'Amérique du Sud sépare la mer des Antilles et l'océan Pacifique, et englobe les pays formant l'Amérique centrale, à laquelle on rattache parfois les Antilles. Mais tournons-nous d'abord vers le continent.

Mexique

On a longtemps considéré le pays des Mayas et des Aztèques comme étant le seul, avec Cuba, à pouvoir produire des cigares Puros. En effet, sur les sols très fertiles de la vallée San Andrés peuvent s'épanouir toutes sortes de plants de tabacs, que ces derniers soient issus de semences cubaines ou brésiliennes, ou qu'ils proviennent du Connecticut ou de Sumatra.

Des plantes indigènes y sont bien entendu également cultivées, par exemple le tabac fournissant les capes appelées Negro, un nom très suggestif en soi : d'un noir profond, ces capes évoquent presque obligatoirement des cigares que l'on croit rudement corsés alors qu'ils ont dans l'ensemble un goût relativement doux.

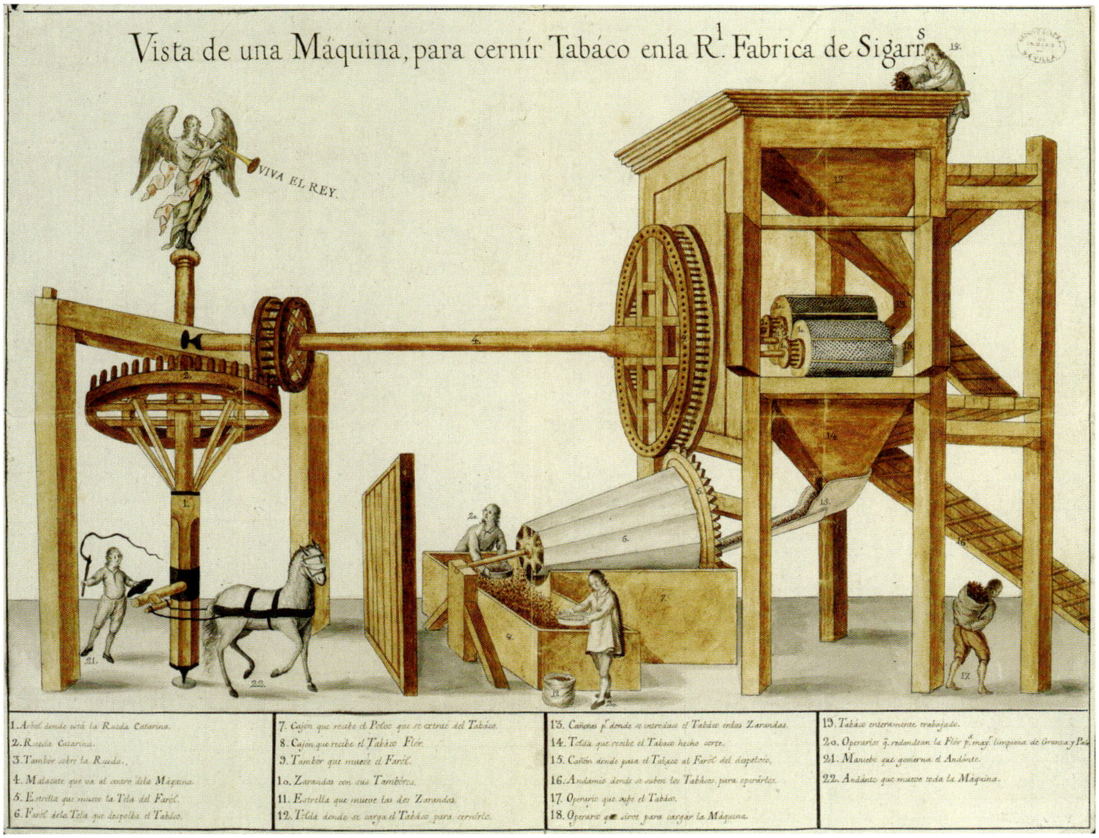

Le Mexique a joué très tôt un rôle prédominant dans l'industrie du tabac, ainsi qu'en témoigne cette aquarelle du XVIIIe siècle, figurant un moulin à tabac de la Real Fábrica de Mexico

Une seconde spécificité, bien plus pragmatique celle-ci, a conféré au Mexique le titre de « pays des Puros ». Encore récemment, il existait une loi qui interdisait toute fabrication de cigares non composés à 100 % de tabacs cultivés au Mexique. Les Puros étaient donc pour ainsi dire « prescrits » par le gouvernement.

Les méthodes de fabrication, quant à elles, ne sont en revanche soumises à aucune loi. Le Mexique produit néanmoins plusieurs longfillers qui remplissent les critères exigés pour la fabrication des Premiums. À l'heure actuelle, l'industrie du tabac mexicaine peut se prévaloir de quelque deux douzaines de cigares Premium haut de gamme, dont les marques les plus renommées sont notamment Santa Clara 1830 et Te-Amo.

La plupart des cigares Premium sont fabriqués dans la vallée de San Andrés, déjà mentionnée, située dans l'État de Veracruz, à un peu plus de 150 kilomètres au sud de la ville portuaire de Veracruz, dans le golfe du Mexique. La fertilité du sol de la vallée San Andrés, considéré comme le « centre du cigare » mexicain, est tout à fait remarquable. Elle permet en effet deux récoltes par an. En mars, qui correspond à une période de sécheresse dans les régions d'Amérique centrale, les cultivateurs cueillent le tabac issu des semences de Sumatra et, en juin, un mois par-

« J'avais vingt ans quand je suis tombé amoureux des vastes plantations de tabac à Cuba. Cet amour de jeunesse ne s'est jamais éteint. Aujourd'hui, je peux dire que j'ai consacré toute ma vie à tous ceux – jeunes ou vieux – qui aiment les cigares. C'est vrai, le cigare fait partie de ma vie. Je lui dois tout – les joies et les peines, la satisfaction professionnelle, et les moments agréables qu'il apporte pendant les heures de détente. Je lui dois aussi toutes sortes d'observations et réflexions philosophiques auxquelles je suis arrivé au cours de ma vie . »

Zino Davidoff dans une rétrospective

ticulièrement pluvieux, ils récoltent les tabacs restants, et notamment les variétés indigènes.

Or la vallée San Andrés n'abrite pas seulement de nombreux champs de tabac, mais également la petite ville de San Andrés Tuxtla, qui est le centre de la fabrication des cigares au Mexique. C'est par exemple à San Andrés Tuxtla que sont installées, entre autres, les manufactures Nueva Matacapan Tabacos (marque Te-Amo) et Tabacos San Andrés S. A. (marque Santa Clara 1830), deux manufactures qui sont considérées d'une part comme les plus importantes (Matacapan), et d'autre part comme les plus représentatives de la tradition cigarière du pays.

Bien que la loi citée précédemment – qui impose la fabrication de cigares composés à 100 % de tabacs cultivés au Mexique – ne soit plus en vigueur, le pays continue à produire de nombreux Puros. Après tout, pourquoi un pays dans lequel les premières grandes manufactures de cigares se sont ouvertes dès le début des années 1830 et qui n'a fabriqué que des Puros pendant plus d'un siècle devrait-il rompre avec cette tradition ? D'autant plus que ce type de cigares est de plus en plus prisé par les *aficionados* du monde entier !

Feuilles de tabac peu de temps avant la récolte

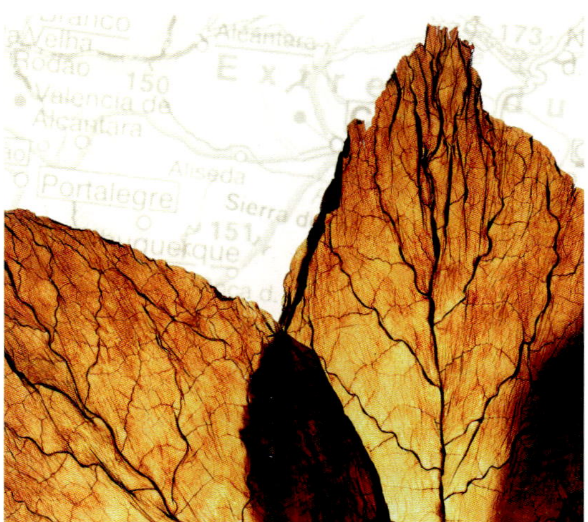

Honduras

La situation actuelle de l'industrie cigarière dans les régions d'Amérique centrale, notamment réputée pour la fabrication de nombreux cigares Premium, résulte de trois événements qui ont chacun entraîné l'autre : la révolution à Cuba, qui a eu pour conséquence l'étatisation de l'industrie cubaine, ainsi que l'embargo américain qui s'ensuivit. De nombreux Cubains s'expatrièrent à la suite de ces événements, qui transformèrent profondément les structures sociales sur la plus grande des îles caribéennes. Parmi les émigrés, on comptait nombre de planteurs de tabac ou de cigariers, qui, parfois après de véritables odyssées, s'installèrent dans d'autres îles des Antilles ou tentèrent leur chance dans les pays d'Amérique centrale – la Jamaïque, la République dominicaine, le Nicaragua et le Honduras faisant partie des régions les plus prisées.

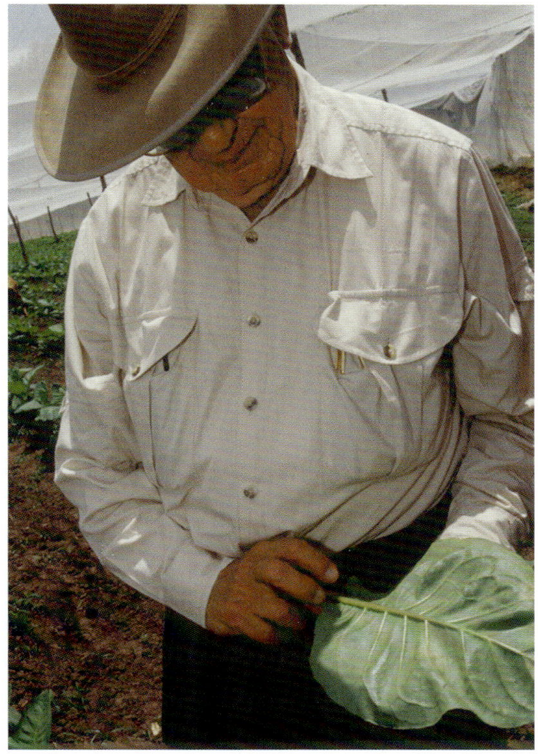

Don Jorge Bueso Arias, président de la légendaire manufacture de cigares Fábrica de Tabacos La Flor de Copán

Le Honduras est un pays agricole qui s'étend entre l'océan Pacifique et la mer des Antilles. Il s'agit de l'une des nations les plus pauvres d'Amérique latine – en 1995, le produit national brut affichait seulement 600 dollars américains par habitant. Les aliments de base, tels que les haricots, le maïs et le riz y sont certes cultivés, le plus souvent au sein de petites exploitations, et l'élevage du bétail occupent une place non négligeable, mais l'économie agraire repose surtout sur les plantations bananières, lesquelles appartiennent pour la plupart à des sociétés nord-américaines. Le Honduras abonde en ressources naturelles, mais les gisements de plomb, d'or, d'argent et de zinc, pour n'en nommer que quelques-uns, ne sont pratiquement pas exploités. La branche du tourisme, quant à elle, est également très peu développée. Copán, une ancienne et gigantesque cité maya, est restée longtemps enfouie sous la végétation tropicale de la jungle. Il y a 25 ans seulement que l'on a entrepris d'en dégager la majeure partie. Il s'agit toutefois de l'unique site du pays qui attire aujourd'hui quelques dizaines de milliers de visiteurs par an. Dans de nombreux secteurs économiques, le Honduras fait penser à un géant endormi.

Dans ce contexte socio-économique, l'industrie du tabac fait figure d'exception. La création des premières fabriques de cigares au Honduras remonte au XVIIIe siècle, mais c'est seulement avec l'arrivée des exilés cubains que la production cigarière prit son véritable essor – un essor qui se poursuit encore aujourd'hui. En 1962, Ángel Oliva, un expatrié cubain qui fut l'un des plus grands planteurs de tabacs et cigariers du XXe siècle, fonda la finca Santa Luz, près de Copán, pour y cultiver des plants de tabac issus de semences rapportées de la Vuelta Abajo. Oliva était persuadé que ses efforts porteraient leurs fruits, et ce grâce au sol dont il avait reconnu l'extrême fécondité. Et il avait raison. Aujourd'hui, les Olivas – Ángel, le patriarche, est décédé en 1993 – exploitent une importante plantation de tabac à l'est du pays, non loin de la frontière nicaraguayenne.

À quelque 150 kilomètres du site maya s'étend une petite ville dont l'appellation comprend également le nom « Copán » : il s'agit de Santa Rosa de Copán. Elle abrite une manufacture de cigares appelée Fábrica de Tobacos La Flor de Copán. Fondée en 1785, cette fabrique peut certes s'enorgueillir de 200 ans d'histoire, mais elle n'est vraiment devenue prospère et n'a acquis une renommée internationale que vers le milieu des années 1970, lorsqu'elle eut la chance d'être reprise en main. À partir de ce moment-là, la fabrique contribua largement à l'essor des cigares du Honduras sur le marché mondial. C'est là en effet que sont fabriqués, depuis 1977, les différents modules de la marque Zino, avec lesquels Davidoff est parvenu à s'établir sur le marché fort intéressant de l'Amérique du Nord (la société du célèbre connaisseur Zino Davidoff n'avait pu le faire avec ses havanes, en raison de l'embargo américain).

Jorge Portillo dirige La Flor de Copán, dont le président est Jorge Bueso Arias. Tous deux sont natifs du Honduras, ce qui n'est pas monnaie courante dans l'univers du cigare d'Amérique centrale. Jorge Arias s'est même présenté une fois aux élections présidentielles du Honduras. Il y a longtemps de cela : c'était en 1971, une année propice après la funeste « guerre du football » entre le Honduras et El Salvador. Don Bueso Arias perdit les élections de justesse, et se consacre depuis exclusivement à la culture du tabac.

Peu après l'arrivée d'Ángel Oliva, un autre exilé cubain réveilla le secteur du tabac et des cigares au Honduras. Frank Llaneza, qui a grandi dans l'univers du tabac – et lui est resté attaché –, et qui dirige entre autres la production de nombreuses marques Premium, travaillait à l'époque pour la société nord-américaine Villazón. Il reconnut rapidement les possibilités qu'offrait le Honduras et entama une collaboration avec Oliva. Villazón et Honduras American Tobaco, société qui appartenait à Oliva, ouvrirent ensemble une fabrique à Cofradia, localité située à proximité de San Pedro Sula, le deuxième centre industriel du pays après la capitale Tegucigalpa, et par ailleurs l'un des principaux centres de fabrication des cigares.

C'est à Cofradia qu'est encore produite aujourd'hui (entre autres Premiums) la marque Hoyo de Monterrey Excalibur, créée à l'époque par Frank Llaneza, qui démontra ainsi qu'un excellent homme d'affaires peut également se révéler être un fabricant de cigare hors pair.

Arrêtons-nous un instant sur une petite anecdote : lorsque les premiers cigares Hoyos de Monterrey Excalibur arrivèrent sur le sol américain, le rédacteur d'une revue spécialisée renommée se répandit immédiatement en compliments enthousiastes quant à la qualité de ces vitoles : « Le Hoyo de Monterrey Excalibur est le meilleur cigare de goût corsé que l'on puisse acheter en Amérique… Un test de dégustation a démontré qu'il était tout simplement le top, d'une qualité bien supérieure à celle que n'ont jamais eue (et n'ont) les cigares cubains. » L'Excalibur se classe indéniablement parmi les Premiums « grands crus » ; cependant, le chauvinisme de certains citoyens nord-américains ne cesse d'étonner.

Peu de temps après l'ouverture de la fabrique de Cofradia, Frank Llaneza fonda pour le compte de Villazón une autre manufacture à Danli, une ville de taille moyenne située à l'ouest de Tegucigalpa, non loin de la frontière avec le Nicaragua. La fabrique de Danli est aujourd'hui dirigée par Estelo Padrón, qui est également un exilé cubain – cela va de soi !

À l'heure actuelle, Frank Llaneza occupe un autre poste : il est président de Villazón & Co, la société pour laquelle il avait ouvert de nouveaux marchés au Honduras dans les années 1970.

D'autres Cubains exilés ont également participé au renouveau de l'industrie cigarière du Honduras. Deux d'entre eux sont Ramón Martínez et Rolando Reyes. Ils sont cités ici en qualité de représentants des nombreux « coopérants », forcés autrefois de quitter leur patrie mais désormais solidement établis au Honduras.

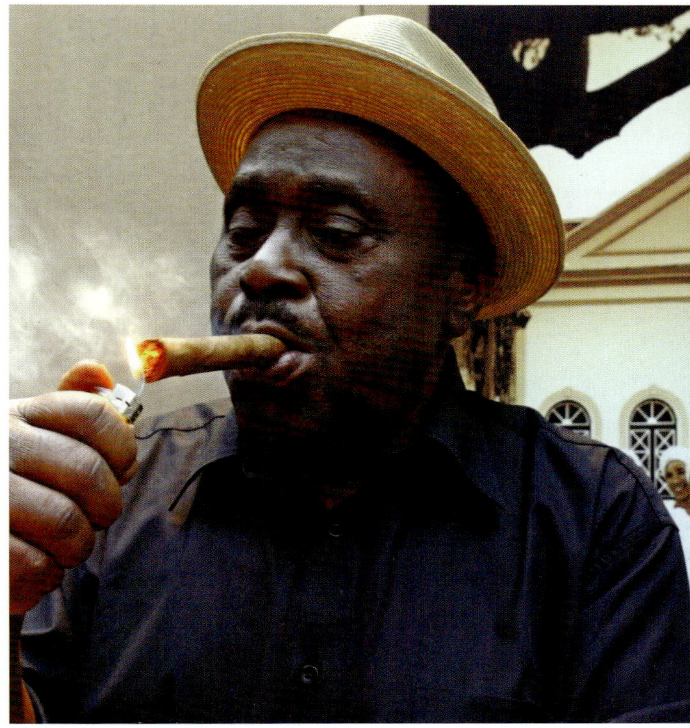

Personnage légendaire dans le monde du cigare au Nicaragua, Evilio « Jipio » Oviedo a la réputation d'être l'un des meilleurs tabaqueros *qui soit en Amérique centrale.*

Nicaragua

« Les cigares du Nicaragua valent presque ceux de Cuba. » « Les contrées autour d'Estelí et de Jalapa sont au Nicaragua ce que la Vuelta Abajo est à Cuba. Il y pousse des tabacs remarquables. » « Dans peu de temps, on ne fera pratiquement plus aucune distinction entre les cigares nicaraguayens et cubains, tant au niveau de la complexité aromatique que de la qualité. »

Une guerre civile provoque des destructions terribles ! Un secteur de l'économie agraire se trouve en plein essor, connaît un véritable boom, et en cinq ans à peine le travail et l'engagement investis pendant près de deux décennies sont sacrifiés sur l'autel de la politique. Tous les espoirs et les projets d'avenir sont détruits en moins de temps qu'il n'en faut pour le dire.

Dans les années 1970, quiconque prononçait les affirmations citées précédemment entre guillemets n'était ni regardé avec une pitié indulgente, ni contredit avec véhémence. Non, il était pris au sérieux, surtout si ses interlocuteurs étaient des connaisseurs en matière de tabac et de cigares. À cette époque, les cigares du Nicaragua avaient en effet la réputation d'être ceux qui s'approchaient le plus les cigares cubains.

La guerre civile a anéanti cette réputation. Tout commença au début de l'année 1978, lorsque Chamorro, leader de l'opposition, fut abattu par des partisans du dictateur Somoza lors d'une manifestation électorale. Le soulèvement populaire qui s'ensuivit se transforma bientôt en guerre civile sanglante. Le dictateur haï s'enfuit certes du Nicaragua en juillet 1979, mais il laissa un pays en ruines, tant dans les villes que dans les campagnes, et une population profondément blessée. Le gouvernement sandiniste de Daniel Ortega mit en place un programme de réformes afin de redresser l'économie en cendres, et redonna ainsi un peu d'espoir aux populations. C'est alors que de nouveaux troubles éclatèrent dans le pays : les Contras, un mouvement de droite soutenu par les États-Unis, organisèrent depuis le Honduras une résistance armée contre les Sandinistes. Et, lorsque les États-Unis décrétèrent un embargo commercial contre le Nicaragua en 1985, l'économie du pays se retrouva complètement paralysée.

Séchage dans une casa del tabaco

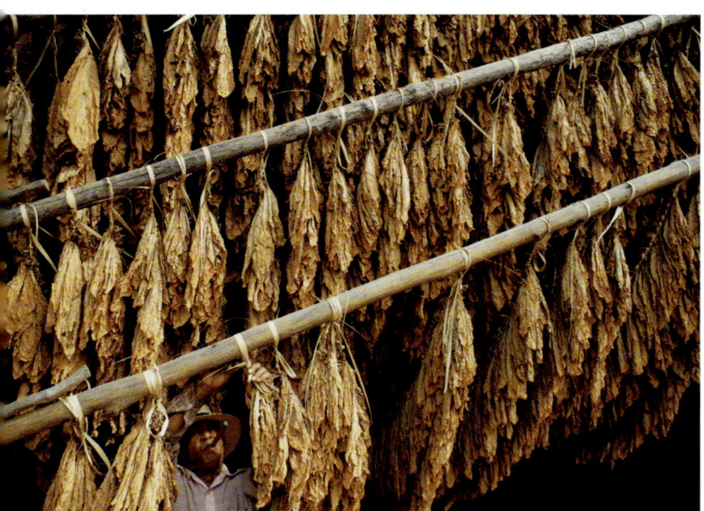

L'industrie du tabac et des cigares ne fut bien entendu pas non plus épargnée. Les combats armés entre Contras et Sandinistes se déroulèrent surtout près des frontières du Honduras, donc dans les régions où poussait le tabac et étaient fabriqués les cigares. Au cours des combats, de nombreuses plantations furent détruites, de même que des hangars et autres bâtiments abritant du tabac, que faisaient sauter les belligérants.

Avec sa politique régressive, l'administration américaine avait, après Cuba, tari une seconde « source de cigares haut de gamme » aux dépens des *aficionados* de sa propre nation. « Que la politique de la force soit maudite ! » ont dû penser bien des amateurs de cigares frustrés d'Alabama, d'Arizona, du Minnesota, du Montana, du Nebraska, du Nevada, et de partout ailleurs aux États-Unis.

La situation a aujourd'hui grandement changé et les amateurs de cigares nord-américains peuvent de nouveau voir la vie en rose, depuis qu'un gouvernement plus modéré est au pouvoir au Nicaragua. Le pays est en train de se reconstruire, avec certes des

« Un bon cigare d'outre-mer ferme la porte aux méchancetés de ce monde. »

Franz Liszt, compositeur et pianiste hongrois

lenteurs et parfois des revers, mais dans l'ensemble une courbe ascendante est en train de se dessiner. L'industrie cigarière fait notamment de rapides progrès. La qualité des cigares s'améliore en effet avec chaque nouvelle récolte de tabac, dans ce pays situé entre le Pacifique et la mer des Antilles. Le nombre de cigares Premium fabriqués au Nicaragua ne cesse de s'élever d'année en année. On observe également un accroissement de la production des Puros.

Costa Rica

Bordé par le Nicaragua au nord ainsi que par le Panamá au sud-ouest, ce petit pays qui s'étend sur quelque 50 000 kilomètres carrés ne joue qu'un rôle secondaire dans la culture du tabac et la fabrication des cigares.

Le Costa Rica ne produit qu'une quantité modeste de tabac, qui sert surtout à la confection des tripes. Parmi les rares marques de cigares connues, citons les séries Gold et Trinidad de Bahia, ainsi que Flor Real et la Mythos Solitud.

Panamá

Quiconque croit que le Panamá n'a guère plus à offrir que le canal éponyme se trompe lourdement, notamment quand il s'agit de la culture de tabacs de haute qualité. Dans le nord-ouest du pays, où le célèbre canal relie l'océan Pacifique à la mer des Antilles, s'étend la province de Chiriquì, dans laquelle pousse un excellent tabac destiné à la production cigarière, et dont la qualité n'a rien à envier aux tabacs d'autres provenances.

Cette qualité du tabac de Panamá est due à deux facteurs primordiaux : la province de Chiriquì bénéficie d'un climat marin, chaud et humide, et de sols fertiles, riches en substances nutritives. Il n'est absolument pas exagéré de qualifier les Antilles de « cœur des cigares Premium ».

Antilles

Il n'est absolument pas exagéré de qualifier les Antilles de « cœur des cigares Premium ». Cette affirmation vaut d'ailleurs aussi bien pour la culture du tabac que pour la fabrication des cigares. Rappelons que les premiers champs de tabac furent plantés dans la partie orientale de l'ancienne Hispaniola, aujourd'hui devenue la République dominicaine, et que Cuba est appelée la « patrie du cigare », une assertion que personne ne pourrait contredire.

Cuba

La plus grande des Antilles occupe une place si importante dans ce livre, étant citée pratiquement toutes les deux pages, dans l'un ou l'autre contexte, que ce chapitre se contentera d'aborder ses diverses régions de culture du tabac.

L'Oriente englobe trois régions de culture dont deux s'étendent à l'extrémité orientale de l'île, près de Santiago de Cuba, l'ancienne capitale, tandis que la troisième se situe au nord de la ville de Ciego de

Ávila, au centre de Cuba (si l'on peut parler de centre pour cette île longue et étroite).

La zone de culture du Remedios jouxte à l'ouest la dernière région citée. Vient ensuite la région de Partidos, qui commence au sud-ouest de La Havane et dont la localité de San Antonio de los Baños est la ville principale.

La région de Vuelta Abajo s'étend dans la province de Pinar del Río, située à l'extrémité occidentale de l'île. Elle est bordée à l'ouest, vers La Havane, par la région de la Semi Vuelta.

De toutes ces vastes régions de culture, une seule remplit, à vrai dire, les exigences de qualité requises pour les variétés de tabacs destinées aux longfillers, c'est-à-dire aux havanes entièrement fabriqués à la main. Cette région, particulièrement célèbre, est la Vuelta Abajo.

La Vuelta Abajo est dotée d'un sol merveilleusement propice à la culture du tabac, comme il n'en existe nulle part ailleurs au monde. Elle bénéficie en outre d'un climat semblant également avoir été

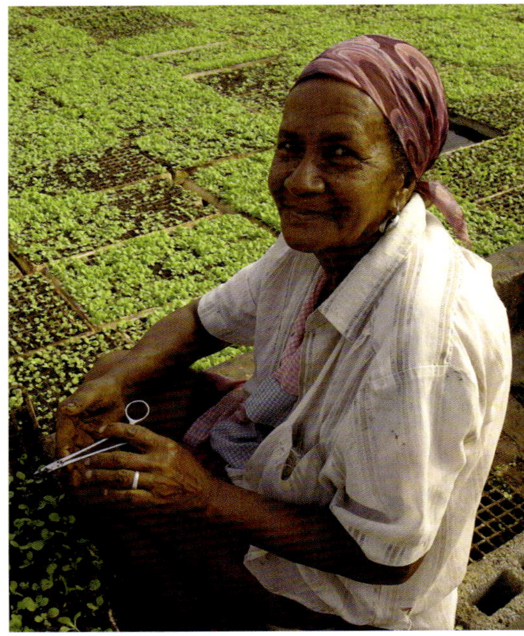

Repiquage de plants de tabac.

spécialement créé pour ses paysages de douces collines, verdoyantes toute l'année, parsemées çà et là de formations rocheuses également recouvertes de verdure. Il y pleut souvent, et lorsque les averses et la chaleur tropicale s'unissent en symbiose, des nappes de brume s'élèvent au-dessus des nombreux vallons, formant des couvertures flottantes qui semblent n'être là que pour protéger ce coin de planète et ainsi éviter qu'il ne soit asséché par un

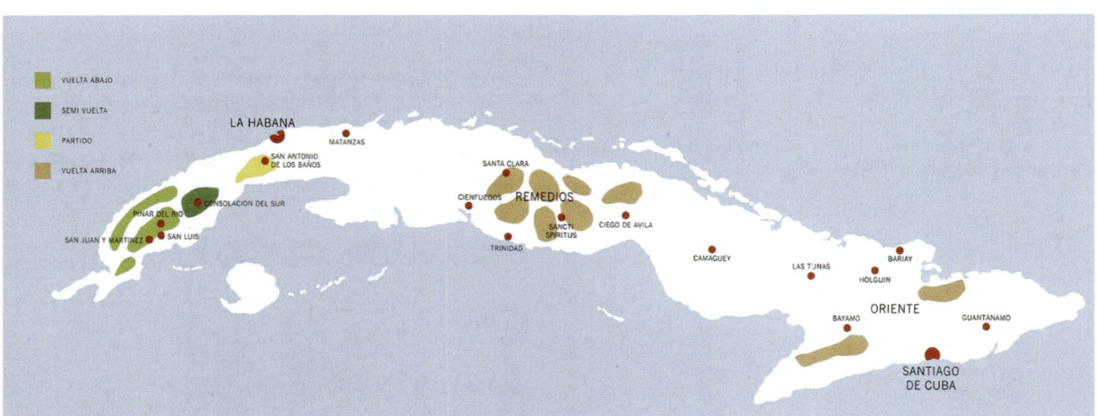

soleil trop intense. Cette association parfaite du sol et du climat crée les conditions idéales pour le plein épanouissement des plants de tabac. Pour le reste, il suffit de s'en remettre à l'habileté et aux compétences des *tabacaleros*...

Pour terminer, une dernière remarque (regrettable) : depuis quelque temps, on parle de plus en plus souvent de la région « Vuelta Arriba ». Précisons d'abord qu'il ne s'agit pas véritablement d'une région, mais d'une zone de culture du tabac située à l'est de la capitale, et baptisée ainsi depuis seulement quelques années. Pour activer la croissance de l'industrie cigarière (l'État a un besoin urgent de devises), les Cubains sont obligés de recourir aux tabacs issus de ces zones de culture, qui n'étaient jusqu'alors pas utilisés pour les produits d'exportation. Cela n'est cependant pas très grave, puisque tous les tabacs cultivés à Cuba sont généralement de bonne qualité.

Il n'en demeure pas moins que la dénomination « Vuelta Arriba » dérange les amateurs. Il est évident que l'on essaie ici de voiler l'origine exacte de certains tabacs destinés à certains produits d'exportation. Un exemple classique de la politique de l'autruche...

Jamaïque

Durant les vagues d'émigration attachées à l'histoire de Cuba, un certain nombre d'expatriés choisirent de s'installer à la Jamaïque. Des fabricants de cigares se trouvaient naturellement parmi eux. Voilà pourquoi la tradition de la culture du tabac et de la

Au coeur de la Vuelta Abajo : Pinar del Río

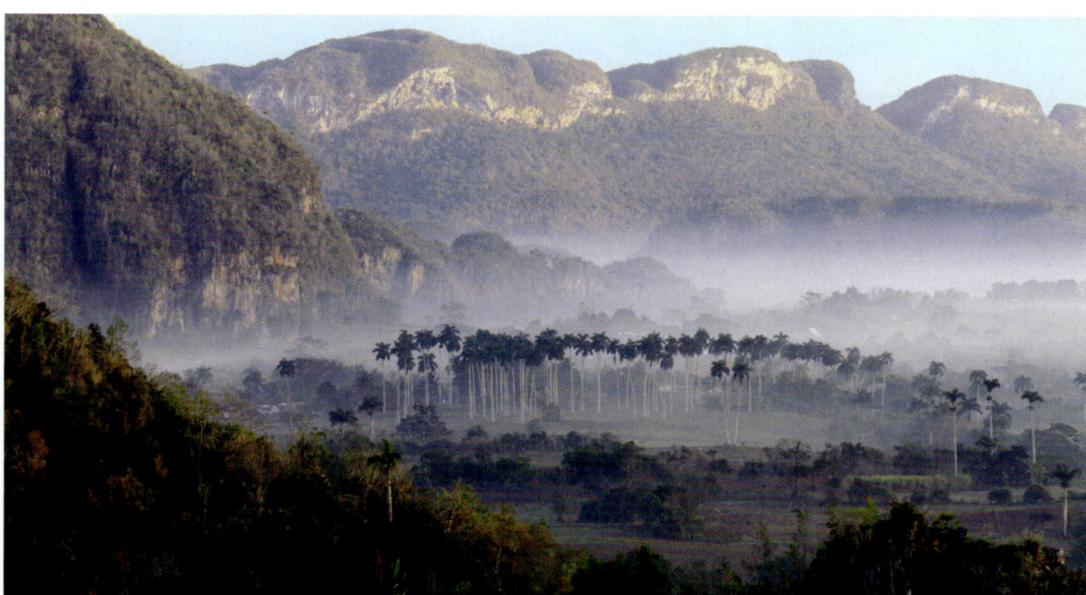

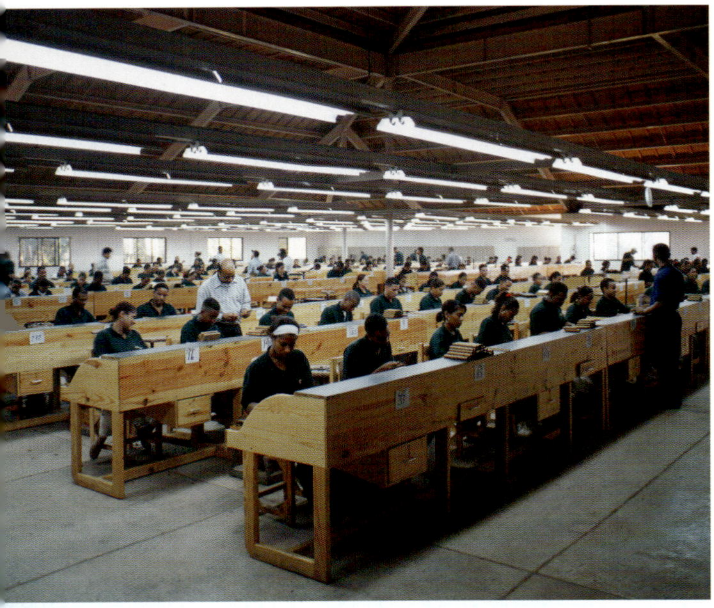

Fabrique de cigares Davidoff

fabrication des cigares remonte à plus de 100 ans (le tabac étant surtout utilisé pour confectionner les tripes) sur l'île la plus orientale des Grandes Antilles.

Aujourd'hui, une douzaine de marques Premium sont produites en Jamaïque, bien que la tendance soit à la baisse dans ce secteur. Quelques manufactures de marques renommées, telles que « Temple Hall » et « Macanudo », ont quitté la Jamaïque pour s'installer en République dominicaine.

République dominicaine

Indépendante depuis 1865, la République dominicaine est l'un des deux États qui se partagent l'île également appelée Hispaniola. Haïti, l'autre nation, s'étend à l'ouest, tandis que la République dominicaine à l'est, occupe la plus grande partie de l'île. Haïti recouvre 36,4 % de la superficie d'Hispaniola, la République dominicaine 63,6 %.

Bien que les deux pays comptent à peu près le même nombre d'habitants (environ 7 millions), l'écart entre leur situation économique respective est considérable. Si le produit national brut de Haïti s'élevait à 320 dollars US en 1983, il n'atteignait plus que 250 dollars US en 1995, mais remontait quand même à 500 dollars US en 2003. En République dominicaine, le produit national brut par habitant passait de 1380 à 1460 dollars US durant le même laps de temps, et atteignait 2400 dollars en 2004.

Cette augmentation du P.N.B. en République dominicaine, certes faible d'un point de vue occidental, est surtout due à l'évolution politique du pays, fort différente de celle que connaît Haïti. Dans l'espace latino-américain, marqué par une instabilité politique que l'on pourrait qualifier de plus ou moins constante, Haïti est le pays qui s'est retrouvé le plus souvent en manchettes des journaux internationaux ces dernières années, en raison des troubles intérieurs qui l'ont agité et ont failli se terminer en guerre civile. La République dominicaine jouit en revanche d'une situation politique à peu près stable depuis le milieu des années 1970.

Dans un pays où la société vit relativement en paix, il est naturellement plus plaisant de travailler, et cela explique également le développement qu'a connu la République dominicaine ces dernières années. L'industrie du tabac y a joué un rôle décisif, puisque de toutes les branches de l'économie de la République dominicaine, c'est elle qui a enregistré les taux de croissance les plus élevés au cours de la dernière décennie.

Si l'on remplace la formule « taux de croissance » par le terme « boom », plus imagé, on décrit encore plus clairement l'énorme essor qu'a connu l'industrie du tabac, et notamment le secteur de la fabrication des cigares en République dominicaine. Plus d'un visiteur de la nation caribéenne aura l'impression que ce boom a gagné une partie de la population, de la même façon, qu'à une autre époque, les pionniers américains avaient migré en masse de l'Est à l'Ouest des États-Unis lors de ce que l'on a appelé la « Ruée vers l'or ». Si là-bas, l'or jaune nourrissait tous les espoirs de s'enrichir, c'est du bien nommé « or brun » que l'on attend ici la prospérité ou du moins que l'on en rêve. En bref : la transformation de cet or particulier (c'est-à-dire la fabrication des cigares) fait aujourd'hui partie des quelques secteurs économiques les plus lucratifs de la République dominicaine.

Étant donné que les États-Unis ont jusqu'à présent maintenu l'embargo contre Cuba, et que la forte demande de cigares Premium au pays de « toutes les possibilités » n'a aucunement décru, les aficionados nord-américains se tournent en premier lieu vers les cigares caribéens non cubains : des modules haut de gamme satisfaisant aux normes des Premiums et faisant renaître le souvenir des bons vieux havanes. Les cigariers de la République dominicaine sont à cet égard plus que jamais concernés, puisqu'ils occupent le premier rang des producteurs de marques Premium et que leur pays est le premier exportateur de cigares Premium. Comme la demande ne faiblit pas (outre les États-Unis, le marché européen est également important), on trouve des fabriques de cigares Premium dans pratiquement toutes les arrière-cours des villes et villages au sein des régions dominicaines de culture du tabac. Cette image est bien sûr exagérée, mais elle illustre bien l'essor pris par l'industrie cigarière en République dominicaine, et explique également pourquoi les nombreuses nouvelles marques dites Premium proposées sur le marché local ne satisfont pas toutes aux normes des modules Premium. Les négociants dominicains et importateurs nord-américains ou européens savent cependant faire la distinction entre un cigare de bonne qualité et un cigare de qualité médiocre. Aussi, les cigares qui

Entrepôt de stockage

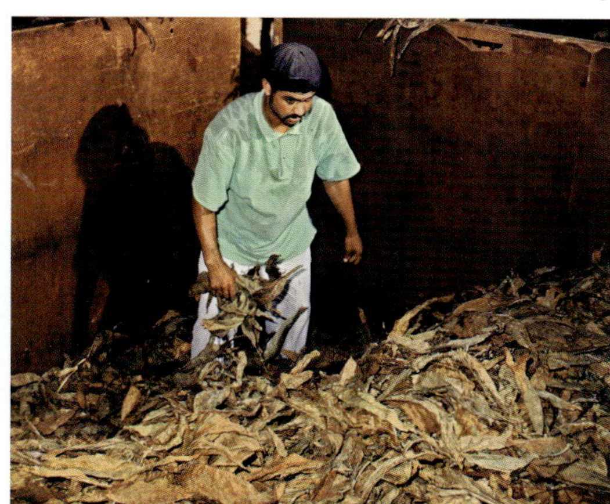

arrivent dans les magasins du Nouveau et de l'Ancien Monde sont généralement de vrais modules Premium, méritant pleinement cette appellation, qu'ils soient de marques peu connues ou de celles qui ont assis la réputation des cigares dominicains.

La tradition de la production cigarière en République dominicaine est malgré tout assez récente. D'excellents tabacs (idéaux pour la composition des cigares) sont certes cultivés depuis des temps immémoriaux dans le pays, mais la fabrication de cigares n'a véritablement débuté qu'au début du siècle dernier. La production de cigares de catégorie Premium est un peu plus tardive. Elle est notamment due à des exilés cubains, qui au tournant du XIXe siècle et (en nombre encore plus grand) après la prise de pouvoir par Castro, abandonnèrent leurs plantations pour aller se reconstruire une existence ailleurs. Après des périples souvent mouvementés, ils arrivèrent finalement en République dominicaine où ils s'installèrent définitivement et s'adonnèrent à ce qu'ils avaient toujours fait : la fabrication des cigares. Les Fuente, Garcia, Menéndez, Quesada et Toraño trouvèrent dans ce pays les conditions idéales pour fabriquer des cigares de haute qualité : c'est ici que poussait en effet l'un des meilleurs tabacs pour tripes du monde, d'une variété relativement douce appelée Olor Dominicano. S'y ajouta bientôt une variété

Comme le vin, les cigares vieillissent dans une atmosphère particulière

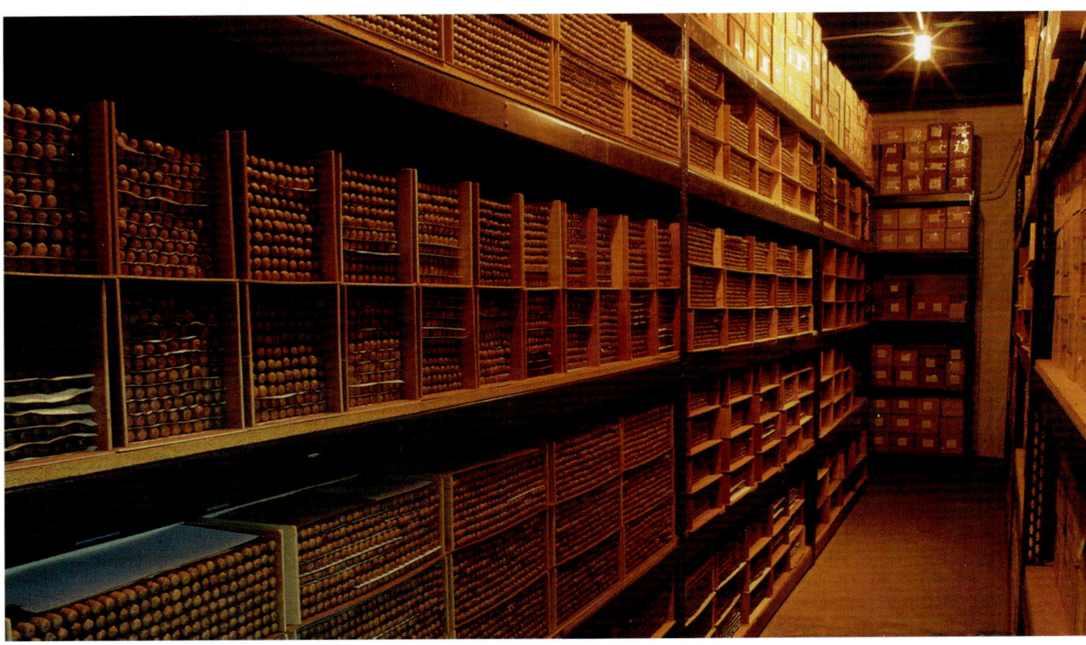

plus forte, la Piloto Cubano, et un peu plus tard encore la variété particulièrement corsée de San Vicente. Tous ces tabacs étaient cultivés (et le sont aujourd'hui encore) à partir de semences cubaines que les émigrés avaient emportées dans leurs bagages en quittant leur patrie.

Il fallait en revanche importer les capes et les sous-capes des cigares. Des tabacs du Brésil, de l'Équateur, du Honduras et du Mexique furent d'abord utilisés pour les sous-capes, jusqu'à ce que des variétés adéquates soient également cultivées dans le pays. Pour les capes, les variétés provenant du Connecticut et du Cameroun s'assemblaient à merveille avec les tripes confectionnées à partir de tabacs indigènes. Depuis quelque temps, on emploie de plus en plus de capes cultivées en Équateur, dont la qualité égale les produits du Connecticut. Récemment, les Fuente, et plus encore Henrik Kelner de « Tabadom » c'est-à-dire « Davidoff », sont parvenus à cultiver des tabacs produisant des capes que l'on peut classer dans la catégorie des produits de la plus haute qualité.

Les planteurs de tabacs dominicains essayaient depuis longtemps de produire des capes haut de gamme, Hispaniola bénéficiant de conditions climatiques comparables à celles de la grande île voisine de Cuba. Séparés par le Passage du Vent, l'extrémité orientale de la plus grande île des Caraïbes et le nord-ouest de la seconde île de l'archipel par sa superficie ne sont éloignés que d'une quarantaine de kilomètres ; Cuba est toutefois située au nord du vingtième degré de latitude nord, tandis que l'île d'Hispaniola s'étend au sud de cette latitude. On ne peut importer des sols, pas plus que des vents ou autres influences climatiques. Aussi doit-on se contenter de comparer les régions de culture (qu'elles soient plantées de bananes, d'ananas, de vignes ou de tabac) et leur situation géographique, pour constater les différences au niveau de la productivité et de la qualité des produits.

Pour ce qui est de la culture du tabac destiné aux cigares, le sol de la région cubaine de Vuelta Abajo (absolument idéal selon certains experts) présente des propriétés uniques. Les nombreux champs de tabac de la République dominicaine possèdent également chacun leur unicité. Dans ce contexte, il est à remarquer que des tabacs cultivés au sein d'une même aire de culture (aussi limitée soit-elle) mais récoltés dans divers champs, se distinguent les uns des autres, ne serait-ce que par leur couleur. Il serait donc oiseux de parler de meilleurs ou de moins bons tabacs, et beaucoup plus approprié de parler de tabacs différents. En vérité, seul le goût, c'est-à-dire les préférences du connaisseur, importe. En matière de vins par exemple, on peut préférer un riesling de Rhénanie à un riesling d'Alsace. Les deux vins sont issus d'un même cépage, cultivés dans des régions pratiquement identiques, mais on constate que l'un a plus d'acidité que l'autre. Il s'agit simplement d'une affaire de goût.

Quoi qu'il en soit : en République dominicaine, un grand nombre de plantations de tabacs destinés à la fabrication de cigares Premium, comptent parmi les meilleures du monde. La plupart d'entre elles s'étendent dans le Valle del Cibao, ainsi que se nomme la vallée fertile du Yaque del Norte qui s'écoule au nord-ouest du pays. Un peu plus à l'ouest, d'autres zones de culture notoires sont situées aux alentours des villes Moca, La Vega et Bonao. Dans toutes ces régions, on pratique non seulement la culture de tabacs destinés aux tripes, mais également la culture de variétés dont les feuilles donneront des sous-capes et des capes. C'est également ici que se dressent quelques-unes des grandes fábricas où les *torcedores* roulent chaque année plusieurs millions de cigares Premium. Les principaux centres de la production cigarière sont toutefois situés dans la région autour de Santiago de los Caballeros, capitale de la province, ainsi que dans la région de La Romana, ville située au sud de l'île.

Amérique du Sud : des conditions idéales pour garantir une production de qualité.

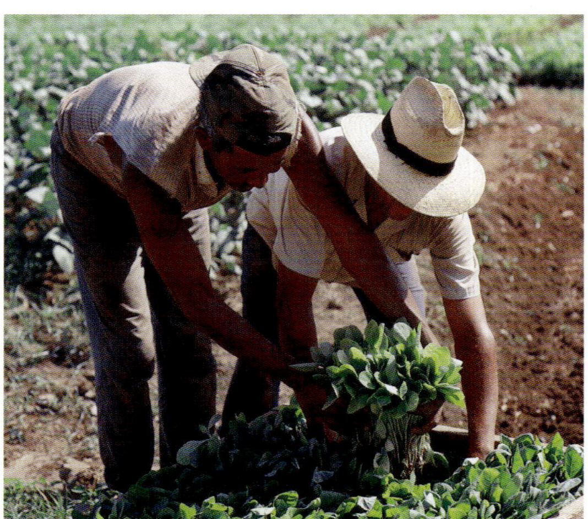

Comme il a déjà été mentionné, la République dominicaine est le premier producteur mondial de cigares Premium. Plus de 400 marques originaires de cet État des Antilles peuvent se parer du titre élevant un cigare au rang de noble (bien que « seulement » 100 à 120 marques fassent réellement partie du haut de la gamme). Dans l'ensemble, les cigares dominicains sont très aromatiques, avec un goût allant de doux à moyennement corsé. Toutefois, exceptions qui confirment toujours la règle, certains modules ne cessent de gagner en puissance depuis quelque temps. Il reste également un point important à mentionner : les 100 à 120 marques très haut de gamme de cigares dominicains possèdent toutes une qualité remarquable et promettent de grands moments de plénitude aux aficionados. De même qu'à ceux qui font leurs premiers pas dans l'univers du cigare, avec par exemple un « Dominico » à la saveur suave.

Amérique du Sud

Quand on pense au sud du continent américain en association avec le tabac et les cigares, le Brésil, avec sa longue tradition cigarière, vient automatiquement à l'esprit. D'autres pays d'Amérique du Sud ont cependant également beaucoup à offrir et créeront bien des surprises.

« Les rêveries voyagent sur les nuages aromatiques d'un noble cigare. »

Geraldo Dannemann, pionnier germano-brésilien de l'industrie du cigare

Colombie

Située au nord de l'Amérique du Sud, avec un littoral baigné par la mer des Antilles dans sa partie nord et par le Pacifique à l'ouest, la Colombie ne joue qu'un rôle secondaire dans l'industrie du tabac. Seule une région s'étendant au nord-est du pays, El Carmen, est réputée pour sa culture d'une variété de tabac (Cubita), qui produit surtout des feuilles destinées aux tripes et dont la qualité satisfait aux critères exigés pour entrer dans la composition d'un cigare Premium.

Équateur

Niché entre la Colombie et le Pérou, ce petit pays sud-américain pratique depuis quelque temps la culture de variétés de tabacs produisant des capes de toute première qualité, utilisées notamment dans la fabrication des cigares Premium. Les deux volcans géants du Chimborazo et du Cotopaxi dominent ce pays traversé par la cordillère des Andes, tantôt montagnes âpres, tantôt recouvertes de forêts humides jusqu'à 3 500 mètres d'altitude, qui dominent de vastes étendues de jungle tropicale. Cette topographie et le climat en partie subtropical offrant des conditions idéales pour la culture du tabac, on a commencé, il y a quelques années, à cultiver des variétés de feuilles de tabac pour capes à partir de semences du Connecticut et de Sumatra.

Les résultats obtenus sont plus que satisfaisants. Si les semences de Sumatra fournissent déjà un très bon tabac pour capes, celles du Connecticut les dépassent encore en qualité. C'est ainsi qu'aujourd'hui les feuilles de tabac de l'Équateur, qui, du fait d'un ciel souvent couvert, poussent pratiquement à l'ombre d'un voile naturel, sont très recherchées et n'ont pas à craindre la comparaison avec les capes « d'origine » du Connecticut. Les produits de la República del Ecuador sont surtout achetés par les fabricants de cigares de la République dominicaine, pour leur qualité certes, mais aussi pour leurs prix compétitifs.

Quelques mots sur le voile d'ombre naturel : le tabac équatorien est parfois qualifié de Sun Grown ou Virgin Sun Grown, ce qui signifie à peu près « maturation non influencée par le soleil » ; les plants de tabac mûrissent sans être soumis aux rayons directs du soleil, mais aussi sans être protégés artificiellement par des lés de tissus, comme c'est le cas pour les capes *Connecticut Shade.*

Pérou

Bien que ce pays n'ait pas une tradition de culture du tabac aussi riche que d'autres régions sud-américaines, un fait est certifié par les scientifiques : le *nicotiana tabacum* est né sur les hauts plateaux andins du Pérou et de la Bolivie. Après que « Davidoff » a ouvert la voie en 2003, en choisissant du tabac péruvien pour les tripes de ses deux nouvelles séries « Zino », ce tabac attire de plus en plus l'attention d'autres fabricants réputés.

À l'heure actuelle, le tabac péruvien est surtout cultivé dans le nord du pays, sur les contreforts orien-

« Finalement, chaque cigare part en fumée. »

Proverbe brésilien

taux des Andes. C'est un tabac au goût plutôt puissant et possédant une complexité aromatique particulièrement riche. Il présente en outre une bonne qualité de combustion et, comme cela a déjà été mentionné, il est parfait pour les mélanges de tripes mais peut également être utilisé pour les sous-capes.

Brésil

L'industrie du tabac du Brésil a une tradition vieille de plusieurs siècles. Elle remonte précisément au XVIIe siècle, lorsque le premier comptoir officiel de vente de tabac était créé, au cours des années 1660, dans ce pays qui, avec une superficie de plus de huit millions et demi de kilomètres carrés, occupe près de la moitié de l'Amérique du Sud.

En comparaison, les deux zones principales de culture du tabac pour cigares paraissent minuscules. Elles sont toutes les deux situées au nord-est de la República Federativa do Brasil. L'une s'étend dans la région d'Arapica, qui fait partie de l'État fédéral d'Alagoas, et l'autre, 500 kilomètres plus au sud, dans la région de Recôncavo, qui appartient à l'État fédéral de Bahia. Cette dernière région, composée des aires de culture de Mata Sul, Mata Norte et notamment Mata Fina, cœur de la production de tabac brésilienne, est surtout connue des fumeurs de cigares en raison des dénominations « Bahia » et « Mata Fina » que l'on retrouve dans plusieurs marques de cigares. Dans le Recôncavo, où se trouve Cruz das Almas, « capitale du tabac », on pratique la culture des haricots, du maïs, du manioc, mais surtout du tabac à cigare. Contrairement à ce que l'on observe dans les pays antillais par exemple, le tabac est ici cultivé par des milliers de petits planteurs indépendants qui récoltent, sur leurs parcelles appelées *sitios*, les meilleurs tabacs de Bahia, à partir de la fin du mois de juillet.

Les méthodes de récolte sont également différentes : les feuilles ne sont pas cueillies et séchées individuellement, mais en branches. Après avoir été coupées, les branches encore remplies de sève, apportent un complément de substances nutritives aux feuilles. Les arômes continuent ainsi de se développer, ce qui contribue à conférer au tabac le goût épicé si particulier qu'il aura plus tard. Un autre facteur à prendre en compte est le processus de fermentation, qui s'étend sur plus de six mois après l'époque de la récolte. Les balles de tabac, amoncelées en piles pesant jusqu'à une tonne et demie, sont exposées à une chaleur de 50 à 55° Celsius, ce qui a pour effet de réduire leur teneur en nicotine, en eau et en sucre.

Malgré tous les soins apportés au tabac, avant et après les récoltes, les planteurs n'obtiendraient guère de succès si le Recôncavo n'était pas une des régions les plus fertiles du Brésil. Il y règne un climat subtropical, caractérisé par une température annuelle moyenne de 25° Celsius et des précipitations

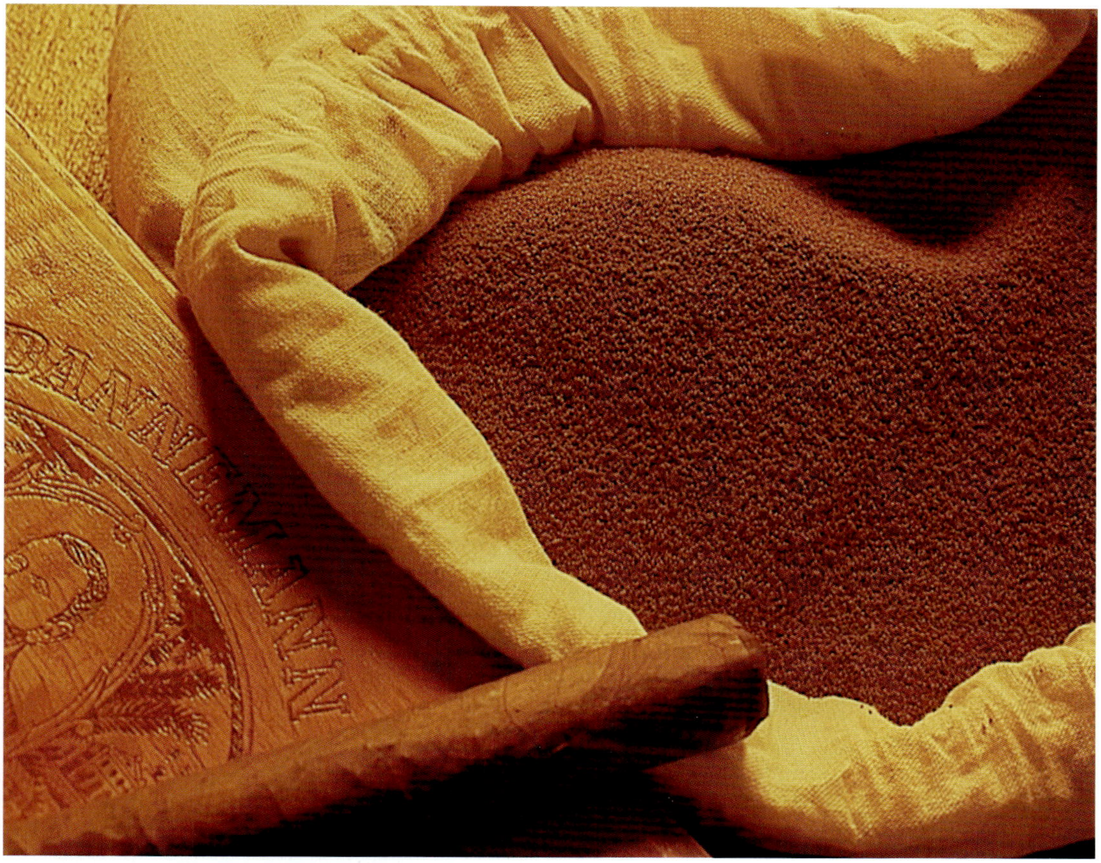

Tradition brésilienne : Dannemann

fréquentes. En raison de ce climat et de la proximité du golfe de Bahia, le Recôncavo possède un sol légèrement sablonneux, idéal pour la culture du tabac à cigare.

La région d'Arapica, située plus au nord, jouit de conditions similaires. Tandis qu'une terre argileuse recouvre les collines, les plaines où sont plantés les champs de tabac présentent un sol plutôt sableux et poreux.

À la différence de Bahia, la cueillette individuelle des feuilles de tabac est pratiquée dans l'État d'Alagoas. Les feuilles sont également séparées lors du séchage. Ces méthodes permettent d'obtenir d'excellents résultats lors de la production des capes. Si l'on veut comparer les tabacs des deux régions, on constatera que le tabac de Recôncavo a une saveur épicée et des feuilles à la structure assez épaisse, tandis que l'Arapica est moins aromatique, mais donne des feuilles à la structure plus fine.

À l'instar de l'Indonésie, le Brésil exporte une grande partie de son tabac. Cela signifie que proportionnellement aux nations des Caraïbes, le Brésil fabrique beaucoup moins de cigares sur le territoire national. Quelques marques de cigares Premium brésiliens se sont certes fait une réputation internationale, mais force est de constater qu'un volume important de tabac brésilien, matière première très prisée, est expédié vers d'autres pays du monde.

Sortes, types, formats

Puro

En espagnol, un cigare est aussi appelé *puro*, mais dans sa signification première, le mot est un adjectif voulant dire « pur », « naturel » ou encore « authentique ». Dans l'univers du cigare, un puro désigne un cigare fabriqué exclusivement avec des feuilles de tabac provenant d'un seul et même pays. C'est ainsi qu'un havane est toujours un puro, mais le Honduras, le Nicaragua et surtout le Mexique produisent aussi de nombreux *puros*. La République dominicaine commence également à fabriquer ses propres *puros*.

Une remarque importante : le mot puro ne se rapporte qu'aux tabacs utilisés (d'un seul et même pays) et non pas à un critère de qualité. Autre chose : si l'on parle par exemple d'un « Pure Honduran », il s'agit d'un cigare composé uniquement de tabacs provenant du Honduras, mais qui a été fabriqué dans un autre pays.

Belicoso

C'est ainsi que l'on nomme un cigare assez épais (au moins 52 de diamètre), avec une tête en obus, ce qui le classe parmi les *figurados*. Un *torcedor* doit être très expérimenté pour rouler ce type de cigare.

Figurado

Un cigare au format classique a un corps cylindrique, de diamètre égal sur toute sa longueur, et se termine par une tête au bout arrondi. Les formats de cigares s'écartant de ces normes sont appelés *figurados*. Les modules *Belicoso, Culebra, Pyramide* et *Torpedo* en font par exemple partie. La fabrication de ces cigares exige une technicité remarquable de la part des *torcedores*.

Cigares Premium

Tout tourne (ou presque) autour de ces cigares qui ne représentent pourtant qu'environ 1,5 % de la production globale. Les quelque 150 millions de modules Premium (qui méritent cette appellation) fumés annuellement dans le monde évincent les quelque 10 milliards de cigares « communs ».

À tort ou à raison, on pourrait se poser la question. Le fait est que pour s'appeler Premium, un cigare

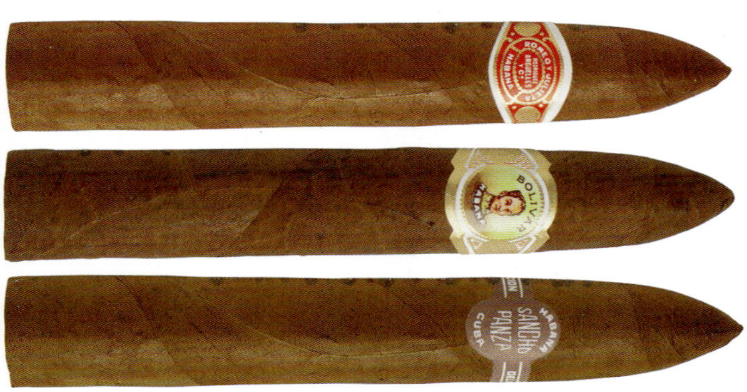

Trois Belicosos (de haut en bas) : « Romeo y Julieta », « Bolívar » et « Sancho Panza »

doit absolument remplir trois conditions : il doit être à 100 % composé de tabac, appartenir à la catégorie des longfillers et avoir été roulé à la main.

Les cigares qui remplissent ces trois critères proviennent en premier lieu de l'espace caraïbe et de l'Amérique Centrale ou du Sud, depuis quelque temps également de l'Indonésie et des Philippines. L'Europe, à l'exception des Îles Canaries, est ici hors de course. La raison : dans l'Ancien Monde, la main-d'œuvre est trop chère pour que les manufactures de cigares puissent se permettent de fabriquer leurs vitoles à la main. Le coût d'un cigare serait si élevé qu'il serait impossible de concurrencer les Premium, de qualité égale, provenant des régions citées ci-dessus.

Le summum est naturellement un cigare haut de gamme, roulé à la main. Aucune machine ne pourra jamais remplacer les capacités d'un *torcedor* chevronné. Cependant, un cigare bien fait, confectionné à la machine, peut être meilleur qu'un cigare roulé sans grand soin à la main. Ce qui prime d'abord, c'est en effet la qualité et la composition des tabacs utilisés. Toutefois, la façon de confectionner le cigare, de laquelle dépendent une combustion et un tirage satisfaisants, est aussi très importante, qu'elle soit manuelle ou mécanique.

Ainsi, les cigares Premium onéreux ne sont pas tous automatiquement à la hauteur de leur prix. Pour éviter les déceptions, il est essentiel de se renseigner exactement, avant ou lors de l'achat de cigares, sur le vaste choix qu'offre le marché. Et surtout, un fumeur de cigare se doit d'obéir aux trois critères capitaux qui gouvernent l'univers du cigare : goûter, goûter, goûte…

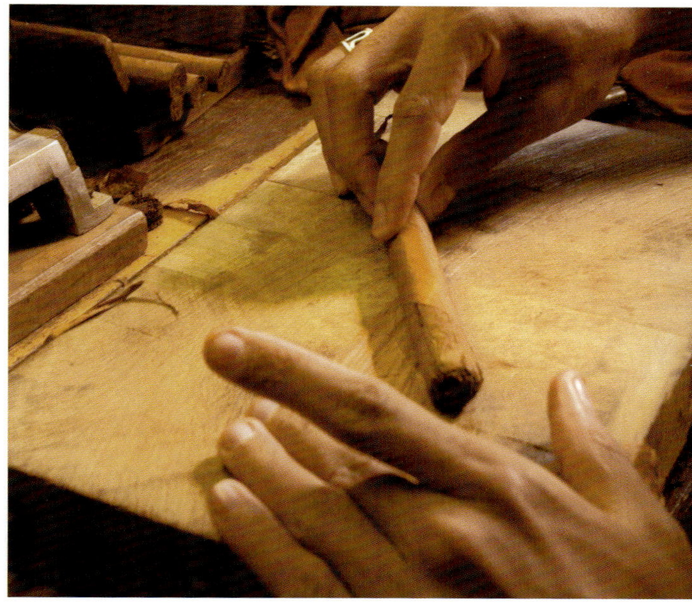

Les cigares Premium sont toujours roulés à la main

Les reproductions

Disons-le avant toute autre chose : les reproductions ne sont pas des faux. Prenons un exemple pour expliquer : quand un aficionado entre dans un magasin de cigares à New York et demande une boîte de « Cohibas », il reçoit satisfaction (si le magasin est bien achalandé) et peut l'emporter (s'il peut la payer) en toute légalité, car on ne lui a pas vendu des faux, mais de « vrais Cohibas », fabriqués en République dominicaine par la société nord-américaine « General Cigar Company ». En effet, la GCC est autorisée à fabriquer des « Cohibas » depuis qu'elle a obtenu les droits sur ce nom de marque.

Cette situation assez confuse résulte d'un jugement prononcé au milieu des années 1970 par la Cour internationale de La Haye. À l'époque, des Cubains exilés avaient intenté une action afin de pouvoir donner leurs noms d'origine aux cigares qu'ils avaient d'abord fabriqués à Cuba, avant que l'exil ne les obligeât à les produire en République dominicaine ou au Honduras. Ces appellations incluaient des marques dont un individu ou une famille possédait les droits.

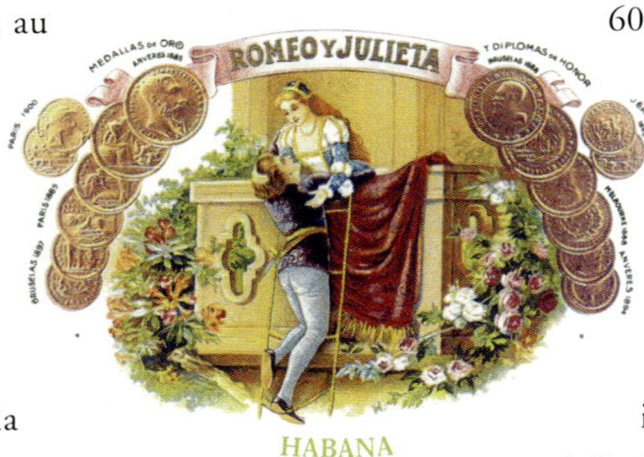

Un droit existant appelle parfois des incertitudes. Cela semble prévaloir dans le cas de doubles noms de marque de cigares cubains et non cubains – un flou dont ont profité quelques entreprises nord-américaines. Par exemple, la marque « Cohiba » n'a jamais été la propriété d'un individu ou d'une famille. Or, la « General Cigar Company » fabrique et distribue des cigares sous ce nom. Cela signifie qu'elle a un jour acheté à une certaine personne les droits d'utiliser ce nom. Certainement pas à Fidel Castro ! Peut-être à un ancien collaborateur de la manufacture « El Laguito » qui, il y a des années, occupait un poste plus ou moins important dans ce « temple du havane ». Qui sait ? On ne peut plus reconstituer le cheminement aujourd'hui, mais ce serait pensable.

Quoi qu'il en soit : une situation singulière existe bel et bien. Le marché offre parfois deux marques différentes de cigares portant le même nom. On trouve ainsi deux « Romeo y Julieta », deux « Montecristos », et deux « Partagás », pour ne citer que quelques exemples.

Voilà pourquoi le tableau des pages 60/61 comprend également toutes les reproductions actuellement en vente sur le marché, ou qui l'étaient encore récemment. Cela permettra ainsi à l'amateur de cigares de pouvoir s'y retrouver quand il est mis devant la décision difficile de choisir par exemple entre deux « Bolívars ».

En vérité, seul un magasin hors taxes pourrait proposer un tel choix, car dans un pays où l'on peut par exemple acheter des cigares cubains de la marque « Partagás », on ne devrait pas pouvoir trouver de « Partagás » fabriqués en République dominicaine, et cela en vertu d'accords passés entre « Habanos S.A. » et les « seconds propriétaires » – le plus souvent des sociétés nord-américaines – des diverses marques concernées.

Cette situation insolite pourrait bien un jour devenir précaire, le jour où l'Administration américaine se déciderait en effet à lever l'embargo sur tous les produits cubains ou certains d'entre eux...

Reproductions actuelles ou anciennes des marques de havanes

Belinda	*Honduras*
Bolívar	*République dominicaine*
Cabañas	*République dominicaine*
Cifuentes	*Jamaïque*
El Rey del Mundo	*Honduras*
Fonseca	*République dominicaine*
Fonseca Vintage Selection	*République dominicaine*
Henry Clay	*République dominicaine*
Henry Clay Habana 2000	*République dominicaine*
Hoyo de Monterrey	*Honduras*
Hoyo de Monterrey Excalibur[1]	*Honduras*
H. Upmann	*République dominicaine*
H. Upmann Cabinet Selection	*République dominicaine*
H. Upmann Chairman's Reserve	*République dominicaine*
H. Upmann Special Selection	*République dominicaine*
H. Upmann 2000	*République dominicaine*
José L. Piedra	*Nicaragua*
La Corona	*République dominicaine*
La Flor de Cano	*République dominicaine*
La Gloria Cubana	*République dominicaine/ États-Unis*
La Gloria Cubana Selección d'Oro	*République dominicaine*
Montecristo	*République dominicaine*
Montecristo Cigare des Artes	*République dominicaine*
Partagás	*République dominicaine*
Por Larrañaga	*République dominicaine*
Punch	*Honduras*
Quintero	*Honduras*
Rafael Gonzales	*Honduras*
Ramón Allones	*République dominicaine*
Romeo y Julieta 1875	*République dominicaine*
Romeo y Julieta Vintage	*République dominicaine*
Saint Luis Rey	*Honduras*
Saint Luis Rey Reserva Especial	*Honduras*
Trinidad y Hermano	*République dominicaine*
Troya	*République dominicaine*

1) Marque de reproduction, que l'on peut acheter sous le nom « Excalibur » dans les pays distribuant également le cigare cubain « Hoyo de Monterrey ».

Type hollandais

Parfois, on parle de « type sec » quand il s'agit de modules shortfillers, fabriqués à la machine. L'adjectif « sec » n'est pas tout à fait adéquat (il vaudrait mieux employer l'expression « type européen ») car un humidificateur peut être fort utile pour conserver certains shortfillers, surtout ceux dont la tripe est fabriquée avec des tabacs provenant du Brésil ou des Antilles. Seuls les shortfillers confectionnés avec des tabacs de provenance essentiellement indonésienne, par exemple avec une tripe en tabac de Sumatra, entourée d'une sous-cape de Java et habillée d'une cape libre-de-pie de Sumatra, se conservent longtemps sans devoir être rangés dans un humidificateur. De nombreux cigares européens font partie de ces shortfillers, notamment ceux fabriqués en Belgique, au Danemark, en Allemagne, aux Pays-Bas, en Autriche et en Suisse.

L'industrie cigarière européenne a une longue tradition, qui remonte souvent plus loin que celle de certains États antillais, telle la République dominicaine, qui est pourtant aujourd'hui le principal pays producteur de cigares Premium. Dans les pays qui se sont industrialisés tôt, cette tradition inclut naturellement l'utilisation de machines, comme dans beaucoup d'autres secteurs industriels. Dans les pays d'Europe du Nord et Centrale, les manufactures de cigares développèrent ainsi la fabrication mécanique de leurs produits. Cependant, les machines ne permettaient que la fabrication de tripes, non pas confectionnées avec des feuilles entières, mais avec de petits morceaux de tabac. Cela ne signifie pas que ces morceaux étaient (ou sont) des « résidus de tabac » de qualité inférieure. Il s'agit au contraire de morceaux de quelques centimètres de long, provenant en général de tabacs d'excellente qualité – exception faite du contenu de certains cigares de consommation courante, situés en bas de l'échelle des prix. Cette fabrication mécanique autorise une grande diversification dans les assemblages composant les tripes, et produit des cigares qui, dès le départ, furent très appréciés des fumeurs du Vieux

Le magasin de la vénérable firme « Hajenius » à Amsterdam est un véritable « temple » du tabac

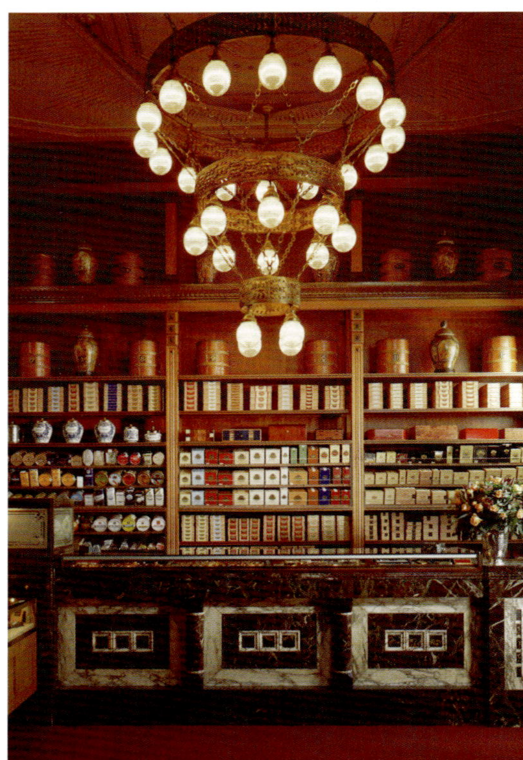

Continent, et le sont encore aujourd'hui par un grand nombre d'aficionados européens.

De ce fait, les désignations « type hollandais » ou « type européen » ne donnent aucune indication quant à la qualité d'un cigare. De toute façon, il est fort difficile de comparer les cigares européens à ceux d'origine antillaise : les pommes et les poires ne poussent pas sur le même arbre !

La comparaison devient encore plus problématique quand la mention « HTL » entre en jeu. Cette abréviation pour « homogenized tobacco leaf » désigne un tabac reconstitué, qui sert de cape dans beaucoup de cigares fabriqués mécaniquement. Cette feuille ersatz est faite à partir d'un mélange de tabac finement pilé et de liant, la relation étant généralement de 85 % de tabac pour 15 % de liant.

Une cape confectionnée avec un bon tabac reconstitué peut certes être meilleure qu'une cape provenant d'une mauvaise feuille de tabac. Néanmoins, en règle générale, l'indication 100 % tabac reste une garantie de qualité.

On trouve entre-temps un vaste choix de cigares 100 % tabac, à la qualité remarquable. Beaucoup sont mis sur le marché par des fabricants européens qui ont acquis une longue somme d'expériences, des expériences issues de la tradition de la fabrication mécanique. Il en résulte entre autres des shortfillers de superbe qualité, prometteurs de bons moments de plénitude.

La désignation « type hollandais » rappelle également que les cigariers des Pays-Bas ont de tout temps compté parmi les leaders de la branche en Europe, et que de grandes parties de l'industrie du cigare européenne ont bénéficié des influences du pays des moulins à vent et des tulipes.

Shortfiller

Un premier point d'abord : strictement dit, aucun shortfiller ne peut avoir l'étiquette « marque Premium ». Mais ajoutons aussitôt : il existe un grand nombre de modules shortfillers dont la composition et la fabrication dépassent largement en qualité certains longfillers autorisés à se parer du label « Premium ».

Si le tabac est de bonne qualité, un cigare à tripe courte peut également procurer beaucoup de satisfaction, à condition bien sûr qu'il n'ait pas de défaut de fabrication. Par ailleurs, si l'on est conscient de l'avantage d'un shortfiller par rapport à un longfiller, on saura savourer tout le plaisir qu'apporte par exemple un Brasil à l'empreinte européenne. Dans ce cas, il ne serait pas erroné de le classer parmi les cigares Premium.

L'avantage : composée de divers tabacs hachés, la tripe d'un shortfiller permet bien plus de possibilités de mélanges que ne peut offrir un longfiller, formé uniquement de quelques feuilles.

Medium Filler

Un cigare de type « medium-filler » est constitué de ce que l'on appelle le Table scrape. Ce sont les chutes qui restent lors de la fabrication des longfillers, d'une part lors de la découpe des capes, puis après le

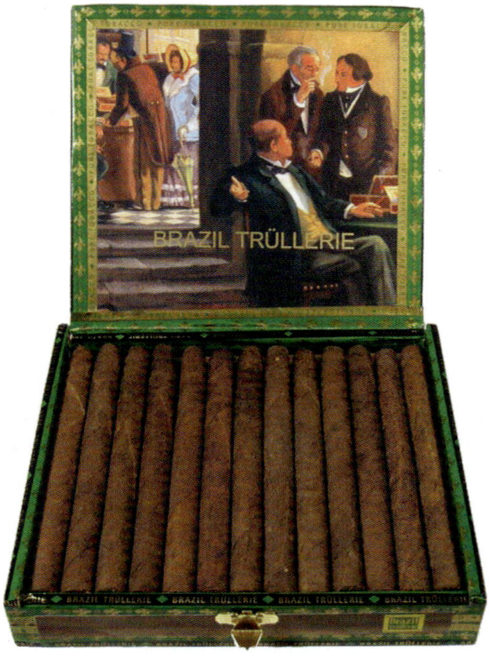

Shortfiller classique : « Brazil Trüllerie » de August Schuster

roulage, quand le cigare est coupé à la longueur du format voulu.

Au contraire d'un shortfiller, le tabac utilisé pour la tripe d'un medium-filler n'est pas haché, mais déchiré en lanières de 3 à 5 cm de longueur. La tripe est ensuite maintenue par des feuilles de tabac, tout comme dans la fabrication d'un longfiller. Le *torcedor* fabrique la poupée avec la tripe et les sous-capes à l'aide d'une machine à rouler, puis achève le cigare en l'enveloppant de sa cape à la main.

Les tabacs utilisés pour les medium-fillers ne sont donc nullement des produits de qualité inférieure, mais proviennent des variétés haut de gamme prévues pour les longfillers. En utilisant les chutes de ces tabacs qui servaient autrefois à fabriquer les shortfillers (et que l'on pouvait acquérir relativement bon marché), on obtient aujourd'hui des medium-fillers nettement moins onéreux que les longfillers. Une aubaine pour les fumeurs de cigares à la bourse moyennement garnie.

De plus en plus de marques proposent des séries « Medium Filler » depuis une demi-douzaine d'années, date à laquelle « Davidoff » a mis sur le marché son « Private Stock Medium Filler », le premier cigare de cette catégorie.

Longfiller

Le terme longfiller désigne un cigare confectionné avec des feuilles entières et longues, et en règle générale roulé à la main. Il existe certes également des longfillers fabriqués mécaniquement, mais cette sorte de cigares constitue l'exception qui, comme chacun le sait, accompagne toute règle.

Une autre règle : un longfiller roulé à la main est habituellement composé de cinq feuilles : trois forment la tripe (*tripa*) que l'on entoure d'une sous-cape (capote) pour constituer la poupée, qui sera ensuite enveloppée d'une cape (*capa*), la dernière feuille, conférant son aspect parfait (ou qui devrait l'être) au module.

« La journée la plus insipide ou désastreuse peut sembler meilleure qu'elle n'a été quand on la revoit à travers la fumée bleue aromatique d'un havane. »

Evelyn Waugh, écrivain anglais

Le longfiller digne de porter le titre de « cigare Premium » se distingue d'abord par une bonne combustion et un bon tirage, mais aussi et surtout par la composition réussie de ses éléments. Ce travail d'harmonisation des tabacs revient au *ligador*, qui porte en fait une plus grande responsabilité que le *torcedor*, dont l'activité est pourtant mieux connue. Le plus doué des rouleurs de cigare ne peut en effet fabriquer un produit parfait si le mélange est manqué.

« Matière première » du longfiller

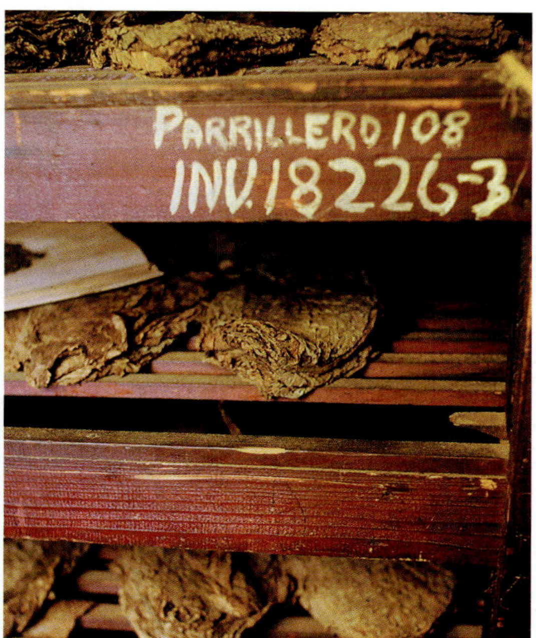

La Havane et les havanes

La Havane, capitale de la République de Cuba et ville principale de la province éponyme, possède un port naturel dans une baie du golfe du Mexique, compte un peu plus de 2 millions d'habitants et s'étend sur plus de 727 kilomètres carrés. Voilà quelques informations de base sur une ville dont le nom évoque à plus d'un homme, s'il n'est pas un aficionado convaincu, les longues jambes nues des danseuses cubaines du mondialement célèbre « Cabaret Tropicana ». Certains aficionados associent également le nom Havane à de la peau nue. Non pas à celle desdites danseuses, mais à la peau des beautés café au lait qui, dans de grandes salles, rouleraient quotidiennement des centaines de cigares sur leurs cuisses nues. Comme maintes croyances liées à la métropole caraïbe, celle-ci fait bien sûr aussi partie du domaine de la légende.

San Cristóbal de La Habana – le nom complet de la capitale de Cuba évoque à lui seul des images de la vie trépidante de cette ville. On entend des airs de salsa, cette danse qui réunit des éléments du jazz afro-cubain, de la ranchera mexicaine, de la rumba, de la bossa-nova, du rock latino et du jibaro portoricain, ce dernier style remontant à son tour à la musique de danse populaire cubaine des années 1930 et 1940. Cette musique éveille des souvenirs de l'époque durant laquelle

Cuba attirait comme un aimant les aventuriers, les potentats, les joueurs et tous les amateurs de plaisirs. Les États-Unis étaient proches, et ce qui était interdit à Miami était loin de l'être à La Havane – et quand bien même, avec une poignée de dollars, n'importe quoi d'illégal devenait légal. La ville grouillait de bars, de maisons closes, de casinos, de dancings et de cabarets. Dans les quartiers anciens, les nobles édifices de la période coloniale créaient un décor qui détonnait avec l'agitation enfiévrée des rues, des places et des arrière-cours. Quiconque se prenait pour quelqu'un d'important – ce que faisaient beaucoup – exposait sa richesse en s'exhibant avec une jeune Cubaine au bras, une bouteille du meilleur alcool sur la table et un cigare à la bouche.

À cette époque, un havane était depuis déjà longtemps un des symboles de pouvoir et de richesse. Ceux qui pouvaient se le permettre fumaient un havane après l'autre, montrant ainsi à tous qu'ils étaient « arrivés ». Devenu également synonyme d'art de vivre, le havane appartenait aux classes supérieures, aux milieux des banquiers, industriels, généraux, ministres et autres notables, ou encore des artistes réputés, sculpteurs, compositeurs, peintres, musiciens et écrivains.

Célèbre dans le monde entier : le Malecon, promenade du bord de mer à La Havane

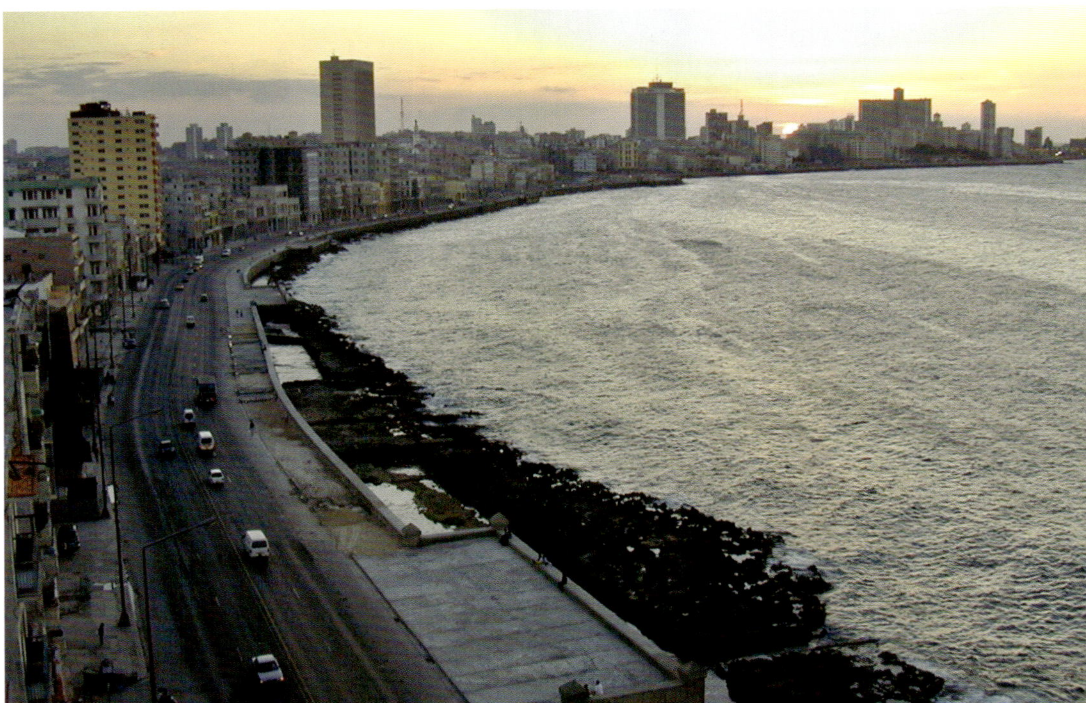

L'histoire du havane avait commencé environ un siècle et demi auparavant. En 1810, alors que la première manufacture de cigares était inaugurée sur le sol nord-américain, à Hartford dans l'État du Connecticut, la même année, un certain Bernardino Rencurrel se présentait au bureau d'enregistrement des marques déposées pour y faire inscrire son nom, qui était en même temps celui de son nouveau produit : un cigare. La première marque de havanes était née !

On ignore combien de modules a jamais produit Señor Rencurrel, planteur de tabac et fabricant de cigares, et combien de temps il a vendu les vitoles qui portaient son nom. Par contre, des documents attestent de l'immense succès d'un autre cigarier, qui fit déposer la marque de ses cigares la même année. Jusque loin dans le XXe siècle, sa marque fit partie des meilleurs havanes, et aussi des plus réputés sur le marché. Elle ne disparut (temporairement) qu'après une décision de Fidel Castro de ne plus faire fabriquer qu'une série de cigares, la « Siboney », avec seulement quatre formats. Cette marque s'appelait : « Cabañas y Carbajal ». Et même lorsque le Máximo Lider corrigea ses erreurs, ce nom manqua (au départ) sur la liste des anciennes marques de havanes autorisées à être de nouveau fabriquées. Cela a été entre-temps réparé puisque six formats de « Cabañas » (fabriqués mécaniquement) sont aujourd'hui proposés sur le marché.

À la dite époque, vers 1810, il existait déjà de nombreuses manufactures de cigares à Cuba, notamment à La Havane, mais les Señores Rencurrel et Cabañas étaient les seuls à avoir eu l'idée de faire enregistrer leurs noms en tant que marques déposées de cigares. La « H. de Cabañas y Carbajal », nom entier de la marque, était aussi le nom de la fábrica de ces cigares, ainsi qu'en témoigne une inscription dans le Registre du commerce de La Havane, indiquant l'ouverture de la fabrique, avec dépôt de vente attenant. Dans cette inscription de 1810, année véritablement historique, on peut lire entre autre : « Francisco Cabañas, né à La Havane, célibataire, a ouvert sur la Jesús del Monte Avenida un magasin qui se trouvait auparavant dans la Calle Jesús María. »

La prochaine inscription concernant un cigare, dans le Registre des marques déposées de La Havane, date d'une bonne vingtaine d'années plus tard. Enregistrée en 1834, « Por Larrañaga » est la seconde marque la plus ancienne de havanes, encore fabriquée aujourd'hui. Les enregistrements de marques déposées de cigares se succèdent ensuite plus rapidement. Ces marques sont nombreuses, mais seules sont citées ici celles qui ont survécu jusqu'à nos jours : « Ramón Allones » (1837), « Punch » (1840), « H. Upmann » (1844), « El Rey del Mundo » (1848), « Romeo y Julieta » (1850) et « Hoyo de Monterrey » (1865).

L'essor rapide de l'industrie cubaine du cigare à cette époque repose sur plusieurs facteurs : depuis le milieu du XVIIe siècle, presque tout le tabac récolté à Cuba était expédié par navires vers la péninsule Ibérique pour y être transformé en cigares, notamment à Séville. Environ un siècle plus tard, de plus en plus de descendants des premiers colons espagnols à Cuba fabriquaient eux-mêmes des cigares, après avoir développé la culture du tabac. Vers le début de la seconde moitié du XVIIIe siècle, les fabricants des « Manufactures Royales de cigares » à Séville constatèrent, lors d'un envoi, que les feuilles de tabac importées de Cuba avaient certes, comme d'habitude, bien supporté la traversée en mer, mais que leur goût était loin d'approcher celui des cigares finis qui étaient arrivés, en petit nombre, par le même chargement. Ces fabricants acceptaient de moins en moins des produits de deuxième qualité. Par conséquent, la production de cigares espagnole se réduisit d'autant que celle de Cuba augmentait. Au tournant du siècle, le déclin des manufactures espagnoles s'annonçait inexorablement.

De nombreux Espagnols, qui maîtrisaient l'art de la fabrication des cigares, quittèrent alors leur patrie pour aller s'installer à Cuba et y poursuivre ce qu'ils savaient faire comme bien peu d'autres : fabriquer les meilleurs cigares qui soient.

En fait, l'essor que connut la production des havanes dès le XIXe siècle découle en premier lieu d'un décret du roi Ferdinand VII d'Espagne, qui entra en vigueur en 1821. Celui-ci accordait le libre commerce à l'île de Cuba, alors encore sous domination espagnole. Lorsque, vers le milieu du XVIe siècle, les techniques de fabrication furent considérablement améliorées dans les fábricas, ayant pour effet d'augmenter sans cesse la qualité des cigares, on assista à un véritable boom des havanes.

Un monument, témoin de cette première grande période de prospérité, a marqué les années de l'essor, surmonté le déclin temporaire du havane, pour être de nouveau aujourd'hui un des piliers de la production de cigares cubaine. Il s'agit de la fabrique fondée par Jaime Partagás, qui ouvrit ses portes en 1845 (1827 ou 1843 selon d'autres sources) et qui, depuis ce temps, produit les « Partagás ». Ce havane, qui a une longue histoire à raconter, est depuis toujours un fleuron de l'art cubain du cigare.

Au nom éclatant de la firme « Flor de Tabacos de Partagás y Compañía » s'ajoute la mention « Fábrica de Cigarros Puros » et sur la façade de l'édifice, aujourd'hui encore symbole de l'histoire mouvementée de La Havane, s'étale en lettres immenses l'inscription « Real Fábrica de Tabacos », laquelle laisse deviner la fierté qui devait animer Don Jaime, le propriétaire, lorsque sa manufacture, située au 520 de la Calle de la Industria, dans un faubourg de la ville, fut inaugurée.

La fabrique s'appelle aujourd'hui « Francisco Pérez Germán » – une des répercussions de la révolution cubaine, qui apporta tant de changements dans le secteur économique de l'île du tabac et de la canne à sucre. Le nouveau nom rappelle un des combattants de la liberté cubaine, de même que les noms de cinq autres fabriques de La Havane,

Fabrique fondée par Jaime Partagás en 1845

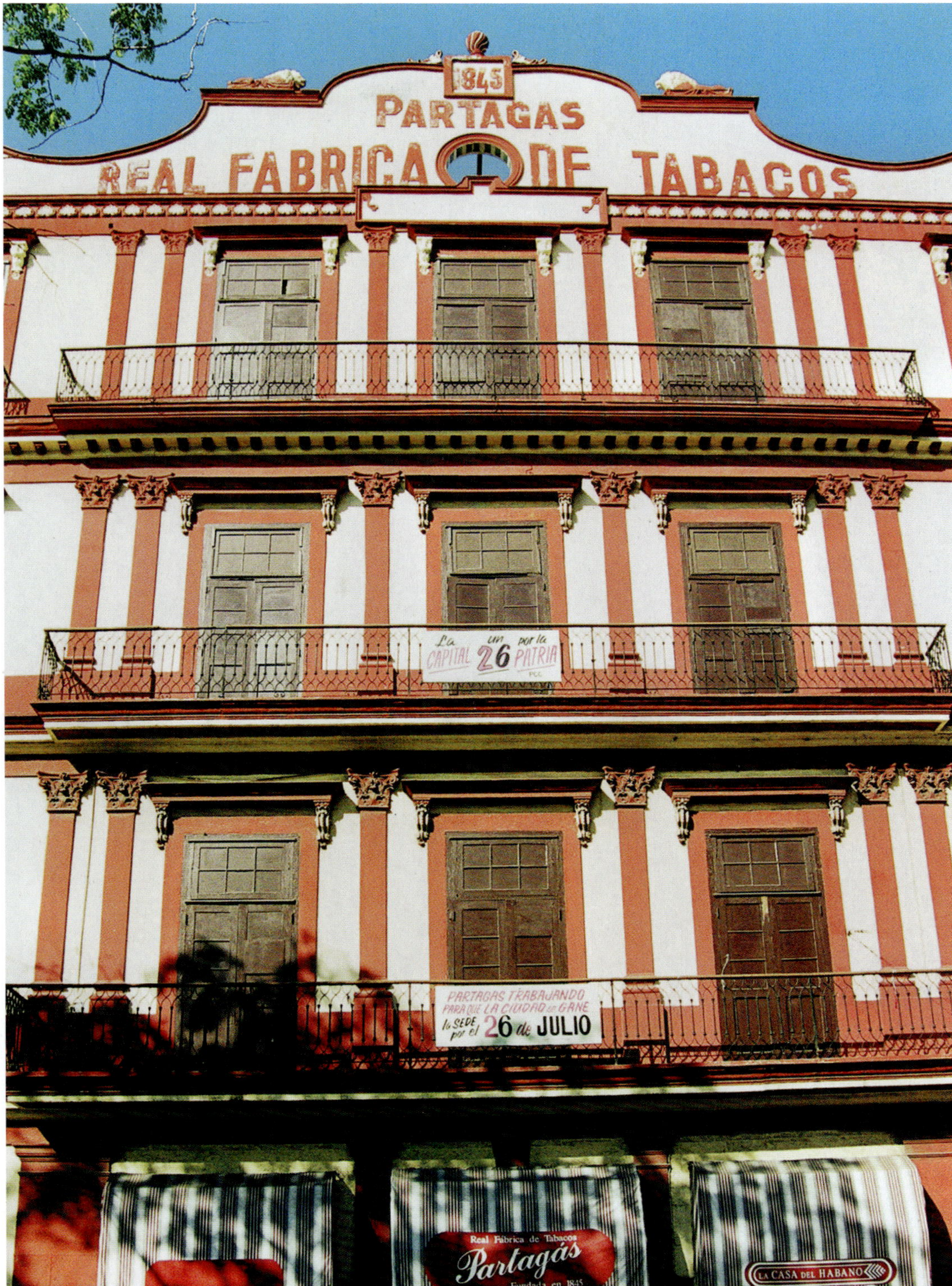
1845
PARTAGAS
REAL FABRICA DE TABACOS
La CAPITAL un 26 por la PATRIA
PARTAGAS TRABAJANDO PARA QUE LA CIUDAD SE GANE la SEDE por el 26 de JULIO
Real Fábrica de Tabacos
Partagás
Fundada en 1845
LA CASA DEL HABANO

qui produisent des cigares destinés à l'exportation. C'est ainsi que l'ancienne fabrique « El Rey del Mundo » se nomme désormais « Carlos Baliño », que « H. Upmann » a été remplacé par « José Martí » et « José L. Piedra » par « Héroes del Moncada ».

La vénérable firme « La Corona » est aujourd'hui baptisée « Miguel Fernández Roig », tandis que l'une des manufactures les plus réputées autrefois ne s'appelle plus « Romeo y Julieta » mais « Briones Montoto ». Seule la fabrique « El Laguito » n'est pas nommée d'après un héros cubain, mais cela s'explique par la date de sa fondation, qui ne remonte qu'aux débuts de la production des « Cohibas ».

Rencontre de deux légendes lors du « Festival del Habano » qui se tient annuellement sous le signe du cigare : Fidel Castro annonce la mise aux enchères du chapeau de Compay Segundo, le chanteur cubain connu dans le monde entier depuis le film de Wim Wenders Buena Vista Social Club.

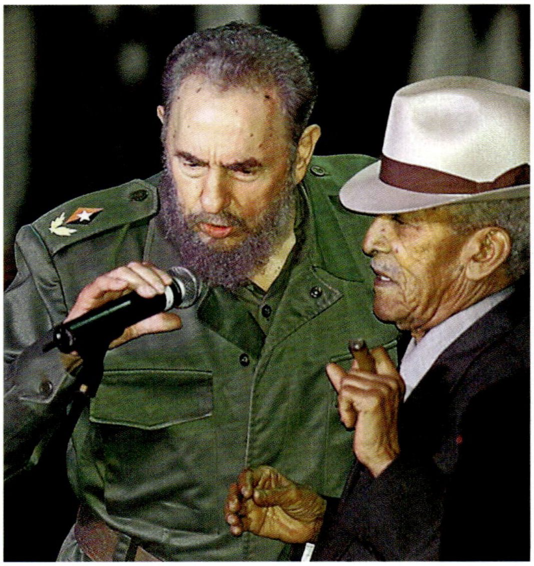

Un amateur passionné de havanes n'utiliserait jamais les nouveaux noms des anciennes manufactures vénérables, d'autant plus que les appellations d'autrefois sont en grande partie identiques aux noms de marques correspondants et font ainsi partie du vocabulaire courant de tout aficionado (elles sont également employées dans ce livre). Quand les manufactures de cigares de La Havane y sont citées, lesquelles se trouvent pour la plupart dans la Vieille Ville (par ailleurs inscrite au patrimoine culturel mondial de l'Unesco), c'est-à-dire quand il est question de ces anciennes fabriques, leur dénomination historique est toujours utilisée.

Jusqu'à il y a quelques années, les abréviations des diverses fabriques étaient inscrites sur les boîtes de havanes qui offrent l'« Or de Cuba ». Elles faisaient partie d'un code qui ne donnait pas seulement le nom des manufactures concernées, mais informait aussi du mois durant lequel les cigares avaient été empaquetés. Cela a changé depuis : le code n'indique plus que le mois.

Cependant, l'indication du mois n'est pas l'unique signe distinctif propre à une boîte de cigares havanes. Elle comporte également trois sigles différents que l'on trouve sur le fond de la boîte.

«Habanos S.A. » est le sigle de la société cubaine étatique, responsable du marketing et de l'exportation ; les boîtes portant le nom « Cubatabaco »

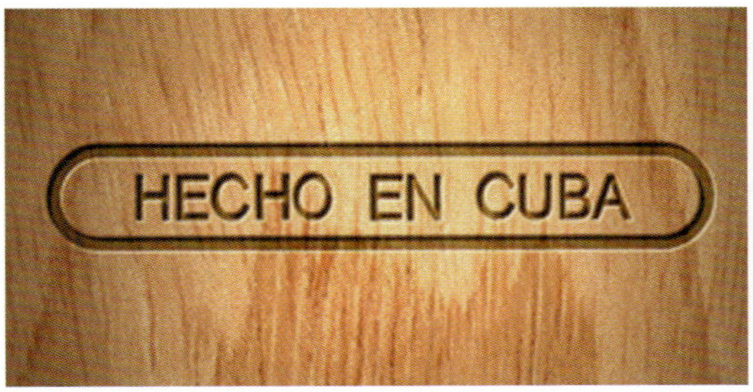

Marquage qui renvoie au pays d'origine

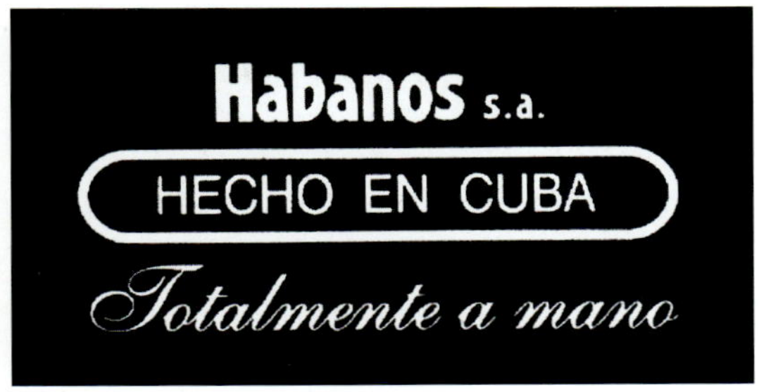

Indication sur la confection manuelle

datent d'avant 1994, car jusqu'à cette année, cette organisation, également étatique, s'occupait de promouvoir et représenter les intérêts de l'industrie cubaine du tabac.

Écrit en larges lettres, le sigle Hecho en Cuba existe depuis 1960 et indique le pays de provenance des cigares ; il a remplacé également un autre sigle écrit en anglais : « Made in Cuba », qui avant la prise de pouvoir par Fidel Castro, témoignait de la dépendance de l'île du tabac et de la canne à sucre envers les États-Unis. Un changement qui s'explique car chacun sait que Castro n'a pas inscrit cette nation en haut de la liste de ses pays préférés.

En 1989, les Cubains furent obligés d'apposer une troisième inscription Totalmente a mano sur chaque boîte de havanes. Dans sa propension bien connue aux réglementations, la Commission agricole de l'Union européenne avait décidé d'accorder la désignation « Hand Made » également aux cigares fabriqués en partie seulement à la main. C'est ainsi que l'indication « Hand Rolled » signifiant que seule la cape avait été roulée à la main autour d'une poupée fabriquée mécaniquement, n'avait pratiquement plus lieu d'être. Avec cette résolution, les bureaucrates de Bruxelles étaient restés fidèles à leur politique du plus petit dénominateur commun, rendant de nouveau un mauvais service aux nombreux fabricants (de quelque secteur économique que ce soit), qui exigent de hauts critères de qualité pour leurs produits.

Aux sigles et inscriptions s'ajoutent deux vignettes autocollantes, imposées par le gouvernement et venant compléter le « catalogue des sigles » prouvant l'authenticité du produit. L'une est le label de garantie utilisé pour la première fois en 1912 par le gouvernement cubain, qui ressemble à un dollar américain. L'autre, ornée d'une feuille de tabac stylisée, porte l'inscription Habanos, qui ne signifie rien d'autre que « havane », et décore un des deux coins supérieurs de chaque boîte de havanes depuis 1994.

Les sigles, inscriptions et vignettes étatiques ou semi-étatiques, destinés à garantir la qualité et l'authenticité des boîtes de havanes, sont complétés par d'autres insignes illustrant l'art lithographique cubain. En regardant une boîte de havanes, la pre-

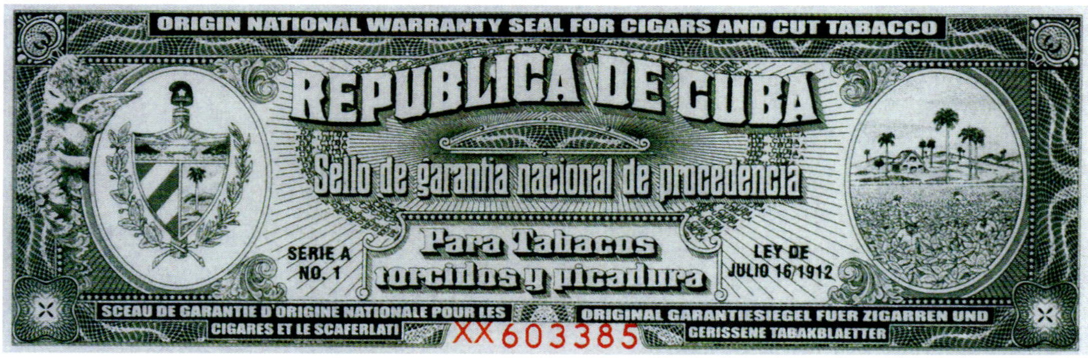

Sceau officiel du gouvernement cubain.

mière chose qui saute aux yeux est la cubierta, un logo illustré qui décore le milieu du couvercle et figure le nom de la manufacture ou celui de la marque.

Apposées pour des raisons pratiques aux coins et aux arêtes de la boîte, les minces bandes de papier, appelées *filetes*, n'en sont pas moins décoratives. Elles servent à bien sceller la boîte afin que les arômes ne s'en échappent pas. Tapaclavo est le nom donné à la vignette ovale ou rectangulaire collée sur la fermeture de la boîte ; elle sert également de sceau, et est ornée le plus souvent du logo de la manufacture.

Outre les étiquettes, mentionnons encore les deux feuilles décoratives qui se trouvent à l'intérieur de la boîte. L'une, la *vista*, est collée à l'intérieur du couvercle, l'autre, le *bofetón*, chemise le fond de la boîte et recouvre son contenu. Il faut rabattre le *bofetón*, qui sert de protection, avant de prendre un cigare. Les deux feuilles sont décorées de représentations lithographiques, aux motifs romantiques souvent très colorés, qui évoquent presque toujours des événements marquants de l'histoire de la marque. Citons enfin la bague *(anillo)*, qui entoure chaque cigare et lui donne son identité.

Clear Havana

Si la manufacture des « Pure Havanas », c'est-à-dire des cigares composés uniquement de tabacs cubains, se poursuit allègrement, les « Clear Havanas » ont pratiquement disparu du marché. Cette dénomination désigne les cigares fabriqués à partir de la fin du XIXe siècle par les exilés cubains réfugiés en Floride.

En 1895, les Cubains commencèrent à se révolter contre les descendants des conquistadors, une rébellion qui conduisit en 1898 à la guerre entre l'Espagne et les États-Unis. À cette époque, de nombreux fabricants de cigares fuirent la situation politique et économique déplorable qui régnait sur l'île du tabac et de la canne à sucre, pour aller se réfugier sur le continent nord-américain. La plupart s'installèrent à Key West, à Tampa et à Ybor City. Dans cette dernière localité, qui était alors une bourgade aux portes de Tampa, et en est aujourd'hui un faubourg, il ne se passait pratiquement pas un mois sans qu'une nouvelle fabrique de cigares n'ouvre ses portes.

Vers la fin du XIXe siècle, on recensait plus de 500 manufactures de tabac dans ces trois villes ou leurs environs. En ce qui concerne la fabrication des cigares, la Floride était ainsi devenue un petit Cuba, avec Ybor City comme « capitale ».

Cette commune avait été fondée en 1885 par un exilé cubain dénommé Vincente Martinez Ybor. Il n'est donc pas étonnant qu'elle ait attiré des concitoyens de son fondateur pour devenir, à cette époque, l'endroit concentrant le plus de manufactures de tabac au niveau mondial. Proportionnellement à la superficie, on y trouvait plus de rouleurs de cigares au mètre carré qu'à La Havane.

Les « Clear Havanas » connurent un deuxième boom après la révolution castriste, lorsque de nombreux cigariers quittèrent leur patrie pour poursuivre leurs activités en Floride. Ce fut l'époque où les fabriques de cigares de la région la plus au sud-est des États-Unis achetaient pratiquement toutes les balles de tabac cubain qu'elles pouvaient obtenir, car des bruits couraient déjà sur un embargo possible des États-Unis contre Cuba. Quand le gouvernement américain décréta officiellement l'embargo, les hangars des fabriques de cigares des États-Unis, notamment celles installées en Floride, regorgeaient de tabacs cubains.

Mais les stocks s'épuisent un jour, et sans matière première, on ne peut fabriquer de produits. Et c'est la raison pour laquelle on ne trouve pratiquement plus de « Clear Havanas » sur le marché.

Caraïbes non cubains

C'est ainsi que l'on désigne parfois les cigares issus de l'espace caraïbe, mais qui ne proviennent pas de Cuba. Cet espace ne comprend pas seulement les pays des Antilles, comme la République dominicaine et la Jamaïque, mais aussi des pays d'Amérique Centrale, tels le Nicaragua et le Honduras, et aussi le Mexique sur le continent nord-américain.

Les différents marquages d'une boîte de cigares comportent des indications sur l'arôme ainsi que l'authenticité de l'origine

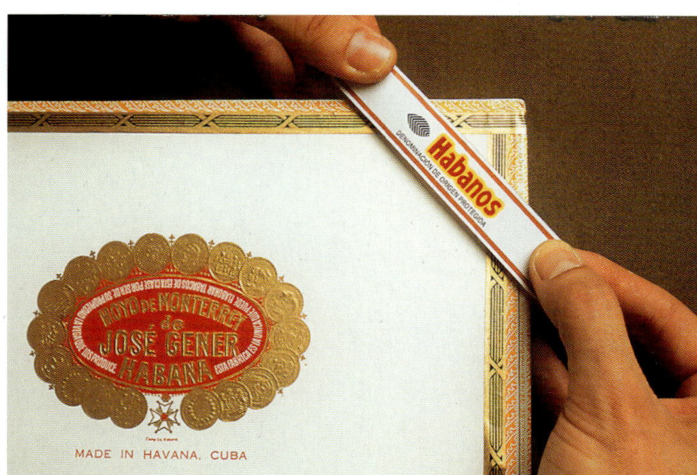

Par contre, le Brésil ne fait pas partie de ce groupe, pas plus que les États-Unis, bien que la Floride, l'État le plus au sud-est du continent nord-américain, abrite une foison de fabriques de cigares et soit baignée par les eaux de la mer des Caraïbes.

Les faux

Oh oui, les imitations existent en quantités ! Et ces faux havanes sont vendus à l'aficionado de bonne foi, qui les paie bien souvent le même prix que valent les marques authentiques.

Pour un faussaire expérimenté, ce n'est qu'un jeu de reproduire parfaitement tous les signes apposés par exemple sur une boîte de havanes pour en certifier l'authenticité, que ce soit les vignettes autocollantes, les banderoles, les estampilles, les logos, etc.

Les experts de la société étatique « Habanos S.A. » disposent de plus de 150 critères pour reconnaître les imitations, distinguer le vrai du faux. Ils examinent par exemple la position et les motifs des bagues qui entourent les cigares, les tampons sur la boîte, ou encore la couleur et la structure des capes. Mais reconnaître la validité des signes qui garantissent l'authenticité du produit ne fait normalement pas partie du savoir d'un amateur de cigare.

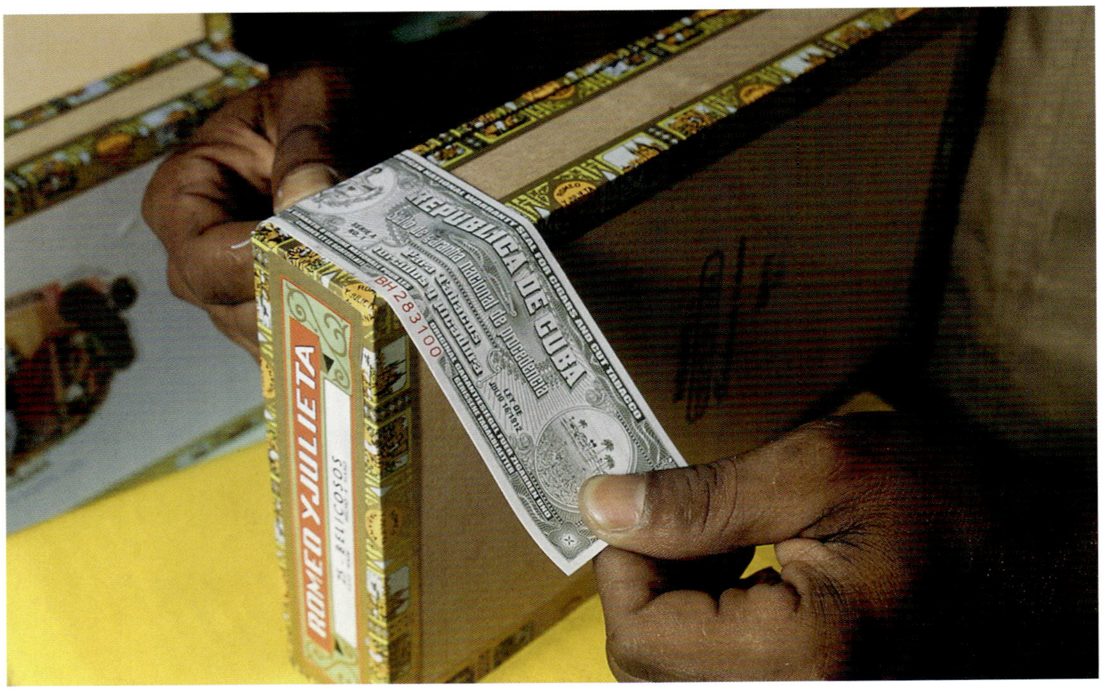

Il est arrivé que les sceaux de garantie du gouvernement cubain utilisés depuis 1912 soient falsifiés

Néanmoins, il existe quelques signes visibles auxquels l'amateur de cigares devrait prêter attention. Une boîte de vrais habanos est enduite d'un vernis lisse et très régulier, ce qui n'est souvent pas le cas pour les boîtes contenant des faux. En outre, « Habanos S.A. » n'utilise que des charnières et des fermetures en laiton, ce que n'ont pas toujours les boîtes de faux. Grâce à un procédé spécial, les impressions typographiques sont relativement claires sur les boîtes authentiques, mais souvent floues sur les imitations.

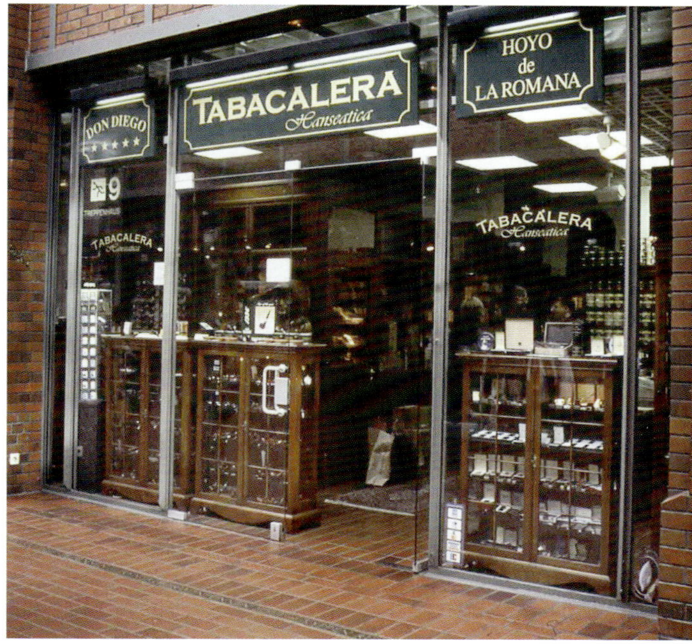

On ne peut que le répéter : les conseils d'un personnel qualifié facilitent l'achat des cigares.

En ce qui concerne le contenu, les *escogedores* de « Habanos S.A. », qui trient les cigares finis selon les nuances de leurs capes, rangent les vitoles d'après un certain principe dans la boîte, la plus claire étant toujours placée à droite, puis les autres en dégradé jusqu'à la cape la plus foncée en bout de rangée.

Les faux havanes sont souvent rangés n'importe comment. Enfin, les bagues des vrais havanes sont toutes à la même hauteur et adhèrent bien au corps du cigare tandis que les *anillos* des faux suivent rarement une ligne, et sont souvent lâches.

Par ailleurs, depuis septembre 1999, toutes les boîtes de havanes que l'unique importateur officiel de habanos pour l'Allemagne distribue aux commerces, sont munies d'un cachet de garantie sur lequel on peut lire, en lettres majuscules : « Habanos garantizados y directamente importados de Cuba. 5th Avenue Products. » (Véritables havanes directement importés de Cuba). L'inscription se termine par l'adresse en Allemagne de l'importateur et est décorée des contours de l'île de Cuba. Ce cachet est valable pour d'autres pays européens. Cependant, une boîte de havanes ne portant pas ce cachet peut quand même être authentique, par exemple si elle a été importée de certains pays de l'Union européenne, dont l'Espagne. La confusion est maintenant complète ! Aussi, vaut-il mieux suivre le conseil donné en divers endroits dans ce livre : acheter ses cigares auprès d'un commerçant sérieux est la meilleure garantie.

Hormis les falsifications des coûteux havanes, l'aficionado vivant en Europe, sous nos latitudes, n'a pas grand souci à se faire quant aux autres types de cigares.

« Le cigare était l'un des plus grands plaisirs de ma vie, une espèce de compagnon, un magnifique stimulant et un merveilleux support de l'amitié. »

William Makepiece Thackerey, écrivain anglais

En effet, les falsifications ne rapportent à leurs auteurs que s'il s'agit de cigares haut de gamme. Aucun quidam n'aurait l'idée absurde d'imiter un cigare valant 1 livre sterling, 2 euros ou 3 francs suisses.

Le bénéfice escompté ne justifierait pas les frais de fabrication. Aussi, les activités des faussaires se concentrent principalement sur les havanes, et surtout sur les « Davidoff ».

La plupart des faux havanes se vendent aux États-Unis, car en raison de l'embargo contre Cuba (et de la forte demande de cigares Premium qui ne faiblit pas), un aficionado américain a les yeux qui brillent à la vue d'une boîte de havanes et voudra l'acheter, même dans des conditions illégales.

La situation à Cuba : le marché noir des cigares s'épanouit au même rythme que les plants de tabac. Il assure aux faussaires de gros profits, empochés en outre en dollars américains, le mode de paiement des touristes. Et chacun sait qu'on a tendance à dépenser plus largement en vacances que chez soi ! Même si un touriste acquiert une boîte de havanes pour sa consommation personnelle durant ses vacances (ne voulant pas risquer de la passer en fraude à la douane), il sera presque à coup sûr dupé. La raison : seulement 10 % environ des cigares vendus illégalement sont des marchandises volées, donc d'authentiques havanes. Les autres ont pour la plupart été fabriqués dans d'obscures arrière-cours, à partir de matériaux de qualité douteuse. Ces cigares de provenance louche trouvent aussi souvent leur chemin jusqu'aux États-Unis.

En Europe, la situation est beaucoup moins inquiétante pour l'amateur de cigares. Il ne risque guère d'être trompé quand il achète ses cigares auprès d'un commerçant de confiance ; sa boîte de havanes contiendra des vitoles authentiques, et non pas des contrefaçons. La plupart du temps, ce sont les touristes, les personnels navigants et les diplomates qui rapportent les falsifications dans leurs bagages et tentent de les écouler en les proposant directement dans des magasins pour en tirer des profits. Mais même si les bénéfices sont alléchants, un marchand de cigares sérieux refusera un pareil marché, car il sait qu'un aficionado, féru de havanes, sait en reconnaître la qualité et la valeur.

Néanmoins, un aficionado peut aussi être victime de faussaires en Europe. Cela arrive quand, par exemple, un ami ou une amie revient de vacances aux Antilles et lui offre avec bonheur une boîte de « vrais » havanes. Donc, de nouveau ce conseil à suivre absolument : la meilleure garantie pour obtenir de bons cigares est de les acheter chez des commerçants sérieux, qui jouissent d'une solide réputation.

Éditions

De nombreuses éditions arrivent chaque année sur le marché, par exemple les « Edición Limitadas » cubaines (entre autres de « Cohiba », « Hoyo de Monterrey » et « Partagás »), celles de « Davidoff » et d'autres marques Premium, mais ces éditions spéciales, qui ne sortent qu'en nombre limité, ne sont pas décrites dans ce livre. Il serait impossible de les mentionner toutes, et aussi peine perdue. Comme un livre ne peut pas contenir d'informations aussi actuelles qu'un magazine ou un journal, on prendrait le risque de citer des éditions qui ne seraient plus disponibles au moment où les pages qui les concernent seraient encore sous presse.

Divers formats de Davidoff

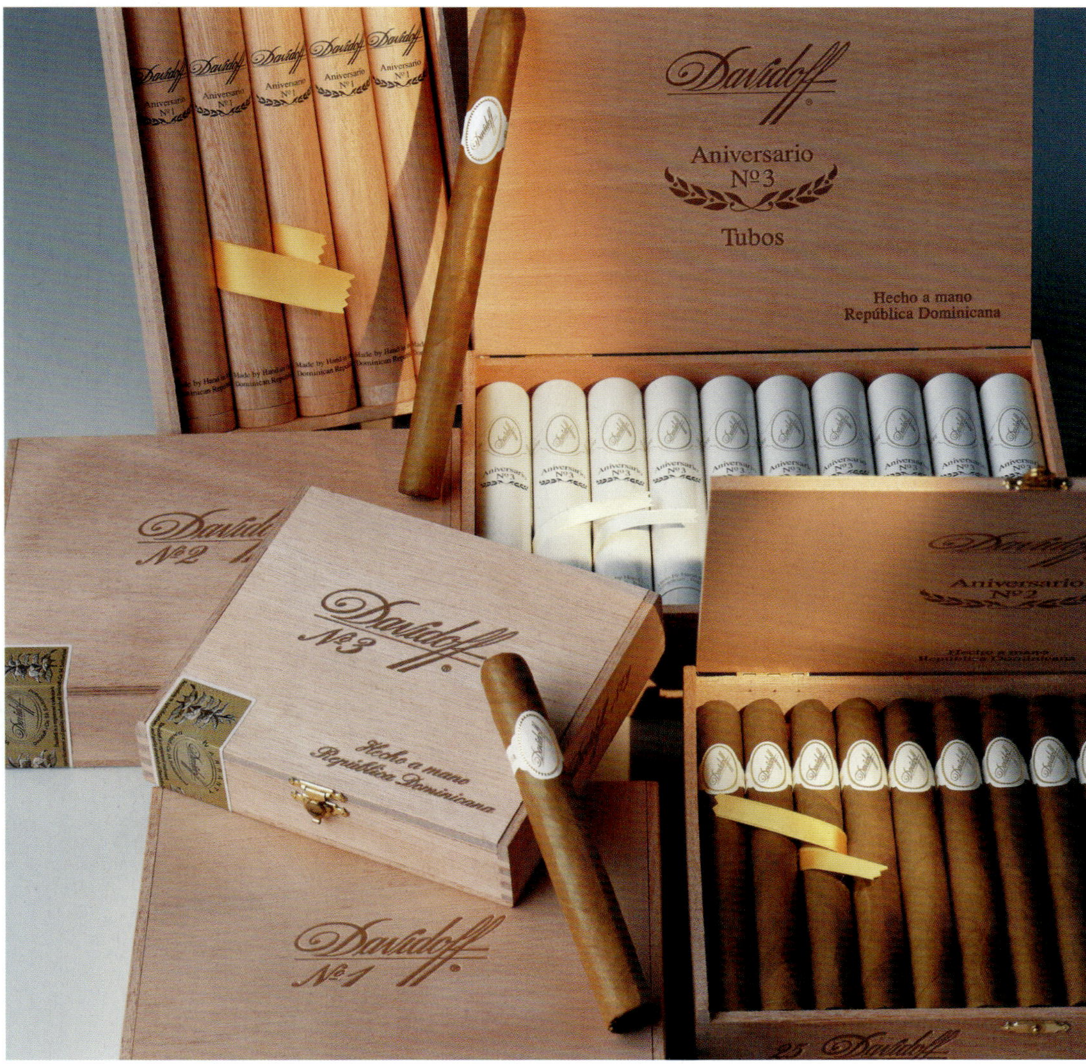

Lexique des formats

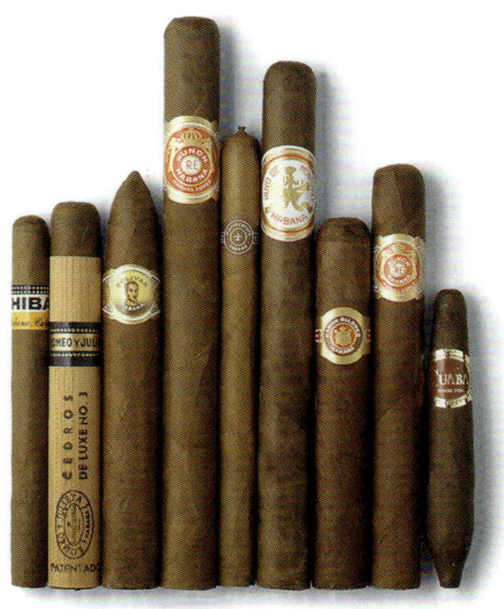

Avec 20 formats (*voir* tableau page 135), on couvre, excepté les Figurados, la quasi-totalité de la gamme des formats de cigares non cubains qui sont sur le marché dans le monde entier. Il existe nettement plus de formats de havanes, à savoir 90, mais, contrairement aux premiers, ils sont limités. Cette contradiction apparente s'explique simplement : tandis que la taille de chaque format de havane (*voir* tableaux à partir de la page 137) est fixée rigoureusement, presque chaque fabrique qui confectionne des cigares utilise pour les formats en usage au niveau international les mesures qu'elle considère adaptées pour chacun de ses cigares. On arrive ainsi à une pluralité de formats à l'intérieur de chacune des limites de mesures qui sont en fait valables pour un format. Un exemple va éclaircir cela…

Les mesures classiques du format Panatela ont 6 pouces de longueur pour un calibre 38. Pour ce qui est de la longueur, les pouces correspondent à 152 millimètres. Maintenant, un cigare est encore considéré comme Panatela quand sa longueur oscille entre 5 ½ et moins de 7 pouces, tandis que le calibre peut se situer entre 35 et 39. Cela signifie, en millimètres et pour simplifier, que si chaque millimètre – ce qui est tout à fait imaginable – était placé sur une échelle de 140 à 177, cela donnerait déjà, et seulement par rapport à la longueur, 38 formats de Panatelas. Si l'on multipliait ce nombre par la quantité autorisée de calibres, c'est-à-dire par 5, on pourrait imaginer 190 variantes de formats rien que pour les Panatelas.

Cependant, comme aucun producteur de cigares en dehors de Cuba n'est lié à des contraintes précises – l'un peut par exemple fixer le diamètre de son Panatela à 13,7 mm, ce qui se situe exactement entre les calibres 34 et 35 –, les variantes de format imaginables sont encore plus élevées. Si l'on tient compte maintenant aussi des autres formats et que l'on ne néglige pas les Figurados – comme dans le tableau de la page 135, car il aurait fallu inclure trop de caractéristiques concernant aussi bien le calibre que la longueur –, on peut aisément concevoir qu'il devient difficile d'imaginer la totalité des variantes de format.

Les Cubains rendent les choses un peu plus faciles. Il existe, on l'a dit, 90 formats de havanes, et ils sont tous, sans exception, fixés au millimètre près. On fait en plus la distinction entre le format réalisé à la main et celui qui est mécanique, et s'il s'agit d'un longfiller ou d'un shortfiller. Le nombre 90 ne se rapporte pas aux noms sous lesquels sont proposés les différents formats (exemple : Cohiba Lanceros), mais aux noms de productions, et ce sont également les mêmes dans toutes les *fábricas* où sont produits les *havanas.*

Pourtant, avec les formats cubains aussi la pratique laisse suffisamment de marge pour déconcerter. Par exemple, on peut tout à fait imaginer la situation suivante : sur une boîte de havanes, on lit à côté du nom de la marque « 25 Petits Coronas ». Cela signifie d'abord que l'usine de production donne dans ce cas à ses cigares le nom commercial *(vitola de salida)* « Petit Corona ». Mais derrière peuvent se cacher plusieurs noms de galères *(vitolas de galera)* : soit le format « Mareva » (roulé à la main) ou bien un « Petit Corona », cette *vitola de galera* pouvant aussi bien avoir été fabriquée à la main que mécaniquement *(mecanizado).* Il est donc conseillé de bien regarder ce qui est imprimé sur le dessous d'une boîte de havanes : *« Totalmente a mano »* figure pour des longfillers roulés à la main, tandis que les shortfillers roulés à la main présentent l'annotation « TC » *(« tripa corta »)* et ceux qui sont fabriqués mécaniquement portent simplement l'indication *« Hecho en Cuba ».* Dans les tableaux des pages 136 à 140, les *vitolas de galera* faites à la main et celles qui sont confectionnées mécaniquement sont donc présentées séparément pour mieux les différencier. Par ailleurs, la distinction se fait également entre longfillers et shortfillers.

Un autre signe distinctif est le poids de chaque cigare spécifique. Ces données manquent dans cet ouvrage. D'une part parce qu'un surplus d'informations est souvent perturbant, d'autre part parce que, précisément pour les cigares caribéens, le poids peut se modifier légèrement selon la manière dont ils ont été entreposés. Et de plus, quel *aficionado* emporte pour aller acheter des cigares une balance qui indique les centièmes de gramme ? Il suffit déjà de savoir ce que signifient les données sur le format, puis de s'informer non pas sur les *vitolas de*

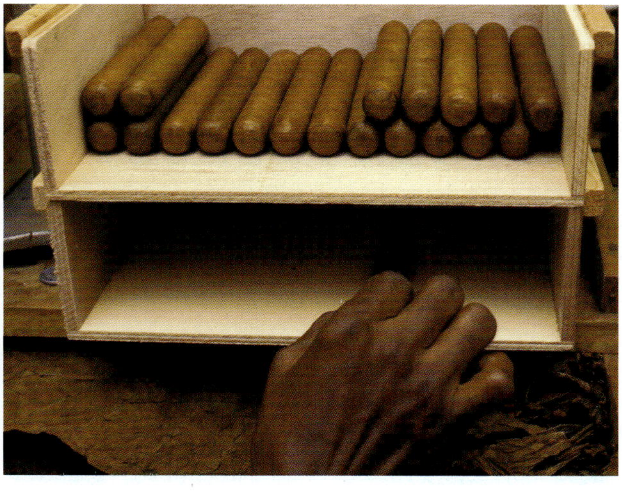

salida, mais sur les *vitolas de galera*, pour, à l'avenir, être tant soit peu certain d'avoir acquis un havane qui corresponde aux exigences du moment.

Et il n'y a pas que pour les havanes que cette distinction est primordiale, même si elle n'est pas toujours simple. Si les désignations de formats comme « diplomate » ou « ministre » ne sont que des *vitolas de salida*, des noms commerciaux, un Lonsdale peut tout aussi bien être un nom commercial qu'un nom de galère. Un cigare proposé sous ce nom est encore loin de devoir correspondre au format international d'un Lonsdale. D'autres questions ?

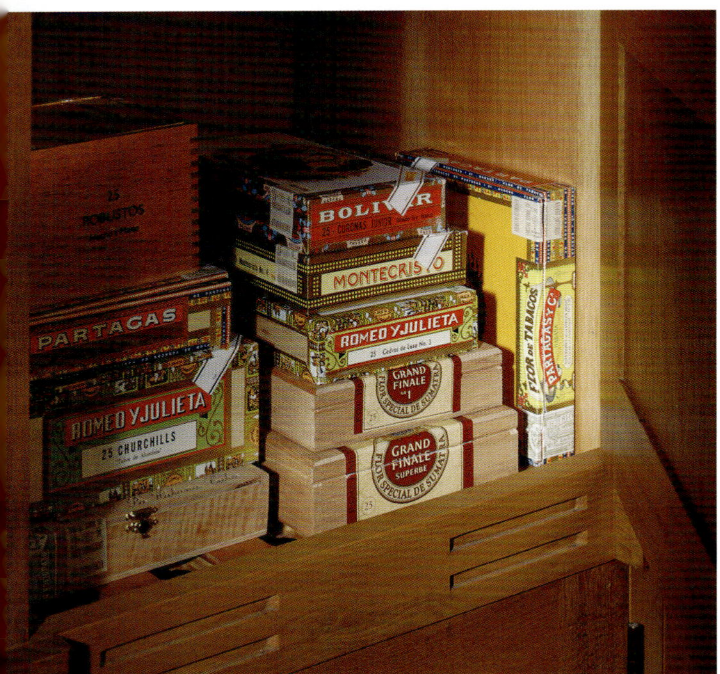

Certainement, mais les brèves descriptions et les tableaux aideront à réduire les incertitudes qui peuvent surgir. Ils permettent de s'orienter dans ce que l'on peut appeler, sans exagération, la jungle des indications de formats. De cette manière, l'intéressé obtient une aide dans le choix des formats qu'il préfère.

Ainsi un cigare qui va être fumé par exemple pendant une pause thé ou café ne doit pas présenter tout de suite le format d'un Churchill, même un Long Panatela peut être déplacé, tandis qu'un Small Panatela tout comme un Short Panatela pas trop long est peut-être exactement ce qu'il faut.

La suite présente la description des formats les plus connus ou les plus courants, c'est-à-dire les vitoles recherchées par les *aficionados*. Toutes les illustrations montrent les cigares en taille réelle.

Almuerzo

Le nom de ce format de havane signifie « déjeuner ». Qu'un cigare de ce type soit précisément adapté pour remplacer un repas serait encore à vérifier, mais cela ne peut pas non plus être exclu. La *vitola* est par exemple comparable au format international Petit Corona », il présente une longueur de 130 millimètres (= 5½ po) et un calibre 40 (= 15,9 mm). Les cigares du format Almuerzo sont entièrement roulés à la main. Durée de fumage : ½ h à ¾ h.

Un Almuerzo de Hoyo de Monterrey : un Le Hoyo du Prince

Belicoso

C'est le nom d'un cigare relativement gros (en général avec un calibre d'au moins 52), qui présente une tête amincie et exige donc beaucoup de savoir-faire de la part du *torcedor*. *Voir* aussi « Figurados ».

Belvederes

Format de havane qui se rencontre relativement souvent, présentant une longueur de 125 millimètres (= 4½ po) ainsi qu'un calibre 39 (= 15,5 mm), et qui correspond à peu près au format d'un Short Panatela. Les cigares de cette *vitola* (temps de fumage : ½ h à ¾ h) sont roulés à la main comme à la machine.

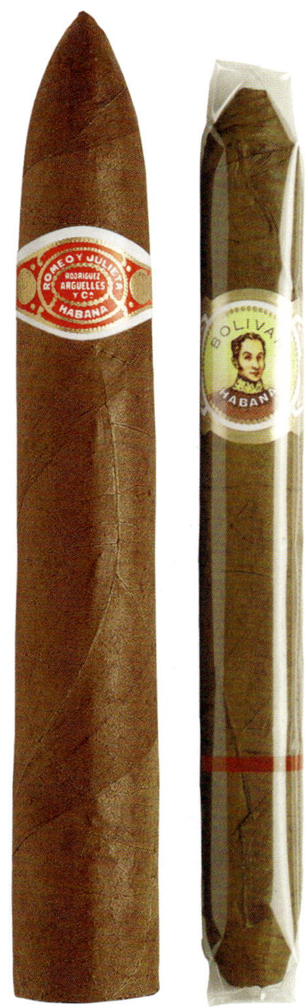

À gauche, un Romeo y Julieta, à droite, un Belvederes de Bolívar

Breva

Le nom de format proprement dit est enrichi de l'abréviation « JLP ». Elle figure pour José L. Piedra, une marque de havane dont les cigares sont certes tous roulés à la main mais qui, un peu étrangement, se produit comme shortfiller. D'où aussi la désignation *tripa corta*, « tripe courte ». En revanche, on ne peut pas dire que le temps du fumage est court (½ h à ¾ h) pour ce format qui présente une longueur de 133 millimètres (= 5¼ po) et un calibre 42 (= 16,7 mm) et peut être comparé à un Corona.

Cadete

Cadete signifie « cadet », et il s'agit donc ici aussi d'un format plus petit avec une longueur de 115 millimètres (= 4½ po) et un calibre 36 (= 14,3 mm), qui correspond à peu près à un Short Panatela (ce qui se reflète aussi dans le temps de fumage d'environ ½ h). Les cigares de format havane Cadete sont roulés à la main.

Campana

Bien que ce Figurado soit un peu plus court que le très classique Pirámide, il offre pourtant un temps de fumage relativement long (1¼ h à 1½ h). Le longfiller est fait à la main et se présente avec une longueur de 140 millimètres (= 5½ po) et le gros calibre 52 (= 20,6 mm). Si l'on considère cette vitole du point de vue de la longueur et du calibre, elle peut donc tout à fait être comparée à un Robusto.

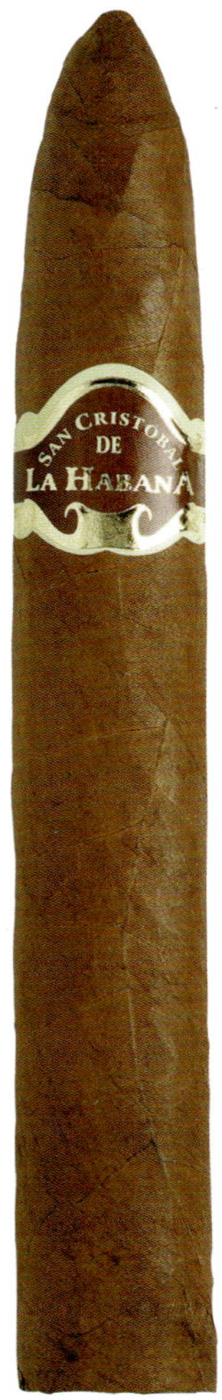

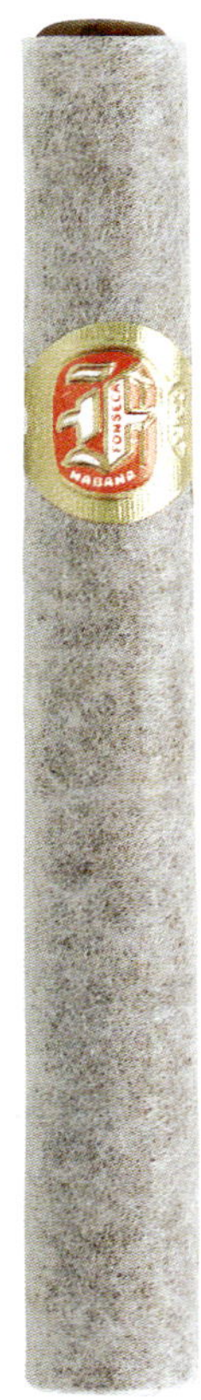

Un Breva Quintero à gauche, au centre un Campana de San Cristóbal, à droite, un Cadete de Fonseca

Cañonazo

Cette *vitola de galera* (temps de fumage : 1¼ h à 1½ h) est exclusivement réservée au format havane Cohibo Siglo VI. Le Cañonazo est comparable à un Toro et porte – comme on peut l'attendre d'un Cohiba – le sceau de qualité « *Totalmente a mano* », en atteignant un calibre 52 (= 20,6 mm) et une longueur de 150 millimètres (= 5⅞ po).

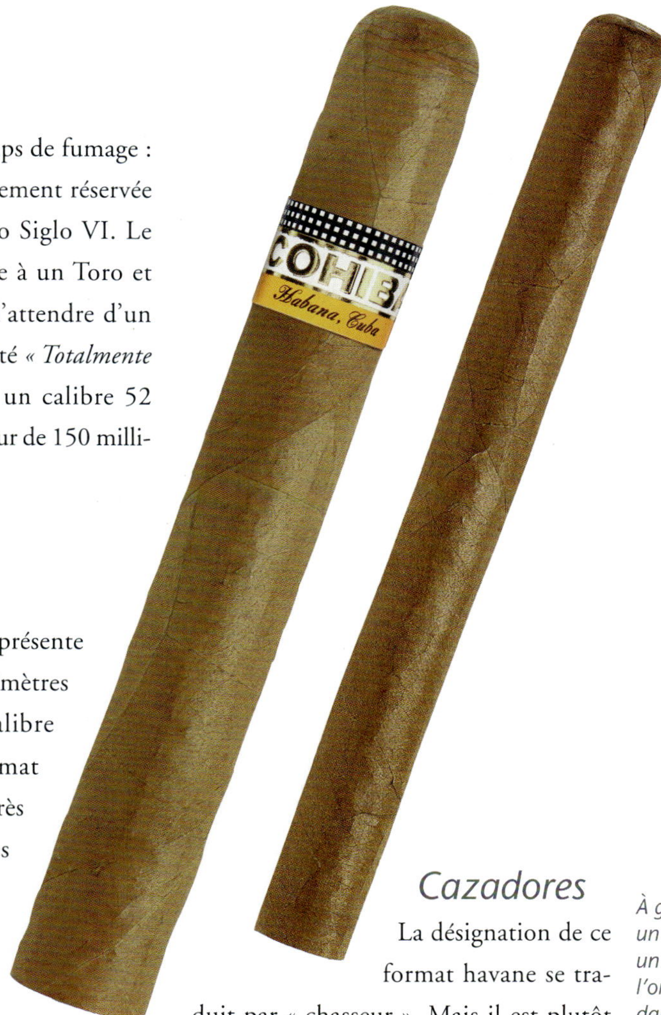

À gauche un Cañonazo, un format que l'on ne trouve que dans le Cohiba Siglo VI, à droite une Carlota de Partagás

Carlota

Le format havane Carlota présente une longueur de 143 millimètres (= 5⅝ po) ainsi qu'un calibre 35 (= 13,9 mm). Ce format peut correspondre à peu près à un Panatela. Les cigares du format Carlota sont roulés à la main. Temps de fumage : ½ h à ¾ h.

Carolina

Ce très petit format havane présente une longueur de 121 millimètres (= 4¾ po) et un calibre 26 (= 10,3 mm). Les cigares sont faits à la main. Ce format correspond ainsi au format international Cigarillo et il est relativement vite fumé aussi (environ ¼ h).

Cazadores

La désignation de ce format havane se traduit par « chasseur ». Mais il est plutôt improbable qu'en lui donnant ce nom on ait pensé au chasseur qui, en attendant le gibier souvent pendant plusieurs heures, puisse faire passer le temps plus vite avec un cigare dont la consommation dure un certain moment.

Pourtant, comme on peut tout imaginer, ce serait aussi possible, car on ne vient pas à bout d'un Cazadores en quelques minutes (temps de fumage : 1 h ¼ à 1 h ½), le format présentant une longueur de 162 millimètres (= 6⅜ po) ainsi qu'un calibre 43 (= 17,1 mm), ce qui le met au même niveau qu'un respectable Lonsdale.

Les cigares de format Cazadores sont des longfillers – dans la mesure où le nom de la vitole n'est pas accompagné de l'abréviation « JLP », car le fumeur a alors affaire à un shortfiller *(tripa corta)* roulé à la main, qui se distingue de son pendant par la longueur (152 mm) d'une part, d'autre part par le temps plus court de fumage (¼ h à 1 h seulement).

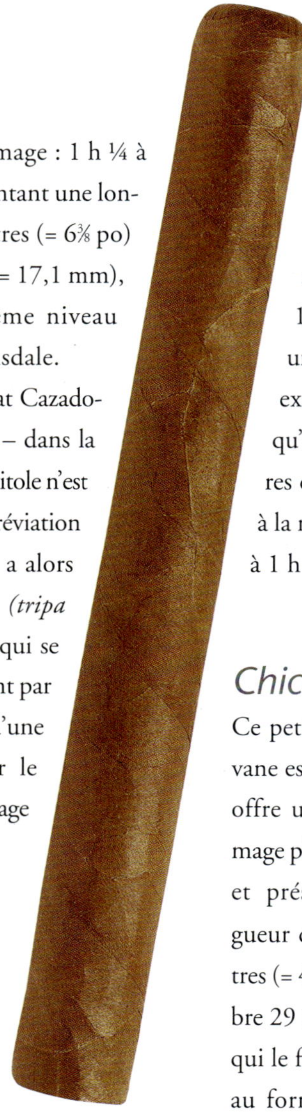

Cervante

On ne sait pas si l'appellation est une référence au grand poète Miguel de Cervantes Saavedra, le créateur de *Don Quichote*, mais c'est tout à fait possible, car des lecteurs firent aussi entendre ses œuvres aux *torcedores* pendant leur travail. Cette vitole que l'on trouve très couramment présente une longueur de 165 millimètres (= 6½ po) avec un calibre 42 (environ 16,7 mm), exactement les mêmes mesures qu'un Lonsdale classique. Les cigares de format Cervante sont roulés à la main. Temps de fumage : 1 h ¼ à 1 h ½.

Chico

Ce petit format de havane est très courant. Il offre un temps de fumage plutôt court (¼ h), et présente une longueur de 106 millimètres (= 4⅛ po) et un calibre 29 (= 11,5 mm), ce qui le fait correspondre au format d'un Small Panatela. Les Chicos sont généralement roulés mécaniquement.

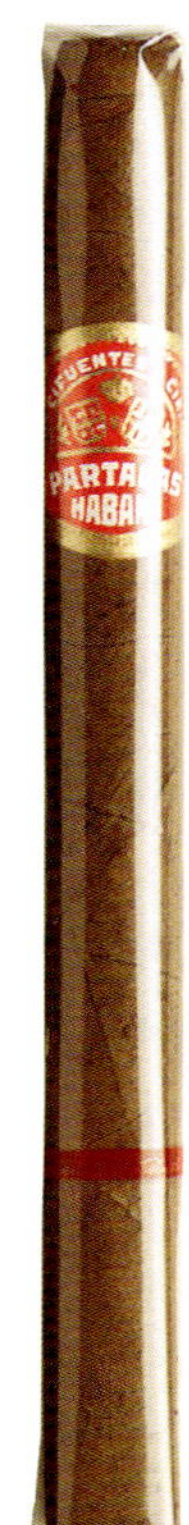

En haut, un exemplaire de Cazadores de Romeo y Julieta, à droite un Chico Partagás, et à l'extrême droite un Clásicos de Vegas Robaina comme Cervante

Churchill

Le nom du célèbre homme d'État britannique est présent au quotidien dans l'univers international du cigare, d'abord et surtout quand on évoque les très gros formats. Pour beaucoup de connaisseurs, un Churchill est le module à fumer le soir, au cours de longues heures de détente, ou encore lorsqu'on fait le point sur la journée passée. Un cigare idéal pour un grand moment de plénitude.

Les dimensions du module classique de ce format international s'élèvent dans la longueur à 7 pouces (= 178 mm) pour un calibre 47 (= 18,7 mm). On parle encore d'un Churchill quand la longueur n'est pas inférieure à 6¾ pouces et ne dépasse pas 8 pouces, le calibre devant se situer entre 46 et 48. En mesures métriques : la longueur oscille entre 171 et 202 millimètres, tandis que le diamètre va de 18,3 à 19,1 mm.

Le nom « Churchill » évoque tout d'abord la jouissance, mais également l'énergie et la capacité à s'imposer et, particulièrement dans l'univers du tabac, il est constamment associé à un cigare respectable.

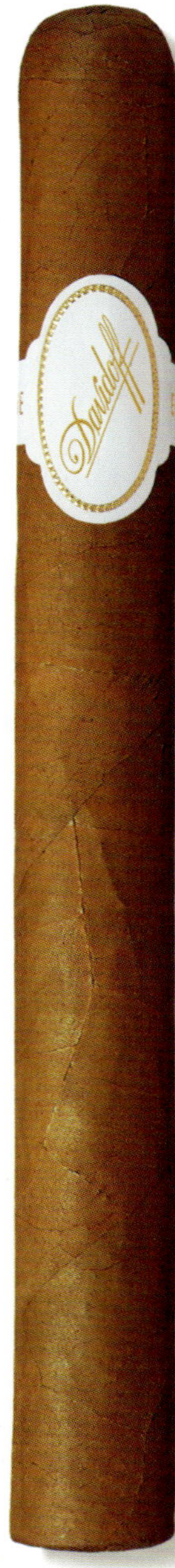

Cigarillo

Module classique du plus petit des formats d'usage international : 4 pouces (= 102 mm) de longueur, calibre 26 (= 10,3 mm). Il s'agit toujours d'un Cigarillo quand la longueur est de 5 pouces et qu'en même temps le calibre est de 27 au maximum. En mesures métriques : la longueur peut aller jusqu'à 127 millimètres, tandis que le diamètre ne mesure pas plus de 10,7 mm.

À gauche, un Churchill de 178 mm, un Davidoff Aniversario N° 2, avec un calibre 48. Le Coloniales se trouve exclusivement dans la marque Trinidad (ci-dessous).

Coloniales

Comme le Reyes, le Robusto Extra et le Trinidad N° 1, ce format havane est réservé exclusivement à la marque de prestige Trinidad. Avec une longueur de 132 millimètres (= 5¼ po) et un calibre 45 (= 17,9 mm), cette vitole (temps de fumage ¾ h à 1 h) est comparable à un Corona. Bien que cela n'ait pas à être explicitement mentionné, l'indication doit pourtant obligatoirement figurer : toutes les *vitolas de galera* qui ont été créés exclusivement pour les cigares Trinidad portent la mention *« Totalmente a mano »*.

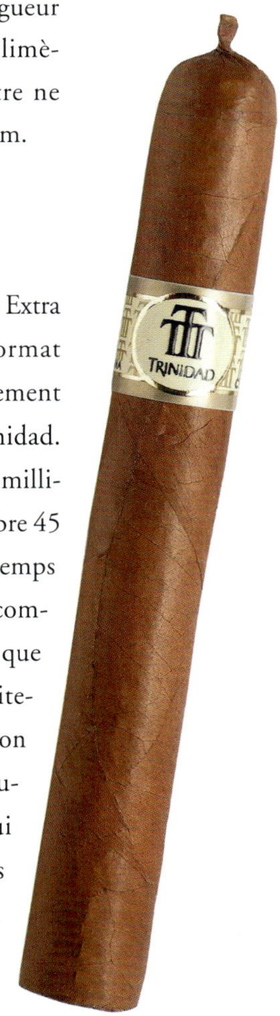

Conchita

Relativement courant autrefois, ce format havane ne se rencontre plus qu'une seule fois.

Il présente une longueur de 5 pouces (= 127 mm) et un calibre 35 (= 13,9 mm), ce qui équivaut à un Short Panatela. Les cigares du format Conchita sont roulés à la main et offrent un temps de fumage relativement court (environ ½ h).

Conserva

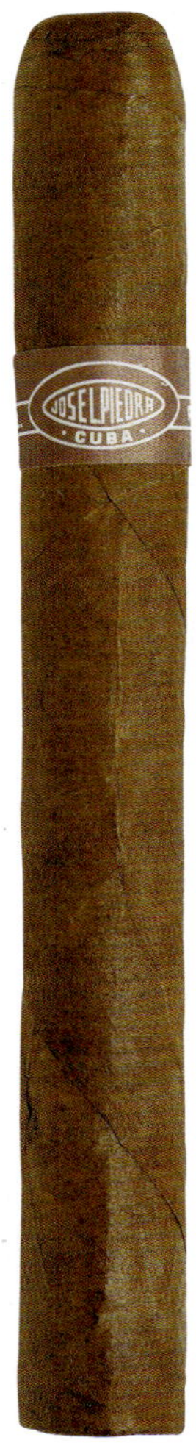

Conserva de José L. Piedra

Conserva ne signifie rien d'autre que « conserve ». Derrière ce nom se cache un format havane d'une longueur de 145 millimètres (= 5 ¼ pouces) et de calibre 43 (= 17,1 mm), dont le temps de fumage est de ¾ h à 1 h. Bien que le nom de la vitole puisse suggérer le contraire, un Conserva peut tout à fait être consommé directement après l'achat. Le format roulé à la main correspond à peu près à celui d'un Corona.

Le Conserva JLP ne présente que des changements minimes par rapport à son homonyme. La *tripa corta* a 5 millimètres de moins que la vitole *tripa larga*, mais son calibre est légèrement plus épais, soit 44.

Corona

Le terme *corona* signifie « couronne », et ce n'est pas seulement à cause de ce nom que de nombreux amateurs de cigares qualifient ce format de « royal ». En effet, le Corona présente vraiment des dimensions idéales. Sa longueur est adéquate, tandis que son diamètre respectable permet aux arômes de se développer pleinement. Il ne s'agit pas d'un module dont la dégustation peut durer plusieurs heures, mais il offre en revanche un excellent moment de plénitude.

Le choix des formats suit le même principe que celui des marques : c'est à l'*aficionado* de découvrir les modules qui deviendront ses préférés. Néanmoins, le format Corona traditionnel compte parmi les modules classiques et est depuis toujours l'un des plus courants.

Il est vrai que beaucoup de cigares qui s'écartent du module d'origine sont proposés sous ce format. Ainsi la longueur peut-elle se situer entre 5¼ et 5¾ pou-

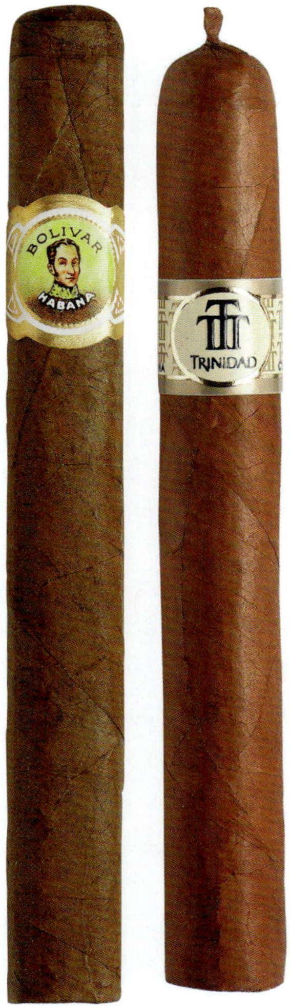

À gauche, un Corona « normal » de Bolívar, à côté, un Corona Extra, le Coloniales de Trinidad

ces (= 133 à 135 mm) et le calibre entre 40 et 44. Même le module du Corona cubain ne correspond pas exactement aux classiques : alors que le calibre est de 42 comme celui du format international, la version cubaine s'octroie quelques millimètres de plus (142 à 140 mm). Et il y a autre chose à dire sur le Corona cubain : les cigares de ce format sont roulés à la main et leur temps de fumage est de ¾ h à 1 h.

Corona Extra

Le module classique de ce format courant au niveau international comporte 5½ pouces (= 140 mm) de longueur pour un calibre 46 (= 18,3 mm).

On parle encore d'un Corona Extra quand la longueur va de 4½ pouces au moins à 5½ pouces au maximum, et que le calibre se situe en même temps entre 45 et 47. En mesures métriques : la longueur peut aller de 114 à 140 millimètres, tandis que le diamètre est de 17,9 à 18,7 mm.

Corona Gorda

Le format havane Corona Gorda, qui se rencontre très souvent, se différencie à peine dans la longueur de la vitole du Corona cubain. C'est évident, car l'ajout Gorda se rapporte à l'épaisseur. Ainsi un Corona Gorda, avec un calibre 46 (= 18,3 mm), présente-t-il un diamètre d'environ 1,6 mm de plus qu'un Corona, alors que la longueur est quasiment identique à celle de son homonyme (143 à 142 mm).

Si l'on compare la désignation du format Corona Gorda avec celle qui est en usage au niveau international, on a au premier abord un moment de surprise, car la dénomination juste Grand Corona implique d'abord le format havane Corona Grande. Au niveau international, ce dernier correspond cependant au Long Corona. C'est que les noms de format sont parfois assez troublants, et un coup d'œil comparatif sur les tableaux des différents formats ou des formats de havanes peut être très profitable (pages 136 à 140). Temps de fumage du Corona Gorda : 1 h à 1 ¼ h.

Un Corona Gorda de Saint Luis Rey et, à droite, un Le Hoyo des Dieux au format d'un Corona Grande

Corona Grande

Grande signifie « important » et, par conséquent, le format havane Corona Grande, avec ses 155 millimètres (= 6⅛ po), est un peu plus long que celui du Corona cubain, avec 12 millimètres de plus. Avec son calibre 42 (= 16,7 mm), cette vitole populaire (dont les cigares sont roulés à la main) est quasiment identique dans ses dimensions au format Long Corona courant au niveau international.

Un Corona Grande (temps de fumage : 1 h à 1 h ¼) ne peut pas se confondre avec un Gran Corona, car ce dernier format (havane) est le plus grand qui soit fabriqué sur l'île du tabac et de la canne à sucre.

Coronita

Comme tous les Coronas cubains, la vitole Coronita est relativement courante et bénéficie d'une certaine popularité. Cette « petite couronne » a une longueur de 117 millimètres (= 4⅝ po) ainsi qu'un calibre 40 (= 15,9 mm), et elle est équivalente à un Petit Corona. Les Coronitas, dont le temps de fumage est de ½ h, peuvent être roulés aussi bien à la main qu'à la machine.

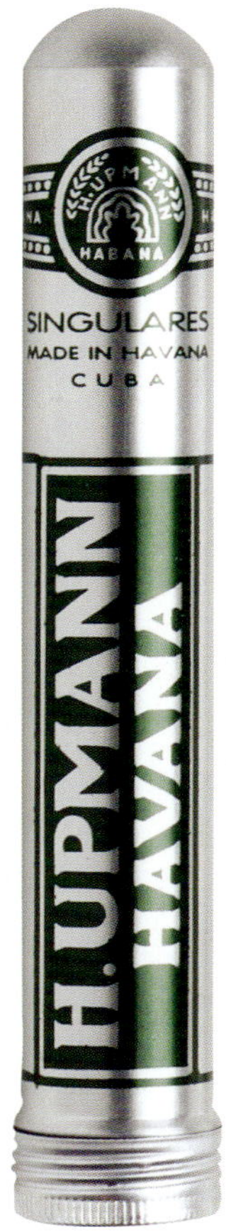

Cosaco

Le format havane mesure 135 millimètres (= 5 3/8 po) et il a un calibre 42 (= 16,7 mm). Il est tout à fait comparable au format Corona courant au niveau international. Les Cosacos (temps de fumage : ¼ h à 1 h) sont roulés à la main.

Crema

Il revient à chaque *aficionado* de décider si ce format havane représente pour lui la « crème de la crème ». Avec une longueur de 140 millimètres (= 5½ po) et un calibre 40 (= 15,9 mm), les dimensions du Crema (temps de fumage : ½ h à ¾ h) sont quasiment identiques à celles du Corona classique, ce qui fait qu'il se range parmi les formats favoris.

Il faut encore mentionner une particularité – comme il en existe quelques-unes dans les formats havanes – : le module du Crema et celui du Nacionales sont absolument identiques. La seule différence, mais qui est d'importance est que le premier est roulé à la main, tandis que le second l'est mécaniquement.

Pour compléter, il faut encore mentionner le Crema JLP, une *vitole tripa corta.* Son module : 136 millimètres (= 5⅜ po) de longueur et un calibre 40 (également).

À gauche, un Corona dans le tube : Singulares de H. Upmann, ci-dessous un Crema de José L. Piedra

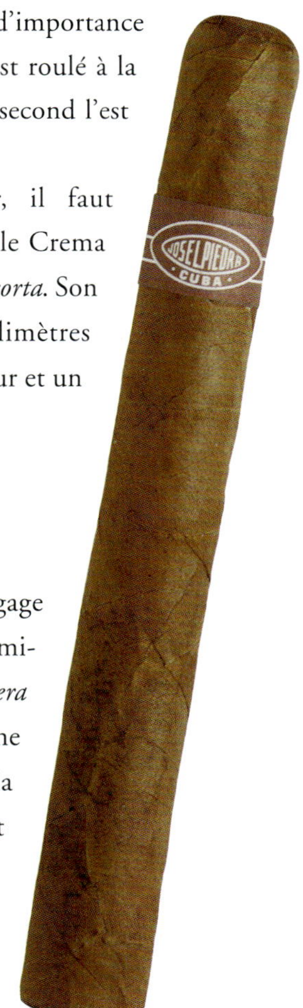

Cristales

Le « cristal » cubain ne dégage plus que peu d'intensité lumineuse, car cette *vitola de galera* ne se trouve plus que dans une *vitola de salida* fabriquée à la machine. Les mesures, soit 150 millimètres (= 5⅞ po) et un calibre 41 (= 16,3 mm), correspondent au format tout à fait courant d'un Long Corona – et cela se manifeste dans le temps de fumage qui est de ¾ h à 1 h. Il existe aussi le format nommé Cristales mano, qui présente le même module que son homonyme. Seul le mode de fabrication, soit *tripa corta,* est différent.

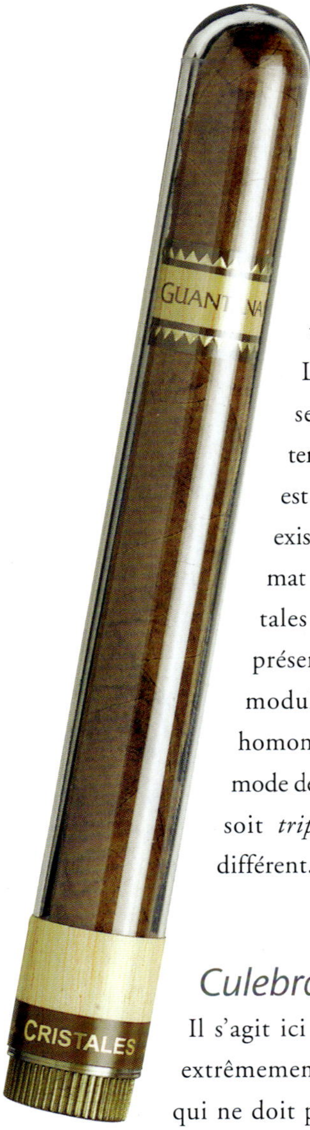

Culebra

Il s'agit ici d'un module extrêmement rare, mais qui ne doit pourtant pas manquer à la liste, notamment en raison de sa forme des plus singulières.

Culebra est un mot espagnol qui signifie « couleuvre » – en effet, ce module se présente comme trois couleuvres entrelacées, liées ensemble par de fines cordelettes, formant ainsi une unité. Le format Culebra, qui est roulé à la main, constitue sans aucun doute le plus extravagant de tous les Figurados (ce nom étant attribué aux modules dotés de formes particulières).

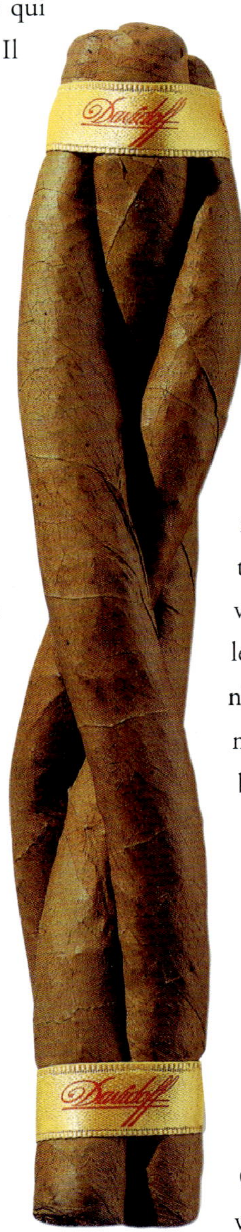

Cristales de Guantanamera (ci-dessus) et un Davidoff Special C, un Culebra, dont les trois cigares ont chacun une longueur de 165 mm pour un calibre 33 (à droite).

Or, ce format participe d'une longue tradition. Vers le milieu du XIXe siècle, les *torcedores* des fabriques espagnoles reçurent l'ordre de rouler d'une façon spéciale leur ration quotidienne de cigares. Ils avaient droit à trois cigares par jour, qu'ils devaient désormais tresser pour qu'ils ne forment plus qu'une unité. La raison : empêcher les rouleurs de cigares de revendre au noir une partie de leurs rations, donc de priver le fisc des taxes imposées sur les cigares. Cette réglementation n'existe plus depuis longtemps, mais l'art de fabriquer les Culebras est toujours bien vivant.

Un Culebra typique est composé de trois cigares tressés, chacun tournant pratiquement sur son axe et présentant l'aspect d'un petit fagot.

À Cuba, une seule manufacture a gardé ce type de modules dans sa production : Partagás. Cependant, les *torcedores* de cette vénérable fabrique semblent avoir désappris l'art de rouler un *figurado* possédant ce format, car les Culebras de la marque Partagás, d'une longueur de 5¾ po (= 146 mm) et de diamètre 39 (= 15,5 mm) sont aujourd'hui roulés à la machine.

En revanche, en République dominicaine, quelques rouleurs de cigares maîtrisent encore l'art de fabriquer les Culebras à la main. Durant l'été 1997, Davidoff a fait réapparaître ce format dans sa production et l'a inclus dans son assortiment sous le nom commercial de Special C, le C signifiant bien sûr Culebra. Toutefois, ces cigares se différencient de leurs homologues cubains par leurs dimensions. Un Special C a la longueur respectable de 165 millimètres pour un diamètre de 13,1 mm.

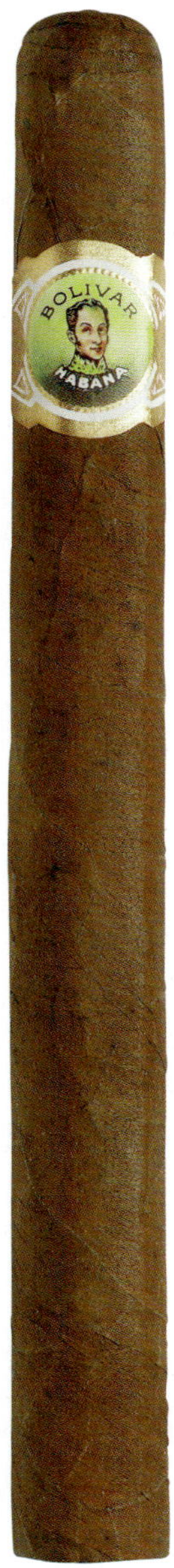

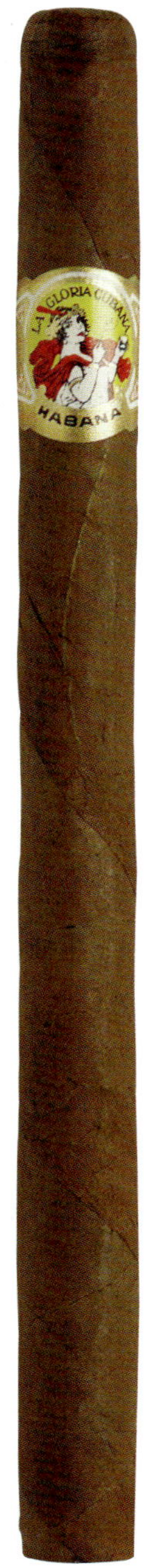

Un Immensas de Bolívar, un format Dalia. À l'extérieur : le Médaille d'Or N° 1 de La Gloria Cubana est un format extra du Delicado classique

Dalia

Ce format havane dont les cigares sont roulés à la main affiche une longueur de 170 millimètres (= 6¾ po) pour un calibre 43 (= 17,1 mm), et il est ainsi comparable au format d'un Lonsdale. Temps de fumage : 1 ¼ h à 1 ½ h.

Delicado

Delicado est un adjectif qui se traduit par « fin », « délicat ». Ce dernier qualificatif ne correspond pas tout à fait à ce format havane roulé à la main. La longueur remarquable de 192 millimètres (= 7½ po) s'y oppose. L'attribut « fin » est déjà mieux adapté car, avec un calibre 38 (= 15,1 mm), un Delicado présente un corps élancé et il est en outre certainement un pur régal pour qui préfère le Long Panatela. Temps de fumage : 1¼ h à 1½ h.

Delicado Extra

Bien que le nom de ce format havane (également roulé à la main) laisse supposer des dimensions importantes, ce n'est pas le cas. Avec une longueur de quelque 185 millimètres (7¼ po), l'Extra doit rester un peu en retrait par rapport au Delicado. Il en va de même pour le calibre 36 (= 14,3 mm). Le temps de fumage concorde en revanche avec celui du pendant d'usage au niveau international.

Delicioso

Ce format havane fait à la main affiche 159 millimètres de longueur (= 6¼ po) pour un calibre 33 (= 13,1 mm). Comme le nom espagnol le laisse entendre – *delicioso* est un adjectif signifiant « délicieux » –, il s'agit ici d'un format tout à fait agréable, qui correspond à celui d'un Slim Panatela. C'est ensuite à chaque *aficionado* de décider si ce cigare est aussi réellement « délicieux ». Le temps de fumage s'étend de ½ h à ¾ h.

Avec la vitola *de salida* Double R*, Davidoff renvoie à un Double Robusto, mais avec des dimensions de 165 mm de longueur et 19,8 mm de diamètre, ce format correspond tout à fait à un Double Corona.*

Demi Tasse

Le temps de fumage est assez court (¼ h) pour ce format havane qui présente une longueur de 100 millimètres (= 3⅞ po) et un calibre 32 (= 12,7 mm) et fait ainsi partie de la classification Small Panatela. Les cigares de cette *vitola* sont fabriqués à la machine.

Double Corona

Si un Churchill ne suffit pas à un amateur de cigares, un module Double Corona lui apportera toute satisfaction. Le format international reconnu présente environ 20 millimètres de plus dans la longueur et un diamètre plus large qu'un Churchill (soit 49 au lieu de 47).

Le module classique de ce format international a une longueur de 7¾ po (= 197 mm) et un calibre 49 (= 19,5 mm). Il s'agit toujours d'un Double Corona si la longueur est au moins de 6¾ pouces et inférieure à 8 pouces, et que le calibre proposé est au moins 49. En mesures métriques : la longueur peut aller de 171 à 202 millimètres, tandis que le diamètre doit avoir la taille minimum de 49.

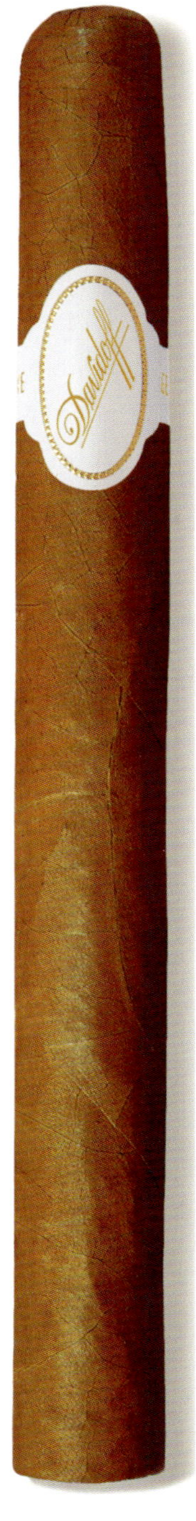

Edmundo

Il n'y a pas si longtemps, avec la naissance d'un nouveau format, la grande marque cubaine Montecristo a obtenu un remarquable descendant. Il s'agit de l'Edmundo, qui offre un temps de fumage de 1¼ h à 1½ h. Cette *vitola* un peu ramassée présente une longueur de 135 millimètres (= 5⅜ po) et un calibre 52 (= 20,6 mm). Cette *vitola* roulée à la main se compare donc tout simplement au format Robusto pour ce qui est de la longueur et du calibre.

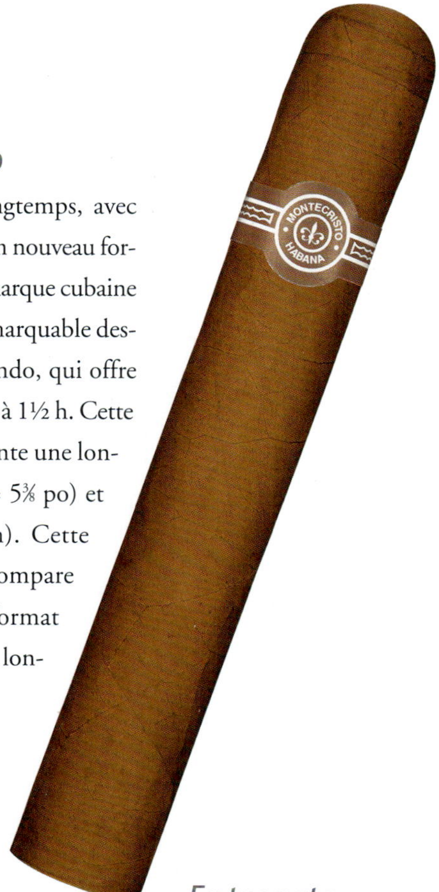

L'Edmundo de Montecristo (à gauche). Ci-dessous, un Le Hoyo du Maire, un format Entreacto

Eminente

Si ce format havane roulé à la main est considéré par certains *aficionados* comme étant tout à fait exceptionnel en termes de qualité, il l'est également par sa rareté. L'Eminente fait en effet partie des vitoles les moins répandues. Avec sa longueur de 132 millimètres (= 5¼ po) et son calibre 42 (= 16,7 mm), il peut pourtant se ranger avec le format favori Petit Corona. Temps de fumage : ¾ h à 1 h.

Entreacto

Ce petit format havane, dont le temps de fumage est de ¼ h, a une longueur de 100 millimètres (3 7/8 po) et un calibre 30 (= 11,9 mm). Avec de telles dimensions, l'Entreacto est comparable au Demi Tasse et correspond, tout comme ce format, à celui d'un Cigarillo. Pourtant, l'Entreacto se distingue du Demi Tasse sur un point important : c'est un format qui est roulé à la main.

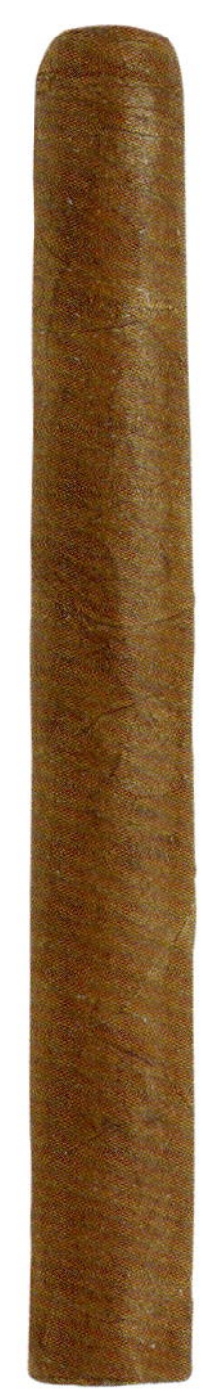

Epicures

Les caractéristiques de ce format havane (temps de fumage : ¼ à ½ h) sont brièvement et justement indiquées avec *Tripa larga* et *Mecanizado*. Manque encore le module : 110 millimètres (4⅜ po) avec un calibre 35 (= 13,9 mm), ce qui rend l'Epicures tout à fait équivalent à un Short Panatela.

Exquisito

L'Exquisito est un Perfecto cubain qui est réservé à un format de la marque Cuaba. La longueur est de 145 millimètres (= 5¾ po) tandis que le calibre s'élève à 46 (= 18,3 mm) à l'endroit le plus épais du cigare. Cette *vitola* roulée à la main peut ainsi être tout à fait comparée à un Grand Corona. Temps de fumage : 1 h à 1¼ h.

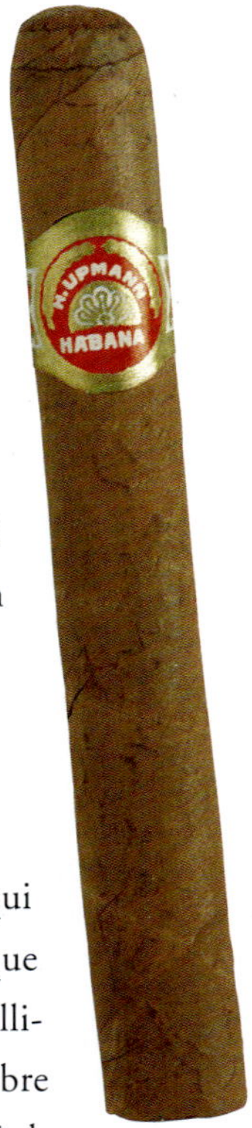

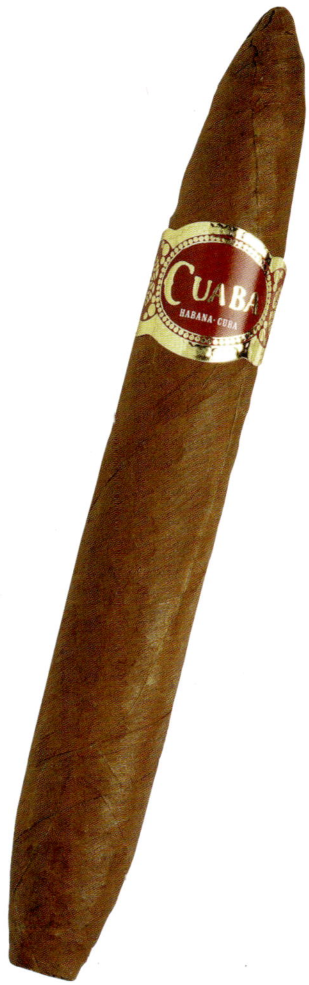

À gauche, un Epicures d'Upmann, à droite un Exquisito exclusif sous la forme d'un Cuaba Exclusivos

F

Favorito

Le Favorito, également un Perfecto cubain réservé à un format de la marque Cuaba, est pourtant en tant que Short Perfecto un peu plus petit que l'Exquisito, sa longueur n'étant que de 120 millimètres (= 4¾ po) tandis que le calibre s'élève à 42 (= 16,7 mm) à l'endroit le plus épais du cigare. Cette *vitola* roulée à la main peut ainsi être tout simplement comparée à un Petit Corona. Temps de fumage : ½ h à ¾ h.

Figurado

Normalement, un cigare se présente avec une tête arrondie à laquelle se rattache un cylindre le plus souvent rond jusqu'au pied, avec les deux côtés parallèles. Les formats de cigares qui dévient de la forme standard sont des Figurados. En font partie notamment le Belicoso, le Culebra, le Pyramide et le Torpedo. La fabrication de ces formats nécessite le concours de *torcedores* expérimentés qui maîtrisent leur métier.

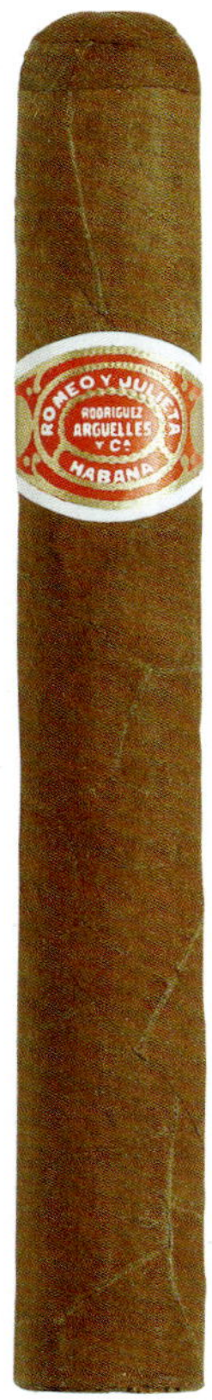

À gauche, un Franciscano de Romeo y Julieta, ci-dessous un Coronas Extra de Bolívar, le seul format Francisco

Franciscano

Ce format havane présente 116 millimètres (= 4⅝ po) de longueur et un calibre 40 (= 15,9 mm). Il correspond au format international d'un Petit Corona. Les cigares de la *vitola* Franciscano (temps de fumage : ½ h) présentent, comme la plupart des formats cubains, la marque de qualité « *Totalmente a mano* ».

Francisco

Ce format havane dont les cigares sont roulés à la main n'a que peu de chose en commun avec son homonyme, le Franciscano, tant en ce qui concerne son calibre – 143 millimètres (= 5⅝ po) de longueur pour un calibre 44 (= 17,5 mm) – que sa rareté, car le Francisco est une *vitola* qui ne se rencontre qu'une seule fois, bien qu'elle se rapproche beaucoup du format classique d'un Corona. Temps de fumage : ¾ h à 1 h.

G

Generoso

Tout comme l'Exquisito et le Favorito, le Generoso, roulé à la main, est réservé à la seule marque Cuaba, dont les formats se présentent tous comme Figurados. Avec une longueur de 132 millimètres (= 5¼ po) et un calibre 42 (= 16,7 mm) à l'endroit le plus épais, cette *vitola* peut tout à fait se comparer à un Petit Corona. Temps de fumage : ½ à ¾ h.

Giant

Le nom est tout un programme : les cigares de ce format ont des dimensions vraiment « gigantesques ». Le module classique du format courant au niveau international a une longueur de 9 pouces (= 229 mm) pour un calibre 52 (= 20,6 mm). On parle encore d'un Giant quand la longueur minimum est de 8 pouces – il n'y a pas de limite supérieure – et que le calibre est au moins de 46, sans limite supérieure non plus. En mesures métriques : la longueur minimum commence à 203 millimètres, tandis que le diamètre débute à environ 18,3 mm.

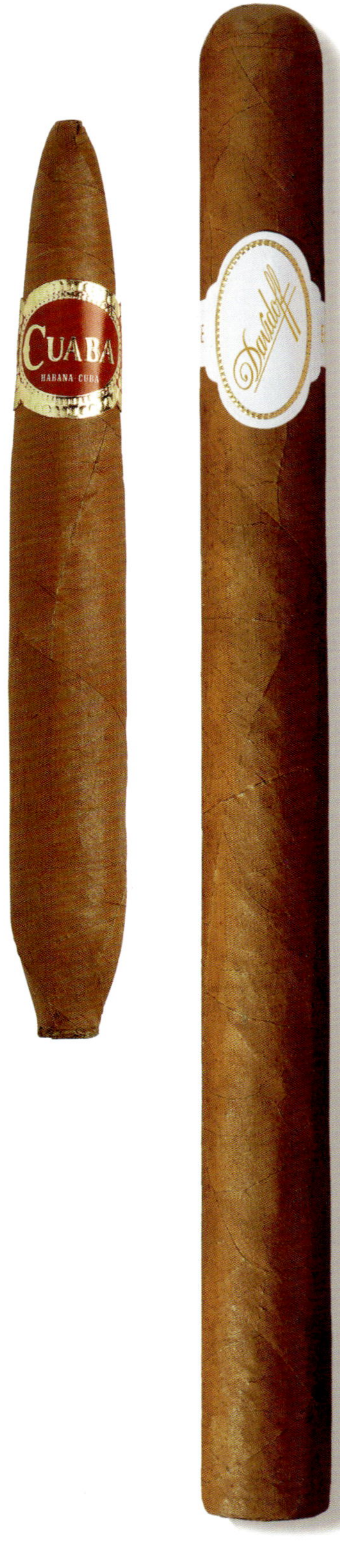

À gauche, un Generoso de Cuaba, à côté un Giant vraiment gigantesque : Davidoff Aniversario N° 1

Giant Corona

Le module classique de ce format d'usage au niveau international présente une longueur de 7½ pouces (= 191 mm) et un calibre 44 (= 17,5 mm). Il s'agit toujours d'un Giant Corona quand la longueur est d'au moins 7½ pouces – il n'y a pas de limite supérieure – et qu'en même temps le calibre se situe entre 40 et 45. En mesures métriques, la longueur minimum commence à 191 millimètres, tandis que le calibre va de 15,9 à 17,9 mm.

Gordito

Ce format havane a vu le jour il y a quelques années avec l'introduction de la marque San Cristóbal de La Habana. Avec un module de 141 millimètres (= 5½ po) de longueur et un calibre 50 (= 19,8 mm), cette *vitola* roulée à la main peut se comparer à un Toro. Temps de fumage : 1 ¼ h à 1 ½ h.

Gran Corona

Les dimensions du Gran Corona (dont le nom signifie « grande couronne ») sont impressionnantes : ce format havane présente une longueur de 9¼ pouces (= 235 mm) pour un diamètre de 47 (= 18,7 mm). Des cigares de ce calibre ne rencontrent pas les suffrages d'une vaste clientèle et n'occupent qu'une petite place sur le marché. Aussi les trouve-t-on seulement dans les séries de deux marques de havanes : Montecristo et Sancho Panza.

Le format Gran Corona est en tout cas exceptionnel car, bien que de calibre identique à celui déjà respectable du Churchill, il est pourtant un peu plus long que le format cité et, en tant que format havane le plus long, il correspond ainsi tout à fait à un Giant.

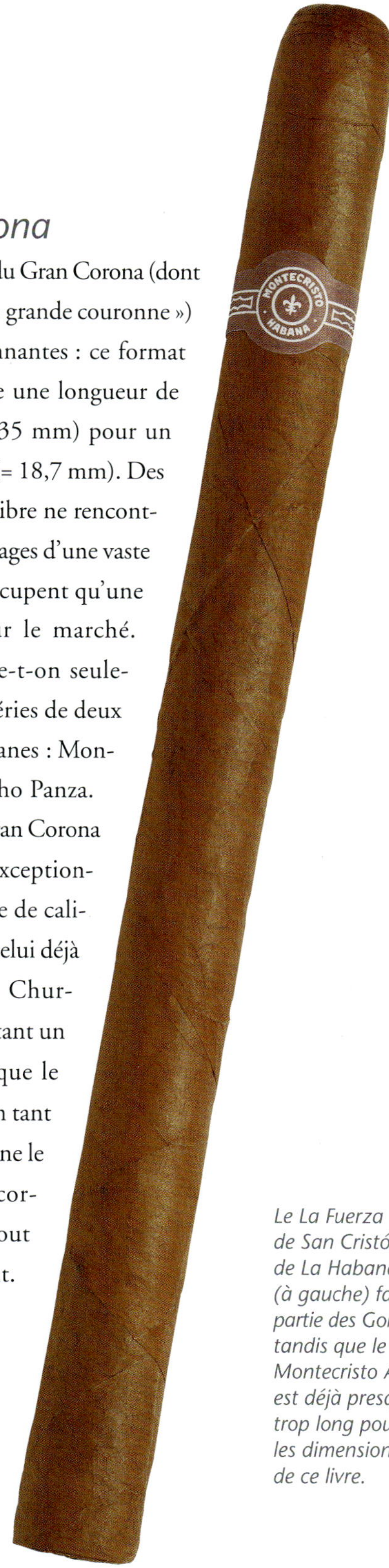

Le La Fuerza de San Cristóbal de La Habana (à gauche) fait partie des Gorditos, tandis que le Montecristo A est déjà presque trop long pour les dimensions de ce livre.

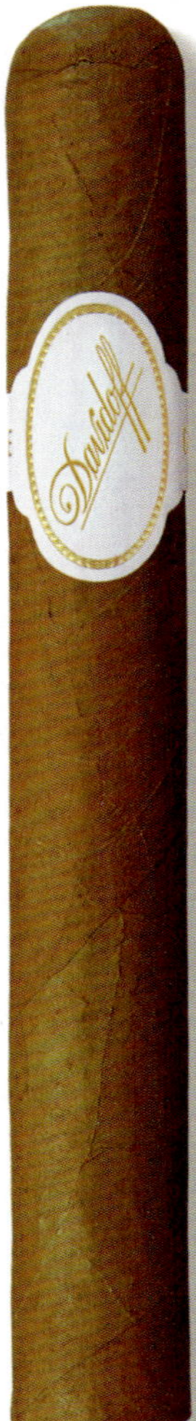

Grand Corona

Bien que la ressemblance du nom le laisse supposer, le format Grand Corona courant au niveau international n'est pas comparable à la *vitola* citée précédemment.

Le module classique d'un Grand Corona présente une longueur de 6½ pouces (= 165 mm) ainsi qu'un calibre 46 (= 18,3 mm). On parle encore d'un Grand Corona quand la longueur est supérieure à 5½ pouces et que le calibre se situe entre 45 et 47. En mesures métriques : la longueur se situe entre 141 et 170 millimètres, tandis que l'écart des diamètres, avec des dimensions de 17,9 à 18,7 mm, est relativement minime.

Grand Corona Special

Le Grand Corona Special, qui n'est pas un format classique proprement dit, comble le vide entre Grand Corona et Lonsdale et des formats comme Churchill et Giant Corona. Le module : 7 pouces (= 178 mm) de longueur et calibre 45 (= 17,9 mm), la longueur pouvant aller de 6¾ à moins de 7½ pouces, c'est-à-dire de 171 à 190 millimètres.

H

Hermoso N° 4

Que ce format havane relativement courant soit « joli » ou même « beau » dépend du point de vue de l'observateur. Et la troisième possibilité qu'autorise la traduction de la dénomination espagnole ne concorde guère, en tout cas pas en ce qui concerne la longueur, et tout au plus le calibre. C'est qu'avec 48 pouces (= 19,1 mm), on peut le qualifier tout simplement d'« imposant », alors que la longueur, avec 127 millimètres (= 5 po), est tout à fait fréquente. Ainsi l'Hermoso N° 4, dont le temps de fumage est de ¾ h à 1 h est-il comparable à un Robusto. Ces cigares sont par ailleurs roulés à la main.

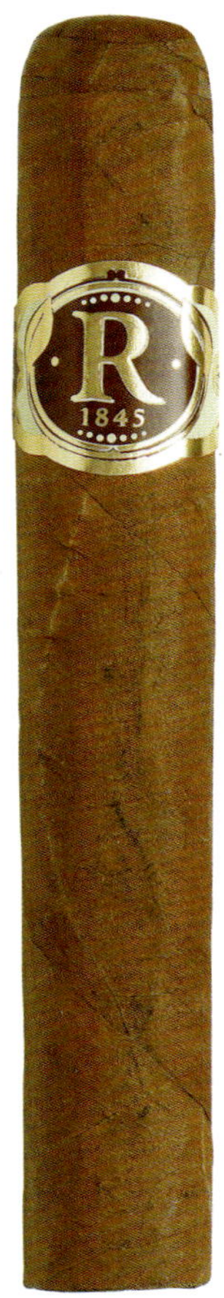

Avec une longueur de 143 mm et un calibre 46 (18,3 mm), le Davidoff 5000 correspond au format d'un Grand Corona (tout à gauche). Le Famosos 48 de Vegas Robaina est un format Hermoso N° 4

Infante

Ce terme espagnol a pour traduction le mot « enfant », ou encore « infant » et « infante ». On ignore si le *tabacalero*, en créant ce format havane qui n'est plus que très rarement utilisé aujourd'hui, pensa à un petit enfant ou plutôt à un(e) infant(e) déterminé(e), le terme étant, depuis le XIIIe siècle, le titre que portaient les princes et les princesses royaux au Portugal et en Espagne.

Ce qui est sûr : l'Infante est, avec sa longueur de 98 millimètres (= 3⅞ po), le plus petit de tous les formats cubains. Son calibre 37 (= 14,7 mm), respectable par rapport à la longueur, rend ce Short Perfecto tout simplement comparable à un Short Panatela pour ce qui est de leur volume. L'Infante (temps de fumage : ¼ h à ½ h) est une *vitola* roulée mécaniquement.

Julieta N° 2

Avec un calibre 47 (= 18,7 mm), Julieta N° 2, l'un des formats havanes que l'on rencontre très souvent, affiche une longueur de 178 millimètres (= 7 po), ce qui fait qu'il correspond exactement dans ses dimensions au format classique d'un Churchill. Les cigares de la *vitola* Julieta N° 2 sont roulés à la main. Le temps de fumage est de 1½ h à 1¾ h.

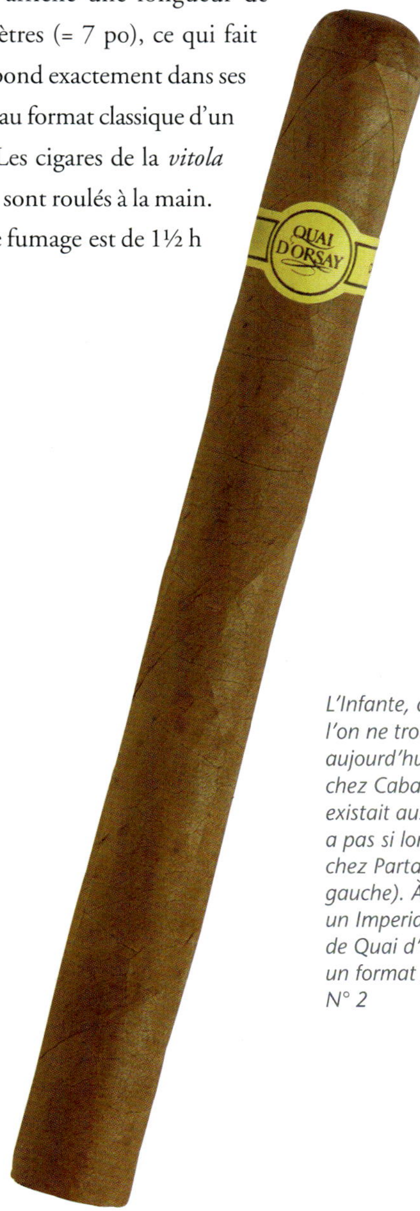

L'Infante, que l'on ne trouve plus aujourd'hui que chez Cabannas, existait aussi il n'y a pas si longtemps chez Partagás (à gauche). À droite un Imperiales de Quai d'Orsay, un format Julieta N° 2

Laguito N° 1

Ce format havane, dont le temps de fumage est de 1¼ h à 1½ h, affiche une longueur remarquable de 192 millimètres (= 7 ½ po) pour un calibre relativement petit de 38 (= 15,1 mm). Il fait ainsi partie des formats plutôt exceptionnels et se rapproche beaucoup du module du Long Panatela classique.

La dénomination « Laguito » renvoie à la fabrique El Laguito dans laquelle cette *vitola* a été conçue et confectionnée pour la première fois. Derrière le nom de production se cache par exemple aussi le Cohiba Lanceros, déjà légendaire entretemps, l'un des deux cigares favoris de Fidel Castro. Bien entendu, tous les Laguitos sont roulés à la main, car on n'aurait probablement pas pu exiger du *Máximo Lider* qu'il ne fume pas un cigare fabriqué à la main.

Il faut encore brièvement aborder une autre particularité de ce format qui mérite d'être mentionnée. Tout comme les cigares du Laguito N° 1, ceux du format havane Delicado sont également roulés à la main, et les modules des deux formats sont absolument identiques. Il existe pourtant bien une différence, minime mais raffinée : tous les cigares du format Laguito N° 1 présentent sur la tête une petite

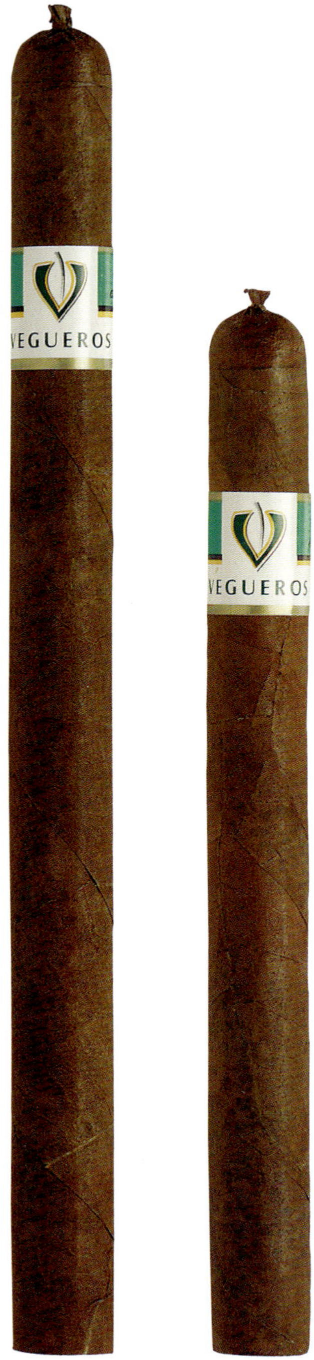

Le grand et le petit frère : à gauche un Laguito N° 1, à droite un N° 2 de Vegueros

tresse, parfois aussi appelée « queue de cochonnet ».

Laguito N° 2

Comme le Laguito N° 1, le Laguito N° 2 (roulé à la main) a un calibre 38 (= 15,1 mm), mais, avec ses 152 millimètres (= 6 po), il est beaucoup plus court que son homonyme, ce qui se répercute aussi sur le temps de fumage (¾ h à 1 h). Les dimensions de cette *vitola* sont absolument identiques à celles du Panatela classique.

Laguito N° 3

Avec sa longueur de 115 millimètres et un calibre 26 (= 10,3 mm), cette vitole se présente comme le plus petit des Laguitos (faits à la main), et appartient ainsi à la « famille » des Cigarillos. Temps de fumage : ¼ h.

Londres

On ignore si le format havane Londres renvoie ou non à un client domicilié dans la métropole britannique sur la Tamise. Avec son calibre 40 (= 15,9 mm) et sa longueur de 126 millimètres (= 5 po), le Londres affiche un temps de fumage de ½ h à ¾ h. Roulé à la main, ce cigare peut se comparer au format usuel au niveau international d'un Petit Corona.

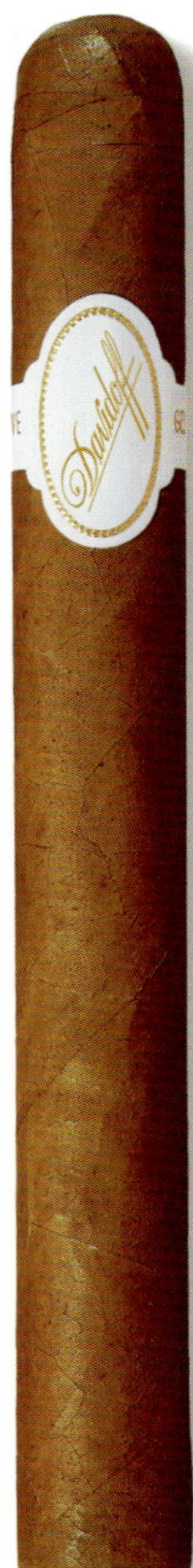

155 x 17,1 mm : ce sont les dimensions d'un représentant de la famille Long Corona, le Davidoff Grand Cru N° 1

Long Corona

Le module classique de ce format usuel au niveau international est de 6 pouces (= 152 mm) de longueur avec un calibre 42 (= 16,7 mm). Il s'agit toujours d'un Long Corona si la longueur est d'au moins 5¾ pouces et que le calibre se situe en même temps entre 40 et 44. En mesures métriques : la longueur peut aller de 146 à 164 millimètres, tandis que le diamètre mesure de 15,9 à 17,5 mm.

Long Panatela

Le module classique de ce format usuel au niveau international présente 7 ½ pouces (= 191 mm) de longueur ainsi qu'un calibre 38 (= 15,1 mm). On parle encore d'un Long Panatela quand la longueur est au moins de 7 pouces – il n'y a pas de limite supérieure –

et qu'en même temps le calibre se situe entre 35 et 39. En mesures métriques : la longueur minimale commence à 178 millimètres, tandis que le diamètre peut aller de 13,9 à 15,5 mm.

Lonsdale

Ce format classique, qui affiche une longueur de 6½ po (165 mm) et un calibre 42, fut commandé par le Earl of Lonsdale au fabricant cubain, chez lequel, dans les années 1830, il achetait de considérables quantités de cigares de la marque Flor de Rafael González. Ce format n'existait alors pas, mais les désirs d'un client de cette distinction étaient des ordres. C'est ainsi que l'un des modules les plus courants aujourd'hui est né de la marotte d'un aristocrate anglais, qui refusait par ailleurs de fumer tout autre cigare que ceux dont il avait « créé » le format et dont la bague arborait son portrait. Pour beaucoup de fumeurs de cigares, un Lonsdale est l'unique format valable. Il a certes un diamètre identique au Corona mais il est beaucoup plus long, ce qui lui confère un aspect bien plus élégant.

Avec 192 x 15,1 mm (38), un vénérable représentant du format Long Panatela : le Davidoff N° 1 (à gauche). Le Médaille d'Or N° 2 de La Gloria Cubana est un Dalia, qui correspond à un Lonsdale (à droite)

Et voici le module classique d'un Lonsdale : 6 ½ pouces (= 165 mm) de longueur et un calibre 42 (= 16,7 mm). Il s'agit toujours d'un Lonsdale si la longueur est de 6 ½ pouces au minimum avec en même temps un calibre situé entre 40 et 44. En mesures métriques : la longueur va de 165 millimètres à 190 millimètres, tandis que le diamètre mesure de 15,9 à 17,5 mm.

Mareva

Le format Mareva, dont le temps de fumage est de ½ h à ¾ h, constitue avec le Corona le format havane le plus courant. Avec sa longueur de 129 millimètres (= 5⅛ po) et son calibre 42 (= 16,7 mm), la vitole roulée à la main correspond à peu près au format usuel au niveau international d'un Petit Corona.

Minuto

Ce n'est certainement pas en *un minuto* (« une minute ») que l'on fume entièrement un cigare de ce format havane tout à fait courant. Pourtant, comme il ne faut que peu de temps à un *torcedor* expérimenté pour rouler un cigare de ce format relativement petit, il est possible que le choix du nom de cette vitole, dont le temps de fumage est de ½ h, renvoie justement à ce fait. Avec ses 110 millimètres (= 4⅜ po) de longueur et un calibre 42 (= 16,7 mm), le Minuto *(« Totalmente a mano »)* est comparable au format Petit Corona courant au niveau international.

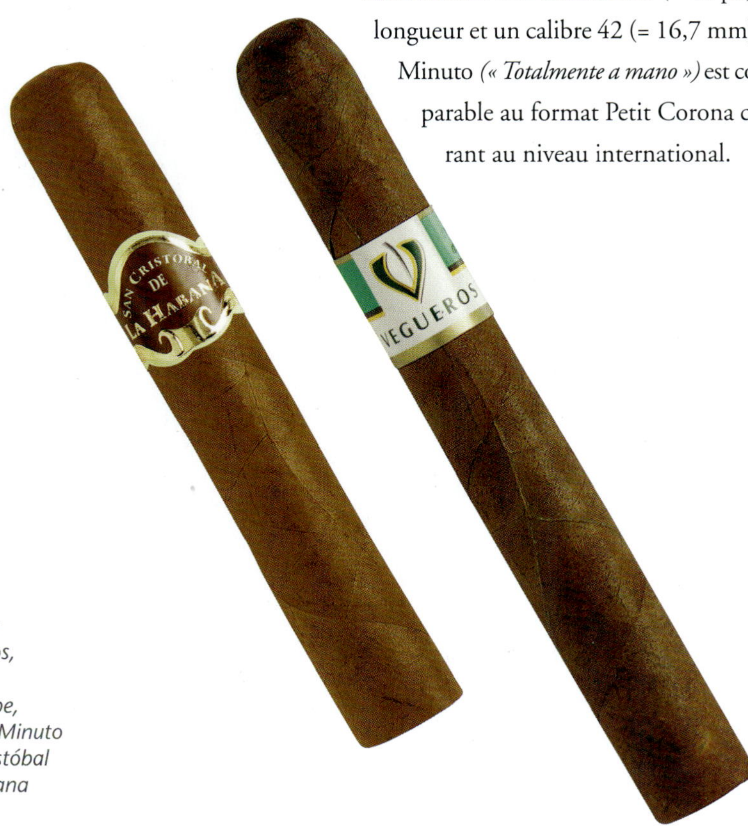

À droite, un Mareva de Vegueros, à gauche le El Principe, un format Minuto de San Cristóbal de La Habana

Nacionales

Ce format havane affiche une longueur de 140 millimètres (= 5½ po) et un calibre 40 (= 15,9 mm). À l'inverse du Crema, qui présente exactement les mêmes dimensions, le Nacionales est fabriqué à la machine. En revanche, les vitoles Nacionales JLP, d'une longueur de 134 millimètres (= 5¼ po) et de calibre 42 (= 16,7 mm), ainsi que le Nacionales mano, qui présente exactement les mêmes dimensions que le Nacionales cité plus haut, sortent certes également comme shortfillers, mais sont roulés à la main *(tripa corta)*. Les trois vitoles correspondent au format usuel au niveau international d'un Corona et ne diffèrent aussi que légèrement dans le temps de fumage (environ ¾ h).

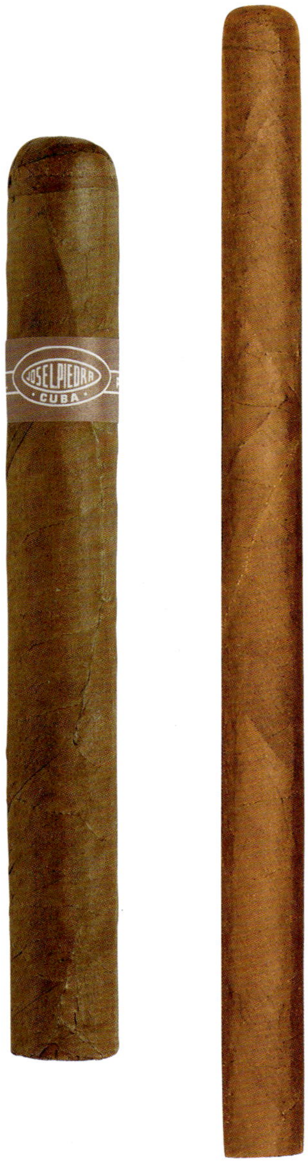

À gauche, un Nacionales de José L. Piedra, à droite un Ninfa, qui n'existe plus que chez Punch

Ninfa

Le format havane Ninfa est élancé et mince, précisément comme *una ninfa* (une « nymphe »). Avec un calibre 33 (= 13,1 mm) et la longueur imposante de 178 millimètres (= 7 po), ce format peut se ranger dans la catégorie de format du Slim Panatela. Les cigares de la *vitola* Ninfa sont faits à la main. Le temps de fumage est de ¾ h à 1 h.

P

Paco

En tant que *vitola de galera* très jeune encore – ce format a été créé pour marquer l'introduction de la marque San Cristóbal de La Habana –, le Paco se présente dans un format havane considérable, soit 180 millimètres (= 7⅛ po) de longueur et un calibre 49 (= 19,5 mm) : on n'est pas loin d'un Double Corona. Le temps de fumage est de 1¾ h à 2 h.

Palma

Le nom de ce format havane extrêmement rare doit-il évoquer la capitale de la plus grande des îles Baléares ou les palmiers de Cuba ? Ou les dimensions du Palma, c'est-à-dire de la paume d'une main (*palma* peut aussi se traduire par « paume de main »), ont-elles plu au *torcedor* pendant son travail ? On ne sait rien de précis à ce sujet. Ce qui est certain c'est que les cigares de ce format sont roulés à la main. Les dimensions suivantes aussi sont obligatoires : pour une longueur de 170 millimètres (= 6¾ po) et un calibre 33 (= 13,1 mm), le Palma (temps de fumage : ½ h à ¾ h) correspond au format d'un Slim Panatela.

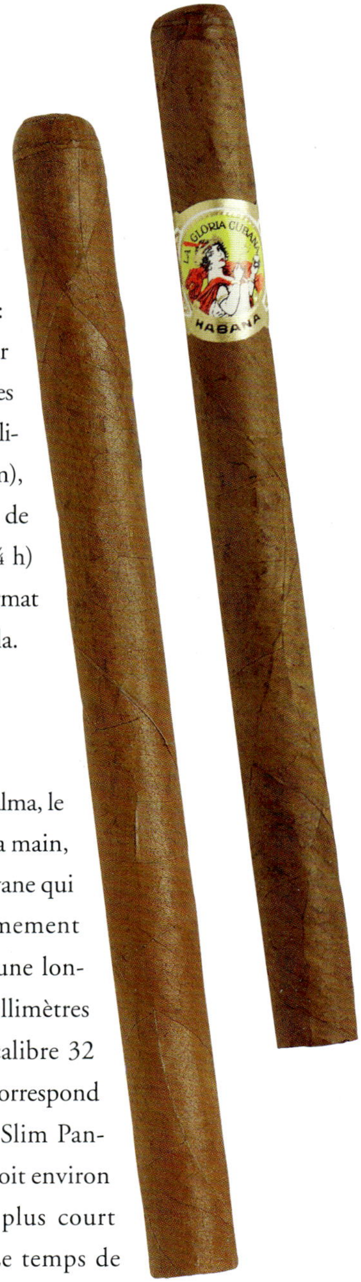

Palmita

Tout comme le Palma, le Palmita, roulé à la main, est un format havane qui se trouve extrêmement rarement. Avec une longueur de 152 millimètres (= 6 po) et un calibre 32 (= 12,7 mm), il correspond également à un Slim Panatela, bien qu'il soit environ 18 millimètres plus court que le Palma. Le temps de fumage est de ½ h à ¾ h.

Panatela

Que le nom s'orthographie « Panatela », « Panatella », « Panetela » ou « Panetella », il s'agit exactement du même format. Ce module long, au

À gauche : le San Cristóbal de La Habana El Morro est un Paco. En haut à gauche, un Le Hoyo du Gourmet (Palma), et, à côté à droite, un Palmita de La Gloria Cubana

diamètre fin, semble tout spécialement conçu pour des mains féminines élégantes. Comme après une longue nuit de repos, l'être humain a généralement les mains plus fines qu'aux heures tardives de la soirée, un *aficionado* mordu allumera volontiers un Panatela dès le réveil. En tout cas, ce module est le « cigare du petit-déjeuner » par excellence. Notons toutefois ici que la relation entre le matin, les mains fines et les cigares de faible diamètre n'a pas été scientifiquement établie, mais qu'elle se conçoit volontiers…

Le module classique de ce format international présente 6 pouces (= 152 mm) de longueur ainsi qu'un calibre 38 (= 15,1 mm). Il s'agit encore d'un Panatela quand la longueur est d'au moins 5½ pouces à moins de 7 pouces et qu'en même temps le calibre se situe entre 35 et 39. En mesures métriques : la longueur va de 140 à 177 millimètres, tandis que le diamètre est de 13,9 à 15,5 mm.

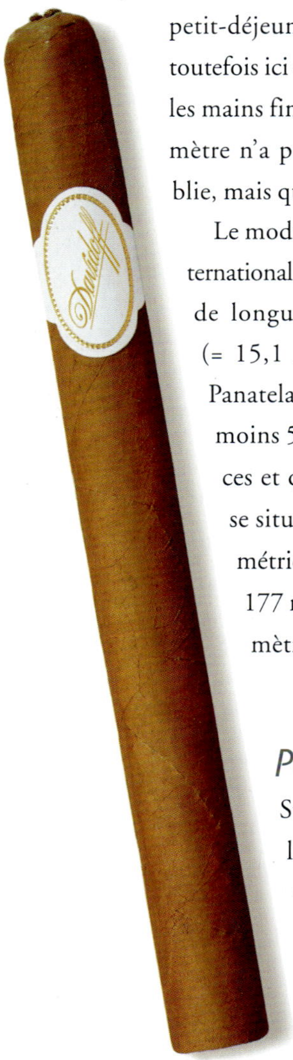

L'un des Panatelas classiques : le Davidoff N° 2

Panetela

Suit le format havane. Avec sa longueur de 117 millimètres (= 4⅝ po) ainsi que son calibre 34 (= 13,5 mm), le Panetela roulé à la main est comparable à un Small Panatela, et il n'est donc pas identique au format usuel au niveau international, comme on serait tenté de le supposer. Le temps de fumage est de ½ h.

Panetela Larga

Comme son petit frère, le Panatela, le Panatela Larga est roulé à la main. Il offre un temps de fumage de ½ h à ¾ h. Pour un calibre 28 (= 11,1 mm), il a, ainsi que l'appellation « Larga » l'indique, avec 175 millimètres, une longueur remarquable et incarne ainsi un format comparable à celui d'un Slim Panatela.

Parejo

Ce havane aussi présente une longueur respectable : 166 millimètres (= 6 ½ po) pour un calibre 38 (= 15,1 mm). Les Parejos sont roulés à la main et comparable au format d'un Panatela. Temps de fumage : ¾ h à 1 h.

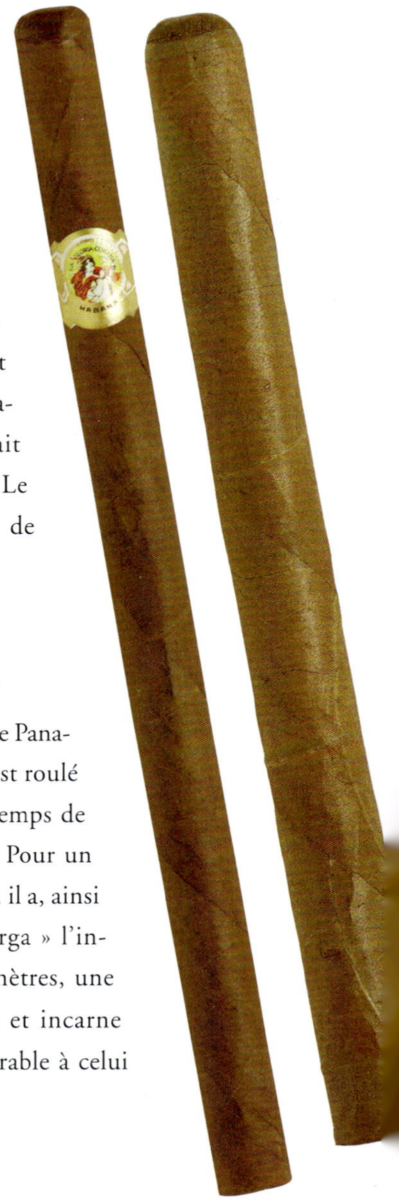

À gauche, la version Panatela Larga de La Gloria Cubana et, à droite, un Parejo : Série du Connaisseur N° 2 de Partagá

Perfecto

Le Perfecto est un havane roulé à la main qui, avec un calibre 44 (= 17,5 mm) à l'endroit le plus épais du cigare, mesure 127 millimètres (= 5 po) de longueur et est ainsi tout à fait équivalent quant à son module au format international d'un Petit Corona. Le temps de fumage est de ½ h à ¾ h.

La désignation « Perfecto » s'applique au niveau international à tous les Figurados qui présentent une forme amincie aux deux extrémités. S'il est question d'un Short Perfecto, la longueur du cigare est alors inférieure à 127 millimètres, c'est-à-dire 5 pouces.

Perla

Ce format havane est tout juste long de 102 millimètres (= 4 po) mais, par rapport à sa longueur, il a un calibre considérable de 40 (= 15,9 mm), et il fait partie des formats dont les cigares sont roulés à la main. Le Perla, dont le temps de fumage est de ½ h, correspond ainsi avec son module au format d'usage international d'un Petit Corona.

Petit

Comme le nom l'indique, il s'agit pour ce format havane (fabriqué mécaniquement) d'une vitole relativement petite. Il affiche une longueur de 108 millimètres (= 4¼ po) et un calibre 31 (= 12,3 mm), et il est ainsi comparable à un Small Panatela. Le temps de fumage est de ¼ h.

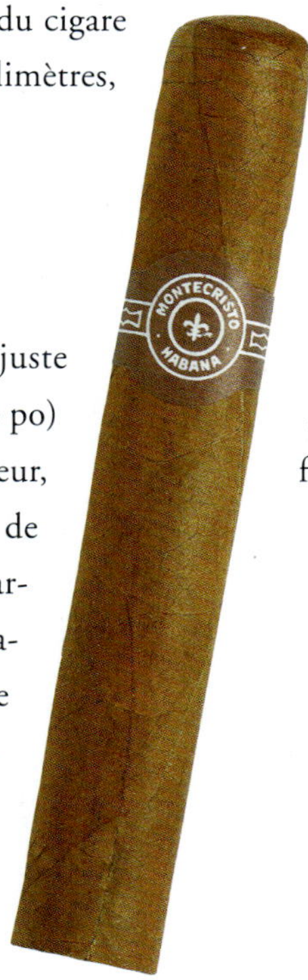

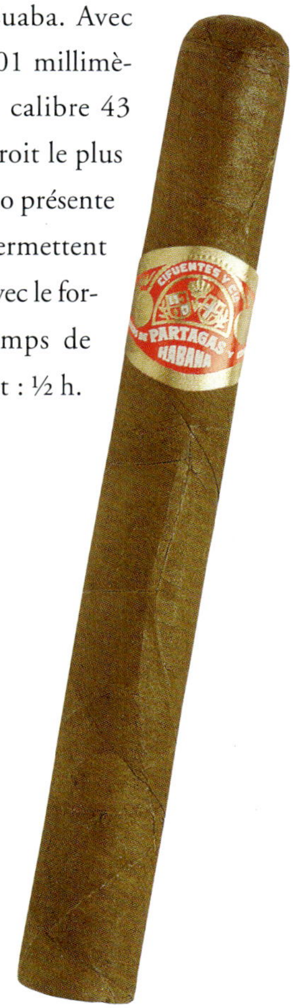

À gauche, un Montecristo N° 5 (Perla), à côté, à droite, un Petit Cetro de Partagás

Petit Bouquet

C'est le plus petit Figurado des formats havanes qui sont exclusivement réservés à la marque Cuaba. Avec une longueur de 101 millimètres (= 4 po) et un calibre 43 (= 17,1 mm) à l'endroit le plus épais, ce Short Perfecto présente des dimensions qui permettent de classer son module avec le format Petit Corona. Temps de fumage du Petit Bouquet : ½ h.

Petit Cetro

Ce format havane offre un temps de fumage allant de ½ h à ¾ h. Les cigares sont roulés à la main. Ce format affiche un calibre 40 (= 15,9 mm) et une longueur de 129 millimètres (= 5⅛ po). Il se rapproche ainsi du calibre standard du format Petit Corona international.

Par ses dimensions, la vitole avec l'ajout de l'abréviation « JLP », qui indique la mode de fabrication *tripa corta*, se situe un peu derrière sa sœur. Avec sa longueur de 127 millimètres (= 5 po) et son calibre 38 (= 15,1 mm), elle se présente comme Short Panatela et offre ainsi un temps moindre de fumage (½ h).

La gamme de ce format Petit Corona d'usage international est vaste. L'un est la vitole Davidoff 2000 avec une longueur de 129 mm et un calibre 43

Petit Corona

Le module classique de ce format d'usage international présente une longueur de 5 pouces (= 127 mm) et un calibre 42 (= 16,7 mm).

On parle pourtant encore d'un Petit Corona quand la longueur oscille entre 3¾ et 5¼ pouces et que, dans le même temps, le calibre se situe entre 40 et 44. En mesures métriques : la longueur peut aller de 95 à 132 millimètres, tandis que le diamètre est de 15,9 à 17,5 mm.

Souvent pourvu du même calibre, le Petit Corona, également appelé parfois Half Corona, est un peu plus court que son grand frère, le Corona, et convient donc de façon idéale pour un bref *smoke* (pendant la pause déjeuner par exemple). Étant donné qu'il a un usage universel, le Petit Corona fait partie des formats que l'on rencontre le plus couramment.

Dans le module du format cubain du même nom (temps de fumage : ½ h à ¾ h), il y a seulement un écart (minime) de longueur : 129 à 127 millimètres. Important : cette vitole ne se définit pas par rapport à son mode de fabrication, car les Petits Coronas sont aussi bien roulés à la main que mécaniquement.

Pirámide

Malheureusement, ce format havane avantageux roulé à la main ne se rencontre plus aussi souvent qu'il y a encore 20 à 30 ans, ce qui, jusqu'à récemment, devait être dû au fait qu'il n'y avait plus que quelques *torcedores* qui dominaient cet art de rouler parfaitement un Pirámide. On peut se réjouir de constater désormais qu'au total, la fabrication de Figurados augmente à nouveau. Le module de cette vitole présente 156 millimètres (= 6⅛ pouces) de longueur ainsi qu'un calibre de 52 (= 20,6 mm), ce qui est considérable. Un Pirámide offre un temps de fumage appréciable : 1½ h à 1¾ h. En ce qui concerne les dimensions, le Pirámide est tout à fait comparable au format Toro.

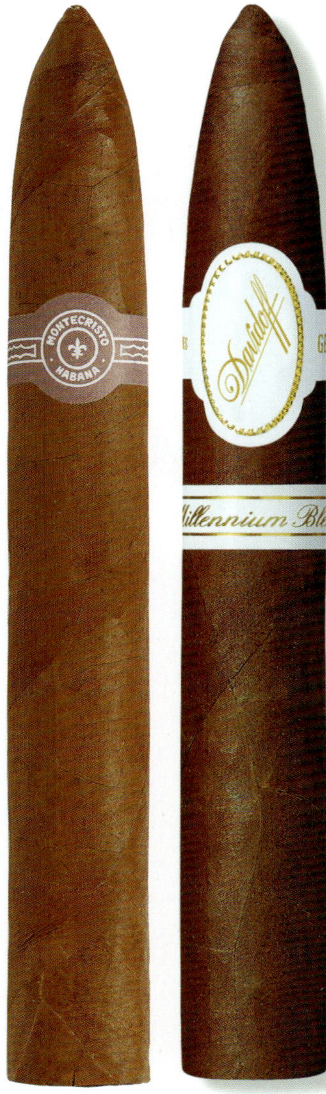

Pirámide et Pyramid : à gauche, le Montecristo N° 2, à droite, le Davidoff Millennium Blend Piramides avec une longueur de 156 mm et un calibre 52

Pyramid

Comme cela a déjà été indiqué précédemment, ce format avantageux connaît une certaine renaissance. Presque toutes les marques connues proposent désormais un Pyramid. Cela est une bonne chose car les Pyramids, le plus souvent de grand format, promettent en général un agréable plaisir de fumer. Au contraire de son pendant cubain, la longueur d'un Pyramid affiche 178 millimètres, soit 7 pouces, tandis que le calibre peut varier entre 36 et 54.

Placera

Il est tout à fait de l'ordre du possible qu'à la naissance de ce format havane roulé à la main, on ait pensé au mot espagnol *placer*, qui signifie « plaisir » car, avec sa longueur de 125 millimètres (= 4⅞ po) ainsi que son calibre 34 (= 13,5 mm), il correspond au format populaire d'un Small Panatela et, on le soulignera une fois de plus, un plaisir court (temps de fumage du Placera : ½ h) fait absolument partie des côtés agréables de la vie.

Prominente

Ce format havane, dont le temps de fumage est de 2 h à 2¼ h, promet en revanche une longue aventure, que garan-

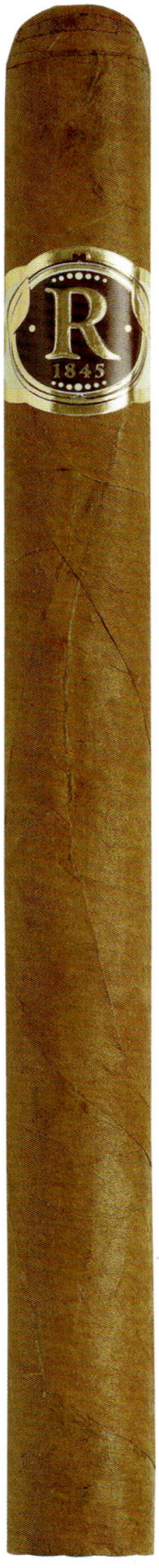

tit déjà le module considérable : 194 millimètres (= 7⅝ po) de longueur pour un calibre 49 (= 19,5 mm), le Prominente roulé à la main correspondant ainsi au format d'un Double Corona.

R

Reyes

Tout comme le Coloniales, le Robusto Extra et le Trinidad N° 1, ce format havane a été créé exclusivement pour la marque de pointe Trinidad. Avec une longueur de 110 millimètres (= 4⅜ po) et un calibre 40 (15,9 mm), cette vitole est comparable à un Petit Corona. Le temps de fumage est de ½ h.

Robusto

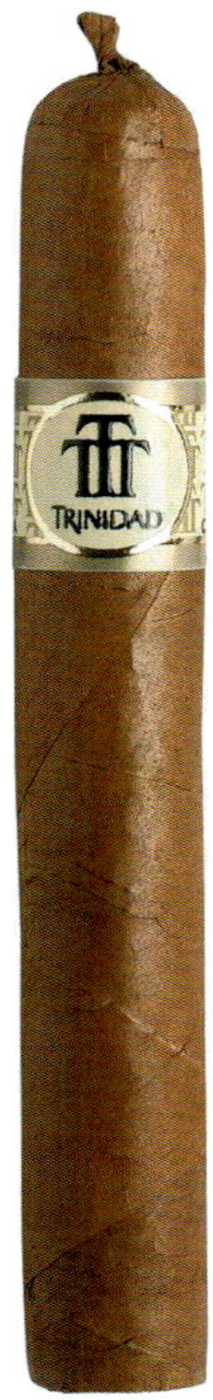

Ce format, qui est de plus en plus apprécié, fait véritablement honneur à son nom. C'est en effet un module à l'aspect robuste, d'un diamètre appréciable, mais d'une longueur assez modeste. Toutefois, le corps trapu de ce module renferme plein de promesses, notamment une diversité intéressante d'arômes.

Le module classique d'un Robusto et celui du format cubain sont quasiment identiques. Tandis que tous deux présentent un calibre 50 (= 19,8 mm), la longueur de la version cubaine – les cigares de ce format havane sont du reste tous roulés à la main –, affiche 3 millimètres de moins

À gauche, un Prominente de Vegas Robaina, qui est connu sous le nom de Don Alejandro 49, à droite, un Reyes de Trinidad

avec ses 124 millimètres (= 4⅞ po) face aux 127 millimètres (= 5 po) du classique Robusto, ce qui lui donne une apparence plus compacte.

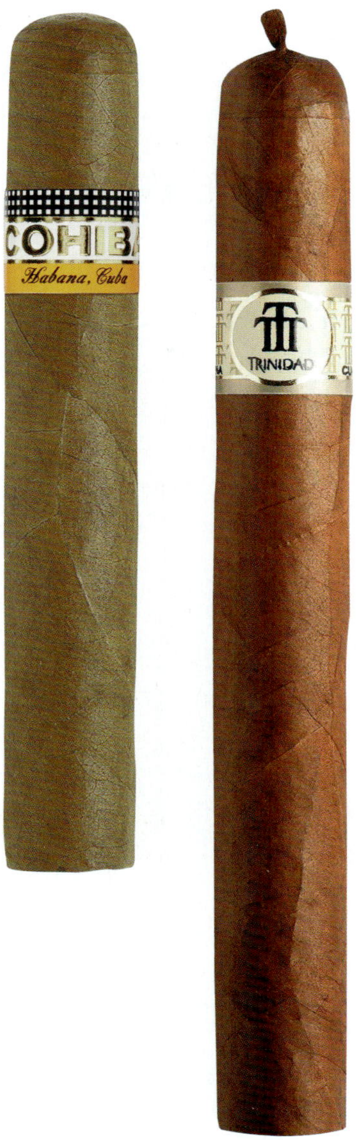

Au niveau international, on parle aussi d'un Robusto quand la longueur s'élève au moins à 4½ pouces et à 5½ pouces au plus, et que, dans le même temps, le calibre ne descend pas au-dessous de 48. En mesures métriques : la longueur oscille entre 114 et 140 millimètres tandis que le diamètre est d'au moins 19,1 mm.

Robusto Extra

Comme le Coloniales, le Reyes et le Trinidad N° 1, ce format havane est exclusivement réservé à la marque de pointe Trinidad. Avec une longueur de 155 millimètres (= 6⅛ po) ainsi qu'un calibre 50 (= 19,8 mm), cette vitole est comparable à un Toro. Le temps de fumage est de 1½ h.

Il existe des Robustos de plusieurs marques, à gauche un exemplaire de Cohiba, à côté, à droite un Robusto Extra de Trinidad

S

Seoane

Ce format havane fait à la main qui offre un temps de fumage de ½ h possède une longueur de 126 millimètres ainsi qu'un calibre 33 (= 13,1 mm) et correspond ainsi au format d'un Small Panatela.

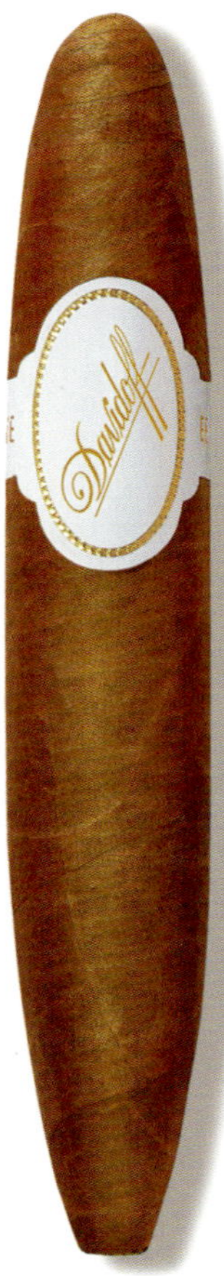

D'apparence magnifique, et magnifique à fumer : le Davidoff Short Perfecto

Short Panatela

Le module classique de ce format d'usage international présente 5 pouces (= 127 mm) de longueur et un calibre 38 (= 15,1 mm). On parle encore d'un Short Panatela quand la longueur oscille entre 3¾ pouces et moins de 5½ pouces, et que le calibre se situe entre 35 et 39. En mesures métriques : la longueur est de 95 à 139 millimètres, alors que le diamètre va de 13,9 à 15,5 mm.

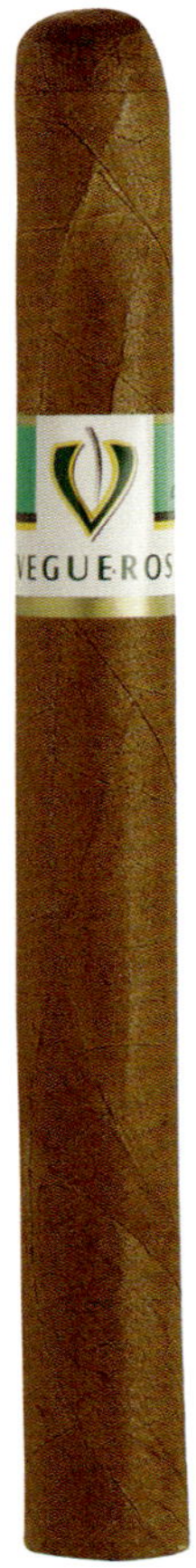

Short Perfecto

Le frère cadet du Perfecto fait partie des Figurados. *Voir* aussi le Perfecto.

Short Robusto

Les mesures classiques de ce format d'usage international présentent une longueur de 4 pouces (= 102 mm) et un calibre 48 (= 19,1 mm). Il s'agit encore d'un Robusto si la longueur est inférieure à 4 pouces et qu'est annoncé en même temps un calibre 45. En mesures métriques ; la longueur peut être au maximum de 113 millimètres, tandis que le diamètre commence à 17,9 mm.

Slim Panatela

Le module classique de ce format d'usage international présente une longueur de 6 pouces (= 152 mm) ainsi qu'un calibre 34 (= 13,5 mm). On parle encore de Slim Panatela quand la longueur est supérieure à 5 pouces – il n'y a pas de limite supérieure – et que, dans le même temps, le calibre se situe entre 28 et 34. En mesures métriques : la longueur minimale commence à 128 millimètres, tandis que le diamètre se situe entre 11,1 et 13,5 mm. Si la longueur commence donc à un peu plus de 5 pouces et si le calibre oscille entre les dimensions indiquées – par exemple, 6½ pouces (= 165 mm) et calibre 33 (= 13,1 mm) –, il s'agit alors du format Slim Panatela.

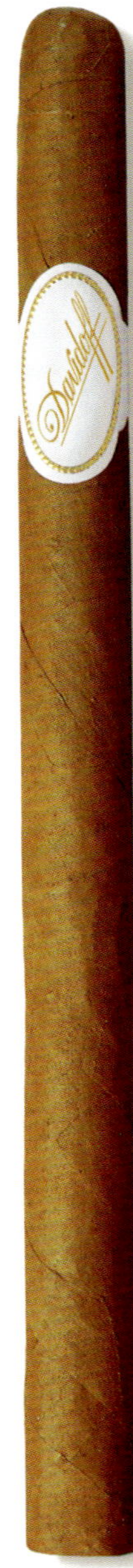

En haut à gauche un Seoane de Vegueros. Ci-dessus : un Slim Panatela, un Davidoff 300

Small Panatela

Le module classique de ce format d'usage international présente une longueur de 5 pouces (= 127 mm) ainsi qu'un calibre 33 (= 13,1 mm). On peut encore parler d'un Small Panatella quand la longueur est d'au moins 3¾ pouces et de 5 pouces au plus, et qu'en même temps le calibre se situe entre 28 et 34. En mesures métriques : la longueur s'étend de 95 à 127 millimètres, tandis que le diamètre s'échelonne, quant à lui, de 11,1 à 13,5 mm.

Sport

Même si le Sport est un format de cigare relativement petit, il n'est pourtant guère conseillé en guise de stimulant avant un match difficile. Il offre un temps de fumage allant de ¼ h à ½ h et semble être bien plus adapté pour être savouré après un déjeuner léger. Ce format havane, dont les cigares peuvent tout aussi bien porter l'étiquette « *Totalmente a mano* » que la mention « *Mecanizado* », présente une longueur de 117 millimètres ainsi qu'un calibre 35 (= 13,9 mm), et il est donc équivalent au format d'un Short Panatela.

Standard

Nul doute que le nom de ce format havane est justifié, car le Standard se rencontre relativement souvent. Sa longueur est de 123 millimètres (= 4⅞ po) et son calibre de 40 (= 15,9 mm), ce qui le fait correspondre au format d'usage international d'un Petit Corona. Les cigares de la *vitola* Standard (temps de fumage : ½ h à ¾ h) sont roulés à la machine, mais pas ceux du Standard mano, qui affiche le même module. Ils sont présentés comme *vitolas tripa corta.*

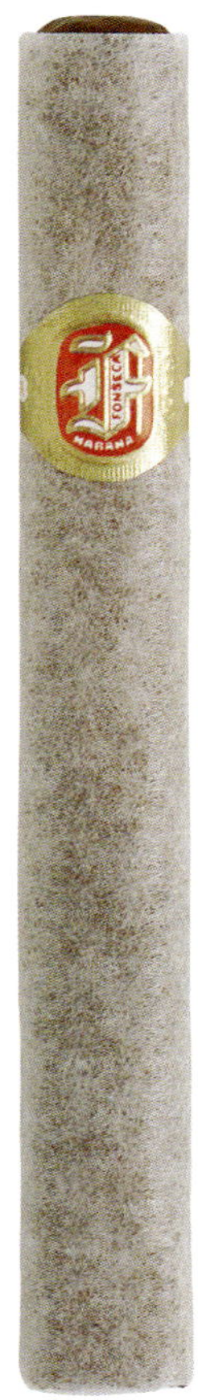

À gauche, un Sport de Romeo y Julieta, à droite, un Standard mano de Fonseca

T

Taco

Avec sa longueur de 158 millimètres (= 6¼ po) et son calibre 47, ce format havane fait partie des vitoles plutôt importantes et correspond au format d'usage international d'un Grand Corona. Tous les Tacos (temps de fumage : 1¼ h à 1½ h) sont fabriqués à la machine.

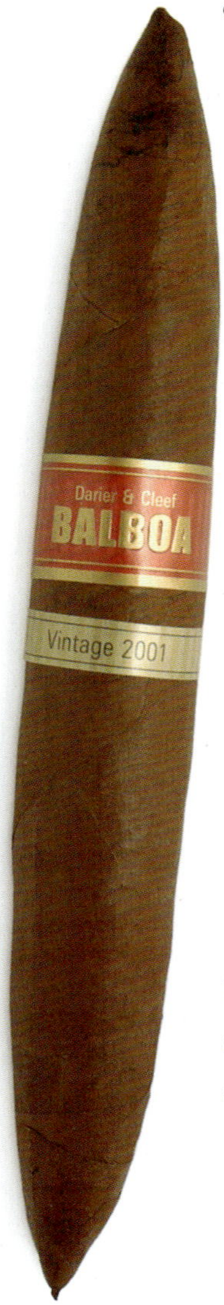

Toro

Le module classique de ce format d'usage international présente une longueur de 6 pouces (= 152 mm) pour un calibre 50 (= 19,8 mm). On parle encore d'un Toro quand la longueur est supérieure à 5½ pouces comme inférieure à 6¾ et que le calibre se situe en même temps entre 48 et 54. En mesures métriques : la longueur oscille entre 141 et 170 millimètres tandis que le diamètre va de 19,1 à 21,4 mm.

Torpedo

Un nom de format essentiellement employé dans l'espace germanophone et qui correspond au Perfecto.

Trabuco

Le Trabuco présente le même calibre (38 = 15,1 mm) que l'Universales, mais il est un peu plus court, avec une longueur de 110 millimètres (= 4⅜ po) seulement et paraît donc aussi un peu plus trapu. Pourtant, lui aussi – comme l'Universales – est comparable à un format Short Panatela. Les cigares de la *vitola* Trabuco (temps de fumage : ½ h) sont roulés à la main.

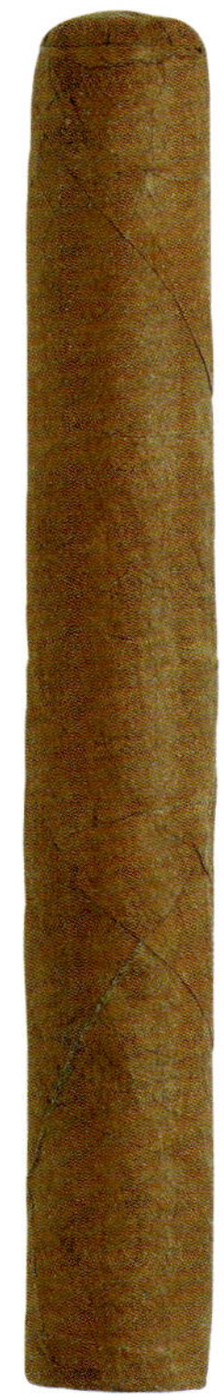

Trinidad N° 1

Comme le Coloniales, le Reyes et le Robusto Extra, ce format havane est réservé exclusivement à la marque de prestige Trinidad. Avec une longueur de 192 millimètres (= 7½ po) et un calibre 40 (= 15,9 mm), cette vitole est comparable à un imposant Giant Corona. À l'origine, le Trinidad N° 1 (temps de fumage : 1½ h) portait le nom de production Laguito N° 1 Especial, parce qu'il présente simplement un calibre un peu plus gros que le Laguito N° 1 et que, comme la dernière vitole citée, il a vu la lumière du monde du cigare dans la célèbre manufacture.

À gauche, un Torpedo de Balboa (155 x 21 mm), en haut à droite le Le Hoyo de Député, un format Trabuco

Universales

Ce format havane, dont les cigares sont fabriqués mécaniquement, présente une longueur de 133 millimètres (= 5¼ po) et un calibre 38 (= 15,1 mm). Le calibre de l'Universales se rapproche donc beaucoup de celui du classique Short Panatela, et comme ce dernier format est « mondialement » (donc « universellement ») très apprécié, c'est le pendant cubain qui prend sa revanche. Temps de fumage : ½ h à ¾ h.

Veguerito

Veguerito est le diminutif de *veguero*, et c'est probablement en l'honneur de ses collègues dans les champs, les *vegueros*, les cultivateurs de tabac, que le *tabacalero* qui a créé ce format havane (aujourd'hui roulé mécaniquement) l'a nommé « petit paysan ».

Le Veguerito affiche une longueur de 127 millimètres (= 5 po) et un calibre 36 (= 14,3 mm), ce qui fait qu'avec un temps de fumage de ½ h, il est tout à fait comparable au format d'un Short Panatela. C'est le cas aussi de la *vitola* Veguerito mano, qui est fabriquée comme *tripa larga* et qui présente seulement un calibre légèrement plus grand (37 = 14,7 mm) que la première citée.

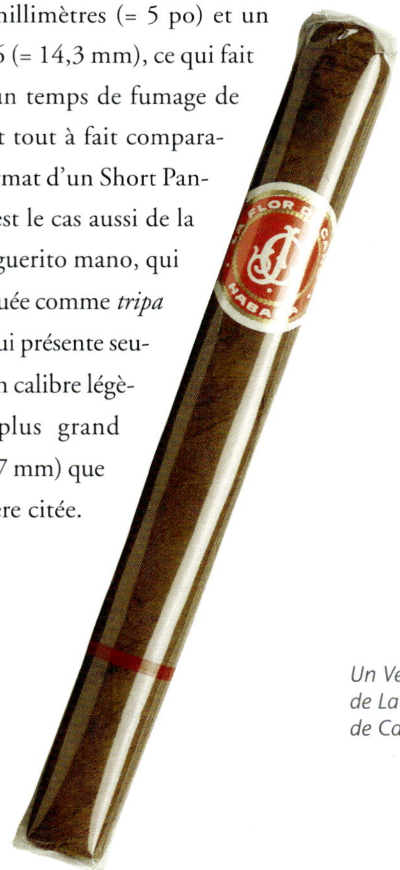

Un Veguerito de La Flor de Cano

À propos des formats

La mesure de longueur *inch*, ou « pouce », utilisée en Grande-Bretagne et aux États-Unis, est dérivée du mot latin *uncia* signifiant la « douzième part d'un pied ». Un *inch* équivaut, à quelques millimètres près à l'ancien pouce français. La mesure anglaise *foot* (« pied ») compte 12 *inches* (« pouces »), tandis que le *yard* en compte 36. Un *inch* est égal à 25,4 mm.

Les tableaux des formats donnent les dimensions des modules en pouces pour une raison pratique. Les mesures anglo-saxonnes sont courantes dans les pays des Caraïbes et d'Amérique Centrale, où les États-Unis exercent une influence importante depuis le XIXe siècle. Ainsi, les entreprises qui collaborent avec des sociétés américaines ou sont contrôlées par elles, emploient très souvent les poids et mesures en usage aux États-Unis.

Jusqu'à aujourd'hui, cette influence est notamment très présente dans plusieurs pays producteurs de cigares d'Amérique latine. Par ailleurs, dans la seconde moitié du XIXe siècle, à l'apogée de la fabrication des havanes, la Grande-Bretagne était le premier pays acheteur. Cela explique pourquoi, dans ces régions, les dimensions des modules (leurs longueurs et leurs diamètres) sont données plutôt en pouces qu'en millimètres.

Une autre raison pour l'utilisation du système de mesures anglais : l'*aficionado* européen, le vrai connaisseur, s'est habitué à lire les données des formats en *inches* et il peut ainsi mieux visualiser la longueur et le diamètre d'un cigare, que si elles étaient écrites en millimètres.

Comme cela a déjà été mentionné, de nombreux fabricants de cigares ont gardé l'habitude d'indiquer les dimensions de leurs vitoles en pouces. Le diamètre, c'est-à-dire le calibre d'un cigare, est donc calculé à partir de l'unité de mesure anglo-saxonne. Le *inch* est pris comme échelle pour déterminer les divers calibres. Cela signifie qu'un diamètre 50 devrait en fait avoir les deux nombres 50⁄64, puisqu'il mesure 50 fois la 64e part d'un *inch.*

Restons avec cet exemple : un pouce équivaut à 25,4 mm ; un cigare de diamètre 50 présente ainsi, en arrondissant, un calibre de 19,84 mm ([50:64] x 25,4). De même, le calibre d'un cigare de diamètre 32 mesure exactement 12,7 mm.

Formats internationaux
(données approximatives)

Nom de production	*Dimensions traditionnelles en pouces*	*Dimensions traditionnelles en millimètres*	*Variations de longueur en pouces*	*Variations de longueur en millimètres*	*Variations de diamètres*
Giant	9 × 52	229 × 20,6	8 + > 8	203 + > 203	46 + > 46
Double Corona	7¾ × 49	197 × 19,5	6¾ – < 8	171 – 202	49 + > 49
Giant Corona	7½ × 44	191 × 17,5	7½ + > 7½	191 + > 191	40 – 45
Long Panatela	7½ × 38	191 × 15,1	7 + > 7	178 + > 178	35 – 39
Churchill	7 × 47	178 × 18,7	6¾ – < 8	171 – 202	46 – 48
Grand Corona Special	7 × 45	178 × 17,9	6¾ – < 7½	171 – 190	45
Grand Corona	6½ × 46	165 × 18,3	> 5½ – < 6¾	141 – 170	45 – 47
Lonsdale	6½ × 42	165 × 16,7	6½ – > 7½	165 – 190	40 – 44
Toro	6 × 50	152 × 19,8	> 5½ – < 6¾	141 – 170	48 – 54
Long Corona	6 × 42	152 × 16,7	5¾ – 6½	146 – 164	40 – 44
Panatela	6 × 38	152 × 15,1	5½ – < 7	140 – 177	35 – 39
Slim Panatela	6 × 34	152 × 13,5	> 5	> 127	28 – 34
Corona Extra	5½ × 46	140 × 18,3	4½ – 5½	114 – 140	45 – 47
Corona	5½ × 42	140 × 16,7	5¼ – 5¾	133 – 145	40 – 44
Robusto	5 × 50	127 × 19,8	4½ – 5½	114 – 140	48 + > 48
Petit Corona	5 × 42	127 × 16,7	3¾ – < 5¼	95 – 132	40 – 44
Short Panatela	5 × 38	127 × 15,1	3¾ – < 5½	95 – 139	35 – 39
Small Panatela	5 × 33	127 × 13,1	3¾ – 5	95 – 127	28 – 34
Short Robusto	4 × 48	102 × 19,1	< 4½	< 114	45 + > 45
Cigarillo	4 × 26	102 × 10,3	5 + < 5	127 + < 127	27 + < 27

Formats havane
fabriqués à la main ou mécaniquement

Vitola de galera	*Vitola de salida*	*Nom de marque*	*Mode de fabrication*
Belvederes	Belvederes	Romeo y Julieta	Tripa Larga
Belvederes	Belvederes	Bolívar	Mecanizado
Belvederes	Belvederes	H. Upmann	Mecanizado
Belvederes	Belvederes	Punch	Mecanizado
Belvederes	Belvederes	Belinda	Mecanizado
Belvederes	Belvederes	Cabañas	Mecanizado
Belvederes	Belvederes	Ramón Allones	Mecanizado
Belvederes	Habaneros	Partagás	Tripa Larga
Coronita	Coronas Junior	Partagás	Tripa Larga
Coronita	Coronas Minor	H. Upmann	Mecanizado
Coronita	Coronas Minor	H. Upmann	Tripa Larga
Coronita	Petit Coronations	Punch	Tripa Larga
Coronita	Regalias de Londres	Romeo y Julieta	Tripa Larga
Coronita	Superfinos	Cabañas	Mecanizado
Epicures	Epicures	H. Upmann	Tripa Larga
Epicures	Princess	Belinda	Mecanizado
Petit Corona	Aromáticos	H. Upmann	Mecanizado
Petit Corona	Aromáticos	H. Upmann	Tripa Larga
Petit Corona	Coronations	Hoyo de Monterrey	Tripa Larga
Petit Corona	Coronations	Punch	Tripa Larga
Petit Corona	Lolas en Cedro	Por Larrañaga	Mecanizado
Petit Corona	Mille Fleurs	Partagás	Tripa Larga
Petit Corona	Mille Fleurs	Ramón Allones	Mecanizado
Petit Corona	Mille Fleurs	Romeo y Julieta	Tripa Larga
Petit Corona	Petit Coronas	Belinda	Mecanizado
Sport	Panetela	Belinda	Mecanizado
Sport	Sports Largos	Romeo y Julieta	Tripa Larga

Formats havane : longfillers fabriqués à la main
(Totalmente a mano –Tripa Larga)

Vitola de galera	*Longueur en millimètres (≈ po)*	*Calibre (diamètre) en pouces (mm)*	*Appellation internationale*	*Fréquence*
Almuerzo	130 (5⅛)	40 (15,9)	Petit Corona	très rare
Belvederes	125 (4⅞)	39 (15,5)	Short Panatela	rare
Cadete	115 (4½)	36 (14,3)	Short Panatela	rare
Campana	140 (5½)	52 (20,6)	Pyramid	moins fréquent
Cañonazo	150 (5⅞)	52 (20,6)	Toro	très rare
Carlota	143 (5⅝)	35 (13,9)	Panatela	très rare
Carolina	121 (4¾)	26 (10,3)	Cigarillo	très rare
Cazadores	162 (6⅜)	43 (17,1)	Long Corona	rare
Cervante	165 (6½)	42 (16,7)	Lonsdale	fréquent
Coloniales	132 (5¼)	45 (17,9)	Corona Extra	très rare
Conchita	127 (= 5)	35 (13,9)	Short Panatela	très rare
Conserva	145 (5¾)	43 (17,1)	Corona	très rare
Corona	142 (5⅝)	42 (16,7)	Corona	très fréquent
Corona Gorda	143 (5⅝)	46 (18,3)	Grand Corona	fréquent
Corona Grande	155 (6⅛)	42 (16,7)	Long Corona	moins fréquent
Coronita	117 (4⅝)	40 (15,9)	Petit Corona	moins fréquent
Cosaco	135 (5⅜)	42 (16,7)	Corona	très rare
Crema	140 (5½)	40 (15,9)	Corona	moins fréquent
Dalia	170 (6¾)	43 (17,1)	Lonsdale	moins fréquent
Delicado	192 (7½)	38 (15,1)	Long Panatela	rare
Delicado Extra	185 (7¼)	36 (14,3)	Long Panatela	très rare
Delicioso	159 (6¼)	33 (13,1)	Slim Panatela	très rare
Edmundo	135 (5⅜)	52 (20,6)	Pyramid	très rare
Eminente	132 (5¼)	42 (16,7)	Petit Corona	rare
Entreacto	100 (3⅞)	30 (11,9)	Small Panatela	rare
Epicures	110 (4⅜)	35 (13,9)	Short Panatela	très rare
Exquisito	145 (5¾)	46 (18,3)	Torpedo	très rare
Favorito	120 (4¾)	42 (16,7)	Short Perfecto	très rare
Franciscano	116 (4⅝)	40 (15,9)	Petit Corona	rare

Francisco	143 (5⅝)	44 (17,5)	Corona	très rare
Generoso	132 (5¼)	42 (16,7)	Perfecto	très rare
Gordito	141 (5½)	50 (19,8)	Toro	très rare
Gran Corona	235 (9¼)	47 (18,7)	Giant	rare
Hermoso N° 4	127 (= 5)	48 (19,1)	Robusto	moins fréquent
Julieta N° 2	178 (7)	47 (18,7)	Churchill	très fréquent
Laguito N° 1	192 (7½)	38 (15,1)	Long Panatela	rare
Laguito N° 2	152 (6)	38 (15,1)	Panatela	rare
Laguito N° 3	115 (4½)	26 (10,3)	Cigarillo	rare
Londres	126 (5)	40 (15,9)	Petit Corona	très rare
Mareva	129 (5⅛)	42 (16,7)	Petit Corona	très fréquent
Minuto	110 (4⅜)	42 (16,7)	Petit Corona	moins fréquent
Ninfa	178 (7)	33 (13,1)	Slim Panatela	très rare
Paco	180 (7⅛)	49 (19,5)	Double Corona	très rare
Palma	170 (6¾)	33 (13,1)	Slim Panatela	très rare
Palmita	152 (6)	32 (12,7)	Slim Panatela	très rare
Panetela	117 (4⅝)	34 (13,5)	Small Panatela	très rare
Panetela Larga	175 (6⅞)	28 (11,1)	Slim Panatela	rare
Parejo	166 (6½)	38 (15,1)	Panatela	très rare
Perla	102 (4)	40 (15,9)	Petit Corona	moins fréquent
Petit Bouquet	101 (4)	43 (17,1)	Short Torpedo	très rare
Petit Cetro	129 (5⅛)	40 (15,9)	Petit Corona	rare
Petit Corona	129 (5⅛)	42 (16,7)	Petit Corona	moins fréquent
Pirámide	156 (6⅛)	52 (20,6)	Pyramid	moins fréquent
Placera	125 (4⅞)	34 (13,5)	Small Panatela	rare
Prominente	194 (7⅝)	49 (19,5)	Double Corona	moins fréquent
Reyes	110 (4⅜)	40 (15,9)	Petit Corona	très rare
Robusto	124 (4⅞)	50 (19,8)	Robusto	moins fréquent
Robusto Extra	155 (6⅛)	50 (19,8)	Toro	très rare
Seoane	126 (5)	33 (13,1)	Small Panatela	rare
Sport	117 (4⅝)	35 (13,9)	Short Panatela	très rare
Taco	158 (6¼)	47 (18,7)	Perfecto	très rare
Trabuco	110 (4⅜)	38 (15,1)	Short Panatela	très rare
Trinidad N° 1	192 (7½)	40 (15,9)	Giant Corona	très rare

Formats havane : shortfillers, fabriqués à la main
(Totalmente a mano – Tripa Corta)

Vitola de galera	*Longueur en millimètres (≈ po)*	*Calibre (diamètre) en pouces (mm)*	*Appellation internationale*	*Fréquence*
Breva JLP	133 (5¼)	42 (16,7)	Corona	très rare
Cazadores JLP	152 (6)	43 (17,1)	Long Corona	très rare
Conserva JLP	140 (5½)	44 (17,5)	Corona	très rare
Crema JLP	136 (5⅜)	40 (15,9)	Corona	très rare
Cristales mano	150 (5⅞)	41 (16,3)	Long Corona	très rare
Nacionales JLP	134 (5¼)	42 (16,7)	Corona	très rare
Nacionales mano	140 (5½)	40 (15,9)	Corona	très rare
Petit Cetro JLP	127 (= 5)	38 (15,1)	Short Panatela	très rare
Standard mano	123 (4⅞)	40 (15,9)	Petit Corona	rare
Veguerito mano	127 (= 5)	37 (14,7)	Short Panatela	moins fréquent

Formats havane : shortfillers, fabriqués à la machine *(Mecanizados)*

Vitola de galera	*Longueur en millimètres (≈ po)*	*Calibre (diamètre) en pouces (mm)*	*Appellation internationale*	*Fréquence*
Belvederes	125 (4⅞)	39 (15,5)	Short Panatela	moins fréquent
Chico	106 (4⅛)	29 (11,5)	Small Panatela	fréquent
Coronita	117 (4⅝)	40 (15,9)	Petit Corona	rare
Cristales	150 (5⅞)	41 (16,3)	Long Corona	très rare
Culebra	146 (5¾)	39 (15,5)	Panatela	très rare
Demi Tasse	100 (3⅞)	32 (12,7)	Small Panatela	rare
Epicures	110 (4⅜)	35 (13,9)	Short Panatela	très rare
Infante	98 (3⅞)	37 (14,7)	Short Torpedo	très rare
Nacionales	140 (5½)	40 (15,9)	Corona	très rare
Perfecto	127 (= 5)	44 (17,5)	Short Perfecto	très rare
Petit	108 (4¼)	31 (12,3)	Small Panatela	très rare
Petit Corona	129 (5⅛)	42 (16,7)	Petit Corona	moins fréquent
Sport	117 (4⅝)	35 (13,9)	Short Panatela	très rare
Standard	123 (4⅞)	40 (15,9)	Petit Corona	moins fréquent
Universales	134 (5¼)	38 (15,1)	Short Panatela	rare
Veguerito	127 (= 5)	36 (14,3)	Short Panatela	très rare

Calibre (Ø en mm)

25 = 9,92	34 = 13,49	43 = 17,07	52 = 20,64
26 = 10,32	35 = 13,89	44 = 17,46	53 = 21,03
27 = 10,72	36 = 14,29	45 = 17,86	54 = 21,43
28 = 11,11	37 = 14,68	46 = 18,26	55 = 21,83
29 = 11,51	38 = 15,08	47 = 18,65	56 = 22,23
30 = 11,91	39 = 15,48	48 = 19,05	57 = 22,62
31 = 12,30	40 = 15,88	49 = 19,45	58 = 23,02
32 = 12,70	41 = 16,27	50 = 19,84	59 = 23,42
33 = 13,10	42 = 16,67	51 = 20,24	60 = 23,81

Marques et fabricants

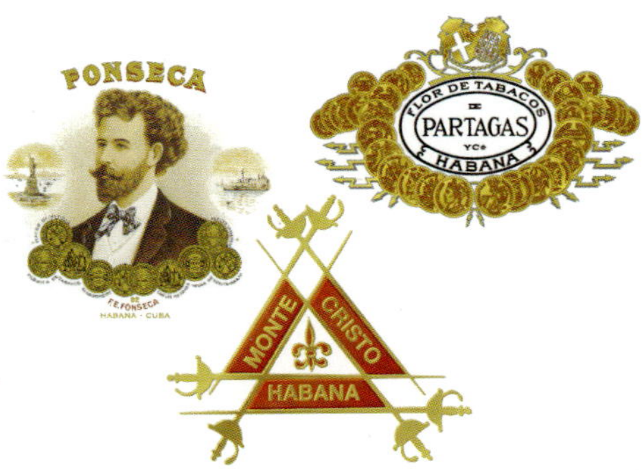

Comme cela a déjà été indiqué dans l'avant-propos, ce livre n'est pas une encyclopédie. Il est donc impossible d'y présenter par exemple la liste complète des cigares Premium produits dans le monde. Havanes mis à part, il existe en tout quelque 1 000 marques de cigares portant le label Premium.

Les citer toutes, de même que toutes les bonnes marques de cigares fabriqués aux Pays-Bas et dans les autres pays européens, aurait dépassé le cadre des possibilités de ce livre. Il était donc nécessaire d'oser présenter des « lacunes ».

Cela a été d'autant plus facile que les informations sur certaines marques étaient parfois insuffisantes. Quoi qu'il en soit, presque toutes les marques de Premium auraient mérité de trouver leur place ici.

Citons les modules « Alonso Menéndez », « Balmoral », « Goya », « José Marti », ou encore les marques « La Casa de Nicaragua », « La Flor Dominica », « La Meridiana », « La Paz », « La Cabrillas », mais aussi « Petrus », « Pimentel », « Quisquea », « Regalia Fina », « Royal Jamaica », « Temple Hall », « Vargas », « Vasco da Gama », « Villa Dominica » et « Wallstreet » – pour ne mentionner que quelques noms parmi tant d'autres qui auraient mérité d'être cités ici.

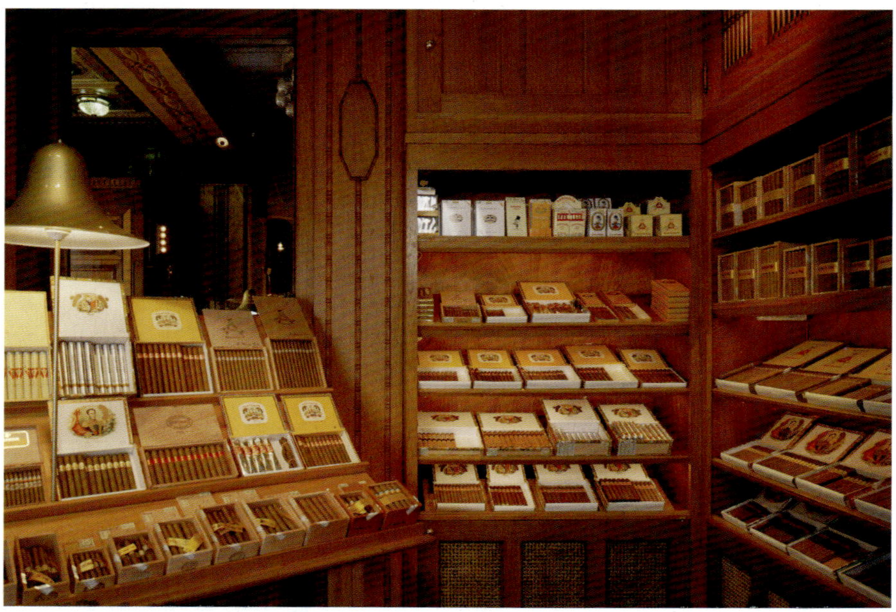

Altadis

Sous ce nom se dissimule la fusion de deux sociétés étatiques de tabacs : la Seita (France) et la Tabacalera (Espagne), qui possèdent depuis 1999 une participation de 50 % dans Habanos S. A., la société étatique cubaine. La nouvelle société aurait déboursé 500 millions de dollars américains pour pouvoir s'associer aux Cubains.

Arnold André

La fabrique Gebrüder André fut officiellement fondée en 1835. Les frères André avaient toutefois commencé dès 1817 à fabriquer des cigares à Osnabrück, en Allemagne. L'entreprise devait alors jouir d'un succès conséquent car, 16 ans après la création officielle de la maison mère, les frères André ouvraient déjà une filiale à Bünde, en Westphalie. La fondation de la fabrique de cigares Arnold André Zigarrenfabrik suivit en 1866. La société a conservé ce nom jusqu'à aujourd'hui. Son siège a toutefois déménagé : il est installé à Bünde depuis 1905.

Si Arnold André faisait à l'époque partie des firmes réputées de la branche, son nom s'inscrit aujourd'hui aux côtés de celui des plus grands. En Allemagne, la société fait en tous les cas figure de leader absolu dans le secteur des cigares et cigarillos à prix modérés. Dans les usines d'Osterholz-Scharmbeck, près de Brême, et de Königslutter, à Helmstedt, les cigariers de Bünde fabriquent par exemple les cigarillos Clubmaster, lancés sur le marché en 1972 et demeurés depuis les modèles les plus commercialisés en Allemagne. Citons également la très vénérable marque Handelsgold, créée en 1935 et qui fut, des décennies durant, la plus célèbre des marques de cigares en Allemagne.

D'autres marques se sont ajoutées au fil du temps : Tropenschatz et Garves, deux modules Brasil, El Bacco, un Sumatra et Bachschmidt, tous des cigares ou des cigarillos bon marché, appréciés par une fidèle clientèle. Tropenschatz est par exemple le cigare le plus vendu outre-Rhin.

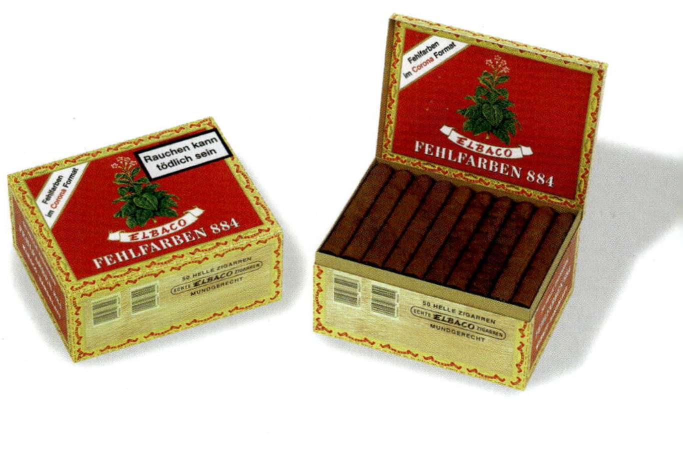

Ces dernières années, la société Arnold André s'est davantage engagée dans l'importation de marques Premium. Ces dernières étaient acquises outre-mer, et permirent à Arnold André d'obtenir un succès notoire dans ce secteur. CAO, El Credito et La Aurora sont ainsi devenus des modules particulièrement prisés par un grand nombre d'*aficionados.*

Arturo Fuente

Elle puise ses racines en Espagne et à Cuba. On en retrouve ses traces aux États-Unis, à Puerto Rico, au Nicaragua et au Honduras, et, depuis un bon bout de temps, ses semences (au sens propre du terme) germent en République dominicaine. Nous parlons ici de la famille Fuente qui produit des cigares depuis trois générations.

Vers la fin du XIXe siècle, Arturo Fuente émigra avec sa famille depuis Cuba vers les États-Unis, où, durant quelques années, il transmit son savoir-faire et l'art de la fabrication des cigares dans diverses fabriques. En 1912, les Clear Havanas, portant le nom Fuente, faisaient leur apparition sur le marché après que Don Arturo eut fondé sa première fabrique à Tampa, en Floride (bien d'autres allaient suivre ensuite). Le personnel était composé d'un total de sept employés, une petite équipe qui dut bientôt travailler très tard dans la nuit, tant les cigares Fuente gagnèrent rapidement en popularité.

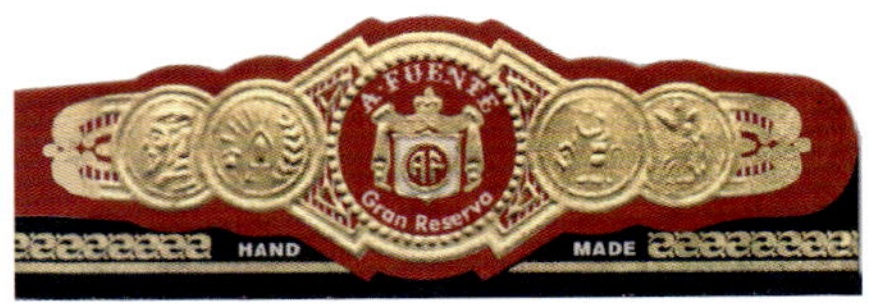

Ce sont toujours des circonstances extérieures qui obligèrent la famille à lever le camp pour aller tenter sa chance dans d'autres pays. À Tampa, un incendie ravagea la fabrique, que Don Arturo ne put reconstruire. Au Puerto Rico, au Honduras et au Nicaragua, les troubles politiques forcèrent les cigariers passionnés à renoncer aux arrangements qu'ils avaient passés avec ces pays et à réfléchir où ils pourraient bien exercer leur métier dans des conditions satisfaisantes. Finalement, ils choisirent la République dominicaine, où ils trouvèrent dans la province de Santiago l'endroit qui remplissait le plus leurs attentes en matière de culture et de traitement de variétés de tabacs haut de gamme.

Don Arturo mourut à l'âge de 85 ans (chiffre auquel se réfère la combinaison de chiffres du « Flor Fina 8-5-8 », un des fleurons de la marque que préférait le patriarche). Or il avait depuis longtemps initié son fils Carlos aux secrets de la fabrication des cigares. Celui-ci a transmis à son tour son savoir-faire à ses deux enfants, Carlos junior et Cynthia, qui perpétuent aujourd'hui les traditions de l'entreprise familiale.

Les descendants de Don Arturo ont réussi ce que même des experts renommés jugeaient impossible à réaliser : après l'achat, au début des années 1990, de la plantation El Caribe, qui appartenait à la famille Oliva, ils annoncèrent leur intention d'y cultiver des variétés de tabacs pour capes haut de gamme. Ce projet provoqua l'incrédulité dans le milieu, et fut également accueilli avec un certain scepticisme parmi les spécialistes. Aujourd'hui, les doutes se sont dissipés et le respect s'est imposé devant le succès des Fuente, qui ont notamment démontré leur grand art en matière de fabrication cigarière avec la série Opus X. Les modules de cette marque sont exclusivement habillés de capes provenant de la plantation rebaptisée « Château de la Fuente » et jouissent d'une grande réputation auprès des connaisseurs du monde entier.

Il reste à mentionner que les Fuente ont créé une troisième entreprise à Tampa, en Floride. Cette fabrique produit diverses séries de cigares composés de tripes confectionnées à la machine et de capes roulées à la main, destinés au marché nord-américain.

Aujourd'hui, les cigares fabriqués dans le nord de la République dominicaine font partie des meilleurs modules faits main que l'on puisse trouver sur le marché mondial. Comme nous l'avons déjà évoqué, c'est dans ce pays que la famille Fuente s'est définitivement installée après une longue odyssée. En 1980, elle inaugurait sa première fabrique de cigares à Santiago de Caballeros, ville principale de la province, et, 10 ans plus tard, en 1990, fondait une seconde fabrique à Moca, située à environ 20 kilomètres au sud de Santiago. Employant pas moins de 800 personnes, dont 600 à Santiago, la société Fuente est aujourd'hui devenue la première fabricante de cigares de la République dominicaine. Elle produit annuellement plus de 20 millions de cigares, et ne cesse de prouver que produire en grande quantité n'exclut pas automatiquement la qualité.

Ashton

Introduite sur le marché il y a une quinzaine d'années, la marque Ashton s'est bien établie depuis sur le marché des cigares Premium. Cela est sans doute dû en grande partie au nom de son produc-

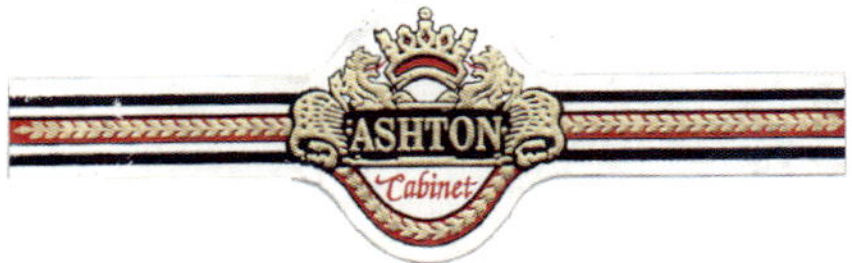

teur qui jouit depuis longtemps d'une renommée respectable auprès des connaisseurs : Fuente.

Comme tous les grands fabricants de cigares, les Fuente maîtrisent l'art de l'assemblage harmonieux des différents tabacs qui composent un cigare, et cet art se révèle pleinement dans les vitoles Ashton. L'harmonie qu'offre chacun de ces cigares provient du fait que les tabacs utilisés pour les diverses séries ont largement eu le temps de mûrir. Si la période de stockage des tabacs destinés aux cigares de la série standard (Classic Line) s'étend sur trois à quatre ans, celle des tabacs destinés aux séries Cabinets et Virgin Sun Grown peut, quant à elle, aller jusqu'à cinq ans avant que ne soient entamés les divers processus de fermentation.

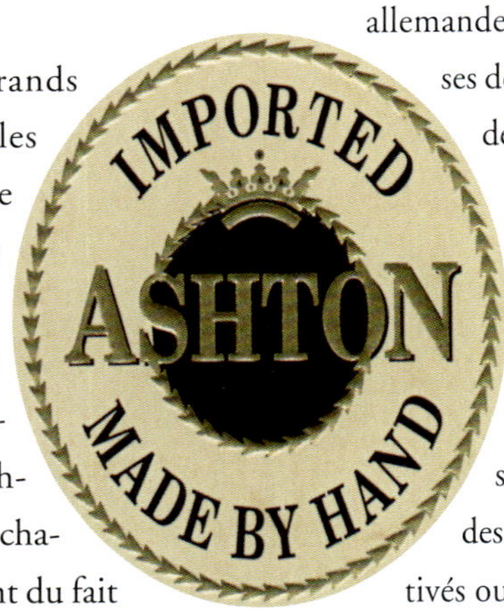

Pour la petite histoire, mentionnons que le nom fait référence à William Ashton Taylor, le célèbre fabricant de pipes britannique.

August Schuster

La dénomination précise de cette entreprise de taille moyenne est « August Schuster Cigarrenfabrik ». Fondée au XIXe siècle, elle est l'une des dernières fabriques de cigares allemandes à être restée familiale. À ses débuts, la fabrique de cigares des Gebrüder Schuste, installée à Bünde en Westphalie, présentait fièrement ses pécialité de « fins produits faits à la main » tandis que sa publicité garantissait des cigares fabriqués avec des « tabacs exclusivement cultivés outre-mer ».

En 1909, August Schuster quitta l'entreprise familiale pour fonder sa propre manufacture, la Cigarren-Fabriken Aug. Schuster. Peu après, Hermann Schuster, un des frères, décidait également de se mettre à son compte. La ville de Bünde comptait ainsi trois fabriques de cigares Schuster.

Dans les années 1920, les Cigarren-Fabriken Aug. Schuster comprenaient quatre usines, disposaient d'un compte chèque postal, d'un compte en banque, d'un compte courant de virement et avaient en outre le téléphone. C'était l'âge d'or des manufactures de tabacs allemandes. Des fabriques Schuster, il n'existe plus aujourd'hui que la August Schuster Cigarrenfabrik également dirigée par deux frères : Manfred et Philipp. La boucle est ainsi bouclée.

Si la firme employait quelque 1000 personnes à son apogée, elle ne compte plus désormais qu'une quarantaine d'employés. Ces derniers fournissent néanmoins un travail admirable (selon la philosophie des Schuster, la qualité prévaudra toujours). La plus grande partie du travail est exécutée à la main. La fabrique est certes également mécanisée, mais la quasi-totalité des machines utilisées sont des modèles datant des années 1960, ou plus encore.

Les tabacs utilisés sont originaires du Brésil, de Java, de Cuba et de Sumatra uniquement. Les Schuster veillent à apporter autant de soin au choix des assemblages destinés à composer les tripes qu'à celui des capes. Tous les cigares produits sont des shortfillers classiques, fabriqués à la machine, mais toujours 100 % tabac (et donc non composé de tabac reconstitué).

La palette des produits de la firme Schuster inclut également des longfillers, qui ne sont pas fabriqués à Bünde mais importés d'Amérique Centrale et des

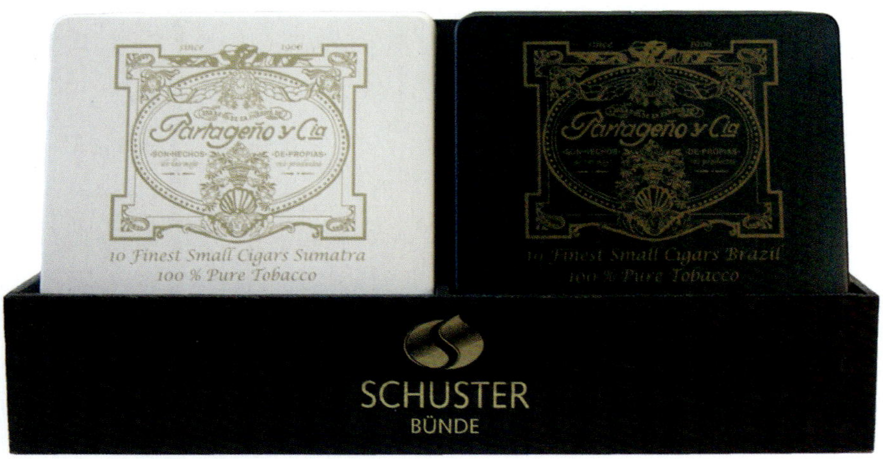

Antilles. Ces marques portent néanmoins toutes la griffe Schuster car les deux frères influent sur la fabrication des modules qu'ils importent, surtout dans le choix et l'assemblage des tabacs. En raison de leur immense expérience, les Schuster connaissent parfaitement les goûts et les préférences des fumeurs de cigares allemands. Citons notamment les marques Camacho, Casa de Torres ainsi que Maria Mancini – pour ne nommer que trois noms célèbres parmi la dizaine de marques qui est importée.

Revenons plutôt aux produits locaux. Outre la superbe marque C. Mendoza, on mentionnera les marques Lepanto et Partageño y Cia. Cette dernière, dont la production remonte à 1906, représente pour ainsi dire la tradition de la maison. Elle pourrait être un jour remplacée dans ce rôle par le Brazil Trüllerie, présenté pour la première fois en 2004, et que les Schuster proposent aux amateurs de cigares bien proportionnés, confectionnés à partir de tabacs du Brésil. La composition harmonieuse de l'assemblage des tabacs et la technicité remarquable que l'on devine dans le roulage à la main des vitoles dévoilent l'amour des cigariers de Bünde pour les Brasils fins.

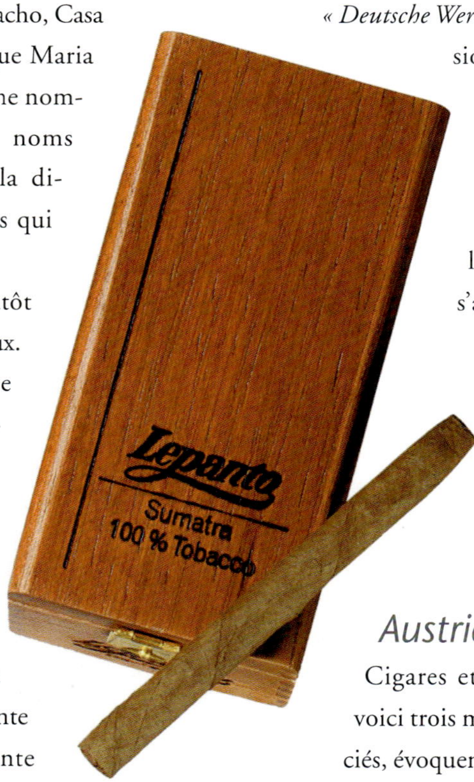

« *Deutsche Wertarbeit* » : cette expression désuète, qui pourrait se traduire par : « le travail consciencieux allemand », n'est plus guère utilisée dans la langue courante, mais s'applique parfaitement aux cigares de grande qualité produits par la August Schuster Cigarrenfabrik de Bünde.

Austria-Tabak

Cigares et tabac en Autriche : voici trois mots qui, une fois associés, évoquent inévitablement Austria-Tabak, une importante société de commerce qui fait fabriquer l'ensemble de ses produits à Fürstenfeld et – de même que ses cigares importés – les distribue sur le marché autrichien par l'entremise de sa filiale Tobaccoland.

Fürstenfeld est une petite ville sur la rivière Freistritz, située dans le sud du Burgenland, près de l'Eck, où se rejoignent les frontières de l'Autriche, de la Slovénie et de la Hongrie. Elle abrite la dernière des nombreuses fabriques de cigares que l'on trouvait jadis dans l'ancien Empire austro-hongrois.

Cette fabrique, qui fut fondée en 1694, produits annuellement pas moins de 30 millions de cigares et cigarillos, dont également quelques marques sous concession.

Le nom de Fürstenfeld évoque automatiquement le cigare national d'Autriche. Nous parlons ici des cigares appelés « Virginier » et fabriqués depuis 1846 selon une « recette » immuable. Il s'agit de cigares composés d'une grande proportion de tabacs de Virginie fumés, c'est-à-dire qui ont été soumis au procédé de fumage. Ces tabacs sont toujours utilisés pour les capes, mais entrent aussi, avec des tabacs du Malawi et du Zaïre, dans l'assemblage des tripes des Virginier Spezial Regie.

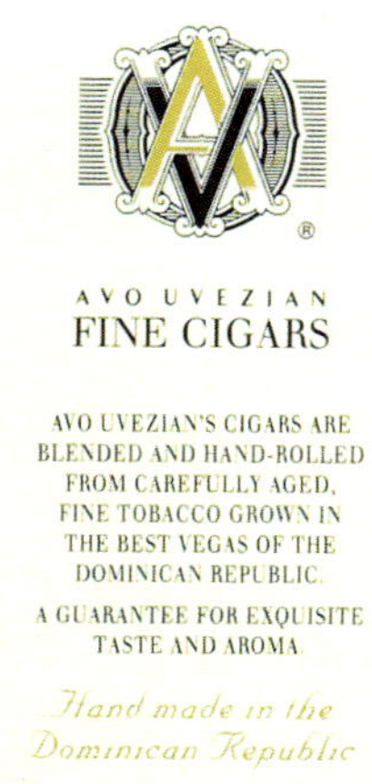

Deux autres tabacs exotiques d'Afrique, cultivés en Tanzanie et en Ouganda, sont également utilisés pour les tripes des Regie Virginier. Tous ces tabacs sont « *dark fired* », c'est-à-dire fumés. Seuls les cigares Jubiläums-Virginie, lancés sur le marché en mai 1984, ont des tripes confectionnées avec des tabacs plus connus de variétés brésilienne, cubaine et javanaise.

Les Virginier présentent deux caractéristiques : ils sont munis d'un bout et d'un chalumeau, qui est la paille d'une certaine plante exotique. Avant de fumer, on retire cette paille du cigare afin de créer un conduit d'air. Les formats ? Il n'en existe qu'un. Tous les Virginier ont une longueur de 205 millimètres et un diamètre de 10,5 mm. C'est bien simple : tous des Virginier !

Avo

Ce module a été créé par un homme aux multiples talents. Il s'agit d'Avo Uvezian, un chef d'entreprise prospère, également compositeur et musicien de jazz talentueux. Né en 1926 au Liban, ce fils de parents arméniens laisse derrière lui une vie très mouvementée. Adolescent, il partait déjà en tournée à travers tous les pays du Proche-Orient. Le schah Reza Pahlawi l'engagea même comme pianiste à la cour d'Iran. Avec l'appui du souverain perse, le jeune homme put ainsi partir aux États-Unis afin d'étudier la musique à la célèbre Julliard School of Music à New York.

L'autre grande passion d'Avo Uvezian était de fumer des cigares « grands crus », ce qui le conduisit à créer au début des années 1980 les modules qui portent son nom : le Avo s'établit alors rapidement parmi les meilleures marques Premium. La marque et son créateur attirèrent l'attention de Davidoff, qui, à partir de 1988, apporta sa participation financière et logistique à l'entreprise de cigares Avo : le succès d'Uvezian était assuré. Si la production de la première année se limitait à quelques milliers de Avos, plus de cinq millions de cigares de cette marque Premium sont aujourd'hui exportés depuis la République dominicaine dans le monde entier.

Fabriquées dans les établissements de Davidoff dirigés par Hendrik Kelner, toutes les séries présentent une composition d'une remarquable harmonie entre le goût, la force et le développement des arômes. À conseiller : la série XO.

Balboa

Avec José Llopis, Balboa est la marque de Panamá qui mérite d'être mentionnée. Pour être précis, nous devrions dire « d'origine panaméenne », car les cigares Balboa (nommés ainsi pour rendre hommage au navigateur espagnol Vasco Núñez de Balboa, découvreur du Panamá) sont fabriqués au Nicaragua. Ils furent cependant produits au Panamá à partir de 1881, date à laquelle le Français Alfons Darier et l'aristocrate belge Jean van Cleef fondèrent la Tabacalera Darier & Cleef, première manufacture de cigares créée dans l'étroit pays niché entre le Pacifique et la mer des Antilles.

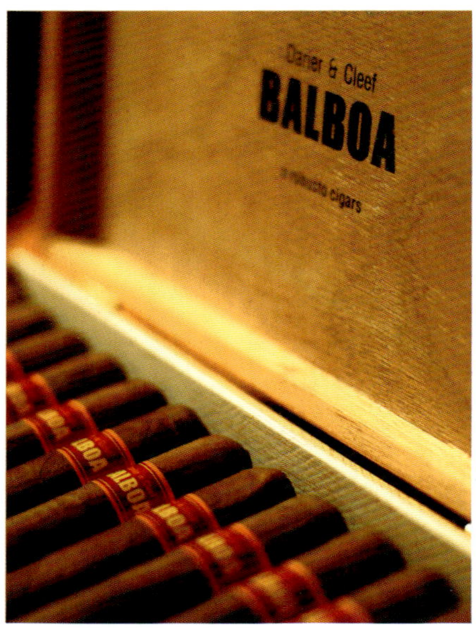

Lorsque la firme cessa son activité en 1904, la marque tomba pendant longtemps dans l'oubli, jusqu'à ce qu'elle renaisse en l'an 2000. Le tabac au goût dense et épicé de ce long-filler (roulé à la main) nicaraguayen continue toutefois de provenir du Panamá. Il est cultivé dans diverses petites exploitations qui parsèment la province

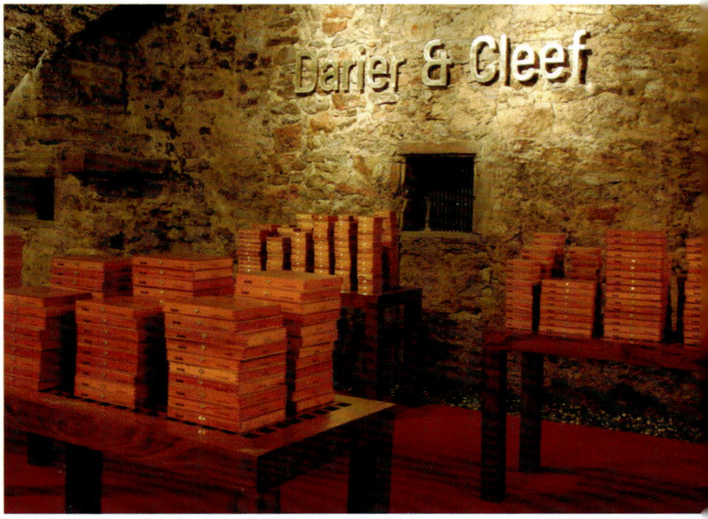

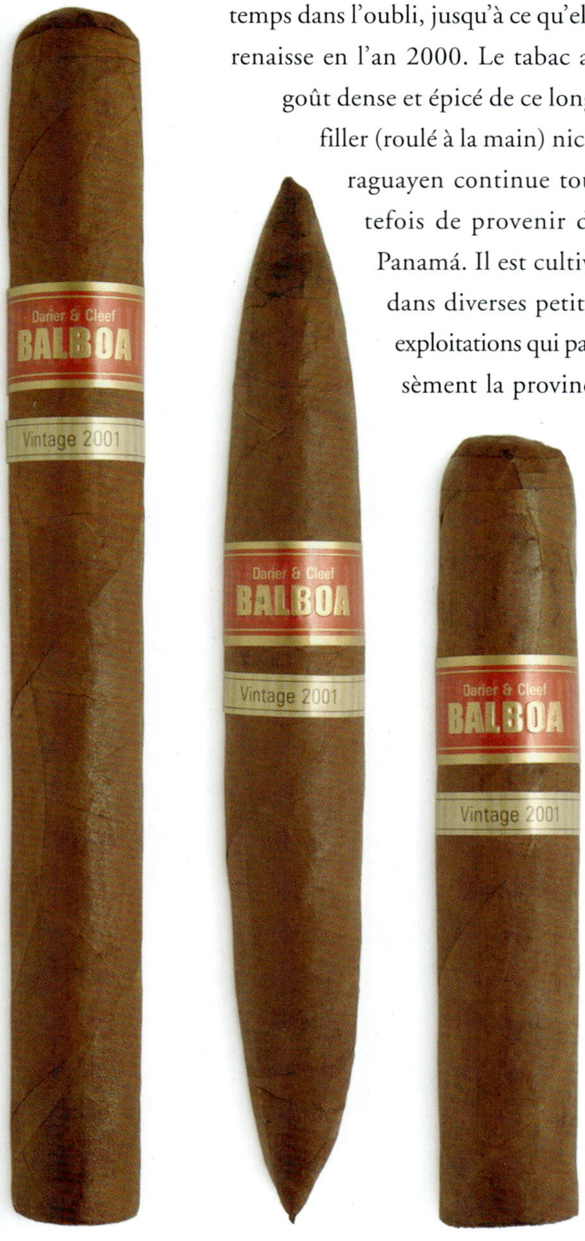

de Chiriqui et qui pratiquent l'agriculture biologique. Il est également intéressant de mentionner que la période de maturation des feuilles de tabac destinées aux tripes dure au moins quatre ans, tandis que le stockage des capes et des sous-capes peut s'étendre sur une période de six ans : des conditions indispensables pour obtenir un bon équilibre entre les divers composants des modules (ce qui influence positivement le fumage et la combustion des cigares).

De gauche à droite : Churchill, Torpedo, Robusto

Bauza

Provenant jadis de Cuba, les boîtes de cigares Bauza sont encore décorées de divers signes qui évoquent l'époque prérévolutionnaire de La Havane, et ce bien que les lieux de production de ces excellents modules soient situés en République dominicaine depuis de nombreuses années.

Bien que les cigares de force moyenne soient très agréables à fumer, il convient néanmoins de mentionner que le Presidente, dont la tripe est constitué par un assemblage de feuilles de tabac en morceaux et de feuilles entières, n'offre pas la plénitude des autres modules. Les Bauzas roulés à la main sont non seulement à recommander, mais égalementd'un prix très modéré au regard de leur qualité.

Belinda

Fabriqués à Cuba dès la fin du XIXe siècle, et faisant ainsi partie des anciennes marques de havanes, les Belindas ont connu leur période de gloire entre les deux guerres mondiales. Par exemple, pour Graucho Marx, le célèbre comédien burlesque et réalisateur anarchiste de Hollywood, il n'existait tout simplement qu'un cigare : le Belinda.

Il est malheureusement assez difficile de les trouver aujourd'hui, car leur production a régressé ces dernières années. Cela est fort dommage, car deux ou trois des cinq modules (fabriqués à la machine) de cette marque autrefois si renommée, sont très doux et donc parfaits pour les fumeurs de cigares débutants.

Pour offrir une petite consolation, révélons ici un petit secret : l'endroit le plus propice où acheter des Belindas est une casa del Habano.

Bock y Ca.

Présente sur le marché depuis 1998, la marque Bock y Ca. a entre-temps attiré

Belinda

Nom commercial Vitola de salida	*Nom de production Vitola de galera*	*Longueur en mm (≈ po)*	*Diamètre ∅ en pouces (mm)*	*Appellation internationale*	*Temps de fumage*
Belvederes	Belvederes	125 (4⅞)	39 (15,5)	Short Panatela	½ – ¾ h
Demi Tasse	Demi Tasse	100 (3⅞)	32 (12,7)	Small Panatela	¼ h
Panatelas	Sports	117 (4⅝)	35 (13,9)	Short Panatela	¼ – ½ h
Petit Coronas	Petit Coronas	129 (5⅛)	42 (16,7)	Petit Corona	½ – ¾ h
Princess	Epicures	110 (4⅜)	35 (13,9)	Short Panatela	¼ – ½ h

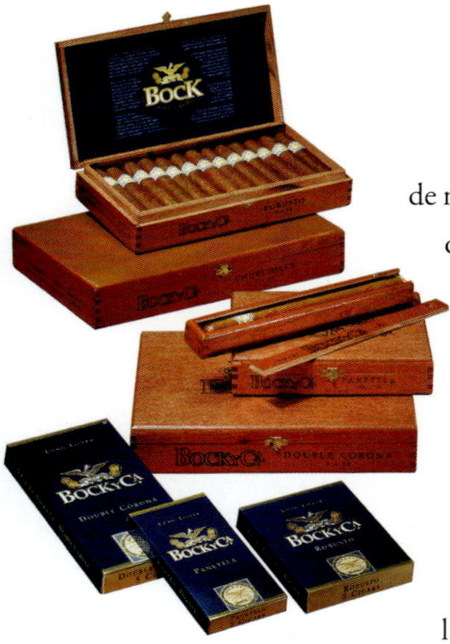

de nombreux *aficionados*, qui apprécient ces cigares Premium produits à Santiago de Caballeros, en République dominicaine. Fabriqués par des *torcedores* expérimentés, les modules Bock, dont les goûts s'échelonnent du doux au moyennement corsé, présentent une composition de divers tabacs qui font tout leur attrait.

Le nom de la marque rappelle Gustav Bock, natif de la région du cours inférieur du Rhin. On ne peut indiquer de lieu plus précis car la nationalité de l'inventeur de la bague à cigare est controversée : était-il originaire d'Allemagne ou de Hollande ? Les férus en géographie savent que le Rhin quitte l'Allemagne à proximité d'Emmerich pour entrer aux Pays-Bas, et que la région de sa basse vallée se situe à cheval sur les deux pays.

Quoi qu'il en soit, ces modules de la République dominicaine, très agréables à déguster, gardent vivant le souvenir de ce grand personnage de l'univers du cigare, qui émigra à la fin du XIXe siècle à Cuba, où il transforma bientôt son prénom en Gustavo.

Bolívar

Les modules de la marque Bolívar comptent parmi les havanes les meilleurs et les plus puissants. Le nom évoque Simón Bolívar, leader du mouvement d'indépendance de l'Amérique latine (1783-1830).

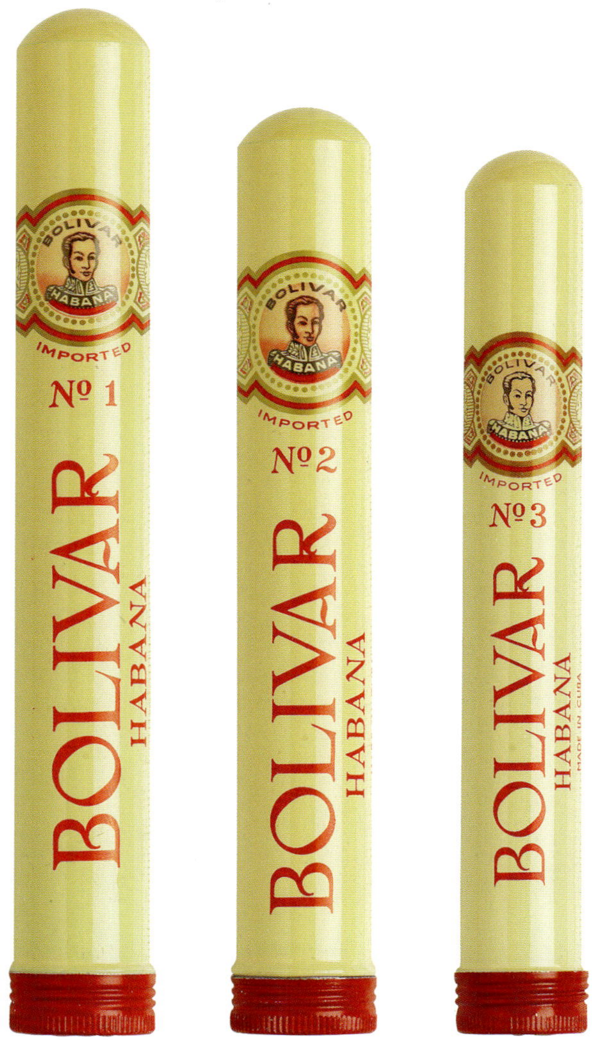

De gauche à droite : Tubos N° 1, Tubos N° 2, Tubos N° 3

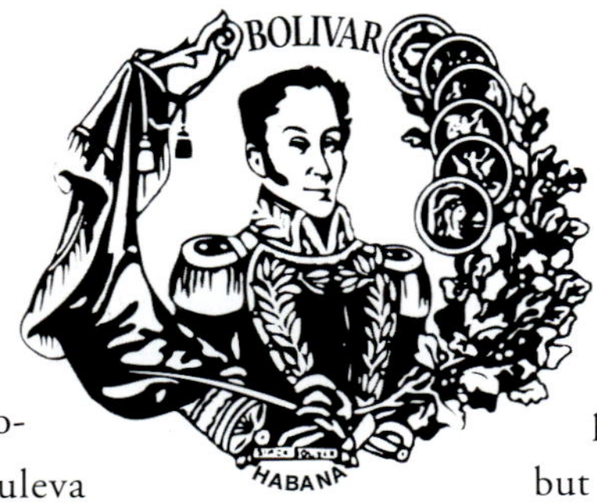

Issu d'une famille d'*hidalgos* basques émigrée en Amérique du Sud au XVIe siècle, il appartenait à la junte révolutionnaire qui se souleva contre la domination espagnole en 1810. Proclamé *Libertador* (« Libérateur ») en 1813, il fut élu président du Venezuela en 1819, après avoir libéré le pays des Espagnols.

Plusieurs autres régions du nord-ouest de l'Amérique du Sud gagnèrent leur indépendance sous la conduite du général Bolívar. Toutefois le Libertador, combattant pour la liberté de l'Amérique latine, ne parvint pas à réaliser le but de sa vie : réunir en une confédération tous les pays libérés du joug espagnol.

La question de savoir si la marque Bolívar fait ou non honneur à ce célèbre fils d'Amérique du Sud, auquel nombre de monuments rendent aujourd'hui encore hommage, n'est pas à débattre ici. Néanmoins, le corps puissant et le goût

Bolívar

Nom commercial Vitola de salida	*Nom de production Vitola de galera*	*Longueur en mm (≈ po)*	*Diamètre ∅ en pouces (mm)*	*Appellation internationale*	*Temps de fumage*
Belicosos Finos	Campana	140 (5½)	52 (20,6)	Pyramid	1¼ – 1½ h
Belvederes	Belvederes	125 (4⅞)	39 (15,5)	Short Panatela	½ – ¾ h
Bolívar Tubos N° 1	Corona	142 (5⅝)	42 (16,7)	Corona	¾ – 1 h
Bolívar Tubos N° 2	Mareva	129 (5⅛)	42 (16,7)	Petit Corona	½ – ¾ h
Bolívar Tubos N° 3	Placera	125 (4⅞)	34 (13,5)	Small Panatela	½ h
Bonitas	Londres	126 (5)	40 (15,9)	Petit Corona	½ – ¾ h
Chicos	Chico	106 (4⅛)	29 (11,5)	Small Panatela	¼ h
Coronas	Corona	142 (5⅝)	42 (16,7)	Corona	¾ – 1 h
Coronas Extra	Francisco	143 (5⅝)	44 (17,5)	Corona	¾ – 1 h
Coronas Gigantes	Julieta N° 2	178 (7)	47 (18,7)	Churchill	1½ – 1¾ h
Coronas Junior	Minuto	110 (4⅜)	42 (16,7)	Petit Corona	½ h
Inmensas	Dalia	170 (63/4)	43 (17,1)	Lonsdale	1¼ – 1½ h
Petit Coronas	Mareva	129 (5⅛)	42 (16,7)	Petit Corona	½ – ¾ h
Royal Coronas	Robusto	124 (4⅞)	50 (19,8)	Robusto	¾ – 1 h

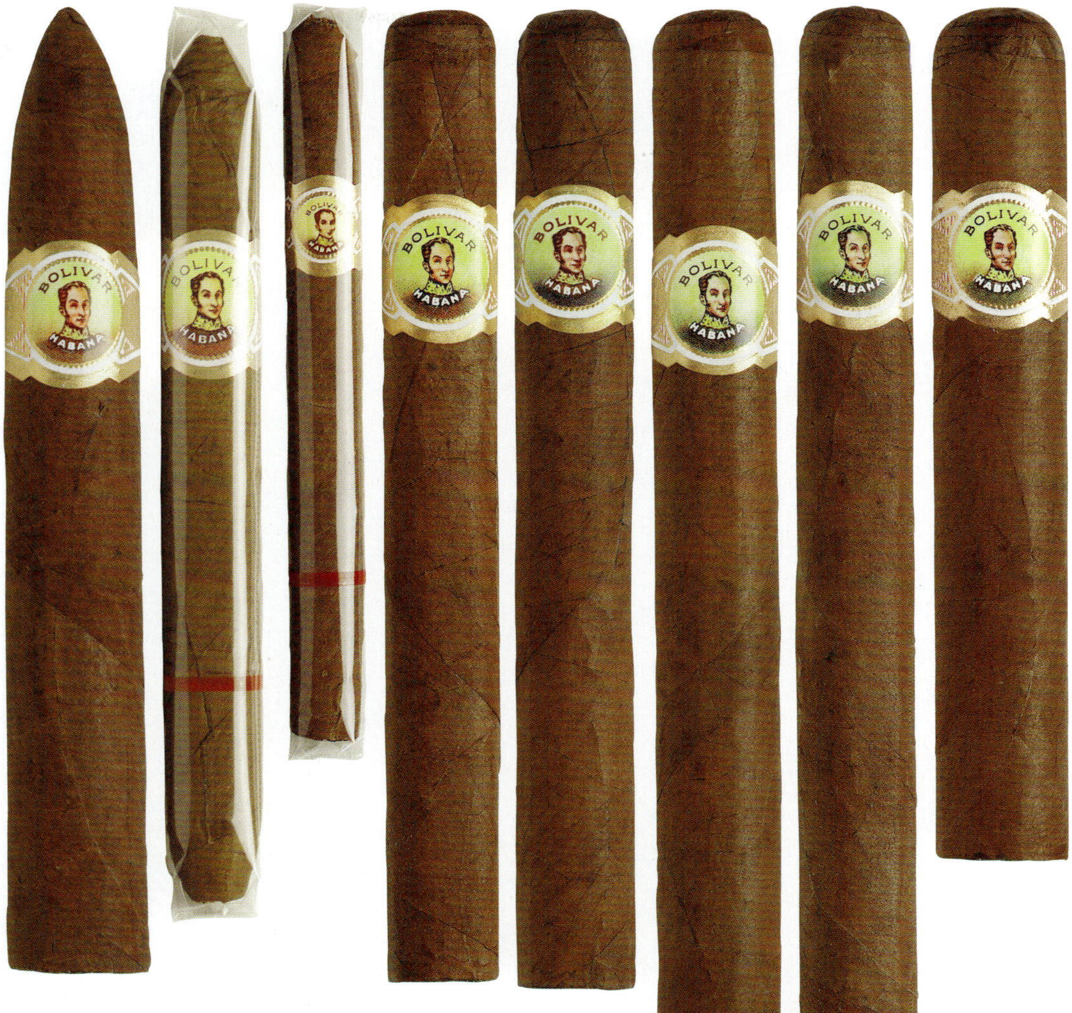

De gauche à droite : Belicosos Finos, Belvederes, Chicos, Coronas, Coronas Extra, Coronas Gigantes, Inmensas, Royal Coronas

corsé des modules s'adressent plutôt aux vrais « combattants », à savoir aux fumeurs de cigares éprouvés qui apprécient la force d'un havane robuste. On retrouve surtout cette force dans les grands formats, ce qui explique pourquoi les Bolívars, avec leur goût intense, corsé, rustique même, font partie des derniers havanes « classiques ».

Les modules roulés à la main, habillés de capes foncées et ornés de bagues figurant le portrait de Bolívar (que l'on retrouve aussi sur les *vistas* des boîtes), doivent leur goût puissant à l'assemblage des tripes, qui contiennent plus de *Seco* que de *Volado*.

Introduite en 1901 par la firme José F. Rocha, domiciliée à La Havane, la marque a acquis une renommée certaine dans les années 1950, et n'a cessé de la développer depuis que les frères Rafael et Ramón Cifuentes ont repris les rênes de la production.

Comme cela a déjà été dit, les cigares de cette marque historique conviennent aux amateurs de havanes puissants. Une recommandation reste néanmoins à faire : il faut éviter d'acheter des boîtes où ne figure pas l'inscription « *Totalmente a mano* ». Il existe en effet des modules de cette marque qui sont fabriqués à la machine et donc de moins bonne qualité.

Bossner

Voici une personnalité qui est aussi cosmopolite qu'éclectique ! Né en URSS,

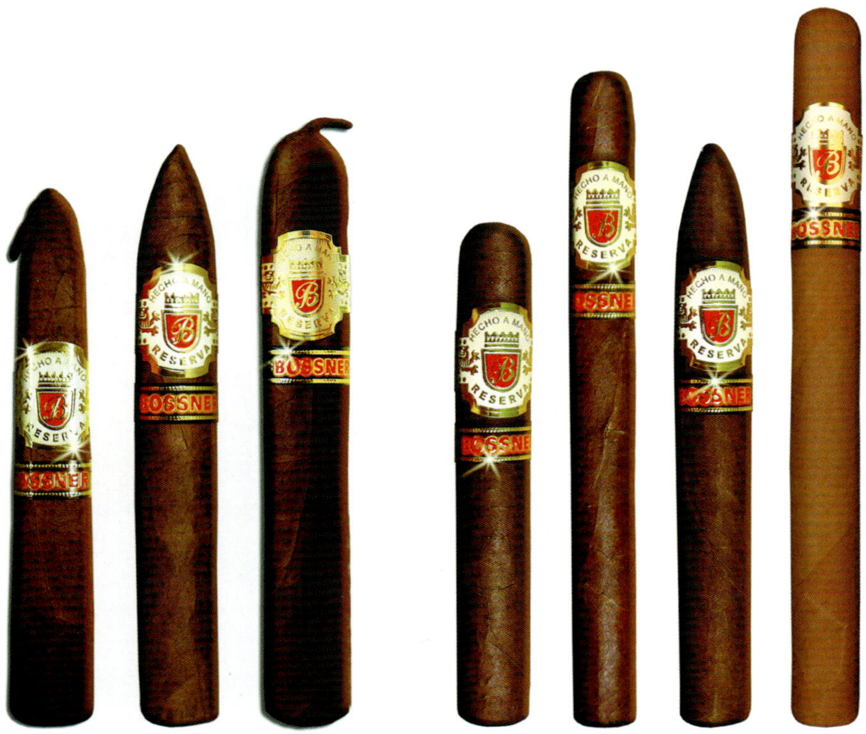

De gauche à droite : Admiral, Henry Torpedo, Baron, Rolando Robusto, Rolando Double Corona, Rolando Torpedo, Churchill (exceptionnellement raccourci à 50 % de sa taille originale)

BOSSNER

Constantin Loskutnikov partit pour l'Europe de l'Ouest après la dissolution de l'Union soviétique en 1991. Installé à Berlin, il vendit des produits russes avant de fonder une fabrique de chocolat. Peu de temps après, il eut l'idée d'ajouter le commerce des cigares à ses différentes activités.

Au départ, Loskutnikov n'était pourtant nullement issu d'un milieu favorisé. Dans les années 1970, il travaillait comme tourneur et mécanicien en Sibérie, puis partit pour Leningrad au début des années 1980 afin de suivre des études d'ingénierie à l'université. En 1989, il ouvrit une fabrique de jeans. Bientôt, il enfourchait pourtant d'autres « dadas » (dans le sens propre du terme), et se lançait dans l'élevage de chevaux, et la vente aux enchères d'œuvres d'art.

Un jour, il retrouva une photo de famille, et se souvint que sa grand-mère

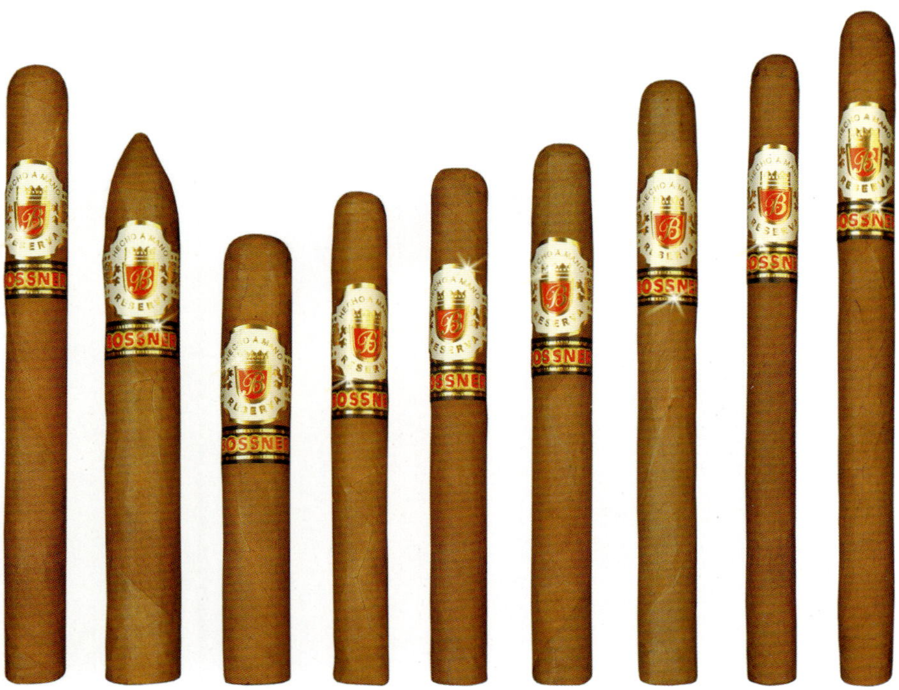

De gauche à droite : Double Corona, Torpedo, Robusto, Corona 004, Corona 003, Corona 002, Corona 001, Long Panatela 002, Long Panatela 001 (exceptionnellement raccourci à 50 % de sa taille originale)

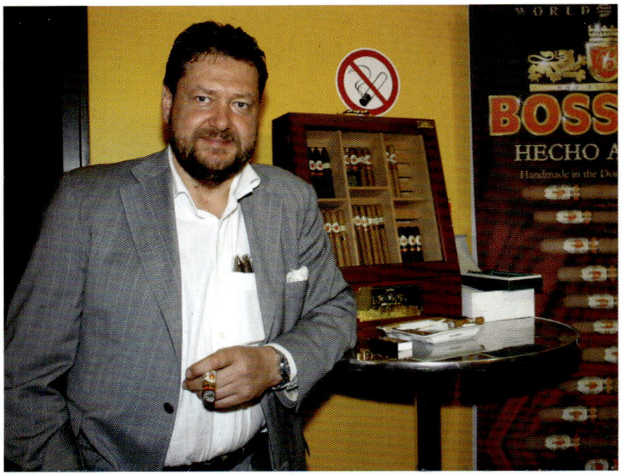

Konstantin Loskutnikov

racontait toujours n'avoir jamais vu son père sans un cigare à la bouche. Constantin Loskutnikov, lui-même grand amateur de cigares, eut alors l'idée de créer sa propre marque de cigares.

En République dominicaine, Loskutnikov parvint à trouver des partenaires qui lui convenaient, c'est-à-dire qui étaient prêts à l'associer également aux choix de la composition des cigares. C'est ainsi que, depuis quelques années, de très bons modules sont vendus sous le label Bossner, auxquels s'est ajoutée une série fabriquée au Nicaragua.

Il ne reste plus qu'à éclaircir l'origine du nom. Là aussi, cet *aficionado* cosmopolite s'est souvenu de son ascendance maternelle. Bossner était en effet le nom de jeune fille de son arrière-grand-mère, dont le mari fumait constamment le cigare.

Brazil Trüllerie

La toute dernière série produite par la firme August Schuster propose sept formats, tous présentés dans de superbes boîtes à l'ancienne. L'intérieur des couvercles des boîtes est d'ailleurs décoré de magnifiques *vistas*, illustrées d'œuvres du peintre et graveur français Jean-Baptiste Corot, qui vécut de 1796 à 1875. Le plus réjouissant dans ce nouveau produit est que le contenu est à la hauteur de l'emballage : les Trülleries sont des shortfillers haut de gamme, qu'apprécieront tous les amateurs de bons modules Brasil.

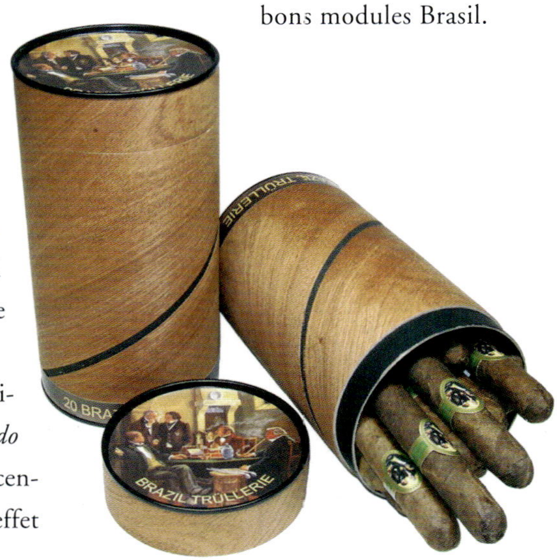

Burger

Le nom complet de cette firme est « Burger Söhne AG ». Mais, dans de l'univers du cigare, personne ne rencontrera de regards interrogateurs en parlant simplement de « Burger », car cette célèbre société anonyme fait partie des entreprises européennes leaders dans le commerce du tabac. Dannemann a également trouvé sa place dans le giron de cette société suisse.

L'entreprise, qui existe depuis quatre générations, remonte à la fondation d'une fabrique de cigares en 1864 par Rudolf Burger-Fröhlich. Cette décision n'avait rien de spectaculaire à l'époque puisqu'au début des années 1860, les fabriques de cigares poussaient comme des champignons dans le nord de la Suisse. La contrée fut bientôt qualifiée de « terroir du cigare », tandis que les fumeurs de cigares n'avaient plus que « Burger Stumpen » à la bouche, au propre comme au figuré.

Les Stumpen, des cigares assez trapus, fabriqués à la machine et encore très appréciés de nos jours, sont toujours vendus par la société Burger. Ces Stumpen, composés de tabacs du Brésil, d'Indonésie et de Cuba, sont vendus sous le nom « Rössli » et conservent une clientèle aussi fidèle que jadis.

C

Camacho

Depuis quelque temps, la marque Camacho fait partie, à juste titre, des cigares de réputation internationale (surtout les deux séries principales). Le module Camacho Corojo est le résultat de dizaines d'années de travail dans le domaine de la culture du tabac. Au Honduras, la semence primaire Corojo, rapportée de Cuba, fut cultivée plus de 30 ans avant que l'on obtienne des cigares très proches des produits cubains, c'est-à-dire des cigares possédant autant de rondeur que de complexité aromatique.

Comparés aux Corojos, les modules de la série Camacho Criollo ont un goût

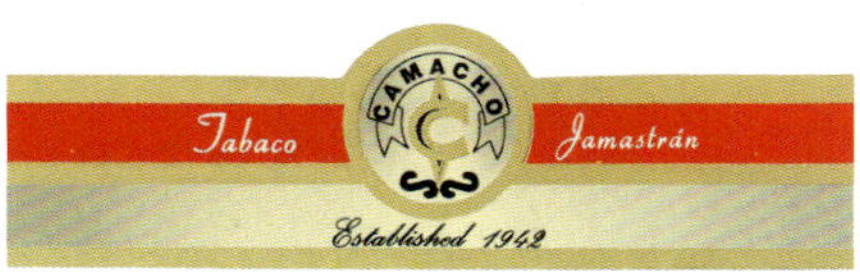

beaucoup plus doux. Les tripes de ces cigares sont également fabriquées avec du tabac Corojo, mais elles comprennent une plus grande portion de Criollo, cultivé au Honduras, à partir d'une variété primaire de semence Criollo d'origine cubaine. Cet assemblage confère aux cigares un goût certes corsé, mais toutefois pas aussi puissant et complexe que celui des Camachos.

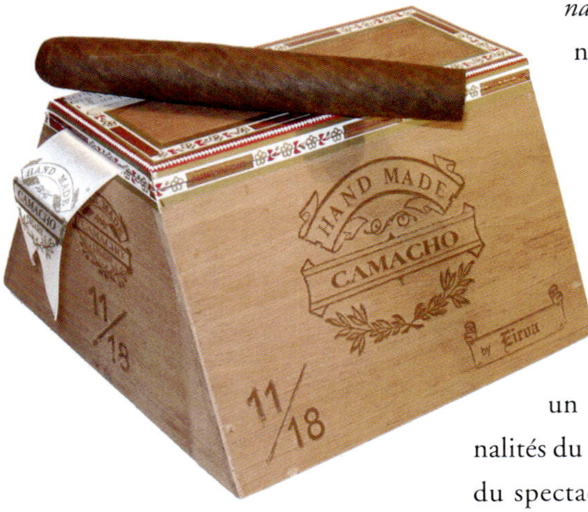

nados. Derrière elles, se cache le nom de Cano A. Ozgener.

Né en Turquie, Cano Ozgener partit faire ses études aux États-Unis. Il inventa un modèle de pipe en écume, qui constituerait le premier jalon de sa carrière. Ce fumeur passionné connut un tel succès auprès des personnalités du monde politique et du monde du spectacle qu'il fonda une firme en 1968 et importa les pipes de son pays. Trente ans plus tard, il réussissait un coup de maître. En collaboration avec les exilés cubains Carlos Toraño et Néstor Plasencia, Ozgener créa des longfillers de luxe sous le label C.A.O.

Le Black, premier cigare lancé par C.A.O. sur le marché, a immédiatement remporté un immense succès, car il révélait une volonté d'atteindre la perfection. Lorsqu'en 1996 l'ouragan El Niño affecta la culture, et donc la qualité, de ce tabac exquis, Ozgener en tira les conséquences et ordonna immédiatement l'arrêt de la production.

Celle-ci a repris en 2002 : le Black est réapparu avec une qualité et des arômes encore plus fins qu'auparavant. Les propriétés en matière de fumage, de combustion et d'élaboration des cigares

Le Criollo est un tabac typiquement régional qui pousse sous diverses formes selon les variétés, dans tous les pays caraïbes. Les créateurs de ces produits sont les membres de la famille Eiroa, qui appartiennent à l'élite des planteurs de tabacs et fabricants de cigares du Honduras. La réussite de ces exilés cubains repose sur leur très longue expérience puisqu'avant d'émigrer au Honduras, ils cultivaient déjà avec succès la variété de tabac Corojo dans les plantations familiales de Cuba.

C.A.O.

C.A.O. : trois lettres qui sonnent agréablement aux oreilles de nombreux *aficio-*

des autres séries sont également des plus convaincantes. Brasilia, Cameroon et Criollo ont des assemblages très équilibrés, tandis que poupée et cape s'harmonisent parfaitement. Ils témoignent de cette recherche de l'harmonie ultime que poursuit Cano A. Ozgener, en association avec ses différents collaborateurs et partenaires.

Cette recherche acharnée de la perfection se constate également dans les emballages variés conçus par C.A.O. pour présenter ses produits. Qu'il s'agisse des diverses boîtes ou encore du papier de soie dans lequel certains modules sont individuellement enveloppés, les exigences en matière de design et d'amour du détail visent à créer cette anticipation du plaisir qu'éprouve tout amateur de C.A.O. (et ce plaisir anticipé n'est jamais déçu).

En janvier 2003, les Ozgener et la famille Toraño ont fondé ensemble leurs premiers établissements de production au Nicaragua et au Honduras. Ainsi à la tête de leurs propres établissements, ils instaurèrent une collaboration entre familles dans le monde compétitif des longfillers de luxe. Voilà peut-être pourquoi la dénomination Premium s'applique si bien aux cigares C.A.O.

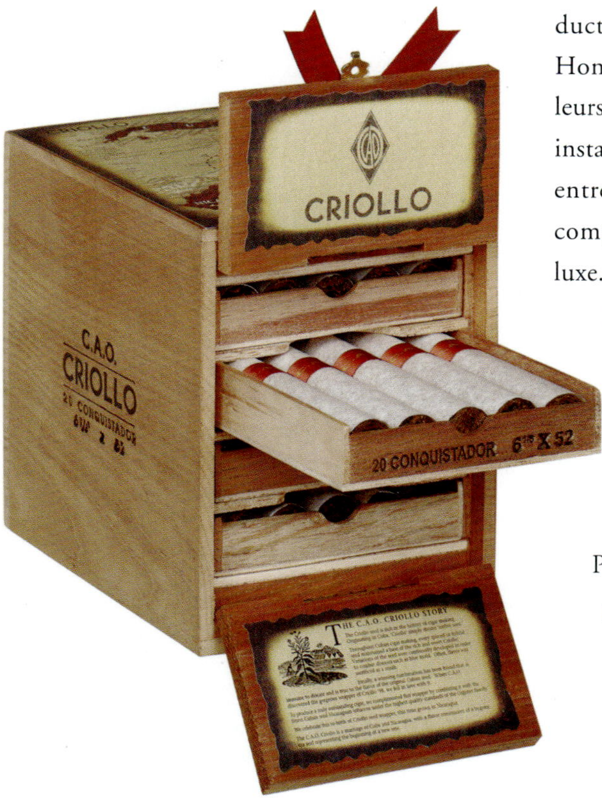

Carlos Toraño

Présents sur le marché européen depuis dix ans, les modules Toraño se sont progressivement attribué une réputation, et ont conquis de nombreux amateurs de cigares. Les longfillers fabriqués en République dominicaine, au Honduras et au Nicaragua sont appréciés en raison de leur admirable élaboration et de leurs diverses forces : douce à moyenne pour les cigares du Honduras, plus intense pour ceux du Nicaragua, et parfois très puissante pour certains formats déclinés dans la série Signature Collection, produite en République dominicaine, qui feront le bonheur d'amateurs de cigares corsés.

Casa de Torres

Les longfillers de Casa de Torres, remarquablement bien roulés à la main, promettent un plaisir incomparable au moment de la dégustation. Élaborés à partir de feuilles de Piloto Cubano, une semence pour havane de première qualité cultivée depuis longtemps au Nicaragua, ces modules sont habillés de capes d'une grande finesse provenant de tabac Connecticut Shade et contribuant à leur donner la force agréable et légère qui les caractérise.

Module au goût suave à conseiller aux fumeurs de cigare débutants, le Casa de Torres est par ailleurs vendu à un prix très abordable – mais ce critère ne devrait pas peser dans le choix de cette marque.

Cervantes

D'abord fabriqués au Honduras, les Cervantes proviennent depuis quelques années de la République dominicaine.

Avec ce changement, le corps des longfillers roulés à la main s'est également modifié. S'il avait une force moyenne auparavant, il est devenu (relativement) doux, ce qui plaira tout particulièrement à l'*aficionado* qui a déjà un peu d'expérience en tant que fumeur de cigares. Il ne sera pas déçu s'il décide de choisir les modules de cette marque car, malgré leur peu de puissance, ces derniers offrent une complexité aromatique intéressante ainsi qu'une rondeur et une douceur agréables.

Chambrair

Tout a débuté avec des armoires climatisées, non pas pour cigares, mais pour vins. Depuis plus de deux décennies, la firme Chambrair fournit des armoires à vins climatisées aux restaurants gastronomiques. Les vins et les cigares étant destinés, de par leurs goûts, à s'unir en une symbiose olfactive, l'évolution était pratiquement obligatoire : Arne Butenschön, alors *chief steward* sur un voilier de luxe, et aujourd'hui l'un des directeurs de Chambrair, rapporta de l'un de ses voyages des cigares achetés à Saint-Domingue. Butenschön s'assura la distribution des longfillers roulés à la main dans les établissements d'un fabricant chevronné, exilé cubain, et, depuis le début des années 1990, propose exclusivement aux restaurants ses modules Gourmet Cigare de Chambrair, déclinés en plusieurs formats.

Les cigares Chambrair sont disponibles en magasin depuis 1996 ; ce ne sont toutefois pas les mêmes que ceux qui sont offerts dans le secteur gastronomique. Sous le label « Cigare de Chambrair privée », l'*aficionado* trouvera quatre formats de superbes longfillers, à l'assemblage équilibré et d'une force allant de la douceur à une puissance moyenne.

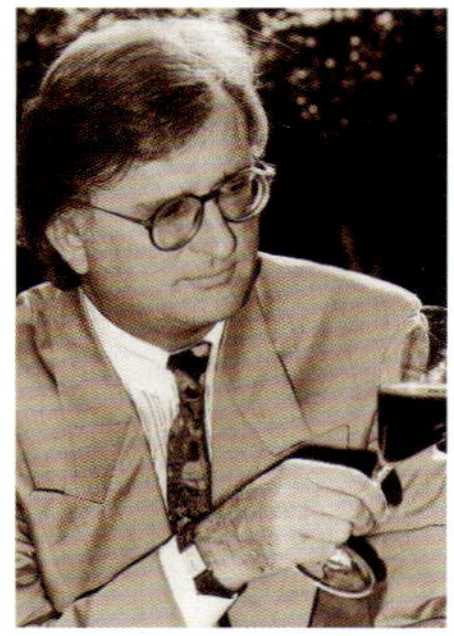
Hardy Rodenstock

En 1998, Hardy Rodenstock, collectionneur de grands vins et fumeur de cigares passionné, créa un Chambrair, un Churchill ainsi qu'un Robusto sous le label HR. Ces longfillers, assez doux, mais très aromatiques, sont composés de trois variétés différentes de tabacs Santo Domingo, qui ont mûri au moins sept ans et promettent ainsi de grands moments de plénitude.

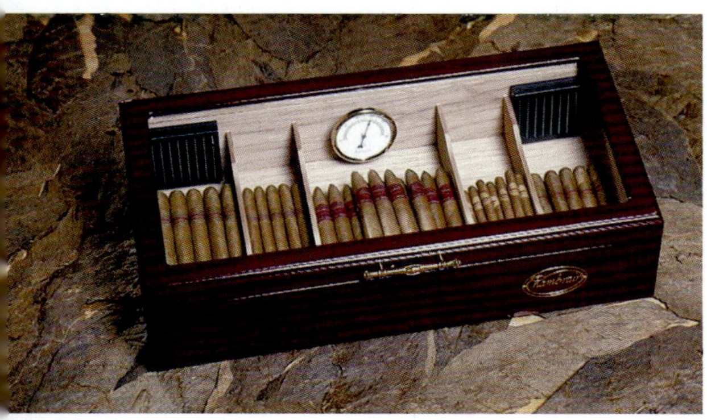

Charles Fairmorn

Divers cigares provenant des Caraïbes, d'Amérique Centrale ou encore des Pays-Bas sont vendus sur le marché allemand sous le label Charles Fairmorn. Mais la firme fabrique également ses propres produits, dont la plupart se classent dans une fourchette de prix modérés à élevés. Qu'ils soient de type hollandais ou qu'il s'agisse de modules marqués de la griffe de tabacs des Antilles ou d'Amérique centrale, ces cigares valent leur prix.

L'entreprise Charles Fairmorn peut se prévaloir d'une expérience de 25 ans dans le commerce du tabac. Fondée en 1978 dans la ville hanséatique de Hambourg, la société de commerce transféra son siège à Dingelstädt, en Thuringe, en 1996. Et non sans raison, puisque le Tabak-Haus Dingelstädt (« Maison du tabac de Dingelstädt ») fabrique des cigares depuis 1912.

Outre les deux fleurons immuables de la société – les séries Charles Fairmorn

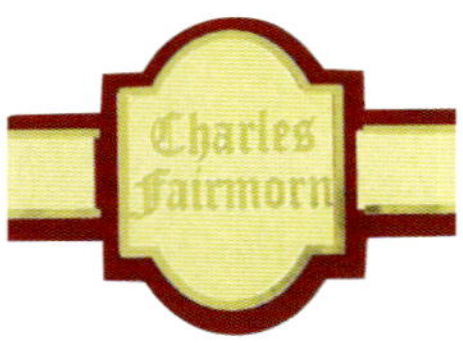

Belmore et Charles Fairmorn Tradition, cette dernière englobant les marques Honduras Wrapper et Puros Finos –, les séries Charles Fairmorn Colodaro et Charles Fairmorn Maduro sont également à mentionner. Les modules de ces diverses séries sont tous des longfillers d'excellente qualité.

La palette des cigares Belmores s'est largement étendue depuis. Citons tout d'abord la série Charles Fairmorn Belmore E.R.P. Selection, présentée pour la première fois à l'occasion du 25e anniversaire de la firme, et dont les cigares à la force moyenne et au goût finement épicé ont déjà trouvé de nombreux adeptes. Mentionnons ensuite le « nouveau-né », baptisé Charles Fairmorn Belmore Cameroon Selection. Il s'agit de modules d'une puissance supérieure aux précédents et habillés d'une superbe cape provenant du Cameroun.

Comme cela a déjà été mentionné, les produits de Charles Fairmorn ne sont toutefois pas seulement fabriqués dans l'espace caribéen, mais également en Allemagne, à Dingelstädt, où sont notamment produits les shortfillers, c'est-à-dire des cigares à tripe courte.

Bien que disparue aujourd'hui, une marque, qui est longtemps restée dans la gamme des produits de la société, doit être évoquée ici. Il s'agit de la marque Erhard. Or cette marque populaire ne fut pas baptisée ainsi, comme on pourrait peut-être le penser, en hommage à Ludwig Erhard, ministre de l'Économie, puis chancelier de la République fédérale au début des années 1960. Elle portait en effet le nom d'un homonyme du grand homme d'État, qui présida au « miracle économique allemand » après la Seconde Guerre mondiale. Ce dernier s'appelait Hans Erhard et les cigares en question étaient de son cru. Les deux hommes avaient toutefois une passion en commun : le cigare. Tandis que Ludwig le politicien s'adonnait à sa passion en les fumant, son homonyme, Hans, s'était donné pour vocation de les fabriquer, et naturellement aussi de les fumer (ce qu'il dut faire pendant quelque trois quarts de siècle, puisque le cigarier Hans Erhard mourut à l'âge très avancé de 99 ans). Peu de temps encore avant sa mort, il se rendait chaque jour à la fabrique pour superviser la production des cigares.

Il reste à citer une dernière série majeure : la Charles Fairmorn Puros de Nicaragua. Il ne s'agit pas là de cigares élaborés uniquement avec des tabacs nicaraguayens, comme le nom pourrait le laisser supposer. En effet, en espagnol, le terme *puro* signifie également « cigare », et il est employé ici dans ce sens. Quoi qu'il en soit, ces longfillers roulés à la main possèdent une richesse gustative et une palette aromatique très proches de nombreux Puros fabriqués en Amérique centrale.

Globalement, Charles Fairmorn offre une vaste gamme de shortfillers et de longfillers de qualité Premium, et tout magasin de cigares bien achalandé aura au moins quelques-unes de ces marques à proposer aux *aficionados*.

Cifuentes

Depuis plus d'un siècle, le nom Cifuentes jouit d'une excellente réputation dans l'univers du cigare. Légendaire est la réputation du patriarche de la dynastie, Don Ramòn, qui, au début de la seconde moitié du XIXe siècle, pénétra pour la première fois dans la fabrique Partagás située au cœur de La Havane, puis dirigea la production des modules Partagás à partir des années 1870 et jusque loin dans le XXe siècle.

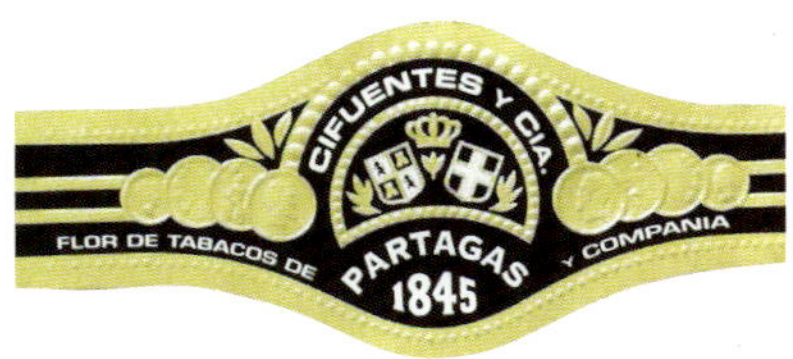

Lancés par Don Jaime Partagás, créateur de la vénérable marque qui porte son nom, les premiers Cifuentes apparurent sur le marché en 1876. En peu de temps, les Cifuentes firent partie des havanes les plus demandés par les *aficionados* de l'époque.

Ramòn junior poursuivit à Partagás l'œuvre de son père, qui était aussi son modèle – ce qui n'est pas étonnant puisque Don Ramòn faisait partie des plus grands cigariers de son temps. Le fils acquit rapidement sa propre renommée en tant que fabricant de cigares et était plus que prêt à prendre la suite de son père, Don Ramòn senior, quand ce dernier se retira progressivement du milieu des affaires, et à perpétuer ainsi la tradition de la famille Cifuentes.

Après que Castro fut arrivé au pouvoir, le « *Máximo Lider* » offrit à Ramòn junior de prendre la responsabilité de l'ensemble de la production cigarière du pays. Mais Ramòn Cifuentes avait pour vocation de créer des havanes et, en outre, il n'était pas un sympathisant du nouveau régime. Il quitta donc sa patrie pour aller s'installer en République dominicaine. Aujourd'hui encore, il dirige la production des Partagás dominicains, distribués désormais par General Cigar Company, une société nord-américaine à laquelle il a vendu les droits de la marque, de même que les labels Cifuentes et Ramòn Allones au début des années 1970.

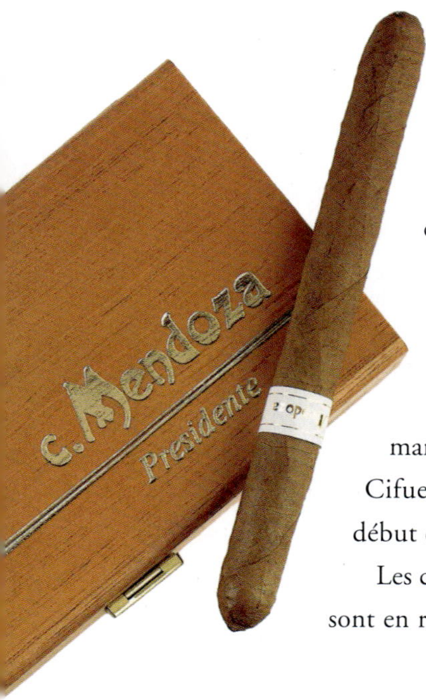

Les cigares cubains Cifuentes ne sont en revanche plus du tout fabriqués aujourd'hui – ce qui est particulièrement dommage, car cette grande marque jouissait d'une immense renommée auprès de tous les amateurs de havanes classiques.

C. Mendoza

Le C est la première lettre de « Cardenal », et « Mendoza » est un nom propre. Derrière l'appellation C. Mendoza se profile la marque phare de la maison August Schuster, qui est installée à Bünde, en Allemagne, et qui produit sous cette marque des modules short-fillers haut de gamme.

Cohiba

Le Cohiba est le havane par excellence : la marque est réputée dans le monde entier et les experts la classent en outre sans hésiter en tête de liste des cigares cubains.

Bien que créé il y a à peine 40 ans, le Cohiba est aujourd'hui devenu un cigare culte, ainsi qu'en témoignent les nombreuses histoires qui circulent dans les cercles des *aficionados* au sujet de sa création. Che Guevara, lui-même, aurait par exemple participé à l'élaboration du fameux Cohiba.

En vérité, on ne connaîtra peut-être jamais l'identité du véritable créateur de ce cigare. Toutefois, lors du gala organisé en l'honneur du 30e anniversaire du cigare phare de Cuba, Fidel Castro en personne a pris le temps de s'exprimer longuement sur ce sujet.

À cette occasion, le « *Máximo Lider* » a relaté sa propre version de l'histoire de la naissance du Cohiba, celle qui éclaircirait le mystère : « Maintenant, je vais vous raconter quelque chose au sujet du Cohiba. Un jour, j'ai remarqué qu'un de mes gardes du corps fumait un type de cigare très aromatique. Il m'a raconté que ce n'était pas une marque spéciale, mais qu'il les obtenait d'un ami qui fabriquait des cigares. J'ai goûté le cigare et l'ai trouvé si bon que j'ai dit : "Allons chez ton ami".

Nous nous sommes donc rencontrés et je lui ai demandé comment il fabriquait ses cigares. Ensuite, nous avons monté un atelier à El Laguito et il nous a montré son mélange de tabacs. Il nous a dévoilé quelles feuilles de quelles plantations il utilisait, quelles capes il choisissait, etc. Nous avons trouvé deux ou trois rouleurs de cigares, nous leur avons donné le matériel nécessaire, et la fabrication a commencé... Je voulais aussi créer des emplois pour les femmes ; voilà pourquoi elles sont si nombreuses à travailler à la fabrique... Aujourd'hui, le Cohiba est connu dans le monde entier... Ces faits remontent maintenant à 30 ans. »

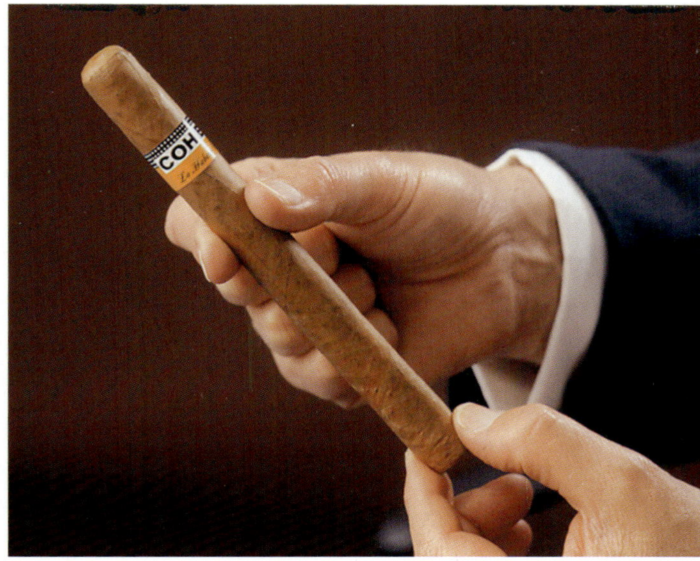

L'ami du garde de corps était-il Eduardo Ribera, un fabricant de cigares alors presque inconnu, qui, après avoir été « remarqué », a tout d'abord élaboré trois modules – Laguito N° 1, Laguito N° 2 et Laguito N° 3 –, exclusivement destinés à la consommation personnelle de Fidel Castro ? Emilia Tamayo, qui dirigea El Laguito de 1994 à 2003, en est en tout cas persuadée.

Située près de Miramar, un faubourg de La Havane, la *fábrica del tabaco* El

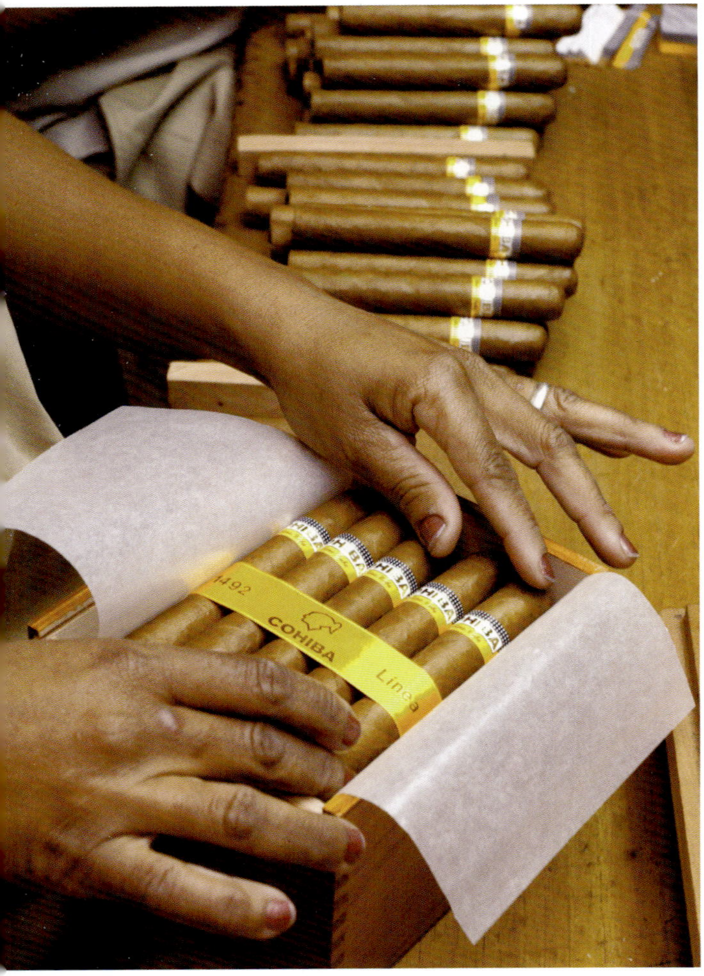

Laguito abrite divers édifices de style colonial rappelant les temps révolus, l'époque où comtes et princes, bohèmes et aventuriers passaient leurs soirées à s'adonner à leurs occupations favorites, le jeu et les femmes, sous des nuages de fumée aromatique.

La version racontée par le « *Comandante* » renferme très certainement une bonne part de vérité, mais, toute vérité étant le plus souvent subjective, celle-ci laisse également plusieurs questions en suspens. Le cigarier Avelino Lara, le « père » de la série Siglo ainsi que de divers formats de Cohiba, était déjà une vraie légende de son vivant. Il était – et est toujours – tenu en haute estime par les amateurs et les fabricants de cigares du monde entier. Après le discours de Fidel Castro, il déclara très modestement : « J'étais présent et j'ai contribué à la création du Cohiba. C'est la seule chose que je puisse dire. »

Quelque 600 personnalités du monde du tabac assistèrent au gala en l'honneur de Cohiba qui eut lieu le 28 février 1997 à La Havane, plus précisément au Cabaret Tropicana, mondialement connu. La liste des invités était à l'origine bien plus longue, mais ceux que l'on attendait des États-Unis, Arnold Schwarzenegger et Robert de Niro en tête, annulèrent leurs vols déjà réservés pour La Havane. L'administration de Washington, avec son obsession de l'embargo cubain, menaça en effet de sanctions tout citoyen nord-américain qui oserait accepter l'invitation et poser le pied sur l'île communiste. Chauvinisme regrettable...

Mais revenons à la marque elle-même. Pendant plus de 20 ans, il n'y eut que les trois modules mentionnés auparavant (des *vitolas de galeras*), auxquels s'ajoutèrent bientôt des *vitolas de salidas* : Corona Especial (N° 2), Lancero (N° 1) et Penetela (N° 3). La définition « *vitola de salida* » ne signifie rien d'autre que « nom de commerce ». Néanmoins, près de 15 ans s'écoulèrent avant que tous ces Cohiba ne puissent être achetés et fumés par le commun des mortels. Jusqu'alors, la dégustation de ces exemplaires exquis de l'art du cigare cubain était uniquement réservée aux invités de marque de l'État cubain, et bien sûr à Fidel Castro lui-même.

Le rêve de bien des *aficionados* devint enfin réalité au début des années 1980 : ces derniers pouvaient enfin acheter et fumer des Cohiba tant qu'ils le voulaient. En effet, dès l'introduction sur le marché de la marque phare cubaine, les responsables veillèrent à maintenir un niveau élevé de production. La fin de la décennie apporta une nouvelle joie aux *aficionados*, lorsqu'ils purent acquérir encore davantage de Cohiba. Cela pour

Cohiba

Nom commercial Vitola de salida	*Nom de production Vitola de galera*	*Longueur en mm (≈ po)*	*Diamètre ∅ en pouces (mm)*	*Appellation internationale*	*Temps de fumage*
Serie Clásica					
Coronas Especiales	Laguito N° 2	152 (6)	38 (15,1)	Panatela	¾ – 1 h
Esplendidos	Julieta N° 2	178 (7)	47 (18,7)	Churchill	1½ – 1¾ h
Exquisitos	Seoane	126 (5)	33 (13,1)	Small Panatela	½ h
Lanceros	Laguito N° 1	192 (7½)	38 (15,1)	Long Panatela	1¼ – 1½ h
Panetelas	Laguito N° 3	115 (4½)	26 (10,3)	Cigarillo	¼ h
Robustos	Robusto	124 (4⅞)	50 (19,8)	Robusto	¾ – 1 h
Serie Siglo					
Siglo I	Perla	102 (4)	40 (15,9)	Petit Corona	½ h
Siglo II	Mareva	129 (5⅛)	42 (16,7)	Petit Corona	½ – ¾ h
Siglo III	Corona Grande	155 (6⅛)	42 (16,7)	Long Corona	1 – 1¼ h
Siglo IV	Corona Gorda	143 (5⅝)	46 (18,3)	Grand Corona	1 – 1¼ h
Siglo V	Dalia	170 (6¾)	43 (17,1)	Lonsdale	1¼ – 1½ h
Siglo VI	Cañonazo	150 (5⅞)	52 (20,6)	Toro	1¼ – 1½ h

De gauche à droite : Lanceros, Esplendidos, Coronas Especiales, Exquisitos, Robustos, Panatelas

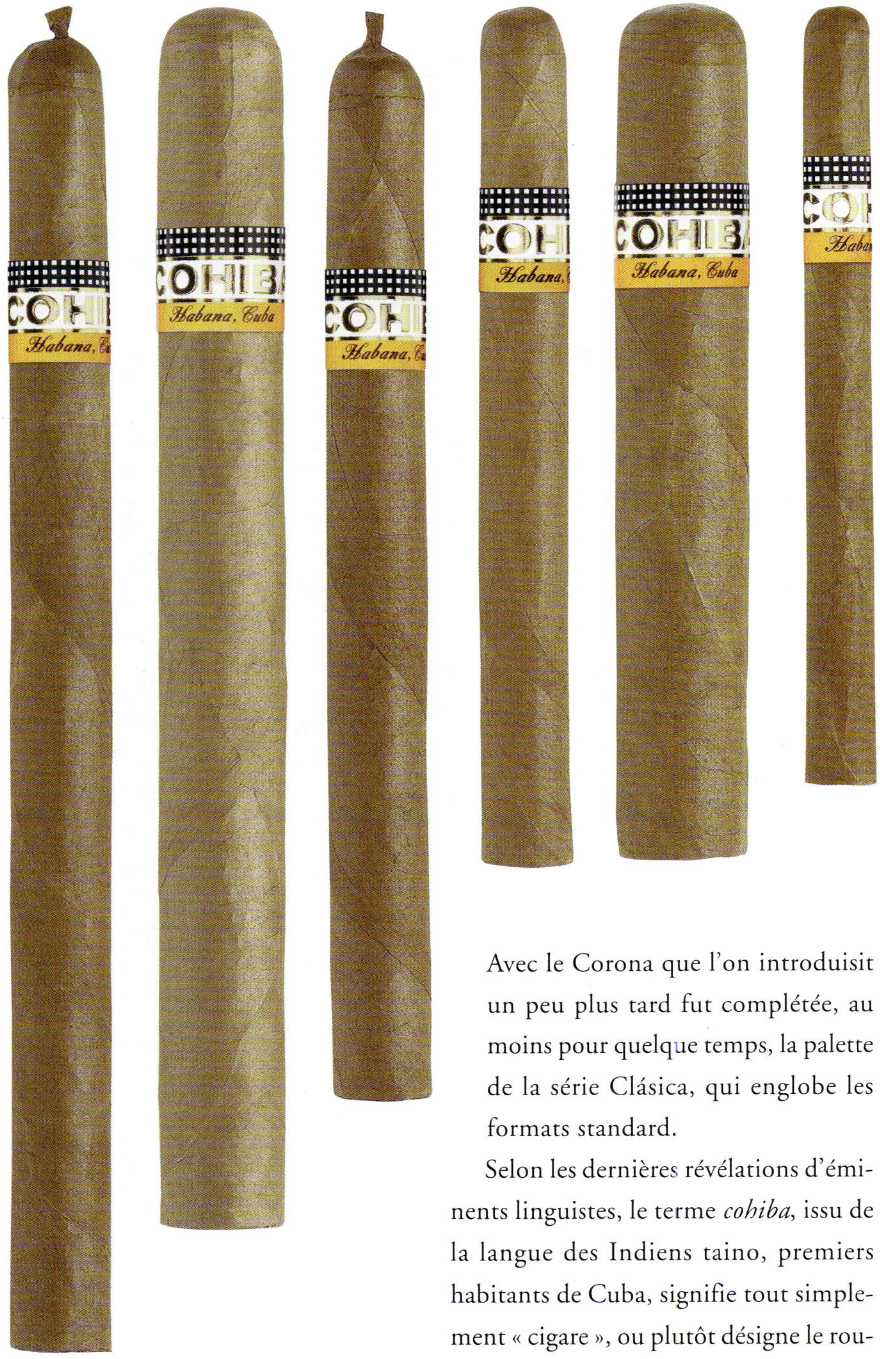

deux raisons : les modules Espléndido, Exquisito et Robusto vinrent enrichir la gamme proposée sur le marché ; et Fidel Castro dut cesser de fumer sur les conseils de ses médecins.

Avec le Corona que l'on introduisit un peu plus tard fut complétée, au moins pour quelque temps, la palette de la série Clásica, qui englobe les formats standard.

Selon les dernières révélations d'éminents linguistes, le terme *cohiba*, issu de la langue des Indiens taino, premiers habitants de Cuba, signifie tout simplement « cigare », ou plutôt désigne le rouleau de feuilles de tabac qui en était l'ancêtre… Mais pourquoi ce cigare est-il si loué par les experts en la matière ? La réponse réside sans doute dans le choix des tabacs et leurs traitements ultérieurs. Avelino Lara, directeur de la fabrique Al

Laguito de 1968 à 1994, énuméra un jour les principales étapes, strictement suivies, qui sont nécessaires à la fabrication d'un Cohiba.

Tout d'abord, les tabacs destinés aux Cohiba proviennent seulement des dix meilleures plantations (*vegas*) de la Vuelta Abajo. En temps voulu, les plants de tabac de chaque champ sont très soigneusement examinés. C'est ainsi que l'on choisit les feuilles qui entreront dans la composition des différents cigares. Les *vegueros*

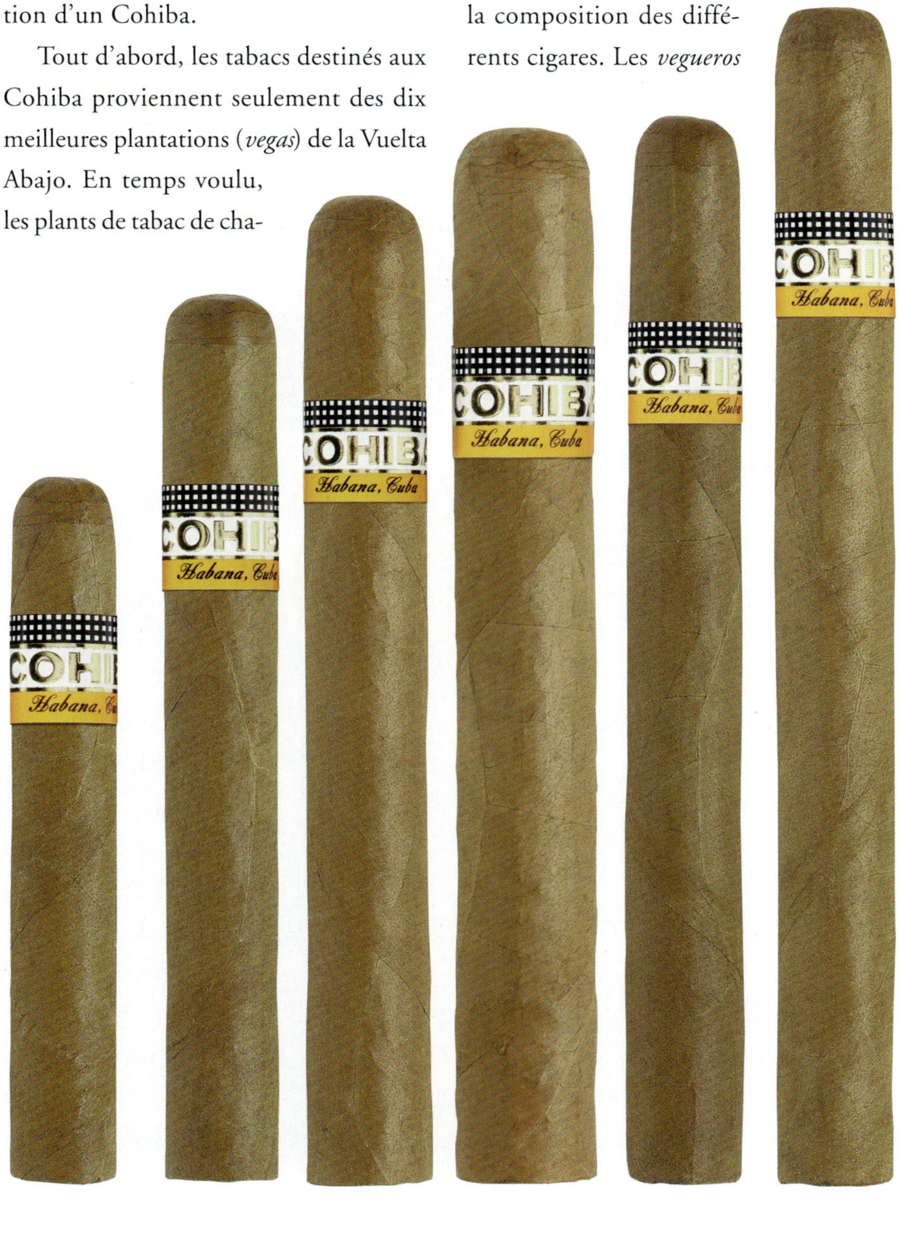

De gauche à droite : Siglo I, Siglo II, Siglo IV, Siglo VI, Siglo III, Siglo V

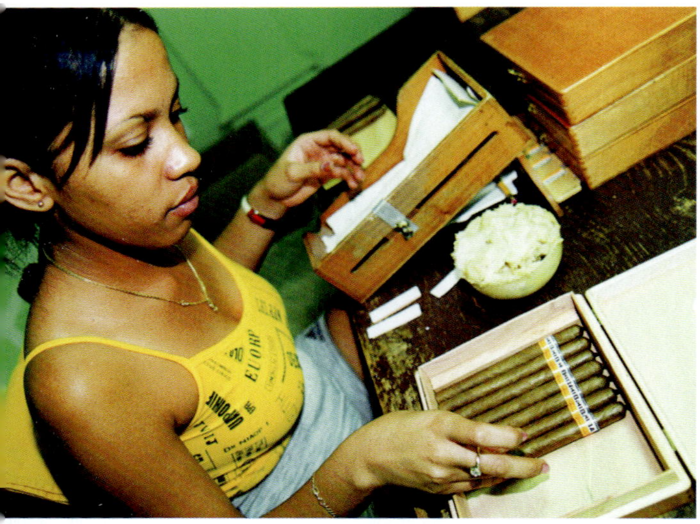

récoltent ensuite les feuilles qui sont destinées aux capes dans les deux premières plantations choisies, celles destinées auxsous-capes dans les deux plantations suivantes, tandis que les plantations arrivant en cinquième et sixième positions livreront les feuilles Ligero, Seco ou Volado. Par ailleurs, les feuilles Ligero et Seco sont soumises à une troisième fermentation, afin d'intensifier le plus possible leur goût. Enfin, les Cohiba sont roulés par la « crème » des *torcedores* et des *torcedoras* travaillant à Cuba. À El Laguito, le personnel est surtout féminin tandis que les fabriques H. Upmann et Partagás, qui produisent également des Cohiba, emploient plutôt une majorité d'hommes.

En 1992, la marque fleuron de Cuba s'enrichit de nouveau, cette fois-ci d'une série comprenant cinq formats. Le nom de la série (Linea 1492), et celui de ses modules (Siglo), évoque la découverte du continent américain par Cristophe Colomb en 1492.

Le terme *siglo* signifie « siècle » en espagnol et est accompagné des cinq premiers chiffres romains. Chacun des modules, du Siglo I au SigloV, représente ainsi un siècle entre 1492 et 1992. Le lancement officiel des Cohiba de la Linea 1492 sur le marché international eut lieu lors d'un gala organisé au Claridge's Hotel de Londres, en 1993.

Si les cigares de la série Clásica rappellent, par leur force et leurs saveurs épicées, le style cubain traditionnel, c'est-à-dire les havanes classiques, les tabacs utilisés dans la série Linea 1492 donnent des cigares au corps encore plus puissant. La dernière création, le Siglo VI, a même reçu le titre de « fleuron ultime » de la marque Cohiba par de nombreux experts en la matière.

Deux modules se disputent en revanche la première place dans la série Clásica : le Espléndido et le Robusto. Le premier cité affiche toutefois un record navrant à son actif : il est le cigare le plus contre-fait dans le monde entier ; il paraîtrait même que le nombre de faux Espléndidos fabriqués à Cuba dépasse largement celui des cigares authentiques. Aussi, par précaution, vaut-il mieux acheter ses havanes dans des *Casas del Habano* ou autres magasins officiellement reconnus, et ne jamais se laisser tenter par les nombreuses offres des marchands ambulants. D'ailleurs, cette recommandation s'applique à tous les pays d'Amérique latine. En revanche, si un *aficionado* acquiert une boîte de Cohiba lors d'un séjour aux États-Unis, il peut être à peu près certain (s'il s'agit de marchandise légale) que les cigares ont été fabriqués en République dominicaine pour le compte de la General Cigar Company. L'entreprise nord-américaine a en effet fait enregistrer la marque de commerce Cohiba aux États-Unis en 1980, et fournit depuis le marché national de modules. Ces derniers portent certes le même nom que leurs modèles, mais ont un goût très différent.

Les Cohiba dominicains sont également roulés à la main. Toutefois s'il faut opérer un choix entre ces cigares et des havanes, par exemple, nul besoin de se poser beaucoup de questions : les cigares issus des tabacs des dix meilleures *vegas* de la Vuelta Abajo sont bien entendu inégalables.

Condal

On peut qualifier les Condals de cigares à tripe longue, mais aussi « à succès prolongé ». Les longfillers, fabriqués en quelque dix formats dans les îles Canaries, comptent en effet de fidèles adeptes depuis de nombreuses années. La raison à cela réside peut-être dans la composition originale de ces modules : les capes Connecticut-Shade, les sous-capes du Mexique et les tripes confectionnées avec des tabacs brésiliens, cubains et dominicains, délivrent en effet des arômes à la complexité intéressante.

Cuaba

Né en 1996, soit 30 ans environ après le Cohiba, le Cuaba est la seconde marque de havanes créée sous le régime de Fidel Castro. Pour souligner que ces cigares illustrent également le grand art des *torcedores* cubains, à l'égal de la série Cohiba Linea 1492, Londres a été choisie pour

Cuaba					
Nom commercial Vitola de salida	*Nom de production Vitola de galera*	*Longueur en mm (≈ po)*	*Diamètre ∅ en pouces (mm)*	*Appellation internationale*	*Temps de fumage*
Divinos	Petit Bouquet	101 (4)	43 (17,1)	Short Torpedo	½ h
Exclusivos	Exquisito	145 (5¾)	46 (18,3)	Perfecto	1 – 1¼ h
Generosos	Generoso	132 (5¼)	42 (16,7)	Perfecto	½ – ¾ h
Tradicionales	Favorito	120 (4¾)	42 (16,7)	Short Perfecto	½ – ¾ h

De gauche à droite : Exclusivos, Generosos, Tradicionales, Divinos

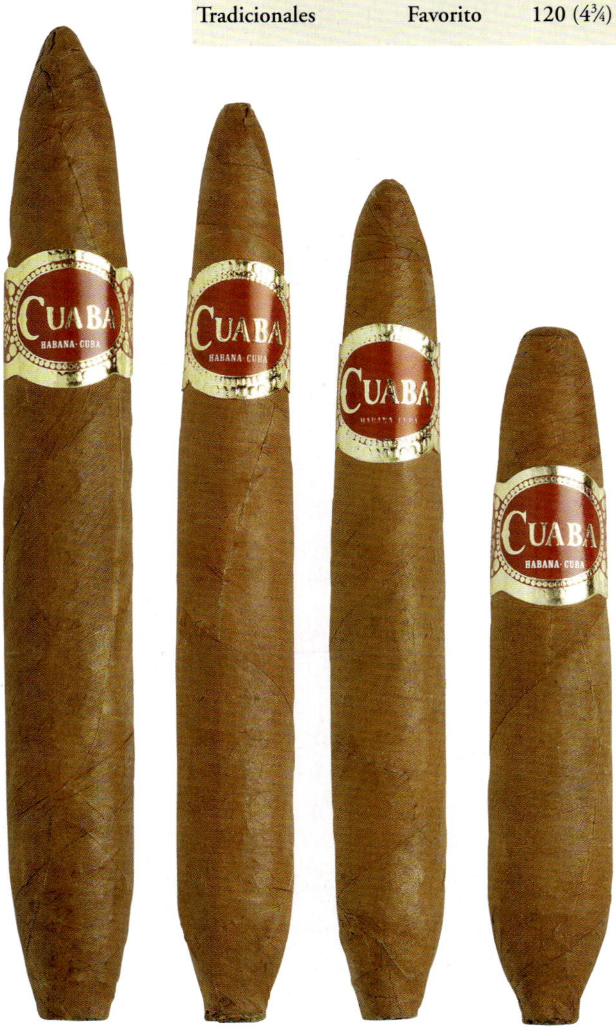

procéder au lancement international des Cuabas, qui eut lieu lors d'un grand gala prestigieux. La nouvelle marque partage une autre spécificité avec le Cohiba : son nom découle aussi de la langue des Tainos, les premiers habitants indiens de Cuba. Le mot *cuaba* désigne un buisson qui pousse sur l'île et fournit un excellent bois de chauffage. Selon la tradition, les Tainos auraient utilisé des brindilles de *cuaba* pour allumer leurs cigares, qu'ils appelaient *cohiba.*

Les Cuabas sont des cigares Figurados, plus précisément des Perfectos. Ce terme ne désigne pas ici le nom de marque cubain Perfecto, mais bien la forme du module. Les Perfectos de Cuaba sont des cigares fuselés, au corps assez trapu entre un pied et une tête pointus. Le pied est ouvert tandis qu'il faut « guillotiner » la tête.

Par leur forme, les Cubas rappellent les modules Perfectos, très en vogue au

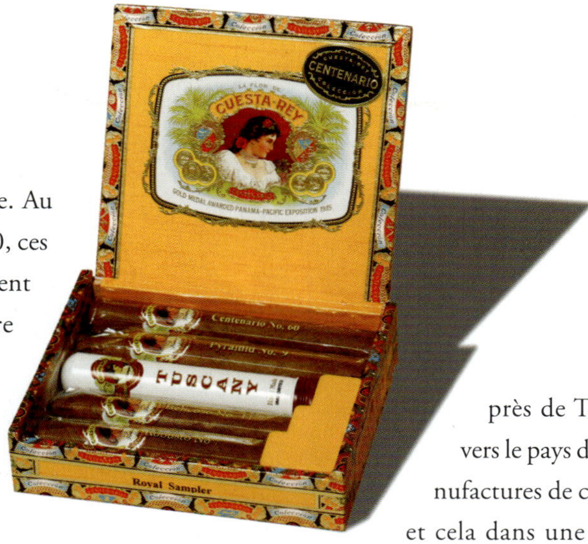

tournant du XIXe siècle. Au début des années 1930, ces Figurados commencèrent toutefois à disparaître progressivement des circuits de vente, car leur demande avait très fortement décru.

Cuesta-Rey

Si ces cigares proviennent aujourd'hui de Santiago de los Caballeros, leur lieu de naissance est Tampa en Floride, la ville située dans le Sud-Est des États-Unis où étaient fabriqués à la fin du XIXe siècle des modules qui jouissaient d'une grande réputation auprès des *aficionados* : les Clear Havanas. Le Cuesta-Rey, qui fut créé en 1884, bénéficiait également de ce label de qualité (invisible), puisque l'homme qui le baptisa, Ángel LaMadrid Cuesta, exploitait à l'époque avec son partenaire Peregrino Rey une fabrique de cigares uniquement productrice de Clear Havanas.

Aujourd'hui, la marque Cuesta-Rey est également produite en République dominicaine depuis 1990, date à laquelle il fut décidé que la fabrication des modules de luxe serait transférée de Ybor City, près de Tampa, vers le pays des manufactures de cigares, et cela dans une fabrique dirigée par les Fuente.

À lui seul, le nom Fuente est synonyme de qualité, ce que l'on constate aussitôt au vu des cigares superbement roulés, et cela bien que la fabrication des Cuesta-Rey soit confiée en sous-traitance. En effet, les droits de la marque sont la propriété de la société nord-américaine J. C. Newman Cigar Company, anciennement M & N Cigars, un des derniers grands cigariers de Tampa. La firme familiale, qui fut fondée en 1895 – donc avec une tradition centenaire à ce jour – acheta les droits de la marque Cuesta-Rey vers la fin des années 1950, à Carl, fils de Cuesta, et produisit elle-même les cigares jusqu'à la fin des années 1980, avant de finir par en confier la fabrication aux Fuente.

La marque Cuesta-Rey comprend quatre séries. Outre la série standard, fabriquée aujourd'hui encore (mécaniquement) à Tampa, on trouve les séries

Cabinet Selection, Centenario Colleccìon et N° 95, la dénomination de cette dernière marque célébrant le centenaire et le retour au nom original de la maison : Newman. Cette série est produite pour le marché nord-américain exclusivement, tandis que les deux autres séries de longfillers sont distribuées dans le monde entier.

Toutes les séries de Cuesta-Rey ne sont malheureusement pas en vente dans les pays de l'Ancien Continent. Les modules disponibles de cette marque figurent néanmoins parmi les cigares haut de gamme et offriront aux *aficionados* européens de beaux moments.

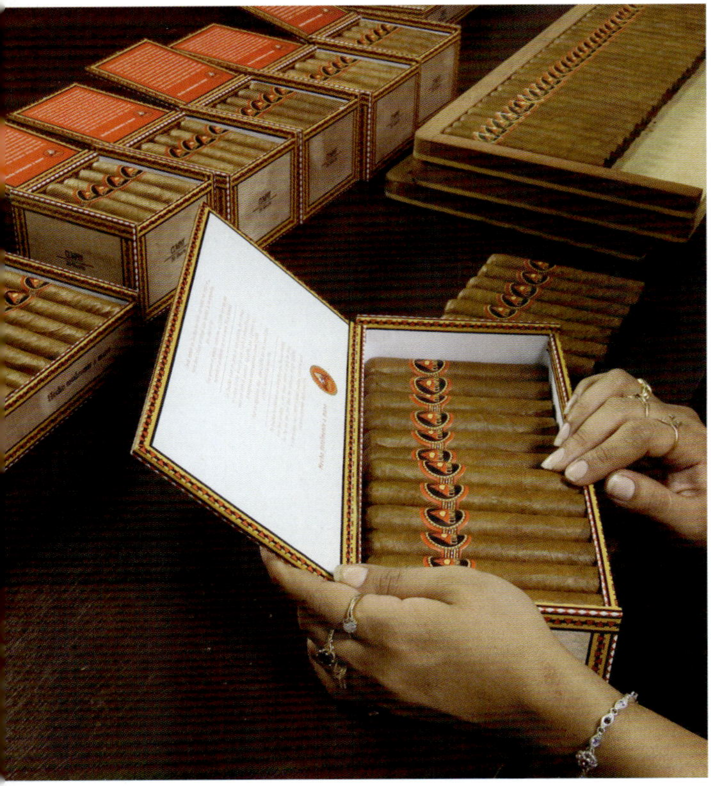

Cumpay

« Je suis certaine que le Cumpay… surprendra par son amplitude, mais aussi par sa force. »

Cette phrase fut énnoncée par Maya Selva, la créatrice de Cumpay. Cette femme de caractère qui fait la navette entre Paris, son lieu de résidence et l'Amérique centrale, a déjà fortement étonné le monde du cigare avec la marque Flor de Selva. Et, lorsque Maya Selva se met quelque chose en tête, elle parvient immanquablement à concrétiser ses idées.

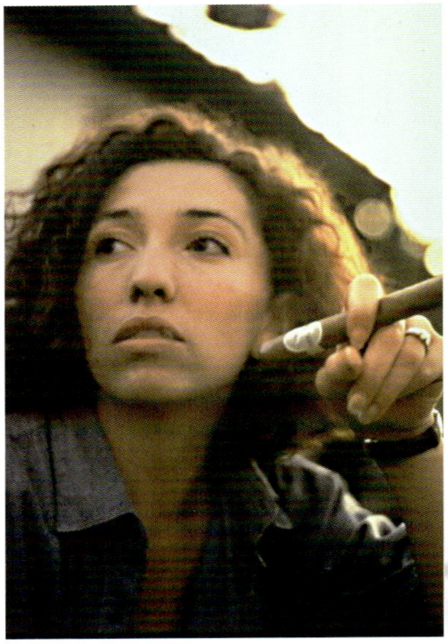

Maya Selva

Elle l'a d'ailleurs prouvé avec la création du Cumpay. Le résultat de son engagement est un module au goût puissant et aux saveurs pleines, qui enchantera les adeptes de tels cigares.

D

Dannemann

Dannemann naquit en 1851 à Brême, en Allemagne. Ses parents l'avaient baptisé Gerhard mais, lorsqu'il immigra au Brésil en 1872, il décida de latiniser son prénom et se fit désormais appeler Geraldo. Il continua toutefois à porter son patronyme avec fierté.

Un an après son arrivée dans le plus grand pays d'Amérique du Sud, il fonda sa première fabrique de cigares à São Félix sur un terrain situé le long du Río Paraguaçu, dans la région du Recôncavo, au nord-est du Brésil. C'est là, dans l'État fédéral de Bahia, non loin de Salvador, ancienne capitale du Brésil dont le nom complet – São Salvador da Bahia de Todos os Santos – n'est pas sans évoquer le son de la samba et de ses danseuses à la peau couleur café, que l'immigrant trouva ce qu'il était venu chercher : une terre fertile, sableuse, un climat fait pour la culture du tabac et cette ville de Salvador de Bahia, avec son port et ses navires transatlantiques mettant le cap sur l'Ancien Monde et surtout sur l'Europe, où les cigares connaissent à cette époque un véritable succès. À ses débuts, la fabrique employait en tout six ouvrières pour la production, c'était les débuts d'un véritable empire du tabac, que Geraldo Dannemann légua à ses successeurs à sa mort en 1921. Mais, jusqu'à cette date, beaucoup d'eau coula sous les ponts du Rio Paraguaçu.

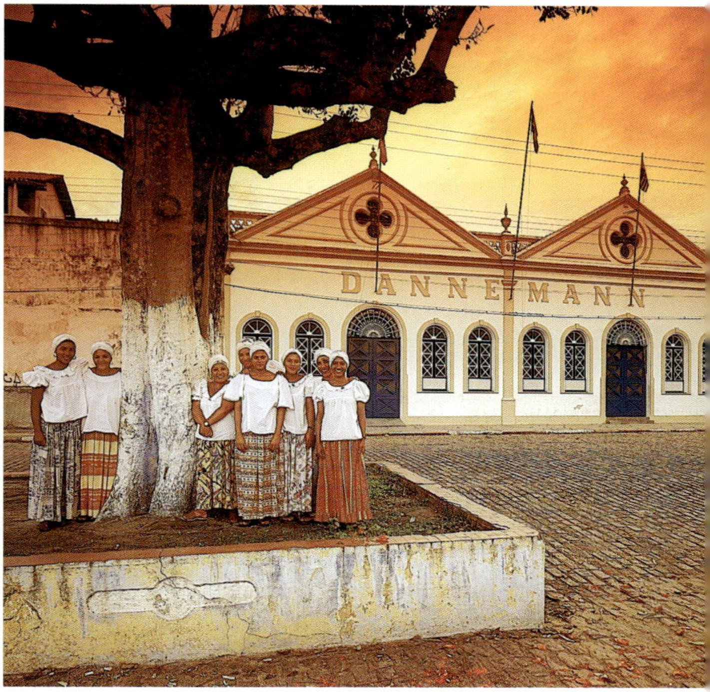

Fabrique Dannemann à São Félix

Dannemann grandit à Brême pendant une époque marquée par une forte croissance économique, liée entre autres à la levée en 1848 de l'interdiction de fumer préalablement en cours. La ville, située sur la Weser, devint vite par la suite une plaque tournante de l'importation en Europe de tabac de toutes origines – elle l'est encore aujourd'hui –, essentiellement de Cuba, de Sumatra et

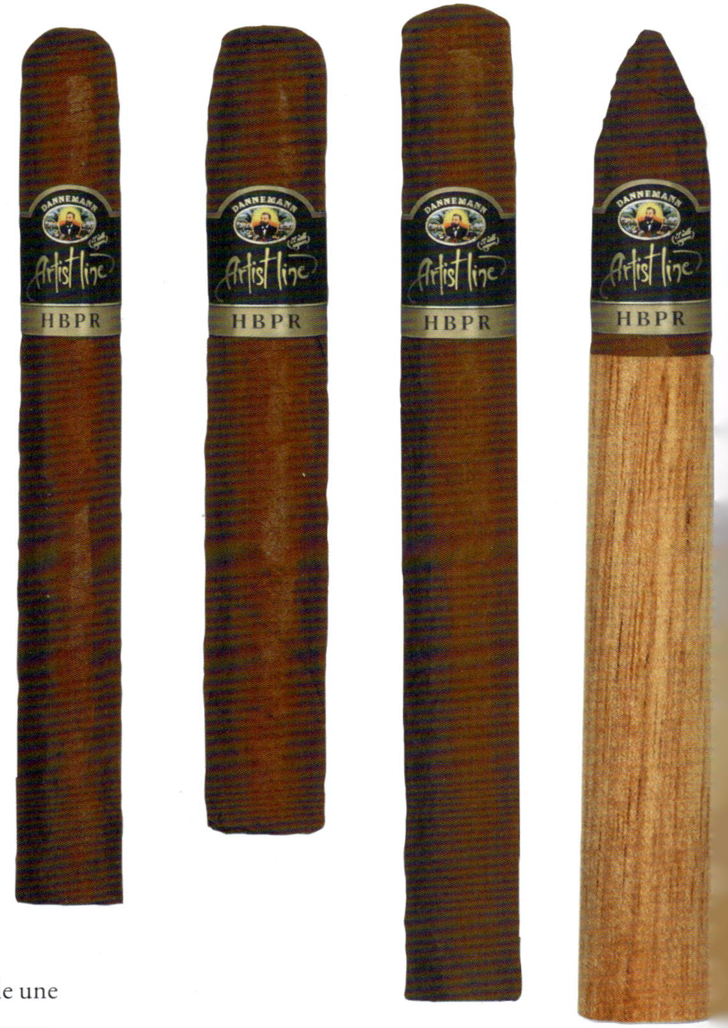

Nouvelle génération « Artist Line » de Dannemann

bien sûr du Brésil. À cette époque, il ne se passait pas une semaine sans qu'une nouvelle fabrique de cigares ne fût fondée à Brême – on les comptait à la fin par centaines. Environ un Brêmois sur dix vivait alors du commerce du tabac ou de la production de cigares.

Blessé pendant la guerre de 1870 entre la France et l'Allemagne, Gerhard Dannemann vécut quelque temps après sa guérison à Fribourg-en-Brisgau. Là encore, il eut très vite affaire avec la matière première qui l'avait tant fasciné à Brême : le tabac. Dans cet ancien centre de la culture du tabac en Allemagne, il approfondit ses connaissances dans le domaine de la fabrication de cigares et découvrit quelque chose de fondamental, qui devint la clé de son ascension professionnelle : seule une qualité irréprochable et constante garantit un succès durable, et c'est seulement en étant sur place que l'on peut assurer cette qualité.

Dès le début, Geraldo Dannemann orienta ainsi tout son travail en fonction de cette maxime. Bientôt, les six premières ouvrières furent rejointes par quelque 60 employés, puis 600 – la fabrique Dannemann ne cessa de croître. En 1893, l'entreprise obtint ses premiers titres de noblesse, lorsque l'empereur du Brésil, Dom Pedro II, visita São Félix et donna à la fabrique le nom de « Imperial Cigar Factory Dannemann ».

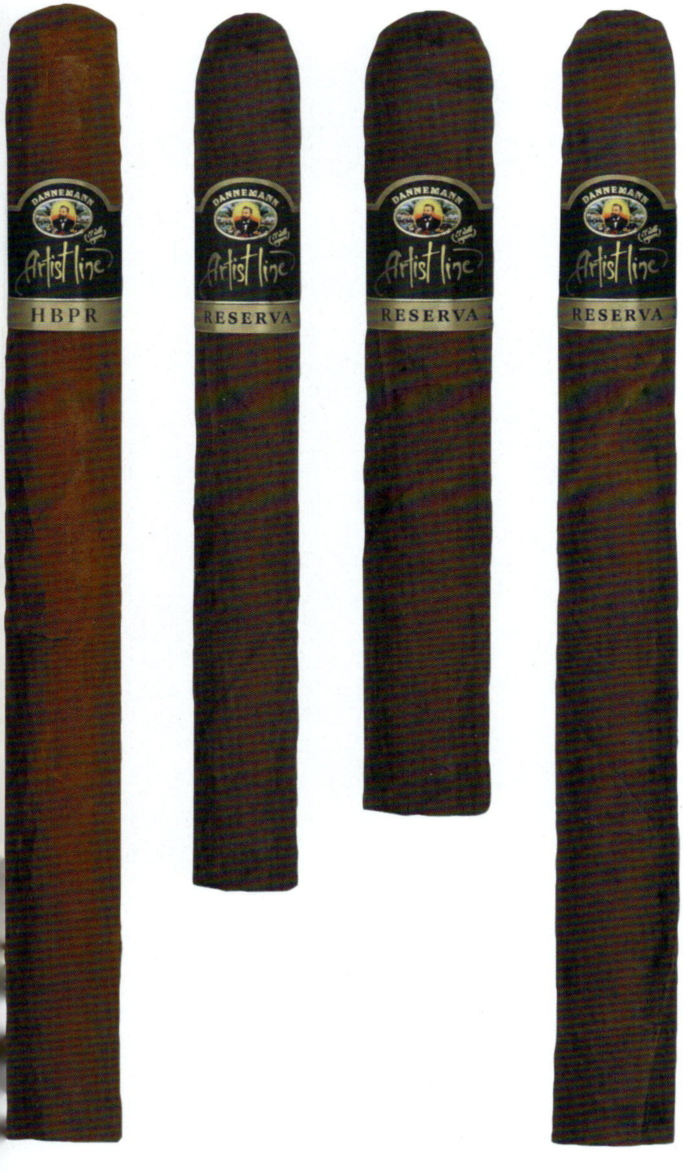

Au cours des quelques années qui suivirent, la fabrique impériale de cigares Dannemann continua de connaître une formidable expansion. Dans toute la région du Recôncavo s'étendaient des sites de fabrication, ainsi que des entrepôts et des comptoirs qui portaient le nom du propriétaire brêmois. À peine 20 ans après la création de sa première fabrique de cigares, Geraldo Dannemann était déjà considéré comme le plus grand entrepreneur de la région de Bahia, ainsi qu'en témoignent les quelques chiffres suivants : en 1895, quatre grandes fabriques et 300 unités plus petites environ produisaient pas moins de 70 millions de cigares pour le seul marché brésilien. Si l'on considère que 90 % de la production étaient alors exportés vers l'Ancien Monde – sans compter les marchés annexes –, il est aisé de s'imaginer les chiffres exorbitants pour l'époque atteints année après année par les sites de fabrication Dannemann. Quoi qu'il en soit, Dannemann était alors la première marque brésilienne à pouvoir affirmer sa place sur le marché européen. Ce succès était favorisé par les bons contacts que le Brêmois d'origine, tout comme ses cadres dirigeants par la suite, surent, dès le début, entretenir et construire avec les Européens.

En toile de fond de cette incroyable réussite apparaît le travail acharné de Geraldo Dannemann et de son associé, le débitant de tabac Ludwig Kruder, qui l'accompagnait depuis 1885, mais également celui de l'ensemble des membres du cercle dirigeant ainsi que des nombreux planteurs de tabac et employés des fabriques Dannemann.

Geraldo Dannemann avait un atout qui caractérisait également de nombreux patrons de l'Ancien Monde : la responsabilité sociale. Comme les barons de l'industrie de la région de la Ruhr en Allemagne ou encore de l'industrie textile de la région de Mulhouse en France, il s'investissait dans les affaires publiques, ce qui était tout simplement exceptionnel au Brésil à cette époque. Il faisait ainsi construire des bâtiments accessibles au public et des équipements sociaux, et stimulait la mise en place d'infrastructures dans la région, notamment en faisant paver les rues et construire des canalisations ; c'est à lui également que la ville de São Félix doit son tout premier éclairage de rues et la pose de ses premières lignes téléphoniques.

L'engagement de Dannemann commença en 1885 par l'édification, sur son initiative, d'un pont ferroviaire qui permet aujourd'hui encore de traverser le

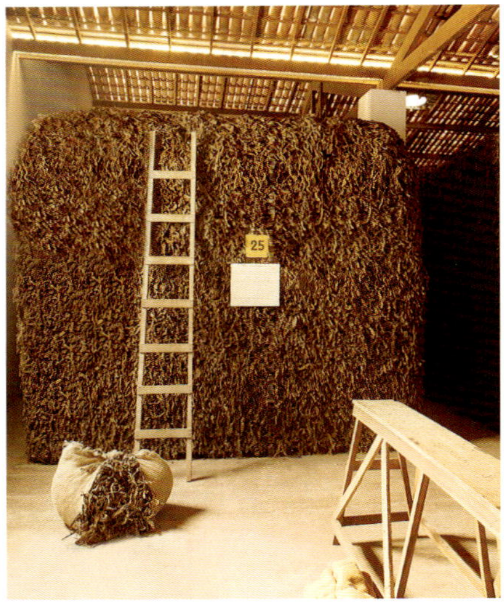

río Paraguaçu et qui relie les villes de São Félix et de Cachoeira. Ce type d'événements se produisit, dans l'Ancien Monde comme dans de nombreuses colonies, pendant la période dite « des fondateurs » – il s'agit d'une période qui fut marquée par la présence de patrons, grands industriels fortunés, qui ne se préoccupaient pas seulement de leur propre bien-être mais qui voulaient également s'affirmer comme étant les « fondateurs » de la responsabilité sociale, en faisant cas du bien-être de la région dans laquelle ils exerçaient leur activité. La réputation de Geraldo Dannemann était alors si grande qu'il se fit élire premier maire de São Félix en 1889, lorsque le Brésil devint une république.

Le petit bout de terrain originel se transforma alors en une grande propriété respectable qui obtint – et ce avant l'élection du maire et sur l'initiative de Geraldo Dannemann – le droit d'être une ville.

Malgré tous ses engagements politiques et sociaux, le grand industriel ne perdit pas pour autant de vue l'avenir de son empire du cigare. À sa grande déception, aucun des 13 enfants que sa femme lui avait donnés ne montrait d'intérêt pour les cigares. C'est ainsi qu'Adolf Jonas fit son apparition dans l'entreprise peu avant la fin du XIXe siècle. L'expert en tabac fit totalement sienne la philosophie du fondateur de la fabrique, basée sur l'exigence de qualité. Confiant en l'avenir de son entreprise, Geraldo Dannemann retourna finalement en Allemagne peu avant le début de la Première Guerre mondiale.

Après la fin des hostilités, le grand industriel, qui approchait alors de ses 70 ans, retourna au Brésil et fut forcé de constater qu'une forte concurrence s'était développée au cours des dernières années et que, bien plus que l'exportation de cigares, c'était l'exportation du tabac qui connaissait le plus fort taux de croissance. Geraldo Dannemann prit ainsi la dernière grande décision de sa carrière d'entrepreneur et posa les jalons de l'avenir de son entreprise : il réalisa une augmentation de capital, après avoir décidé de créer une société anonyme avec l'entreprise Stender & Co. La Companhia de Charutos Dannemann, encore aujourd'hui maison mère du groupe Dannemann, fut créée en 1922, soit un an après la mort de l'homme qui marqua comme aucun autre le monde des cigares et, en particulier, des cigares Brasil moyennement corsés.

Désormais, le siège social de Dannemann est situé à Lübbecke, une petite ville située à l'ouest d'Osnabrück et au nord du massif montagneux du Wiehengebirge, en Allemagne. Le groupe appartient depuis à l'entreprise suisse Burger Söhne AG, mais est resté en étroite relation avec le Brésil. Il est également présent en Indonésie, possède des fabriques de cigares à Treffurt en Allemagne et à Veenendaal aux Pays-Bas. Il commercialise aussi dans de nombreux pays une large gamme de produits, sur l'emballage desquels figure encore le portrait du fondateur de la marque.

À propos des emballages, notons que c'est l'entreprise Dannemann qui a créé l'emballage en papier aluminium appelé « Humidorpack » qui permet de conserver la fraîcheur des cigares. Ce papier emballe chaque cigare et préserve non seulement l'arôme du tabac frais des tropiques jusqu'à l'ouverture, mais protège également la vitole des dommages et des diverses influences néfastes que peut avoir l'environnement.

La large gamme des produits Dannemann comprend également de nombreuses marques de cigarillos. Il convient ici de mentionner les cigarillos aromatisés Moods, qui sont devenus en très peu de temps les leaders incontestés de ce segment particulier. Mais Lübbecke produit également des cigares « normaux », comme les Tubes Dannemann, qui présentent soit une cape Brasil subtilement corsée, soit une cape Sumatra claire, ou encore les Havanes shortfillers, le tout en modules Corona classiques et 100 % tabac.

On trouve également les cigares longfillers de la maison Dannemann qui sont fabriqués à la main au Brésil sous le nom de « Artist Line Mata Fina », ou à Estelí au Nicaragua sous le nom de « Artist Line HBPR ». Pour fabriquer ces cigares Premium, on utilise une méthode dont on a certes déjà entendu parler mais qui n'est plus pratiquée depuis très longtemps et était même il y a peu considérée comme obsolète. Il s'agit de la méthode HBPR, dont le sigle signifie « *hand bunched pressed rolled* » et qui consiste à ne pas utiliser de presse, contrairement au processus de fabrication habituel des longfillers. Ce sont donc des *torcedores* spécialement formés qui fabriquent les cigares Artist Line de Dannemann. Ces deux séries de cigares ont chacune leur place dans le cœur des *aficionados*, et à juste titre car il s'agit, pour les grands modules en particulier (sans pour autant dédaigner les modules plus petits), de cigares très agréables à fumer, qui séduisent par leur combustion régulière et développent des arômes intéressants.

Il serait beaucoup trop long de citer ici toutes les marques qui sont fabriquées et commercialisées sous l'enseigne de Dannemann, mais il est néanmoins remarquable qu'une entreprise créée il y a plus de 100 ans sur un petit bout de terrain de l'État fédéral de Bahia au Brésil, ne se soit pas reposée sur des lauriers bien mérités et ait continué à toujours aller de l'avant. « Ne plus progresser, c'est régresser. » Cette phrase aurait pu être formulée par le grand Geraldo Dannemann lui-même.

Davidoff

Genève, une ville située sur le lac du même nom, attire depuis sa création, et ce grâce à sa réputation de libéralisme, à sa localisation privilégiée, mais aussi grâce au droit d'asile généreux qui a régné en Suisse jusqu'au début des années 1940, ceux qui cherchent à réaliser leurs rêves et à faire vivre leurs convictions. Citons en exemple Jean Cauvin, dit Calvin, qui commença en 1536 à faire de Genève le centre de la Réforme, ou encore les immigrants de plus en plus nombreux qui, dès le milieu du XIXe siècle, choisirent cette ville de Suisse pour s'installer et recommencer leur vie.

Ils furent très nombreux à trouver refuge dans cette république nichée au cœur des Alpes, qu'ils soient poursuivis par les autorités de leur pays d'origine ou que leurs vies soient en danger, ou encore que leur avenir soit menacé à cause de guerres ou de troubles politiques. Parmi ces « réfugiés » se trouvait un certain Hillel Davidoff, qui avait quitté Kiev, sa ville natale, en 1911 pour échapper aux pogroms de la Russie tsariste. Après un long et pénible voyage qui dura trois mois, l'Ukrainien arriva enfin à Genève avec toute sa famille. Très vite, il y ouvrit un magasin près du boulevard des Philosophes, et continua de faire ce qu'il faisait à Kiev, c'est-à-dire sélectionner, couper et mélanger différents tabacs en provenance de l'Orient pour préparer les compositions destinées à la fabrication des cigarettes. Il se lança en outre dans l'élaboration de mélanges pour pipes. Très vite, il apprit à son fils Zino, qui avait cinq ans à son arrivée à Genève, à mettre au point divers mélanges spéciaux.

En 1924, le jeune Zino Davidoff décida de partir pour l'Amérique du Sud afin d'y apprendre le métier dans les grands pays qui cultivaient le tabac et fabriquaient des cigares. Il passa d'abord par l'Argentine, puis il arriva dans le Mata Fina, au cœur des cultures de tabac brésiliennes, pour enfin achever son grand périple à Cuba, la « patrie des cigares ». Pendant les cinq années que Zino passa outre-Atlantique, il ne se contenta pas de s'approprier les moindres secrets

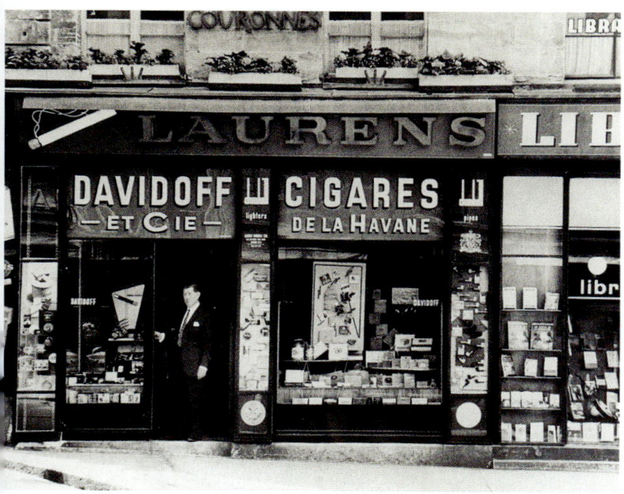

Les prémisses du succès : boutique Davidoff dans la rue du Marché à Genève.

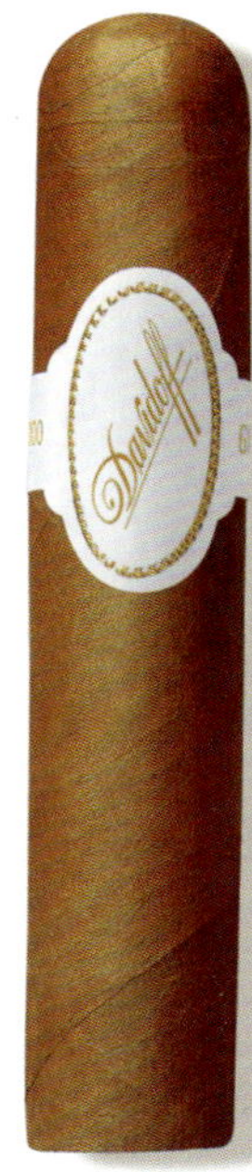

Entreacto de Davidoff

du tabac en apprenant le b.a.-ba de la culture, du séchage et de la fermentation, puis des mélanges et de la dégustation, il apprit également l'art de la fabrication des cigares en regardant attentivement les *torcedores* travailler, en particulier ceux qu'employait la fabrique Hoyo de Monterrey.

En 1929, Zino Davidoff retourna en Suisse, où il ouvrit dans un premier temps un bureau de tabac à Lausanne. Trois ans plus tard, il partit s'installer à Genève. Son magasin disposait alors d'un rayon consacré aux cigares, qu'il équipa de la première cave humidifiée au monde pour conserver les cigares dans un environnement adapté.

Dès le premier jour de son retour en Suisse, Zino Davidoff entretint des contacts réguliers avec Cuba, et le jeune entrepreneur commença très rapidement à importer des havanes. Dans les années qui suivirent, les chiffres des importations augmentèrent au fur et à mesure que se renforçaient ces contacts. Lorsque la Seconde Guerre mondiale éclata, de nombreux havanes attendirent aux frontières d'être acheminés à destination. Ce fut alors lui, l'entreprenant Ukrainien, qui, sur la demande des Cubains, prit en charge la distribution de ces produits tant désirés, représentant l'art des rouleurs de cigares. Ainsi, au début de l'année 1940, le magasin Davidoff (situé à présent dans la rue du Marché) fut le seul au monde à avoir des havanes en stock, et ce jusqu'à la fin de la guerre.

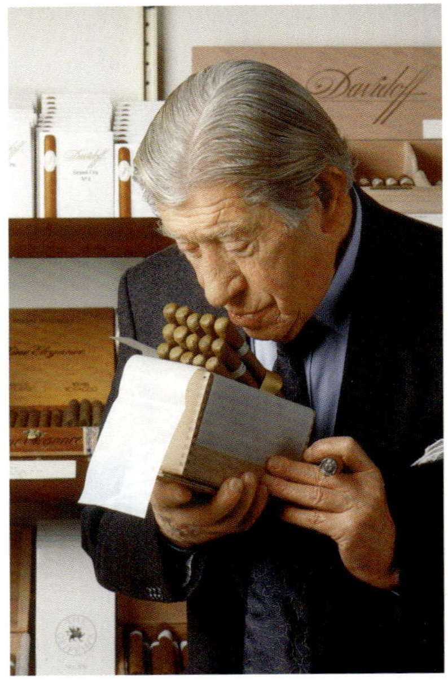

Zino Davidoff

Il ne fallut pas longtemps pour que la cité nichée au pied du Mont-Blanc devienne la Mecque des amateurs de cigares de tous horizons. En s'inspirant de la série Cabinet de Hoyo de Monterrey qu'il appréciait tant, le cosmopolite Ukrainien créa en 1946, pour la marque de tradition cubaine, la gamme de cigares Château, dont chaque module portait le nom de grands crus du Bordelais. Le nom Davidoff, jusqu'alors connu des seuls *aficionados*, devint une référence pour tous.

Aujourd'hui encore, les amateurs de havanes les plus anciens ont la nostalgie de la célèbre gamme Château. Les vitoles, qui s'accompagnaient des appellations Haut Brion, Lafite, Latour, Margaux, Yquem ou plus tard encore Château Mouton-Rothschild, représentaient le nec plus ultra de la production des fabriques de cigares cubaines. À la seule évocation de ces noms, de nombreux *aficionados* perdaient leur calme, et ils roulaient des yeux écarquillés de plaisir lorsqu'ils avaient l'occasion, et le privilège, d'allumer un Château.

Plus tard, la gamme s'enrichit du module Dom Pérignon, un double Corona, pour la fabrication duquel on utilise des feuilles de tabac sélectionnées année après année et provenant de six récoltes différentes. Selon de nombreux experts, il s'agissait là du meilleur cigare jamais fabriqué dans le monde. Le Dom Pérignon était d'ores et déjà devenu une véritable légende.

En 1968, quelque 20 ans après la naissance de la série précédemment mentionnée, l'organisme d'État Cubatabac, qui, depuis 1966, est responsable de la totalité de l'industrie du tabac à Cuba, proposa à Zino Davidoff de créer une marque de havane portant son nom. À l'époque, Davidoff était considéré non seulement comme le plus grand des négociants mondiaux de havanes, mais également comme LE plus grand connaisseur dans le domaine. Cette proposition peu habituelle était un signe fort de reconnaissance et de gratitude exprimé par Cuba. Zino Davidoff avait en effet toujours accordé sa confiance aux Cubains et s'était investi pendant des années, de toute la force de sa personnalité, pour promouvoir les havanes, en particulier à une époque où la production et les ventes du « roi des cigares » se mettaient à chuter, et ce après que Fidel Castro eut décrété que ne soit plus produite qu'une seule et unique marque de cigares, les Siboney. Cette annonce de Castro déclencha un véritable choc parmi les *tabaqueros* restés à Cuba, choc qui devient vite un véritable traumatisme. Heureusement, ce traumatisme ne dura pas. En effet, Davidoff préconisa de conserver les anciennes marques et de se servir de leur aura, de leur magie (attributs associés à des noms comme Romeo y Julieta, Partagás ou encore

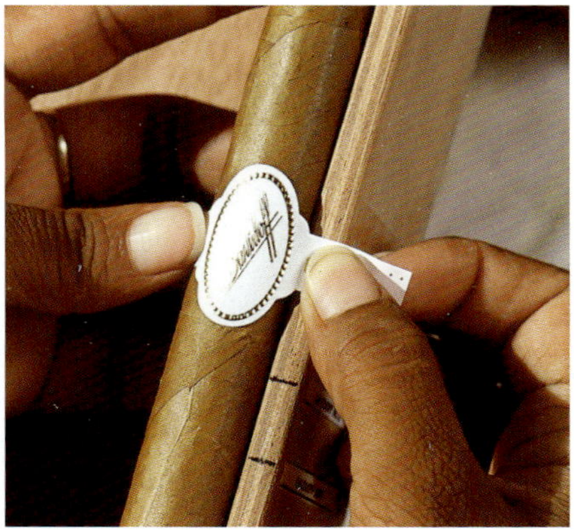

Hoyo de Monterrey), entraînant ainsi un changement d'opinion progressif des responsables de l'époque. Cette « affaire Siboney » fut finalement classée sans suite et le traumatisme s'atténua progressivement. Les espoirs revinrent et les *tabaqueros* recommencèrent à rêver d'un avenir meilleur.

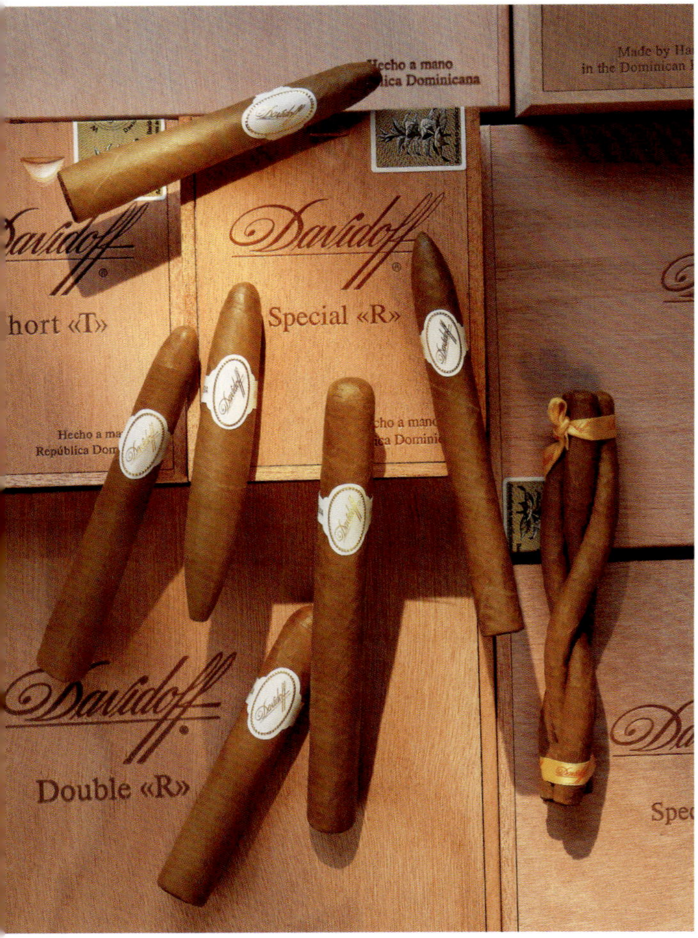

Quant à savoir si c'est véritablement la gratitude dont nous avons parlé précédemment qui a motivé la proposition en question, on ne pourrait aujourd'hui l'affirmer avec une certitude absolue. Quoi qu'il en soit, cet élément n'est pas non plus d'une importance capitale. Ce qui importe davantage, c'est que cette proposition a un jour été faite et que Zino Davidoff l'a acceptée. Dans quelle mesure le connaisseur a-t-il eu de l'influence sur le choix de chaque feuille et leur fermentation, puis sur l'élaboration des différents mélanges et le contrôle constant de la qualité ? Les avis sur le sujet sont partagés.

Certains affirment que Davidoff participait à chaque étape de la fabrication, d'autres au contraire prétendent qu'il ne faisait qu'exprimer son opinion et que son intervention s'arrêtait là. Il est inutile de s'attarder plus longtemps sur le sujet, car ce qui est intéressant, ce sont les fruits du mariage conclu entre le camarade communiste et l'épicurien capitaliste.

On vit ainsi apparaître sur le marché des havanes bagués au nom de Davidoff et roulés au sein de la célèbre fabrique El Laguito. Ce furent tout d'abord les vitoles Davidoff N° 1 et Davidoff N° 2, ainsi que le cigarillo Ambassadrice qui

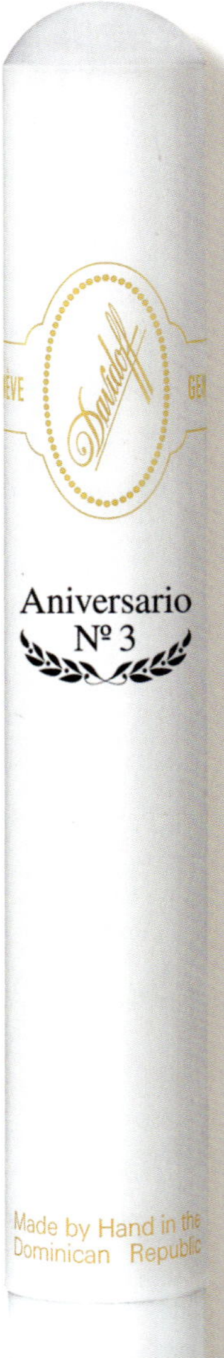

Davidoff Aniversario N° 3

firent véritablement fureur, et auxquels vinrent ensuite s'ajouter les vitoles de la série Thousand. À cette époque, quel amateur de havanes n'avait pas encore entendu parler de Davidoff ? Ceux qui ignoraient ce nom ne devaient pas être nombreux et le furent encore moins quand Davidoff, partant de la maison mère située alors rue de Rive à Genève, ouvrit des enseignes dans toutes les grandes métropoles du monde.

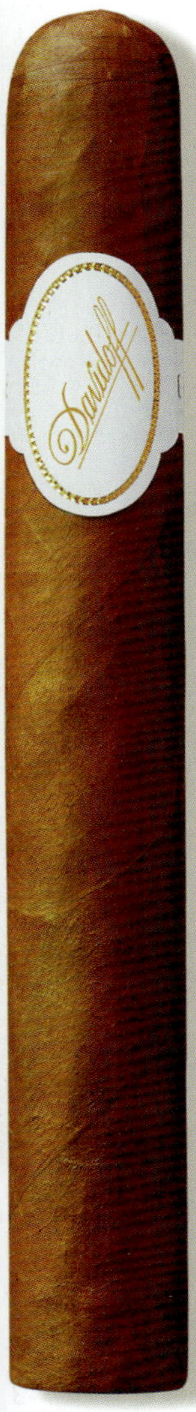

Cette expansion fut essentiellement l'œuvre d'un homme. Son nom : Ernst Schneider. Ami de longue date et confident de Zino Davidoff, mais aussi président du groupe Oettinger, Schneider prit en 1970 le contrôle du magasin Davidoff de Genève. C'était un mariage idéal que celui que conclurent les deux *aficionados*, comme en témoigna très vite l'âge d'or que connurent alors l'ensemble des produits Davidoff.

À ce moment, Oettinger bénéficiait d'une tradition presque séculaire dans l'industrie du tabac. Fondée en 1875 à Bâle par Max Oettinger, l'entreprise, aujourd'hui encore implantée dans cette ville située au carrefour de l'Allemagne, de la France et de la Suisse, s'était en priorité concentrée sur l'importation, la distribution et la vente (également dans ses propres magasins) de cigares, de cigarillos, de cigarettes et de tabac à fumer et à priser, et vendait également des articles pour fumeurs, comme des pipes et des briquets.

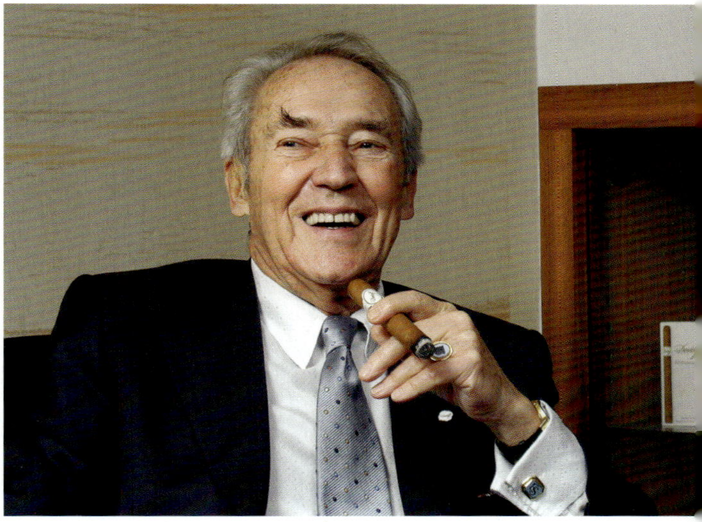

Ernst Schneider

L'union commerciale des deux entreprises marqua non seulement le commencement d'une nouvelle ère pour la maison Davidoff, mais aussi et surtout celui d'une ère couronnée d'un succès sans précédent. Le nom Davidoff, synonyme de havanes de toute première classe, se trouva bientôt également associé à des articles de luxe, notamment dans le monde des produits cosmétiques et dans le milieu de la mode (pour ne citer que deux des domaines dans lesquels les Suisses travaillent). On trouvait ces produits non seulement dans le magasin principal de Genève, mais également dans les autres magasins qui, sous la direction d'Ernst Schneider, ouvraient progressivement leurs portes dans des villes comme Amsterdam, Berlin, Londres, Moscou ou encore Hong Kong, New York, Singapour, Tokyo et même Pékin, offrant à une clientèle distinguée des produits raffinés.

L'amour des cigares ne s'était cependant pas terni. Ainsi, la marque Zino fit son apparition en 1977 (*voir* la partie consacrée à Zino). Roulés au Honduras, ces cigares étaient destinés au marché américain car, ironie du cours des relations internationales, les havanes, en raison de l'embargo américain imposé sur les produits cubains, étaient interdits à la vente dans les magasins Davidoff implantés aux États-Unis, même ceux dont la bague portait le nom de Davidoff.

Tous les Davidoff commercialisés sur le marché européen et dans le reste du monde sont aujourd'hui disponibles dans les magasins américains. Cela n'est pas dû à la levée partielle de l'embargo américain sur une partie des produits cubains, car cette sanction économique, relique de la Guerre Froide, perdure comme par le passé. La raison en est beaucoup plus simple : désormais, plus aucun Davidoff n'est produit à La Havane.

En effet, l'association de Cubatabaco et de Davidoff prit fin en septembre 1988, quand les deux parties décidèrent de ne pas renouveler le contrat qui les unissait jusqu'alors – ou plutôt quand

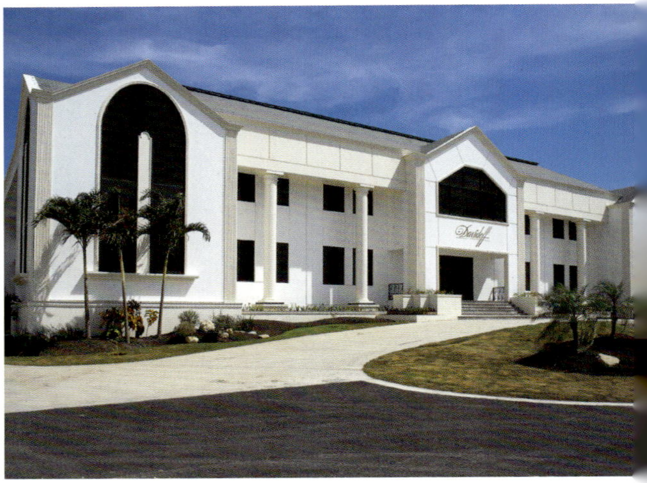

Siège de l'entreprise Davidoff en République dominicaine.

Davidoff dénonça ce contrat. Les deux parties se renvoyèrent mutuellement la faute, mais il serait inutile ici de rechercher les causes de cette séparation pour constater à la fin lequel des deux protagonistes en fut le plus responsable. Toutefois, mentionnons que Zino Davidoff se comporta avec beaucoup de diplomatie dans cette crise peu réjouissante pour les amateurs de havanes. Pourquoi la rupture intervint-elle ? À cette question, Zino Davidoff répondit avec toute la sagesse d'un homme qui, au cours de sa vie, a traversé de nombreuses tempêtes : « J'ai vécu un mariage heureux avec Cuba. Il a duré de nombreuses années. Mais il était temps de changer. J'ai trouvé une femme plus jeune et plus svelte, alors je me suis remarié. »

Mais revenons-en plutôt aux faits avérés, à des choses plus concrètes. Fait numéro un : en 1991, une nouvelle génération de cigares Davidoff fit son apparition sur le marché mondial. Ces derniers étaient fabriqués en République dominicaine sous l'œil expert de Hendrick Kelner, le dirigeant de Tabacos Dominicanos S. A. (abrégé en « Tabadom »). Fait numéro deux : les Davidoff dominicains n'étaient pas – et ne sont

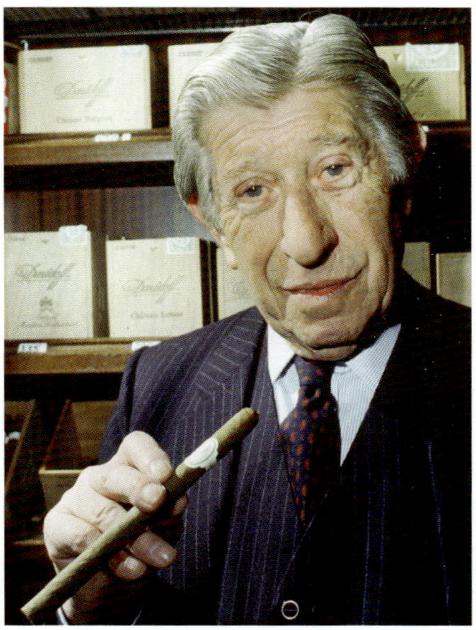
Le grad maître du cigare : Zino Davidoff

d'ailleurs toujours pas – comparables aux cigares fabriqués à La Havane. Étant donné que les tabacs dominicains (qui forment la poupée des Davidoff) sont beaucoup plus doux que les tabacs cubains, les cigares fabriqués dans ce pays ne développent pas la force qui caractérise la plupart des havanes. Il est pourtant très difficile de pouvoir juger d'une différence de qualité : les cigares fabriqués à Cuba sont tout simplement différents des cigares fabriqués en République dominicaine, au Nicaragua ou au Honduras – il ne viendrait d'ailleurs à l'idée d'aucun amateur de vin de comparer, par exemple, un riesling fruité et pétillant d'Alsace à un pinot gris opulent et peu acide. Fait numéro trois : en termes de qualité, les Davidoff dominicains font partie des meilleurs cigares qui sont proposés sur le marché mondial haut de gamme. Cette qualité se ressent en particulier dans un tirage et une combustion exceptionnels – qui révèlent le travail irréprochable des *torcedores*) – ainsi que dans le développement d'arômes agréablement épicés pendant le tirage. Ces caractéristiques révèlent quant à elles l'attention portée à la culture et à la sélection des feuilles de tabac, puis à leur mélange. Ce n'est que dans ces conditions qu'un *torcedor*, si doué soit-il, peut atteindre la perfection : s'il doit travailler avec des tabacs de médiocre qualité, le produit obtenu ne pourra en aucun cas trouver sa place sur le marché haut de gamme. C'est ce qui caractérise les cigares Davidoff : ces derniers sont d'une qualité exceptionnelle qui – et c'est peut-être le plus important – a su rester constante au fil des décennies.

Le haut niveau du contrôle de la qualité au sein de l'entreprise Davidoff fut très bien exprimé par cette déclaration de l'un des dirigeants de Tabadom : « Je pense que Davidoff est bien la seule entreprise à rejeter plus de cigares qu'elle n'en accepte. »

Lorsque les Davidoff dominicains firent leur apparition sur le marché en 1991, les anciens fumeurs de havanes Davidoff durent tout d'abord s'habituer à ce nouveau produit. Certaines vitoles sont déjà connues des amateurs : le Davidoff N° 1, le Davidoff N° 2 et l'Ambassadrice, qui conservent leurs modu-

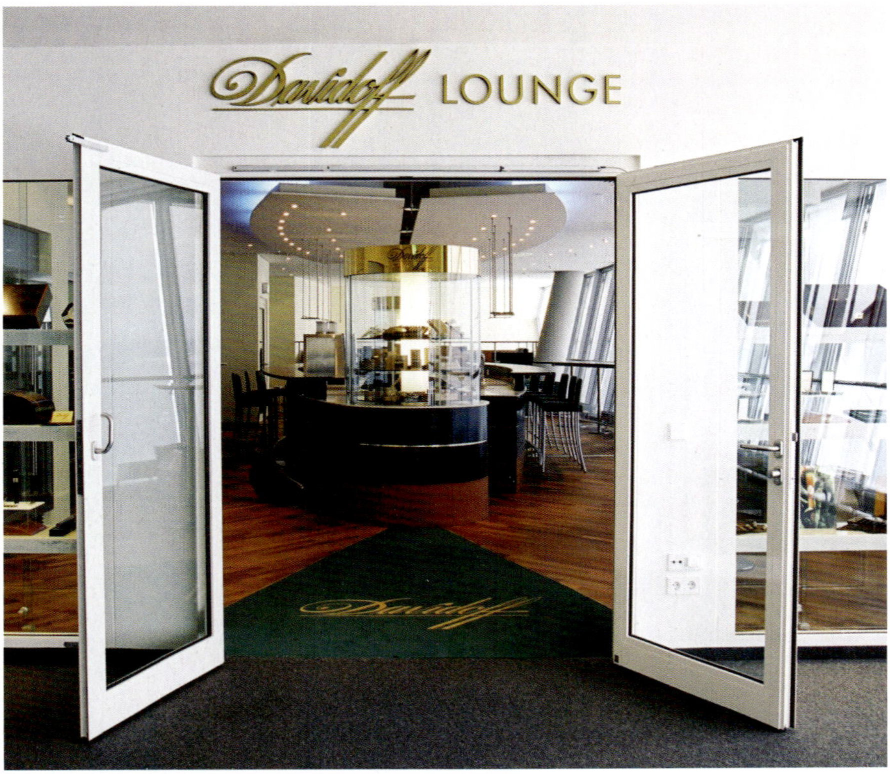

Le prestigieux Davidoff Lounge à Munich

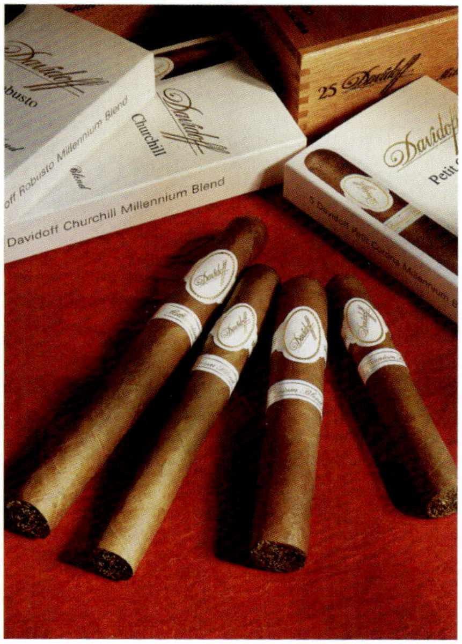

les et leurs dimensions, mais la gamme s'enrichit du Davidoff N° 3 et des Tubos. La gamme des Châteaux est également conservée mais porte désormais le nom de « Grands Crus », tandis que les modules de la série dite des « Mille », connue sous le nom de « Thousand » jusqu'en 1977, conservèrent également leurs dimensions. Au fil du temps, de nouvelles séries apparurent : Aniversario, Exquisitos et Special, cette dernière faisant référence à la Belle Époque, période pendant laquelle les Torpedos étaient très en vogue. La série Special est complétée, entre autres, d'un Culebra, le Special C, composé de façon très reconnaissable de trois panatelas tressés ensemble. La Millenium Blend est, à ce jour, la dernière série à être venue enrichir la palette proposée par la maison Davidoff : ces cigares présentent les arômes les plus corsés, ce qui n'est pas pour déplaire aux *aficionados* amateurs de cigares au goût prononcé.

Zino Davidoff ne serait pas Zino Davidoff s'il n'avait participé activement au choix de la région de culture de son tabac en République Dominicaine. Le tabac destiné aux cigares Davidoff est aujourd'hui encore cultivé sur ces terrains et comme par le passé, les tabaqueros stockent les feuilles récoltées et fermentées pendant trois à sept ans, avant de rassembler et évaluer plusieurs récoltes en vue de la composition de chaque série, ce qui garantit la constance des arômes et du goût, ainsi qu'une combustion optimale.

L'entreprise Davidoff a non seulement son mot à dire sur l'ensemble du processus de production en République dominicaine, mais elle en est aussi responsable, car l'ancien organisme Tabadom a été entre-temps absorbé par le groupe Oettinger Davidoff. Davidoff est ainsi devenu le seul producteur de cigares Premium au monde à pouvoir, du fait de la structure verticale du

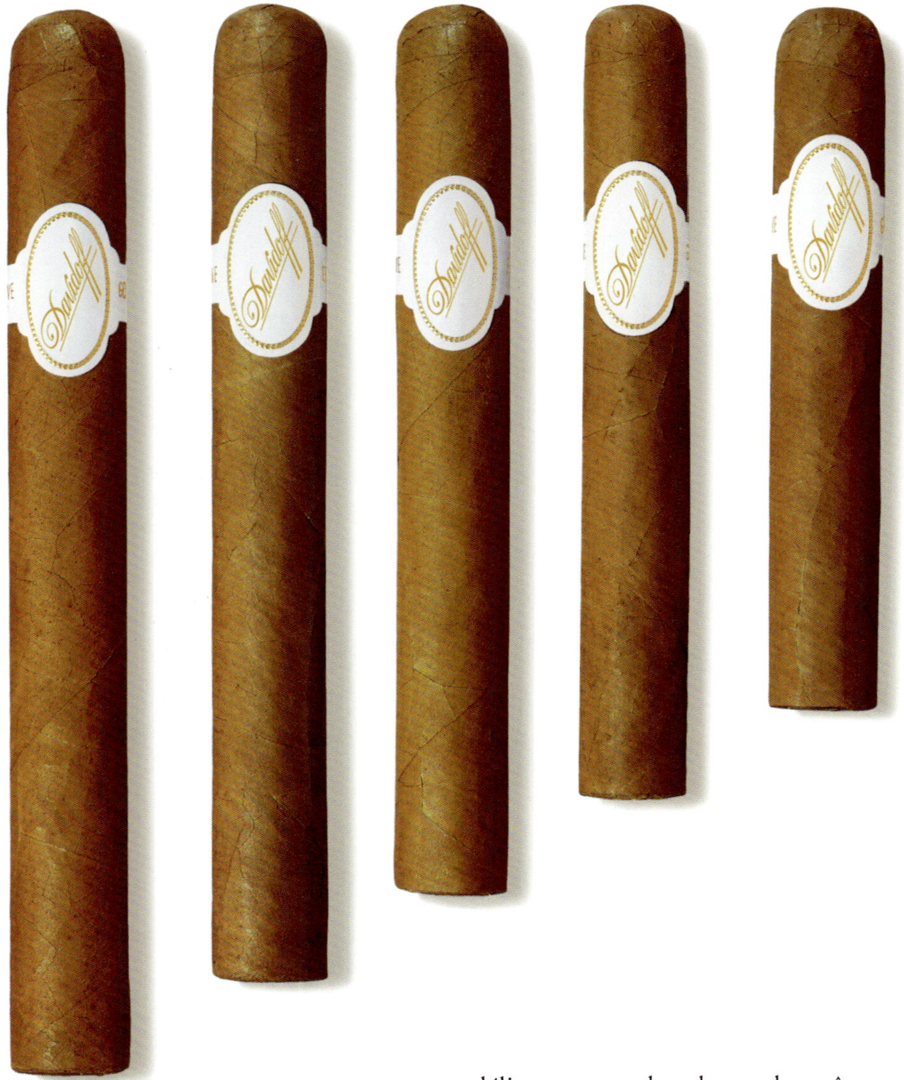

Grand-Cru de Davidoff : N° 1 à N° 5 (de gauche à droite)

groupe, contrôler scrupuleusement le « destin » de chacun de ses cigares, et ce depuis la culture jusqu'à la vente en passant par la distribution, et influer également sur toutes les phases de la vie du produit, lorsque cela se révèle nécessaire.

La palette d'arômes des Davidoff va de doux à corsé. Les cigares de la série standard sont les plus doux, et sont suivis par ceux de la série des Mille ou des Aniversario, tandis que les Grands Crus délivrent une abondance de goûts et d'arômes, tout comme les modules de la toute dernière série des Millenium Blend. La série Specia, quant à elle, est composée d'un mélange de tabacs basé sur ceux qui sont utilisés pour fabriquer la série Grands Crus.

L'affaire, qui avait commencé dans l'arrière-boutique d'un petit magasin de Genève avec l'assemblage de mélanges de tabacs pour cigarettes et pipes, s'est entre-temps développée pour devenir une société internationale qui compte pas moins de 25 succursales et plus de 50 « vaisseaux amiraux » dans le monde entier, employant plus de 2700 personnes (dont environ 1100 en République dominicaine) et dont les produits sont commercialisés par quelque 500 dépositaires. Les produits : ils incluent non seulement des cigares premium, dont la qualité est vantée tant par les experts que par les amateurs, mais également des cigarettes, du cognac, des cravates, divers accessoires, des lunettes ou encore une ligne de cosmétiques et une collection d'articles en cuir, des produits faisant tous partie, grâce à leur étiquette Davidoff, du marché du luxe.

Tout cela reste bien dans l'esprit de Zino Davidoff, un apôtre du savoir-vivre et une incarnation vivante de ce mode de vie raffiné décédé en 1994 à l'âge de 88 ans. La boucle est bouclée à Genève, sa seconde patrie. Comme Calvin avait en son temps marqué une époque en cette ville par l'élaboration de son idéologie réformatrice et avait influencé, par ses actions, son enseignement et ses écrits, le développement de nouvelles structures démocratiques qui perdurent aujourd'hui, Zino Davidoff a également joué un rôle important dans l'avènement d'une nouvelle ère : celle du plaisir, de l'élégance et du luxe.

Que l'on veuille saluer cette évolution, à laquelle Zino Davidoff a considérablement participé, que l'on veuille la dénigrer ou tout simplement l'ignorer, on ne peut en tout cas la nier. Ainsi, pour de nombreux connaisseurs, un cigare Davidoff reste synonyme d'un mode de vie raffiné, la dégustation d'un « Double R marquant par exemple le couronnement d'un copieux et succulent repas. Comment oserait-on refuser un tel plaisir à celui qui s'allume un cigare Davidoff ?

De Heeren van Ruysdael

Les cigares de la marque De Heeren van Ruysdael représentent la plus pure tradition hollandaise. Ces shortfillers 100 % tabac ont une composition extraordinaire, qui permet aux *aficionados* d'en attendre des modules moyennement corsés, aux arômes tout en rondeur.

DE HEEREN VAN
RUYSDAEL

De Olifant

Sigarenfabriek
DE OLIFANT
sinds 1832

Sa patrie pourrait être le musée du tabac de Kampen puisque c'est ainsi que s'appelle la deuxième marque produite ici : Kamper Tabakmuseum. Le mot « musée » ne doit pas effrayer les futurs clients, car la marque n'a rien d'obsolète, et de nouveaux cigares De Olifant apparaissent tous les jours sur le marché. Pourtant, la fabrication de ces cigares rappelle quelque peu une époque révolue, car toute une série de gestes (par exemple les manipulations pour rouler la feuille de cape de chaque module) est nécessaire avant que les *sigaren* n'atteignent leur destination provisoire, pour être mis dans les caissettes en bois appropriées, marquées du logo de la marque sur lequel un éléphant, trompe en l'air, attire toute l'attention.

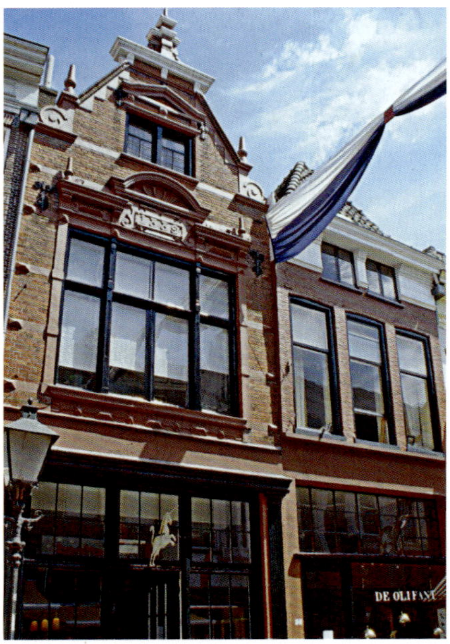

Musée-fabrique De Olifant à Kampen au Pays-Bas

Tout cela se produit dans la Tabaksfabriek De Olifant, qui est située dans la petite ville de Kampen, en Hollande sur les bords du fleuve Ijssel, et dont les vieilles façades en briques ont un charme tout particulier. La fabrique elle-même et ses locaux dégagent une atmosphère unique et le nom de « musée du tabac de Kampen » ne semble finalement pas si aberrant.

Pour fabriquer les Éléphants, on utilise uniquement des tabacs sélectionnés, d'origines variées. Sumatra fournit les capes et les sous-capes, et les meilleurs tabacs du Brésil, de Java et de Cuba, utilisés en différentes proportions pour chaque tripe, garantissent un plaisir sans nuage, car la construction de ces cigares sait être persuasive.

Diplomáticos

Les havanes de cette marque présentent un goût moyennement corsé à corsé, et développent un excellent arôme. Ils

Diplomáticos					
Nom commercial Vitola de salida	*Nom de production Vitola de galera*	*Longueur en mm (≈ po)*	*Diamètre ∅ en pouces (mm)*	*Appellation internationale*	*Temps de fumage*
Diplomáticos N° 1	Cervante	165 (6½)	42 (16,7)	Lonsdale	1¼ – 1½ h
Diplomáticos N° 2	Pirámide	156 (6⅛)	52 (20,6)	Pyramid	1½ – 1¾ h
Diplomáticos N° 3	Corona	142 (5⅝)	42 (16,7)	Corona	¾ – 1 h
Diplomáticos N° 4	Mareva	129 (5⅛)	42 (16,7)	Petit Corona	½ – ¾ h
Diplomáticos N° 5	Perla	102 (4)	40 (15,9)	Petit Corona	½ h

séduisent ainsi tous les *aficionados* amateurs du style cubain traditionnel.

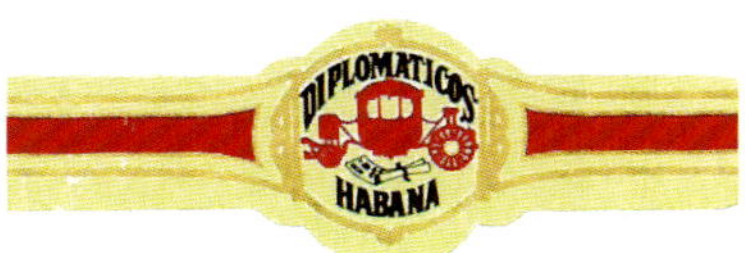

Deux aspects très réjouissants : d'une part, tous les modules des Diplomáticos sont roulés à la main et, d'autre part, cette marque est l'une des marques de havanes les moins chères.

Don Diego

Don Diego est l'une des marques les plus connues du groupe américain Consolidated Cigar Corporation. Le « père » de ces cigares n'est autre que le fameux Pepe García, l'un des plus célèbres et des meilleurs fabricants cubains de cigares, mais aussi l'un des premiers à avoir quitté son pays après la prise de pouvoir de Fidel Castro. C'est pour cette raison que ces cigares dominicains, relativement doux mais très aromatiques, sont présents sur le marché depuis le milieu des années 1960 : une marque qui existe depuis aussi longtemps ne peut que compter parmi les meilleures du marché ; à noter que les Aniversario, la toute dernière série, sont un peu plus corsés que les précédents modules (et méritent d'autant plus d'être conseillés).

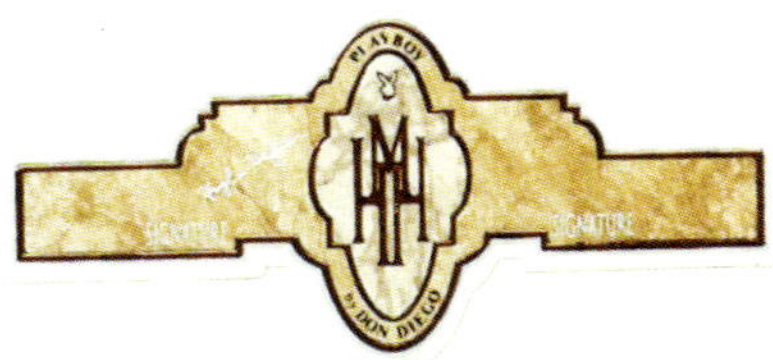

Depuis la fin de l'année 1996, Don Diego propose une nouvelle marque :

Playboy by Don Diego, dont le nom est manifestement censé rendre hommage à l'esprit d'une certaine époque, tel qu'il est interprété par les créateurs de *Playboy*. Parle-t-on ici des cigares ou du magazine ? Chacun choisira son camp.

Quoi qu'il en soit, les Playboy sont des cigares doux et épicés, qui valent le coup d'être essayés.

Don Stefano

Tout a commencé en 1994, mais les origines plus anciennes de la marque remontent au XIXe siècle. À cette époque, le grand-père de Steffen Rinn (dont provient la dénomination « Stefano »), né en 1870, entamma sa formation d'expert en cigares dans un petit village situé près de Giessen, en Allemagne. À la fin de cette formation, il pensait avoir tant appris du commerce du tabac et des cigares qu'il était convaincu qu'il pourrait non seulement nourrir sa famille en créant sa propre fabrique de cigares, mais qu'il pourrait en outre lui offrir une existence confortable. Il était surtout tenté de mettre en pratique, pour son propre compte, ses conceptions personnelles de la fabrication des cigares. Mais, pour créer sa propre entreprise, il avait besoin de capitaux. Il les obtint grâce à la générosité d'un conseiller municipal, qui s'associa avec lui et lui apporta les fonds nécessaires, tout en lui laissant le champ libre pour tout le reste. Ce conseiller municipal s'appelant Cloos, la nouvelle entreprise, créée en 1895, prit le nom de Rinn & Cloos.

Très vite, la toute jeune entreprise se fit un nom grâce à la haute qualité des cigares qu'elle fabriquait à Wettenberg. Les affaires prospéraient même si bien qu'au début des années 1920, Ludwig Rinn parvint à rembourser en totalité son partenaire.

Après la Seconde Guerre mondiale, la fabrique continua à affirmer sa position de leader du marché allemand de la fabrication de cigares.

À la fin des années 1950, la fabrique comptait environ 6 000 employés, et le département « menuiserie » fabriquait pas moins de 200 000 boîtes à cigares… par mois ! À cette époque, Hans Rinn, fils de Ludwig Rinn, travaillait dans l'entreprise familiale depuis déjà 30 ans, et il en devint le directeur en 1958. En 1967, son propre fils, Steffen, entra également dans l'entreprise. Avec son frère Klaus, il prit de plus en plus de responsabilités, jusqu'à entrer, en 1972, au conseil d'administration de la société par actions. Tandis que Klaus dirigeait la distribution, Steffen assumait la double fonction de directeur de la production et de responsable de l'approvisionnement en tabac brut.

Il occupe toujours ces fonctions aujourd'hui, non plus chez Rinn & Cloos, mais chez Don Stefano. Steffen Rinn créa cette fabrique de cigares en 1994, après la fermeture de Rinn & Cloos en 1991. Depuis 1975, l'entreprise faisait partie du groupe suisse Burger. Au moment de sa fermeture, Rinn & Cloos comptait encore 250 employés, ce qui représentait un effectif considérable pour l'époque.

Avec ses 20 employés, la manufacture Don Stefano figure aujourd'hui parmi les rares entreprises privées du secteur de l'industrie du tabac et de la production de shortfillers classiques. On n'y travaille que du tabac brut de grande qualité et, quel que soit le produit de la maison Don Stefano sélectionné par l'amateur, il se démarquera par sa composition équilibrée.

Dos Hermanos

Indonésie. À l'évocation du plus grand État insulaire du monde, le fumeur de cigares pense immédiatement à Sumatra et Java, parfois aussi aux Vorstenlanden, régions où pousse un tabac extraordinaire, expédié aux quatre coins du monde pour être utilisé en sous-cape ou en tripe, mais également bien souvent en cape. Il existe cependant aussi des cigares fabriqués entièrement en Indonésie, à la main, et notamment ceux de la marque Dos Hermanos – même si les rouleurs, pour équilibrer les saveurs, n'utilisent pas exclusivement des feuilles de tabac indonésien pour réaliser la tripe.

Dunhill

Le nom Dunhill est synonyme d'articles pour fumeurs. Que ce soit par des accessoires, du tabac pour pipes, des cigarettes, ou des cigares et cigarillos, Dunhill a apporté une contribution significative au monde des fumeurs.

Dès la fin du XIXe siècle, Alfred H. Dunhill vendait des cigares, mais ce n'est qu'en 1907 que sa véritable ascension dans le secteur commença avec l'installation de son entrepôt de cigares dans Duke Street à Londres. Il ne disposait alors certes pas d'*humidores* mais de salles habillées de bois de cèdre, dans lesquelles les cigares en provenance de Cuba étaient entreposés et mûrissaient pendant un an environ après leur arrivée, avant d'être proposés à la vente. La qualité, comme le reconnaissait ce grand connaisseur en tabac, est la clé de la réussite d'un commerce qui vise une clientèle d'initiés. Un certain Winston Churchill se laissa séduire par cette devise et devint vite l'un des clients les plus renommés du magasin Dunhill de Duke Street.

Au début du XXe siècle, comme Alfred Dunhill commandait de plus en plus de havanes, Cubatabaco, la société publique de tabac cubain, lui proposa de faire produire des cigares bagués à son nom, et ce quelques semaines après avoir fait la même proposition à Zino Davidoff. Comme ce dernier, le marchand anglais accepta cette proposition et, dès

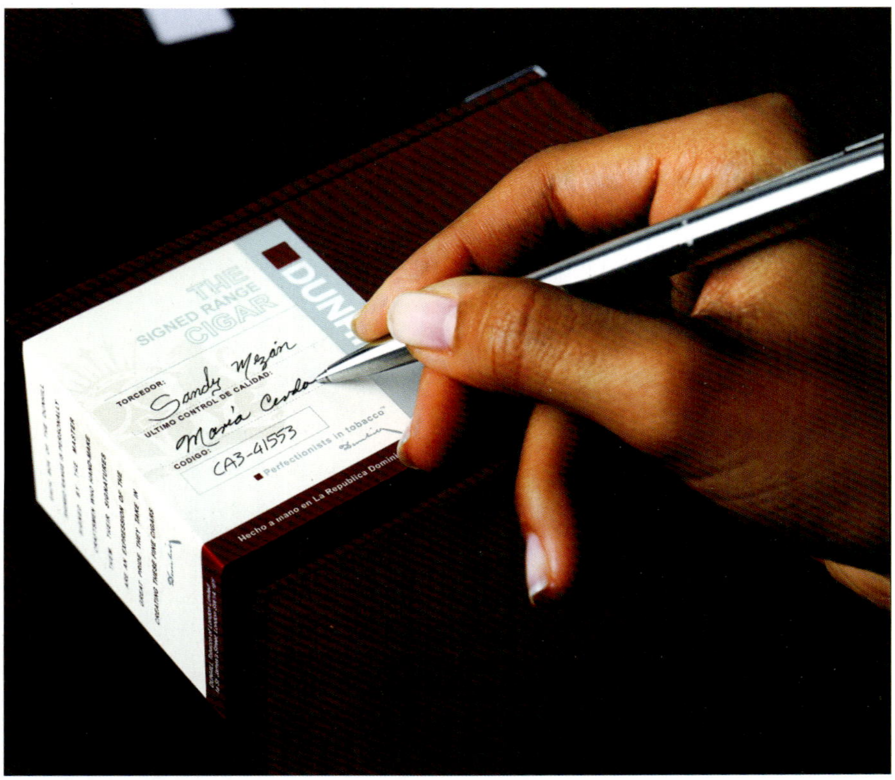

1968, on trouvait sur le marché les premiers havanes portant une bague Dunhill et fabriqués pour la majeure partie dans l'usine Romeo y Julieta.

L'union entre les Cubains et chacun des deux Européens, dont les entreprises étaient devenues synonymes de raffinement en matière de cigares, dura pendant 20 longues années. Par la suite, les deux entreprises connurent sensiblement le même destin : les relations entre Cubatabaco et Davidoff se détériorèrent presque en même temps que celles entre les Cubains et Dunhill. Les deux entreprises européennes cessèrent toute relation avec Cuba presque au même moment. Tout comme Davidoff, Dunhill décida de faire lui-même son assortiment de havanes.

À ce moment, il était inconcevable pour une entreprise comme Dunhill de ne plus avoir de cigares portant la bague de la marque présente partout dans le monde, et des cigares portant le nom de Dunhill continuèrent donc toujours d'exister. On trouve depuis très longtemps trois séries de cigares Dunhill : les Dunhill Aged Cigars de République dominicaine, les Dunhill Honduran Selection, qui sont également fabriqués dans le pays situé entre le Guatemala, le Nicaragua et le Salvador, et les Dunhill Mild, fabriqués aux Pays-Bas, qui sont des shortfillers classiques.

La tripe des Aged Cigars est très intéressante : parallèlement aux tabacs Piloto Cubano et Olor Dominicano, très fréquemment cultivés en République dominicaine, elle renferme un troisième composant très rare, un tabac brésilien également cultivé dans la partie est de l'île, éléments de base pour des cigares qui développent un arôme doux à moyennement corsé, et dont la construction répond aux plus hautes exigences.

Une fois roulés, les Aged Cigars de Dunhill sont stockés pour mûrir dans une pièce habillée de bois de cèdre, à l'abri de la lumière, pendant au moins 90 jours. Le bois de cèdre contribue à donner une harmonie subtile aux cigares : humidité parfaite, odeur riche en arômes et goût mature, qui assurent tous une dégustation très agréable.

De très bonne construction également, les cigares de la série Dunhill Honduran Selection s'adressent au contraire aux fumeurs qui apprécient les modules un peu plus corsés. Depuis quelques années, cette série est fabriquée à Estelí, au Honduras, où le groupe Dunhill Tobacco of London a ouvert une manufacture de tabac. D'un goût équilibré et rehaussés d'une note épicée, ces cigares, comme nous l'avons déjà souligné, s'adressent plus particulièrement à des *aficionados* qui possèdent quelque expérience.

Depuis le début de l'année 2005, la toute nouvelle série de la vénérable maison londonienne a fait son apparition sur le marché. Les Dunhill Signed Range Cigars sont semblables aux Aged Cigars en ce qui concerne la force, et séduisent par leur formidable construction et par leur composition harmonieuse. Élément intéressant : chaque boîte de cigares porte la signature du rouleur et de la personne ayant assuré le contrôle qualité, de façon à ce qu'en cas de réclamation, on puisse retrouver celui ou celle qui n'a pas fait son travail correctement – c'est d'ailleurs pour les ouvriers bien plus une motivation qu'une contrainte.

Il est également intéressant de se pencher sur l'un des trois tabacs qui forment la tripe de ces cigares et leur donnent un arôme légèrement épicé. La cubita est une variété de plante dont la reproduction s'est faite également à partir de graines, mais elle est originaire de Cuba et on la trouve essentiellement en Amérique du Sud. Pour les modules de la série Signed Range, on utilise une cubita qui pousse à El Carmen, une région du nord-ouest de la Colombie.

E

El Credito

C'est le fabricant de cigares Ernesto Pérez-Carrillo, qui, depuis, le début des années 1990 est responsable à Santiago de los Caballeros, en République dominicaine, de la qualité de cette marque de cigares Premium. Mais cet homme a derrière lui une histoire longue et mouvementée, qui cache une marque de tradition cubaine. Tout a commencé avec la

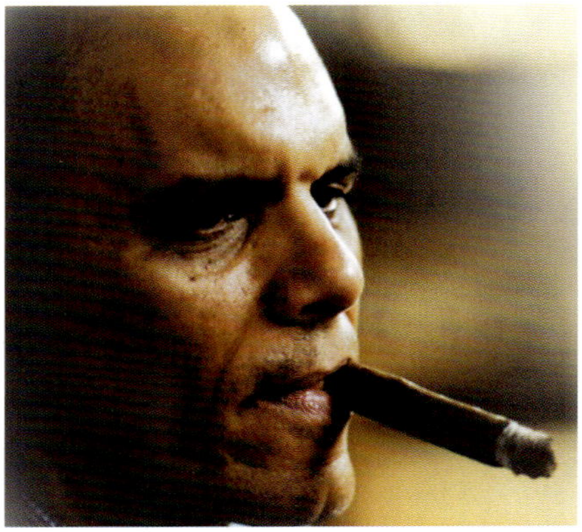

Ernesto Pérez-Carrillo

famille d'Ernesto Pérez-Carrillo, qui, dès le début du siècle dernier déjà, était très liée à l'univers du tabac puisque, depuis 1907, le grand-père, puis le père d'Ernesto, faisaient le commerce du tabac. Comme de nombreux autres Cubains, la famille d'Ernesto Pérez-Carillo quitta l'île après la révolution castriste et émigra en Floride, aux États-Unis, où elle

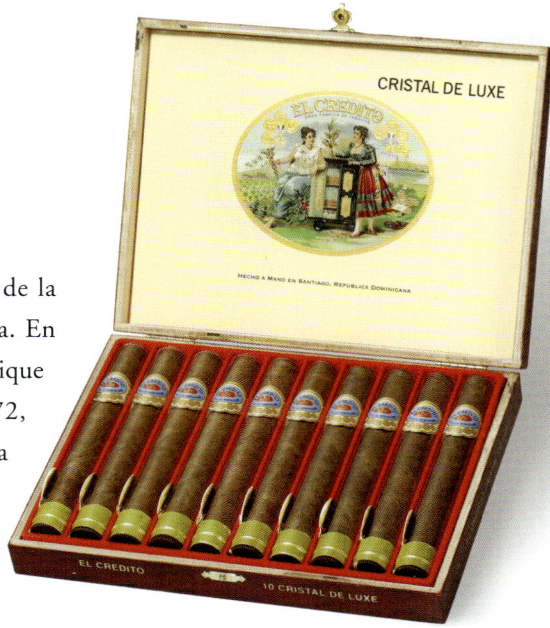

emmena les droits et les recettes de la célèbre marque La Gloria Cubana. En 1968, le père fonda à Miami la fabrique de cigares El Crédito et, en 1972, introduisit également La Gloria Cubana sur le marché américain.

Ernesto Pérez-Carrillo suivit d'abord son propre chemin et s'adonna surtout à sa plus grande passion : la batterie. Il joua avec succès dans plusieurs groupes, mais ne perdit jamais vraiment le contact avec sa famille. Lorsque la santé de son père commença à décliner, il s'engagea dans l'entreprise familiale, se familiarisa avec les moindres secrets de la fabrication des cigares et reprit enfin la direction de l'entreprise à la mort de son père, en 1980.

EL CREDITO de E.P.C. CALIDAD SUPREMA

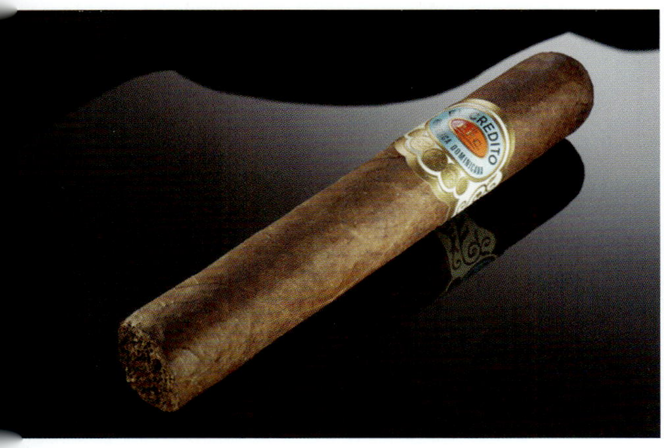

Pérez-Carillo semble avoir bien fait les choses puisqu'au début des années 1990, la marque La Gloria Cubana connut une ascension fulgurante aux États-Unis – et continue à être outre-Atlantique l'une des premières marques présentes sur le marché.

Conséquence : en raison du succès surdimensionné des ventes, une fabrique supplémentaire fut créée en République dominicaine.

Les Glorias Cubana continuent de séduire les amateurs et ont entre-temps conquis l'Europe, où, en raison de la situation juridique (*voir* le mot-clé « reproductions »), ils ne sont pas vendus sous le nom « La Gloria Cubana » mais « El Crédito ».

Voici ce que dit Ernesto Pérez-Carrillo sur les cigares El Crédito : « C'est un cigare moyennement corsé à corsé. Pour la tripe, nous n'utilisons que du tabac provenant du Nicaragua et de la République dominicaine. La feuille de cape provient de l'Équateur, d'un tabac cultivé à partir de semences de Sumatra. Le El Crédito est un cigare au goût complexe, avec de nombreux arômes et un bouquet doux. Pour le mélange, j'ai veillé tout particulièrement à me rapprocher de l'arôme du tabac cubain (étant donné que nous utilisons des feuilles de différentes régions de cuture et pays d'origine). Quiconque aime le tabac cubain et souhaite tenter de nouvelles expériences aura raison de choisir notre El Crédito. » Tout est dit !

El Rey del Mundo

Les fabricants de cigares sont très souvent de modestes citoyens. Ils connaissent leur art et cela leur suffit. Pourtant, à toute règle son exception : l'une de ces exceptions est précisément la dénomination donnée à un havane.

Les dirigeants de l'entreprise Antonio Allones étaient tellement convaincus de la qualité des cigares qu'ils lancèrent sur le marché en 1882 qu'ils

El Rey del Mundo

Nom commercial Vitola de salida	*Nom de production Vitola de galera*	*Longueur en mm (≈ po)*	*Diamètre ∅ en pouces (mm)*	*Appellation internationale*	*Temps de fumage*
Choix Suprême	Hermoso N° 4	127 (= 5)	48 (19,1)	Robusto	¾ – 1 h
Coronas de Luxe	Corona	142 (5⅝)	42 (16,7)	Corona	¾ – 1 h
Demi Tasse	Entreacto	100 (3⅞)	30 (11,9)	Small Panatela	¼ h
Elegantes	Panetela Larga	175 (6⅞)	28 (11,1)	Slim Panatela	½ – ¾ h
Gran Coronas	Corona Gorda	143 (5⅝)	46 (18,3)	Grand Corona	1 – 1¼ h
Grandes de España	Delicado	192 (7½)	38 (15,1)	Long Panatela	1¼ – 1½ h
Lonsdales	Cervante	165 (6½)	42 (16,7)	Lonsdale	1¼ – 1½ h
Lunch Club	Franciscano	116 (4⅝)	40 (15,9)	Petit Corona	½ h
Petit Coronas	Mareva	129 (5⅛)	42 (16,7)	Petit Corona	½ – ¾ h
Taínos	Julieta N° 2	178 (7)	47 (18,7)	Churchill	1½ – 1¾ h

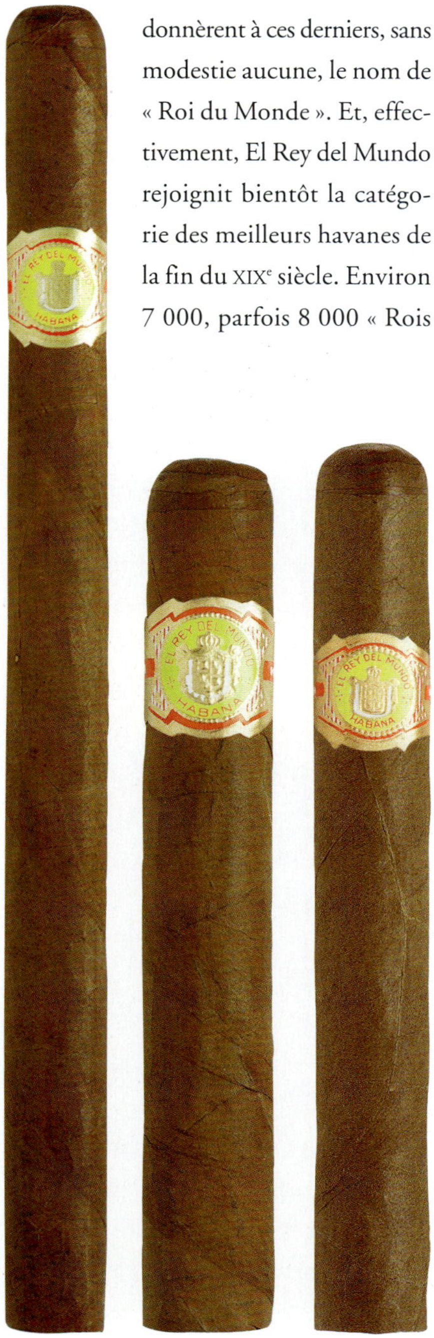

De gauche à droite : Grandes de España, Choix Suprême, Petit Coronas

donnèrent à ces derniers, sans modestie aucune, le nom de « Roi du Monde ». Et, effectivement, El Rey del Mundo rejoignit bientôt la catégorie des meilleurs havanes de la fin du XIXe siècle. Environ 7 000, parfois 8 000 « Rois du Monde » quittaient chaque jour la fabrique, qui prit bientôt le nom de la marque de cigares qu'elle produisait en plus grand nombre : Fábrica de Tabacos Rey del Mundo Cigar.

Qu'en est-il aujourd'hui ? Comme par le passé, les El Reys del Mundo, avec leurs belles capes bien huileuses, demeurent les plus légers représentants de leur espèce, et conviennent de ce fait parfaitement aux débutants souhaitant entrer dans le monde des fumeurs de havanes.

Ermuri

Sous ce nom se cache une coopérative d'achat allemande, qui commande des cigares et des articles pour fumeurs chez différents producteurs, puis revend ces produits sous un autre nom, par le biais de son partenaire commercial dans le commerce de détail de tabac.

La coopérative propose différents produits, comme les marques de cigares Ambiente, Comendador et Firmeza, qui n'ont généralement pas à craindre la comparaison avec les autres produits disponibles sur le marché dans leur catégorie de prix.

Flor de Copán

Le nom même de cette marque hondurienne et de la fabrique éponyme qui produit les cigares Flor de Copán semble être le présage d'une bonne qualité. Outre d'autres cigares Premium, la manufacture Flor de Copán fabrique les cigares de la marque Zino avec lesquels Davidoff s'est fait connaître sur le marché américain.

Parallèlement à la série standard qui a fait ses preuves, il convient de s'attarder davantage sur les modules de la série Puros Finos. Ces cigares, disponibles à la vente depuis 2004 et dont les tabacs sont tous cultivés au Honduras, séduisent par leur excellente construction et délivrent des arômes épicés.

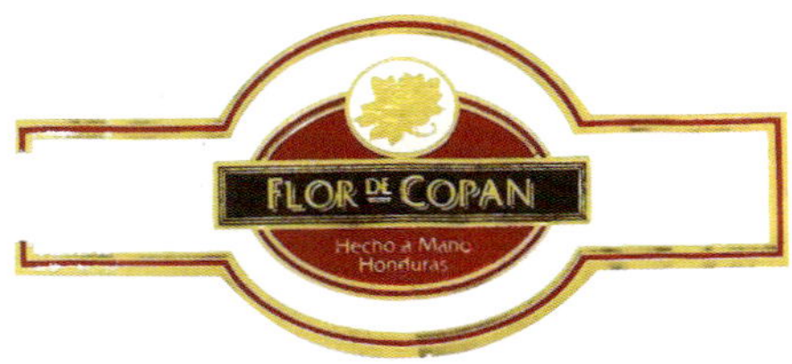

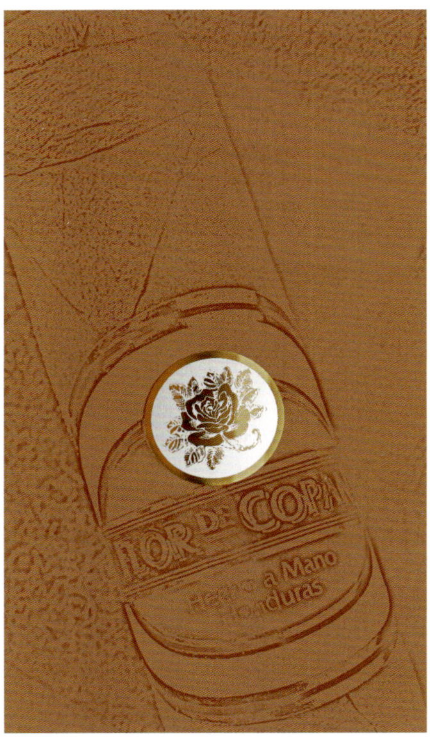

Ils doivent leur note épicée aux tabacs provenant de semences cubaines qui entrent dans leur composition. Dès 1962, ces semences partent de la Vuelta Abajo pour atteindre El Paraiso, Santa Rosa de Copán et Santa Bárbara, des régions de collines fraîches situées près de la frontière du Guatemala et du Salvador (où les Mayas ont également fait pousser du tabac pendant des siècles).

Les tabacs que contiennent ces cigares viennent d'une semence issue des meilleures variétés cubaines de la Vuelta Abajo et introduite au Honduras en 1962. Cette semence est cultivée dans ces régions.

Encore un point digne d'être mentionné : le prix des Flores de Copán est très avantageux, ce qui est rarement le cas pour d'excellents cigares Premium.

Flor de Juan López

Peu de modules (et en quantité très réduite) sont encore fabriqués par cette vénérable marque de havanes. Pourtant, les cigares fleurs de Juan López peuvent encore se trouver dans les bonnes civettes. On pourra y déguster des cigares dotés d'une cape généralement de type Colorado Maduro et moyennement corsés.

Quiconque apprécie l'odeur incomparable d'un havane et attache une préférence aux modules moyennement corsés ne peut pas se tromper en choisissant de déguster un Flor de Juan López.

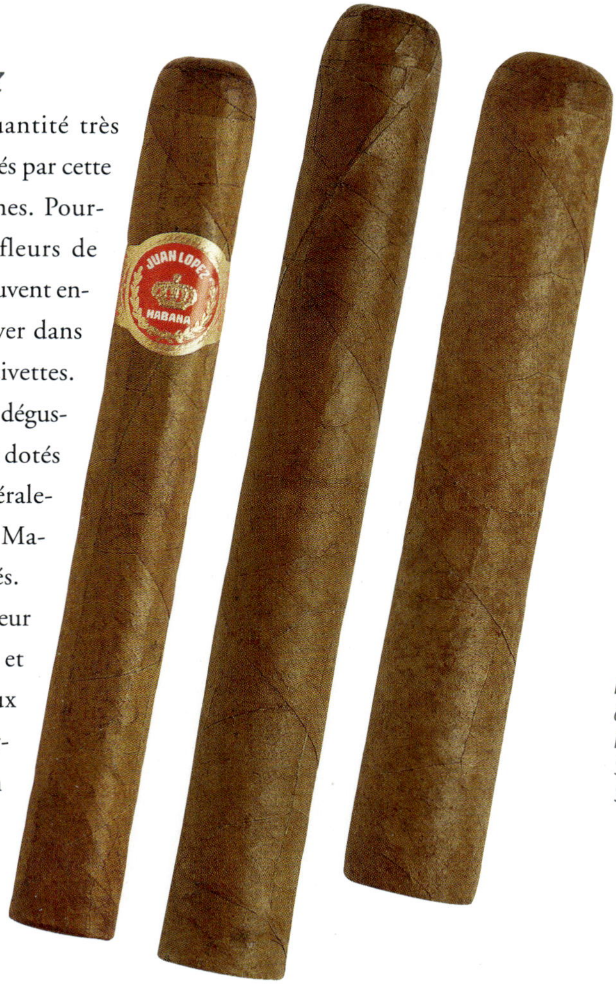

De gauche à droite : Petit Coronas, Seleción N° 1, Seleción N° 2

Flor de Juan López

Nom commercial Vitola de salida	*Nom de production Vitola de galera*	*Longueur en mm (≈ po)*	*Diamètre ∅ en pouces (mm)*	*Appellation internationale*	*Temps de fumage*
Coronas	Corona	142 (5⅝)	42 (16,7)	Corona	¾ – 1 h
Panetela Superba	Placera	125 (4⅞)	34 (13,5)	Small Panatela	½ h
Petit Coronas	Mareva	129 (5⅛)	42 (16,7)	Petit Corona	½ – ¾ h
Seleción N° 1	Corona Gorda	143 (5⅝)	46 (18,3)	Grand Corona	1 – 1¼ h
Seleción N° 2	Robusto	124 (4⅞)	50 (19,8)	Robusto	¾ – 1 h

Flor de Rafael González

Ce havane, crée en 1928 par George Samuel et Frank Warwick, spécialement a destination du marché britannique, est encore fabriqué aujourd'hui et continue à jouir d'une certaine popularité parmi les fumeurs de havanes débutants, qui apprécient ce cigare à l'arôme agréable et subtil, et au goût bien équilibré.

Bien que les cigares « fleurs » de Rafael González n'aient pas derrière eux une aussi longue tradition que les havanes les plus anciens, ils ont tout de même participé à la grande histoire des cigares. En effet, ce n'est autre que le fameux Earl of Lonsdale, qui, dans les années 1930, commanda des caisses entières de Rafael González dont le format n'existait pas jusqu'alors. Étant donné que l'aristocrate anglais était à l'époque le meilleur client de la fabrique, son souhait fut exaucé, et c'est ainsi que naquit le format Lonsdale, encore très apprécié aujourd'hui.

À cette époque déjà, on pouvait lire sur chaque boîte de cigares Rafael González qui quittait le port de La Havane le conseil suivant : « Les cigares doivent être fumés dans un délai d'un mois après leur date d'expédition, ou être entreposés pendant un an. » C'est prétendument un importateur anglais qui aurait pour la pre-

Flor de Rafael González

Nom commercial Vitola de salida	*Nom de production Vitola de galera*	*Longueur en mm (≈ po)*	*Diamètre ∅ en pouces (mm)*	*Appellation internationale*	*Temps de fumage*
Cigarritos	Laguito N° 3	115 (4½)	26 (10,3)	Cigarillo	¼ h
Coronas Extra	Corona Gorda	143 (5⅝)	46 (18,3)	Grand Corona	1 – 1¼ h
Lonsdales	Cervante	165 (6½)	42 (16,7)	Lonsdale	1¼ – 1½ h
Panetelas	Panetela	117 (4⅝)	34 (13,5)	Small Panatela	½ h
Panetelas Extra	Veguerito mano	127 (= 5)	37 (14,7)	Short Panatela	½ h
Petit Coronas	Mareva	129 (5⅛)	42 (16,7)	Petit Corona	½ – ¾ h
Slenderellas	Panetela Larga	175 (6⅞)	28 (11,1)	Slim Panatela	½ – ¾ h

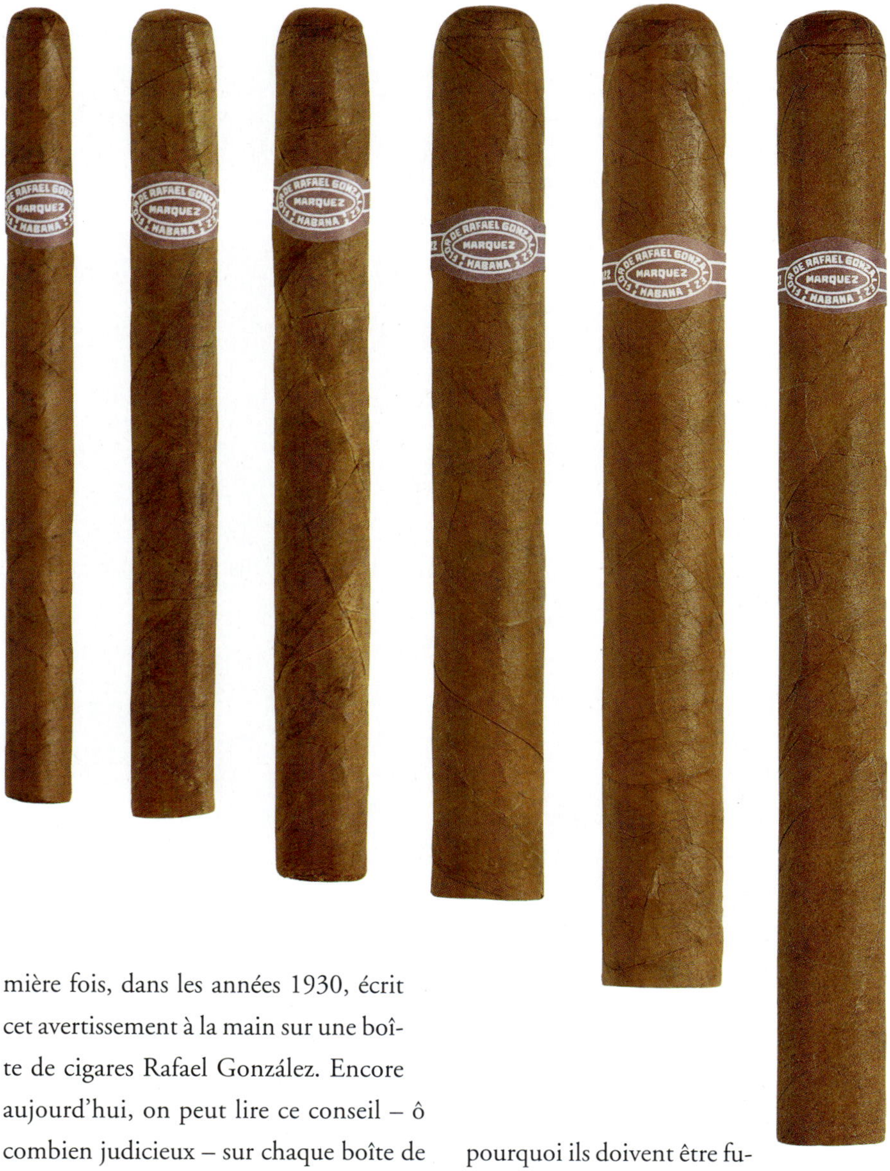

De gauche à droite : Cigarritos, Panetelas, Panetelas Extra, Petit Coronas, Coronas Extra, Lonsdales

mière fois, dans les années 1930, écrit cet avertissement à la main sur une boîte de cigares Rafael González. Encore aujourd'hui, on peut lire ce conseil – ô combien judicieux – sur chaque boîte de la marque. Comme tous les havanes, qui subissent pendant le stockage des processus de fermentation, ils sécrètent de l'huile, en particulier à la fin de l'été. C'est pourquoi ils doivent être fumés soit très rapidement après leur fabrication, soit seulement après un an de repos, une fois le processus de fermentation terminé.

Flor de Selva

Depuis longtemps, les Flores de Selva ont pris une place importante sur le marché mondial des cigares. De très nombreux *aficionados* possèdent un module de cette fameuse marque de cigares Premium dans leur *humidor*.

Sous la direction de Néstor Plasencia, un « poids lourd » renommé dans le secteur du tabac, les cigares sont produits dans la fabrique de Tabacos de Oriente. Les tabacs utilisés y sont très soigneusement sélectionnés.

Maya Selva

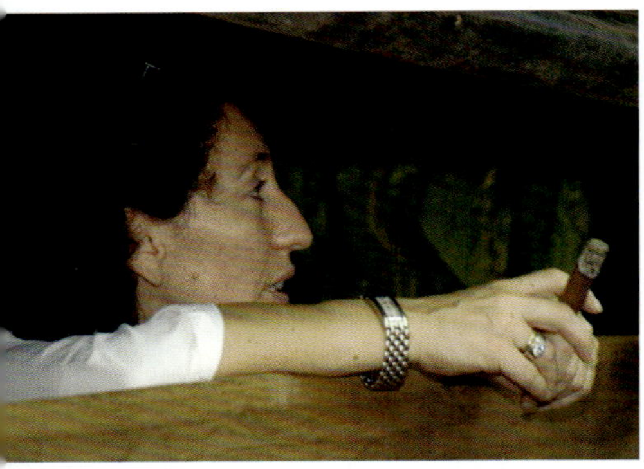

Cette marque a été créée par une femme, la *señora* Maya Selva. Avec ses « fleurs », elle aurait de quoi faire rougir plus d'un vénérable fabricant de cigares, car les Flores de Selva de la Hondurienne font partie des meilleurs cigares Premium exportés dans l'ensemble du marché mondial par ce pays d'Amérique centrale.

Fonseca

Cette marque de havanes, qui porte le nom de son fondateur, a fait son apparition au début des années 1890. Elle ne comprend plus aujourd'hui que quelques modules, qui ne manquent toutefois pas d'attirer le regard des *aficionados*. Pour cause : les Fonseca sont enveloppés à la main dans une fine feuille de papier de soie blanc, maintenue par la bague, souvenir de cette belle époque au cours

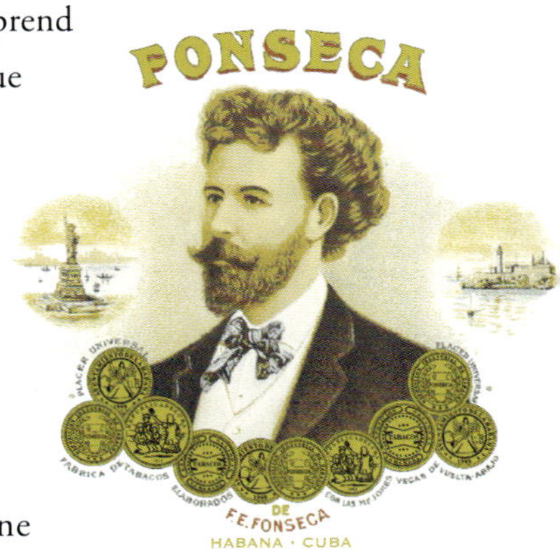

Fonseca

Nom commercial Vitola de salida	*Nom de production Vitola de galera*	*Longueur en mm (≈ po)*	*Diamètre ∅ en pouces (mm)*	*Appellation internationale*	*Temps de fumage*
Cosacos	Cosaco	135 (5⅜)	42 (16,7)	Corona	¾ – 1 h
Delicias	Standard mano	123 (4⅞)	40 (15,9)	Petit Corona	½ – ¾ h
Fonseca N° 1	Cazadores	162 (6⅜)	43 (17,1)	Long Corona	1¼ – 1½ h
KDT Cadete	Cadete	115 (4½)	36 (14,3)	Short Panatela	½ h

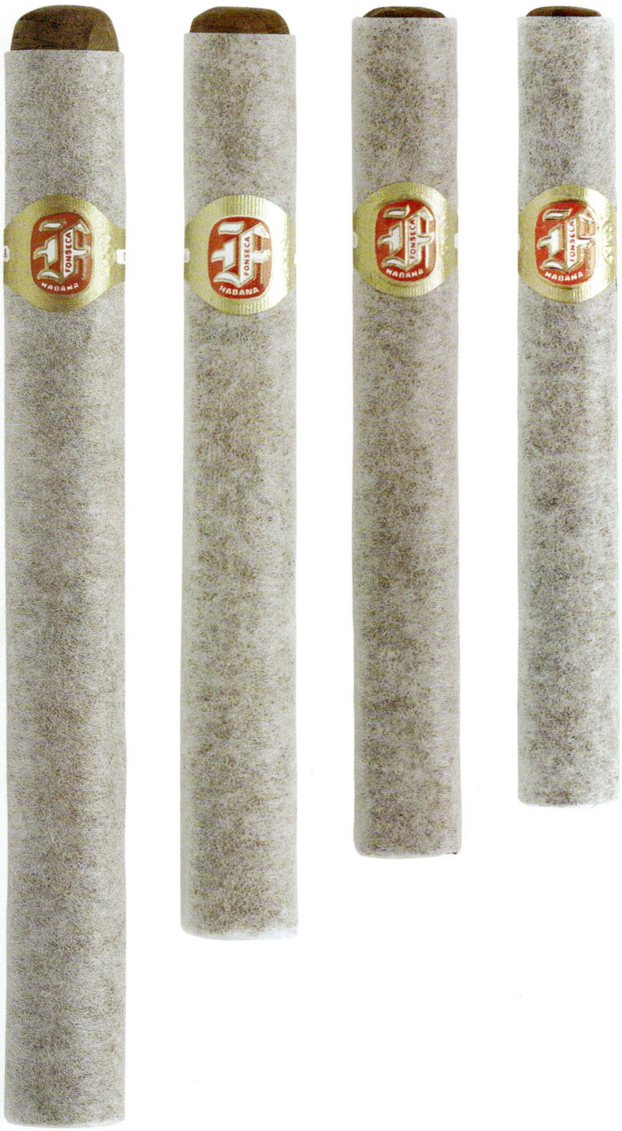

De gauche à droite : Cosacos, Delicias, KDT Cadetes, Fonseca N° 1

de laquelle chaque détail était soigneusement mis à l'honneur.

Les Fonsecas sont très populaires en Espagne, et en particulier à Barcelone – une ville considérée comme la capitale européenne des fumeurs de cigares –, où de nombreux *aficionados* apprécient ces cigares doux.

Les boîtes de Fonsecas sont décorées d'une illustration du Château El Morro de La Havane et de la Statue de la Liberté de New York, rappellant ainsi aux amateurs une époque où les relations politiques entre Cuba et les États-Unis n'étaient pas encore ternies par l'embargo américain.

Fundadores

Ces longfillers moyennement corsés sont fabriqués à la Jamaïque, dans la manufacture où étaient autrefois produits les célèbres Macanudos.

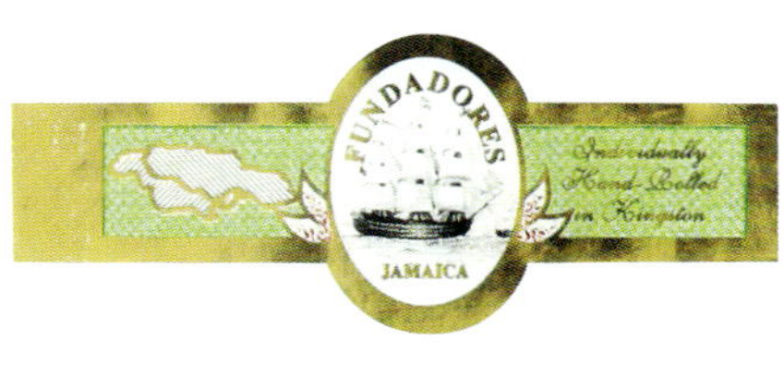

Les *tabaqueros* qui travaillent à Kingston connaissant très bien leur métier, les Fundadores n'ont pas besoin de se cacher derrière d'autres marques. Ces cigares roulés à la main, dont la feuille de cape est de couleur Colorado sombre, valent la peine d'être testés, pour leurs notes épicées intéressantes.

Un des modules se démarque des autres, bien qu'il soit le plus petit de tous. Nous parlons ici du Petit Robusto, dont le diamètre est certes celui d'un Robusto traditionnel mais dont la longueur n'atteint pas le minimum habituel : une invitation à une dégustation courte et intense.

Fürst Bismarck

Le « chancelier de fer » a donné son nom à bien des produits touchant de près ou de loin à l'alimentation. Ainsi peut-on trouver en Allemagne une eau minérale gazeuse portant le nom de l'ancien premier chancelier allemand, ainsi qu'un alcool fort produit dans la distillerie Fürstlich von Bismarck'schen Kornbrennerei Schönau Friedrichsruh. Depuis la fin du siècle dernier, il existe également un produit de luxe portant son nom : les cigares Fürst Bismarck.

La question de savoir si Otto von Bismarck préférait boire de l'eau ou de l'eau-de-vie ne nous intéresse pas ici. Ce dont

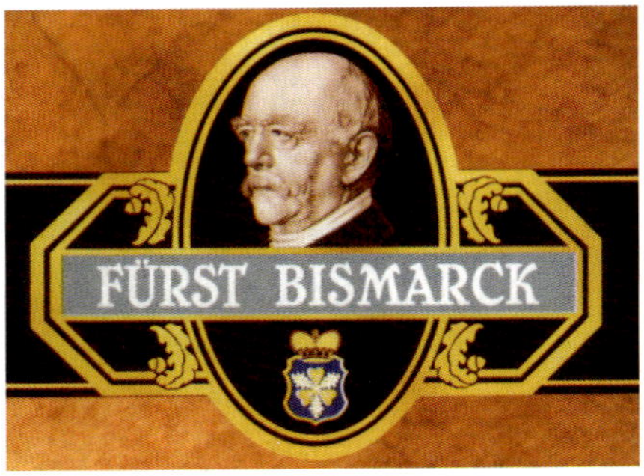

nous sommes sûrs, c'est qu'il aimait à fumer un bon cigare. C'est certainement à cette habitude que souhaita rendre hommage Carl Eduard von Bismarck, arrière-arrière-petit-fils du chancelier, grand amateur de cigares lui aussi, quand il créa avec Michael Kohlhase, importateur de tabac et de cigares basé à Rellingen, près de Hambourg (hélas décédé trop tôt), cette marque de cigares en République dominicaine, après maintes visites sur l'île et dans ses fabriques de cigares.

C'est là, à La Romana, que les Bismarcks sont aujourd'hui encore roulés à la main, des longfillers de première classe qui présentent un arôme légèrement épicé et un mélange harmonieux.

Gebrüder Berens

La fabrique de cigares et de tabac fut créée en 1867 à Lennestadt dans le Sauerland, en Allemagne. Dirigée par la cinquième génération de Berens, elle s'est spécialisée dans les produits raffinés mais importe également des longfillers de grande qualité, par exemple les Corazón del Tabaco du Nicaragua et les La Corona de République dominicaine.

Gispert

Cette ancienne marque classique a pour origine la province de Pinar del Río. Elle appartient à la catégorie des cigares cubains commercialisés à la fin du XIXe et au cours de la première moitié du XXe siècle qui ont contribué à rendre les havanes célèbres dans le monde entier.

Aujourd'hui, seul un module, le Standard, de la marque Gispert, presque inconnue en Europe, est encore fabriqué – à la machine – et vendu sous la *vitola de salida* Habaneros N° 2.

Guantanamera

La dernière marque cubaine, qui a fait son apparition en 2002 sur le marché international, s'adresse à des fumeurs de

Gispert

Nom commercial Vitola de salida	*Nom de production Vitola de galera*	*Longueur en mm (≈ po)*	*Diamètre ∅ en pouces (mm)*	*Appellation internationale*	*Temps de fumage*
Habaneros N° 2	Standard	123 (4⅞)	40 (15,9)	Petit Corona	½ – ¾ h

Guantanamera

Nom commercial Vitola de salida	*Nom de production Vitola de galera*	*Longueur en mm (≈ po)*	*Diamètre ∅ en pouces (mm)*	*Appellation internationale*	*Temps de fumage*
Compay	Standard	123 (4⅞)	40 (15,9)	Petit Corona	½ – ¾ h
Cristales	Cristales	150 (5⅞)	41 (16,3)	Long Corona	¾ – 1 h
Décimos	Universales	134 (5¼)	38 (15,1)	Short Panatela	½ – ¾ h
Puritos	Chico	106 (4⅛)	29 (11,5)	Small Panatela	¼ h

cigares qui apprécient les havanes. Il s'agit là de vitoles au goût très doux, fabriquées mécaniquement, et vendues à un prix tout à fait abordable.

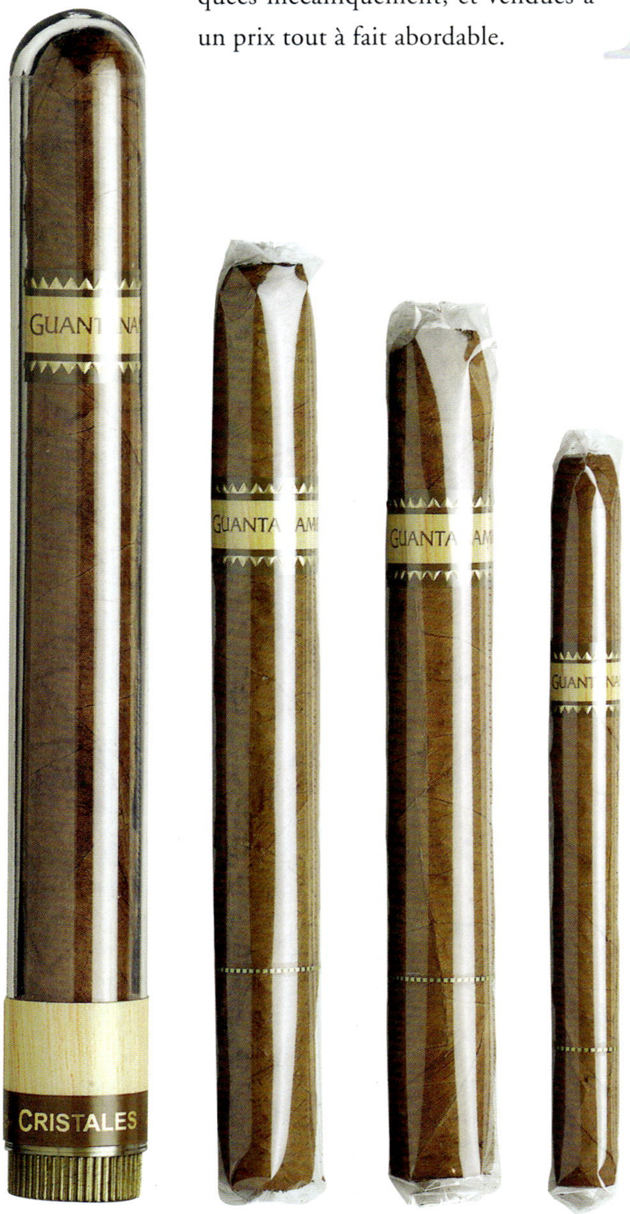

Hacienda

Les longfillers originaires des îles Canaries ont réussi à renouer avec leur réputation d'excellence après quelques années de silence, et ce grâce à la qualité extraordinaire proposée par quelques marques, pour la plus grande joie d'un grande nombre d'*aficionados* qui apprécient de plus en plus les cigares portant l'indication « *Hecho a mano en las Islas Canarias* ».

De gauche à droite : Cristales, Décimos, Compay, Puritos

Les Hacienda ont naturellement participé à cette « résurrection » en s'imposant comme un produit de premier choix de l'industrie cigarière des îles Canaries, fabriqué par Tabacos Vargas à Santa Cruz, sur l'île de Las Palmas.

Bien que les cigares roulés à la main Hacienda aient un goût relativement doux, ils développent d'agréables arômes épicés au cours de la dégustation.

Hajenius

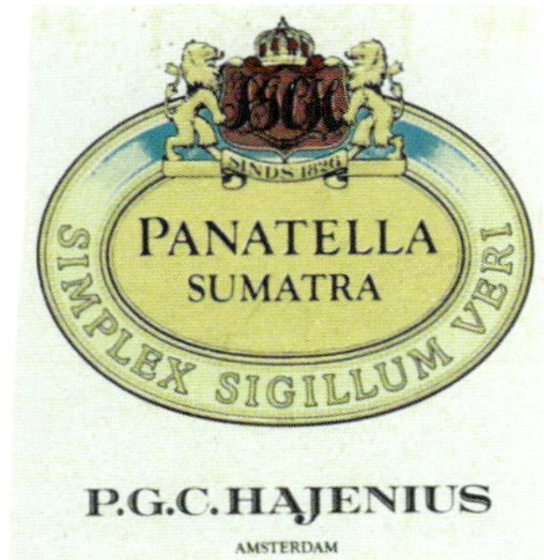

Hajenius peut sans conteste être désigné comme étant LE temple du cigare mondial. De l'extérieur, l'édifice impressionne déjà par sa façade en grès ainsi que ses immenses stores rouges qui s'avancent en rotonde sur la rue. En entrant dans le magasin, le visiteur ne peut qu'être conquis par les lieux. Il conviendrait d'ailleurs plutôt de parler de véritable « hall », car la pièce principale possède une hauteur de plafond à couper le souffle. Ce dernier est en outre ornementé de lustres imposants, rescapés d'une époque où il existait encore à Amsterdam un éclairage au gaz (*voir* photographie ci-contre). Depuis l'ouverture du magasin en 1915, rien n'a changé dans l'impressionnante entrée : tout est resté dans le style Art Déco de l'époque, et les seuls matériaux utilisés sont le bois, le cuir et le marbre.

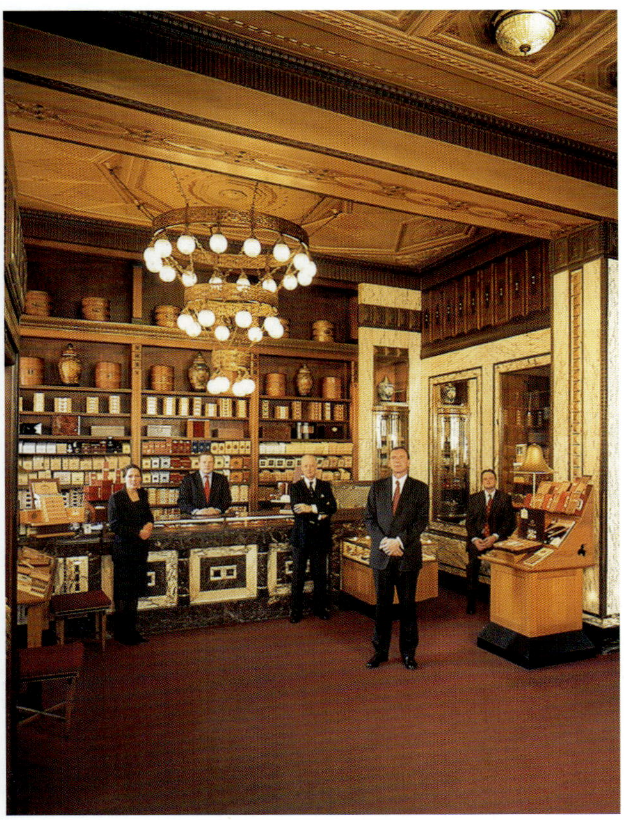

Espace de vente du « temple du tabac » Hajenius

Hajenius existe pourtant depuis bien plus d'un siècle, contrairement à ce que pourrait laisser croire l'évocation de l'année 1915. En effet, P.G.C. Hajenius – car telle est l'appellation complète de la société – fut créée en 1826, quand Pantaleon Gerhard Coenraad Hajenius ouvrit son commerce de cigares sur la digue Vijgendam. Le choix de cet emplacement était très judicieux, d'une part car la clientèle de ce quartier disposait d'un fort pouvoir d'achat, et d'autre part l'on y trouvait pas moins de 30 petites fabriques de cigares. Le jeune Hajenius (il n'avait que 19 ans lorsqu'il arriva à Amsterdam) sélectionna les meilleures

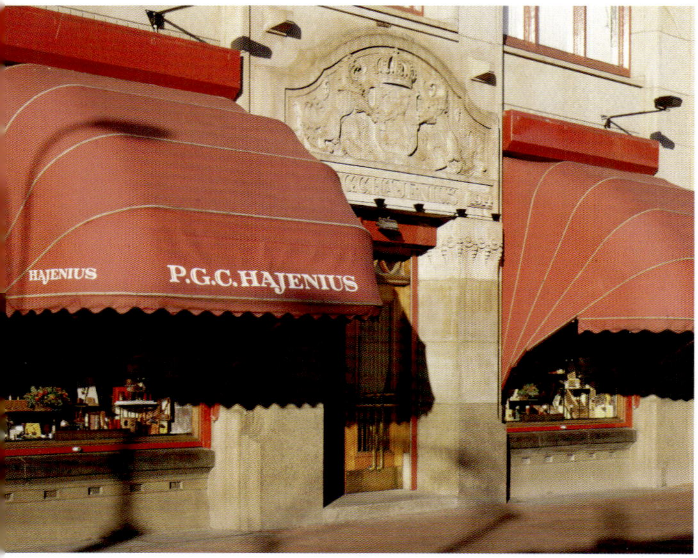

de ces fabriques et leur commanda la production de cigares composés de tabacs de toute première qualité.

Le succès ne se fit pas attendre – certaines maisons royales comptaient même parmi ses clients – et, bientôt, son petit local ne suffit plus. Il déménagea alors sur le Dam, l'une des avenues les plus prestigieuses de la Venise du Nord.

Cependant, cette adresse finit également par être trop petite et Hajenius commença à souhaiter disposer d'un local plus grand. L'établissement luxueux dont nous avons parlé précédemment fut finalement construit sur le Rokin, une adresse des plus distinguées à laquelle la maison P.G.C. Hajenius se trouve aujourd'hui encore.

On peut toujours y acheter des cigares portant le nom du fondateur de l'entreprise. Les modules ne sont toutefois plus fabriqués à Amsterdam. L'industrie cigarière autrefois florissante de cette métropole néerlandaise est en effet totalement tombée dans l'oubli. Il existe néanmoins d'autres lieux de production qui jouissent d'une excellente réputation. Ainsi, Hajenius fait fabriquer ses cigares dans la plus pure tradition hollandaise en choisissant, comme par le passé, des tabacs de la meilleure qualité qui soit. Entre-temps, les Amstellodamois se sont fait une raison et proposent désormais d'excellents longfillers en provenance du Nicaragua, roulés entièrement à la main et portant le nom d'une maison synonyme de qualité : P.G.C. Hajenius.

Handelsgold

Il s'agit sans doute de la marque de cigares allemands la plus connue – si ce n'est

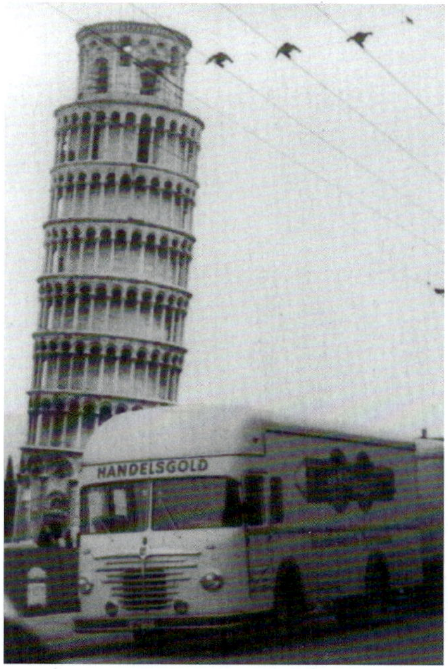

pas par tous, en tout cas par ceux qui ont dépassé la cinquantaine. Les Handelsgold ont en effet connu leur heure de gloire dans les années 1950 et 1960, et le logo de la marque, représentant le globe terrestre, était alors pratiquement omniprésent sur les tramways, sur les bus ou encore sur les panneaux publicitaires apposés dans les gares d'Allemagne. C'était l'époque du « miracle économique allemand » et les Handelsgold en faisaient totalement partie.

Le père de ce miracle, Ludwig Erhard, alors ministre de l'économie, et le président du pays, Theodor Heuss, fumaient volontiers ces cigares, fabriqués à Bünde, en Westphalie orientale.

À cette époque, le concept de cigares Premium n'existait pas encore et les fumeurs de cigares ne connaissaient quasiment pas les produits en provenance des Caraïbes. Un havane était ainsi tout simplement classé dans la catégorie des produits de luxe.

On trouve encore des Handelsgold – toujours sans le label de qualité « 100 % tabac » – sur le marché, et certains producteurs seraient plus que ravis de réaliser les chiffres de vente de ce cigare déjà « anachronique ». Pour les amateurs de cigares allemands, une certaine nostalgie entre probablement en jeu au moment d'allumer un Handelsgold, mais, pour les nombreux fumeurs d'Eu-

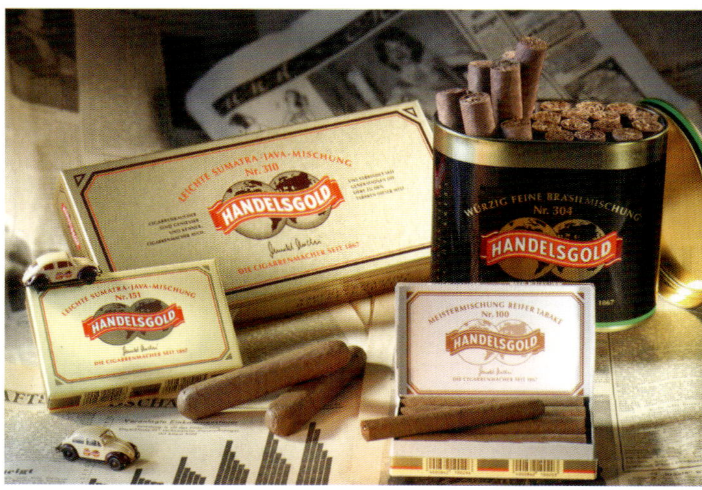

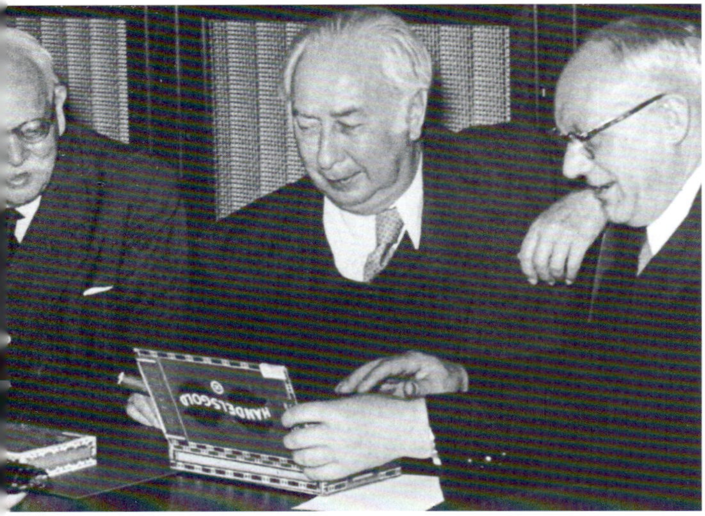

Theodor Heuss

rope de l'Est – principal marché d'exportation de la marque – qui ont récemment découvert ces cigares, ce sont surtout les prix extrêmement bas pratiqués par la marque qui attirent vers ces « cigares du miracle économique allemand ».

H. de Cabañas y Carbajal

L'évocation du nom de cette très ancienne marque de havanes réveille peut-être des souvenirs enfouis au plus profond des mémoires, car les Cabañas ne sont produits qu'en très petite quantité et ne sont plus commercialisés que dans certains pays.

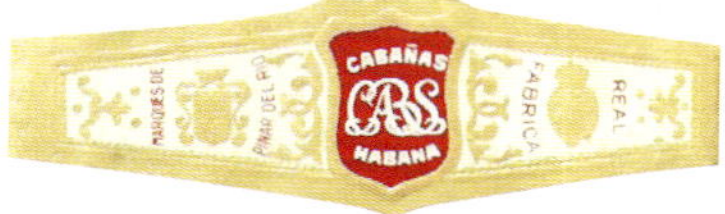

Bien que les modules soient tous entièrement fabriqués à la machine, ces cigares séduisent malgré tout les amateurs de havanes les plus expérimentés, car ces cigares, qui rappellent l'ancien style cubain, présente une forte puissance aromatique.

Henry Clay

Le nom de cette marque de cigares, qui a connu une existence mouvementée, rend hommage au politicien républicain américain du même nom (1777-1852), qui fut élu à la Chambre des représentants en 1811 et dont il fut le porte-parole pendant des années, avec quelques interruptions. La carrière politique de Henry Clay fut couronnée par l'obtention du poste de Secrétaire d'État.

Ministre américain des Affaires étrangères entre 1825 et 1829, Henry Clay était un fumeur de cigares enthousiaste. Il n'est donc pas surprenant qu'une marque de cigares créée au XIXe siècle porte son nom.

Étant donné qu'à l'époque, à La Havane – comme presque partout ailleurs –, les noms de marque et de fabrique ne faisaient qu'un, la fabrique Henry Clay se mit tout de suite à produire la marque de cigares Henry Clay. Celle-ci se fit rapidement une place sur le marché et compta bientôt parmi les plus grandes marques de havanes.

Dans les années 1930, la fabrique, comme la marque, quittèrent la capitale cubaine pour s'installer dans l'État du New Jersey. Aujourd'hui, les Henry Clay ne sont plus fabriqués aux États-Unis mais en République dominicaine.

Les Henry Clay dominicains n'ont cependant pas tout à fait oublié leurs origines cubaines : avec leurs arômes pleins et leur goût moyennement corsé, ils égalent en effet, contrairement aux autres marques dominicaines comparables, la puissance de nombreux cigares cubains (cela vaut en particulier pour la série des H-2000).

En mémoire de l'origine de ces cigares, l'intérieur du couvercle de chaque boîte de la marque est orné d'une *vista* représentant une vue de l'ancienne fabrique Henry Clay à La Havane.

Hommage 1492

Le nom de cette marque fait référence à Christophe Colomb et surtout à l'année au cours de laquelle l'explorateur a, pour le compte de la couronne espagnole, découvert presque par hasard un nouveau monde : l'Amérique.

Les cigares Hommages, que l'on trouve depuis un certain temps sur le marché, ont conquis de nombreux *aficionados*, qui les jugent dignes d'occuper une place dans leur *humidor* ; il s'agit de longfillers de très bonne construction, fabriqués à la main en République dominicaine, et qui séduisent par leur rondeur en bouche.

Hoyo de Monterrey

Hoyo signifie « trou » en espagnol et Monterrey désigne un lieu. La traduction littérale du nom de cette marque de cigares, qui fait partie des plus grandes marques de havanes au monde, serait ainsi « le trou de Monterrey ». Derrière ce nom se cache aussi l'une des plus célèbres *Vegas finca* de Cuba, une plantation dans laquelle des variétés de tabac sont cultivées sous le soleil, et dont les feuilles fournissent des capes et des sous-capes de première qualité.

L'histoire de la marque commence vers le milieu du XIXe siècle, comme en atteste l'inscription « Hoyo de Monterrey : José Gener. 1860 » qui orne le portail en fer forgé installé sur une place du village de San Juan y Martínez Monterrey, dans la Vuelta Abajo.

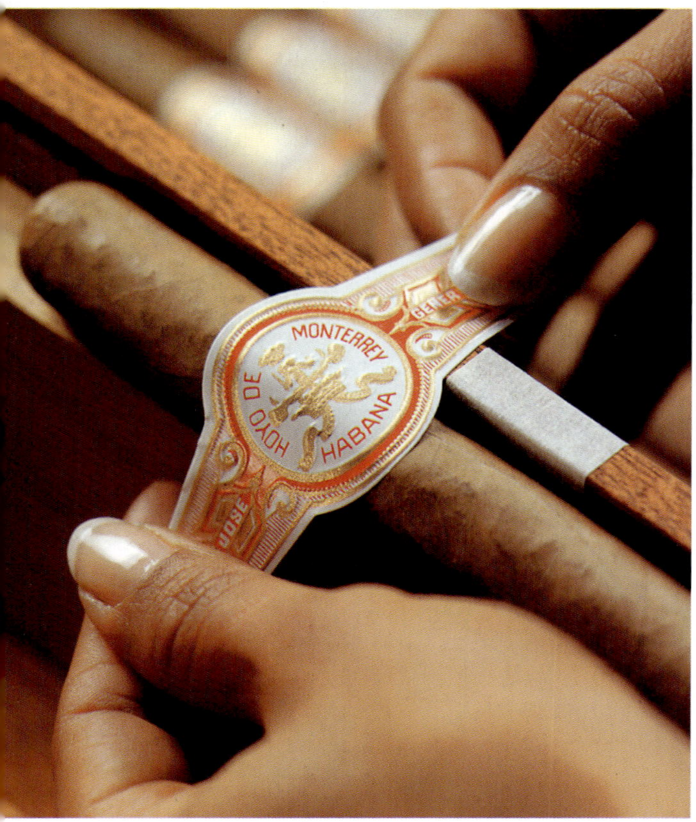

Ce qui est intéressant dans le nom de cette marque n'est pas tant la mention du lieu, car, pour une marque de havanes aussi importante, la région de la Vuelta Abajo, dans le Pinar del Río, est un endroit plutôt commun. Beaucoup plus intéressante est l'évocation de ce fameux « trou », qui désigne les nombreuses dépressions de terrain jalonnant les champs et permettant à l'eau de pluie de s'écouler facilement. Ici, l'eau tombe en effet en abondance, en particulier pendant l'été cubain, marqué par des précipitations importantes.

C'est là, au cœur de la province située à l'ouest de la plus grande île des Caraïbes, que commença la carrière de José Gener (dont le nom figure encore sur chaque boîte de Hoyo de Monterrey cubains). José Gener ne se cantonna pas à son activité de planteur de tabac, il sortit très vite de ses champs pour s'intéresser au domaine commercial et à ses perspectives prometteuses.

Señor Gener construisit la fabrique La Escepción, dans laquelle il produisit rapidement sous le nom de la marque qu'il créa en 1865. Puis, en 1867, il fonda avec son oncle, Miguel Jané y Gener, originaire de Catalogne, l'entreprise José

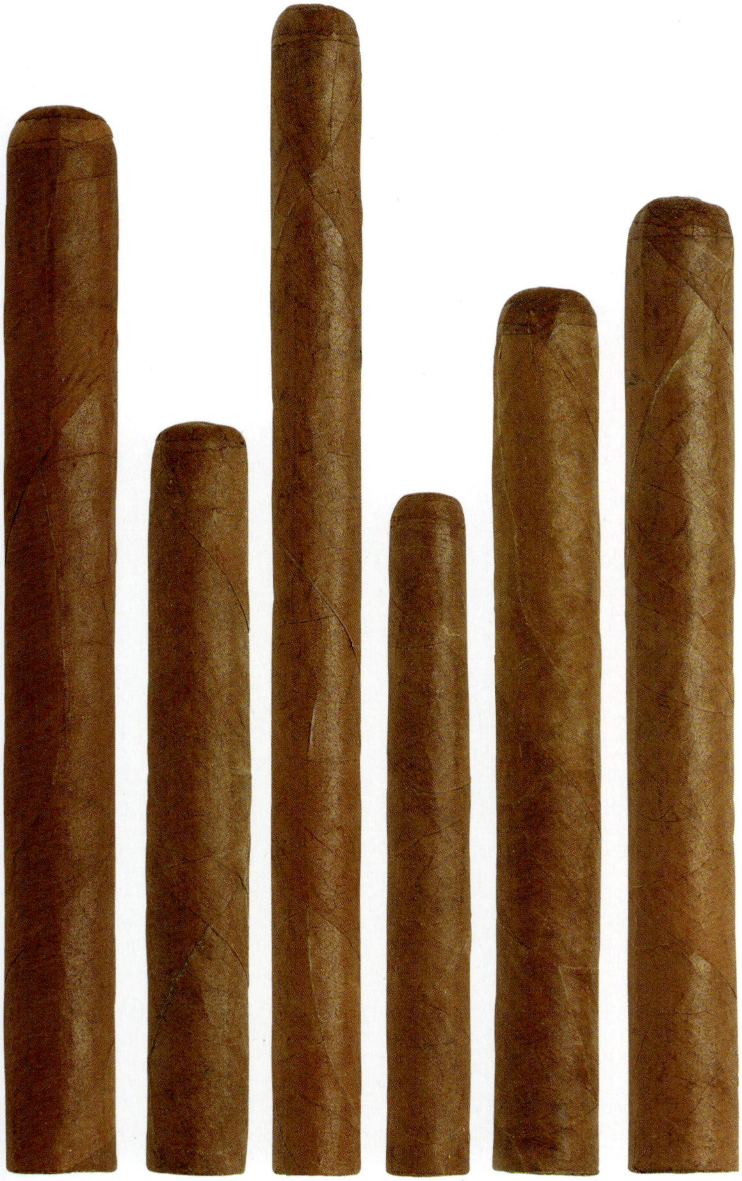

De gauche à droite : Le Hoyo de Dieux, Le Hoyo de Député, Le Hoyo du Gourmet, Le Hoyo du Maire, Le Hoyo du Prince, Le Hoyo du Roi

Gener y Miguel, avant de créer avec ses frères la société José Gener y Cia, qui devint finalement la José Gener y Batet, entreprise qu'il dirige seul.

Le fabricant et commerçant chevronné laissa à sa mort, en 1900, une entreprise florissante. Celle-ci fut vendue aux Señores Ramón Fernández et Fernando Palicio, qui dirigeaient alors un consortium et utilisèrent la société des Gener comme « maison mère », à laquelle vinrent s'ajouter par la suite d'autres sites de production.

Aujourd'hui, les Monterreys sont essentiellement fabriqués dans la manufacture Miguel Fernández Roig. Sous ce nom se cache la vénérable manufacture La Corona, qui, comme presque toutes les grandes fabriques de havanes, a été rebaptisée il y a quelques années.

De tous les modules Hoyo de Monterrey, ce sont les Double Corona qui sortent du lot si l'on en croit l'avis unanime des experts en la matière. Les Epicure N° 1 et les Epicure N° 2, cigares proposés en fagot de 50 vitoles, sans bague, sous le nom de « Cabinet Selection », répondent également aux plus hautes exigences.

Mais revenons-en à l'histoire de la marque. Il se trouve que ce sont les fameux cigares Cabinet Selection qui ont inspiré, il y a fort longtemps, le non moins fameux Zino Davidoff, lors de la création de ses célèbres Châteaux. En retour, les Châteaux ont pour ainsi dire servi de modèles aux fabricants de La Corona dans les années 1970, lors de la mise au point de la série Le Hoyo.

Les vitoles de la série Le Hoyo possèdent une forte note épicée et un arôme plus intense que celui de la série standard, représentant ainsi un complément intéressant à l'assortiment existant. Avec sa série standard et sa série Le Hoyo, Hoyo de Monterrey dispose ainsi aujourd'hui d'une large palette de produits, dans laquelle on peut trouver les variantes de goûts et d'arômes les plus diverses.

Nouveau retour en arrière, cette fois sur la révolution cubaine. Peu après l'entrée en vigueur de l'embargo américain contre Cuba en 1960, il devient impossible de trouver un seul Hoyo de Monterrey en vente sur le marché américain. On est vite tenté de faire le rapprochement entre cet état de fait et les sanctions économiques mises en place envers Cuba, et pourtant les causes en sont tout autres.

Hoyo de Monterrey

Nom commercial Vitola de salida	*Nom de production Vitola de galera*	*Longueur en mm (≈ po)*	*Diamètre ∅ en pouces (mm)*	*Appellation internationale*	*Temps de fumage*
Serie Clásica					
Churchills	Julieta N° 2	178 (7)	47 (18,7)	Churchill	1½ – 1¾ h
Double Coronas	Prominente	194 (7⅝)	49 (19,5)	Double Corona	2 – 2¼ h
Epicure N° 1	Corona Gorda	143 (5⅝)	46 (18,3)	Grand Corona	1 – 1¼ h
Epicure N° 2	Robusto	124 (4⅞)	50 (19,8)	Robusto	¾ – 1 h
Coronations	Mareva	129 (5⅛)	42 (16,7)	Petit Corona	½ – ¾ h
Hoyo Coronas	Corona	142 (5⅝)	42 (16,7)	Corona	¾ – 1 h
Palmas Extra	Crema	140 (5½)	40 (15,9)	Corona	½ – ¾ h
Short Hoyo Coronas	Mareva	129 (5⅛)	42 (16,7)	Petit Corona	½ – ¾ h
Serie Le Hoyo					
Le Hoyo des Dieux	Corona Grande	155 (6⅛)	42 (16,7)	Long Corona	1 – 1¼ h
Le Hoyo du Député	Trabuco	110 (4⅞)	38 (15,1)	Short Panatela	½ h
Le Hoyo du Gourmet	Palma	170 (6¾)	33 (13,1)	Slim Panatela	½ – ¾ h
Le Hoyo du Maire	Entreacto	100 (3⅞)	30 (11,9)	Small Panatela	¼ h
Le Hoyo du Prince	Almuerzo	130 (5⅛)	40 (15,9)	Petit Corona	½ – ¾ h
Le Hoyo du Roi	Corona	142 (5⅝)	42 (16,7)	Corona	¾ – 1 h

Après la prise de pouvoir de Fidel Castro, Cuba se trouva en proie à un bouleversement interne qui toucha naturellement l'industrie du tabac. Toutes les fabriques de cigares furent nationalisées et, pendant un temps, le dictateur joua

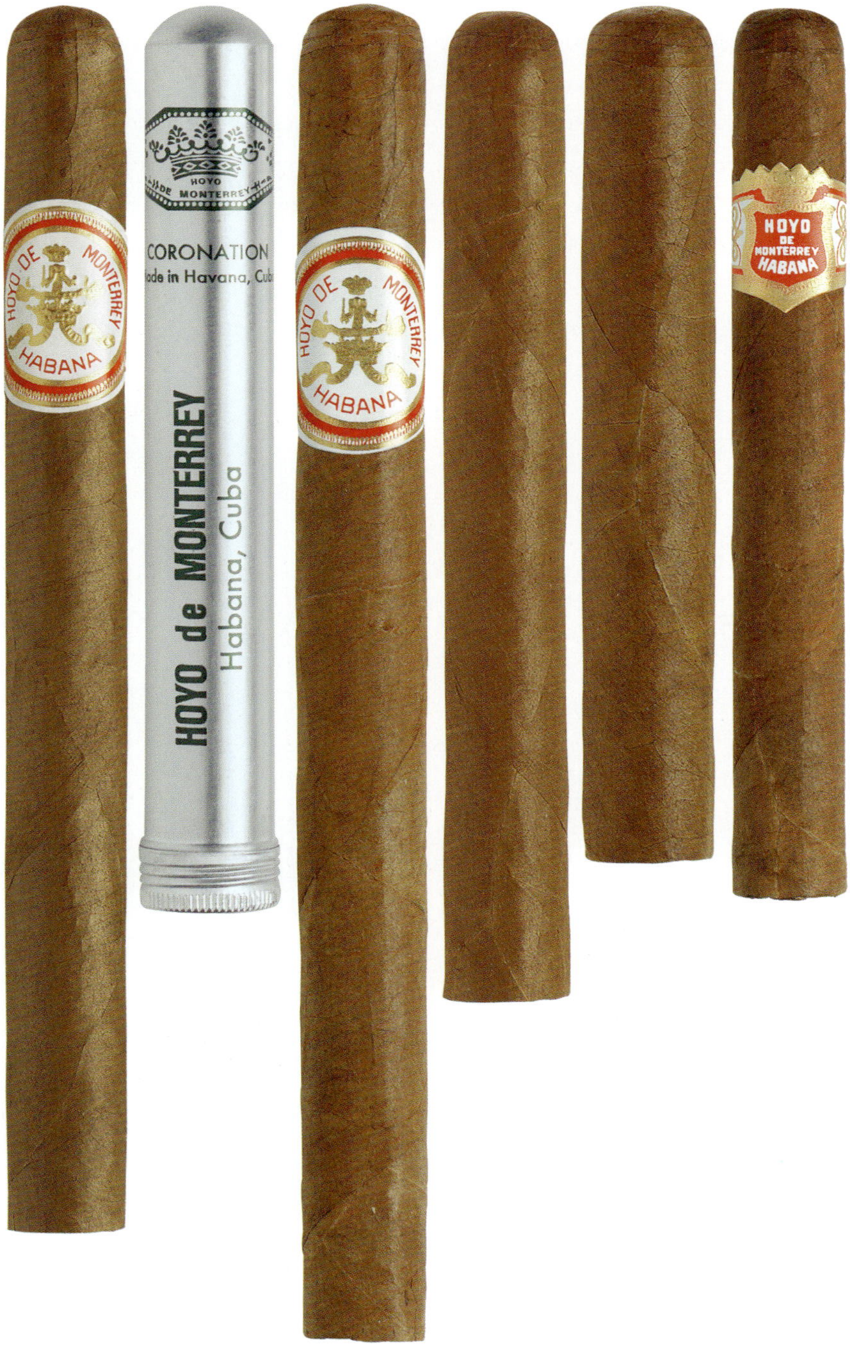

De gauche à droite : Churchills, Coronations, Double Coronas, Epicure N° 1, Epicure N° 2, Short Hoyo Coronas

avec l'idée de ne plus produire qu'une seule marque de cigares à Cuba.

Pour un secteur économique d'une telle importance, ce genre de perspectives d'avenir ne poussa bien sûr pas les *vegueros* à cultiver leurs champs, ni les *torcedores* à gaspiller leur talent pour produire des cigares de très grande qualité. De telles idées font froid dans le dos. Conséquence logique : l'industrie cigarière cubaine après la révolution ne fut plus jamais celle qu'elle avait été avant la révolution. Comme de nombreuses autres marques, Hoyo de Monterrey ne fut bientôt plus disponible aux États-Unis, car les réserves, qui n'étaient de toute façon pas abondantes, se trouvèrent vite épuisées. Les *aficionados* américains durent attendre 1963 pour qu'un nouveau Hoyo de Monterrey fasse son apparition dans leurs civettes.

Fabriqués au Honduras, ces cigares d'une étonnante qualité développent même plus d'arômes que leurs grands frères cubains et, jusqu'au début des années 1970, leur aspect extérieur n'était pas sans rappeler celui des bons vieux havanes : « *Made with real Havana leaf* » peut-on lire sur les boîtes de Hoyo de Monterrey du Honduras. Et c'est la vérité car, bien avant la révolution cubaine et l'embargo, de grandes quantités de tabac cubain avaient déjà été stockées aux États-Unis (d'où elles étaient notamment expédiées vers le Honduras). Étant donné que ce tabac a depuis longtemps été utilisé, les boîtes de Hoyo de Monterrey honduriens ne portent naturellement plus cette indication aujourd'hui.

Nous n'en avons pas encore terminé avec les Hoyo. Il existe effectivement un autre module proposé par la marque : l'Excalibur, qui compte, selon de nombreux experts, parmi les meilleures vitoles de cigares non-cubains. Les Excaliburs ont été créés à la fin des années 1970 et portent le nom de la plus célèbre épée des légendes celtiques.

Remarque : alors que ces cigares sont vendus dans la plupart des pays sous le nom de « Hoyo de Monterrey Excalibur », ils sont commercialisés en Europe sous la simple appellation de « Excalibur ».

H. Upmann

La plupart des modules de la marque H. Upmann sont parfaitement indiqués pour les amateurs de cigares relativement doux ne souhaitant pas pour autant renoncer au goût typique des havanes.

La lettre H est l'initiale de Hermann, et Upmann est le nom d'une dynastie bancaire européenne, dont Hermann

Upmann était l'un des descendants. Comme tout héritier d'une grande dynastie, Hermann s'en tint tout d'abord à la tradition familiale et se lança dans une carrière bancaire. On ne sait pas s'il exerça son métier avec ardeur mais on lui connaît une passion dont il ne pouvait se cacher : les bons cigares.

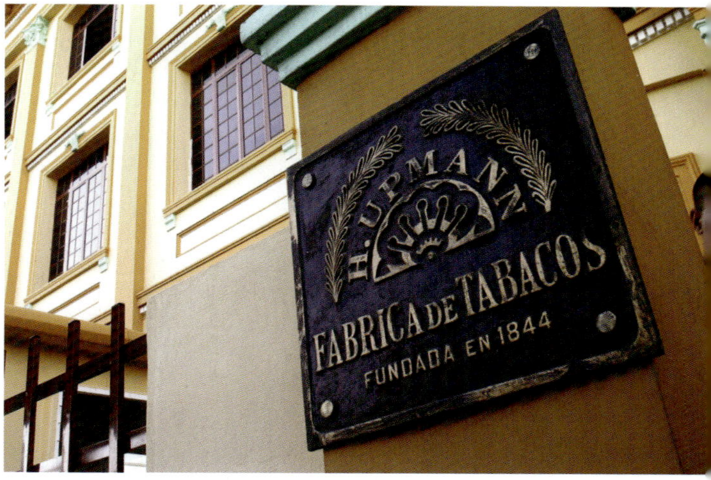

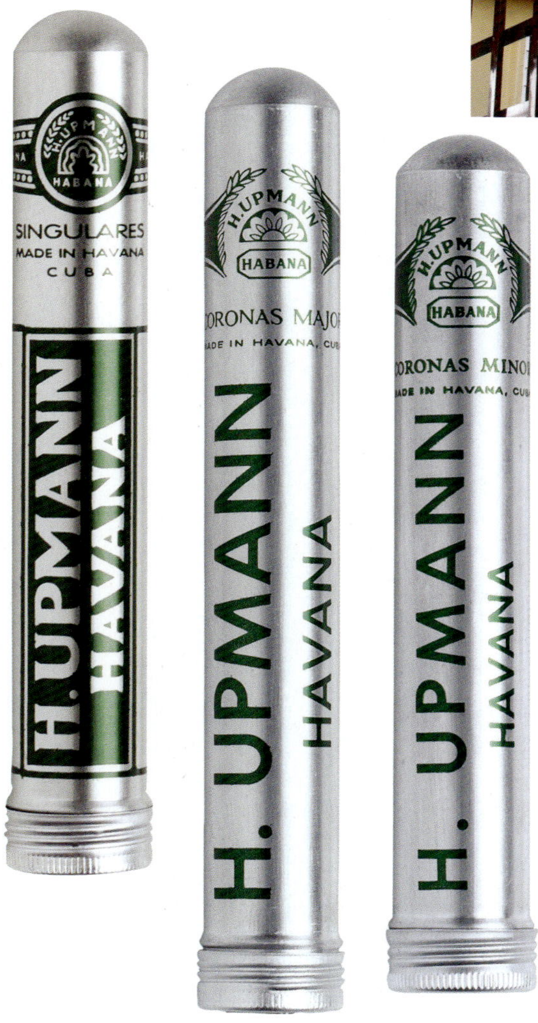

De gauche à droite : Singulares, Coronas Major, Coronas Minor

Or, sa banque formula le souhait d'ouvrir une succursale à La Havane. Lorsqu'en 1840 le projet prit forme, notre connaisseur avait déjà une idée très précise de ce qu'il allait faire de son avenir. Hermann Upmann se rendait chaque jour à son bureau, au sein de la nouvelle succursale bancaire, mais on le voyait aussi très régulièrement visiter les magasins de cigares ou les plantations de tabac, et s'entretenir avec les gens qui partageaient sa passion. Malgré toutes ses activités, l'amateur de bons havanes n'oublia pas ses amis fumeurs de cigares, restés dans son pays d'origine. Continuellement, il leur fournissait les havanes les plus savoureux qu'il pouvait se procurer.

Quand une impulsion est donnée et que la spirale des événements s'accélère, on assiste le plus souvent à une évolution obéissant à ses propres règles. Il en va également ainsi dans l'histoire qui nous occupe ici. Ce qui devait arriver arriva : en 1844, le banquier créa sa propre fabrique de cigares et, bien vite, les cigares H. Upmann conquirent le plus grand nombre.

L'émergence d'une marque de cigares reposant sur une longue tradition, et les hauts et les bas des nombreuses personnes et fabriques amenées à être en relation avec la marque, ont toujours fait l'étoffe des légendes. Ainsi en est-il du destin passionnant de H. Upmann. Il n'est d'ailleurs pas absolument certain que l'histoire que nous venons de

H. Upmann

Nom commercial Vitola de salida	*Nom de production Vitola de galera*	*Longueur en mm (≈ po)*	*Diamètre ∅ en pouces (mm)*	*Appellation internationale*	*Temps de fumage*
Aromáticos	Petit Corona	129 (5⅛)	42 (16,7)	Petit Corona	½ – 3/4 h
Belvederes	Belvederes	125 (4⅞)	39 (15,5)	Short Panatela	½ – 3/4 h
Connaisseur N° 1	Hermoso N° 4	127 (= 5)	48 (19,1)	Robusto	¾ – 1 h
Coronas Junior	Cadete	115 (4½)	36 (14,3)	Short Panatela	½ h
Coronas Major	Eminente	132 (5¼)	42 (16,7)	Petit Corona	¾ – 1 h
Coronas Minor	Coronita	117 (4⅝)	40 (15,9)	Petit Corona	½ h
Epicures	Epicures	110 (4⅜)	35 (13,9)	Short Panatela	¼ – ½ h
Magnum 46	Corona Gorda	143 (5⅝)	46 (18,3)	Grand Corona	1 – 1¼ h
Majestic	Crema	140 (5½)	40 (15,9)	Corona	½ – ¾ h
Monarcas	Julieta N° 2	178 (7)	47 (18,7)	Churchill	1½ – 1¾ h
Petit Coronas	Mareva	129 (5⅛)	42 (16,7)	Petit Corona	½ – ¾ h
Petit Upmanns	Petit	108 (4¼)	31 (12,3)	Small Panatela	¼ h
Regalias	Petit Corona	129 (5⅛)	42 (16,7)	Petit Corona	½ – ¾ h
Singulares	Coronita	117 (4⅝)	40 (15,9)	Petit Corona	½ h
Sir Winston	Julieta N° 2	178 (7)	47 (18,7)	Churchill	1½ – 1¾ h
Upmann N° 2	Pirámide	156 (6⅛)	52 (20,6)	Pyramid	1½ – 1¾ h

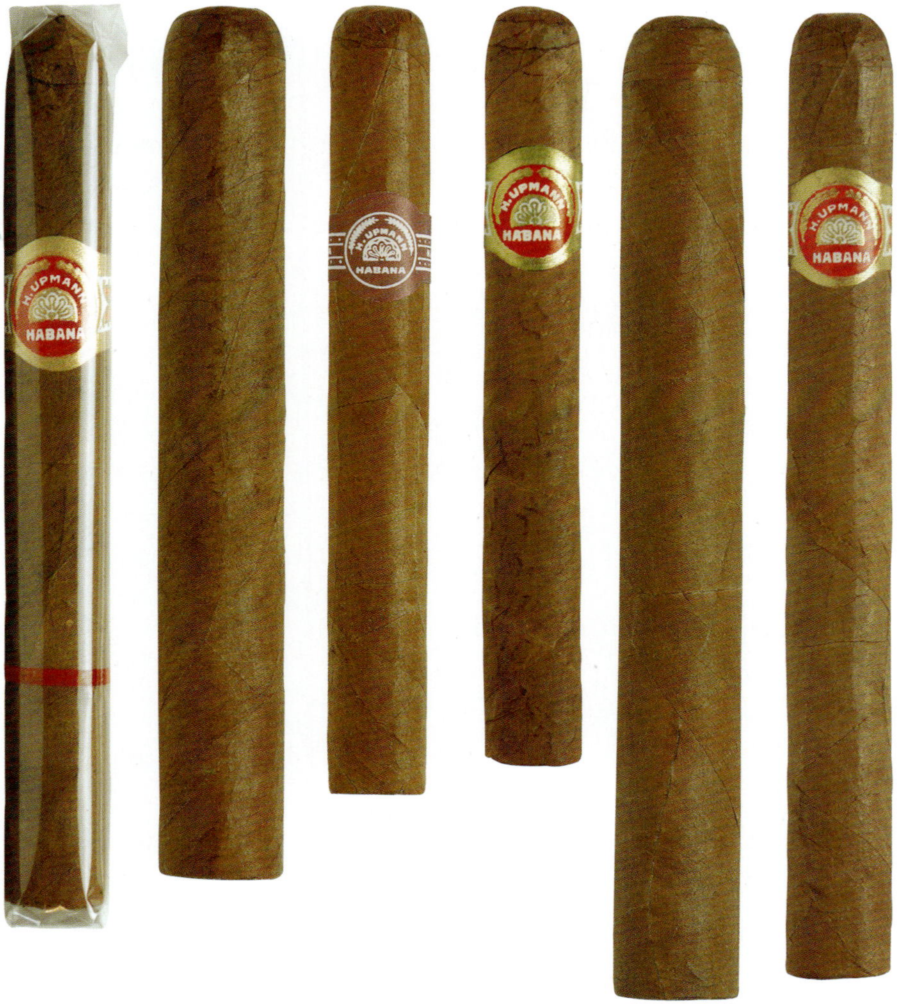

De gauche à droite : Aromaticos, Connaisseur N° 1, Coronas Junior, Epicures, Magnum 46, Majestic

raconter reflète en tout point la vérité. C'est en tout cas ainsi qu'elle a le plus souvent été relatée. Cela ne la rend certes pas plus véridique pour autant mais il convient de reconnaître qu'il s'agit d'une très belle histoire.

Une autre version de l'histoire diverge, malgré quelques éléments semblables, sur un point fondamental : celui de l'identité du fondateur de la marque. Dans cette version, il s'agirait de deux frères allemands qui, après un long séjour

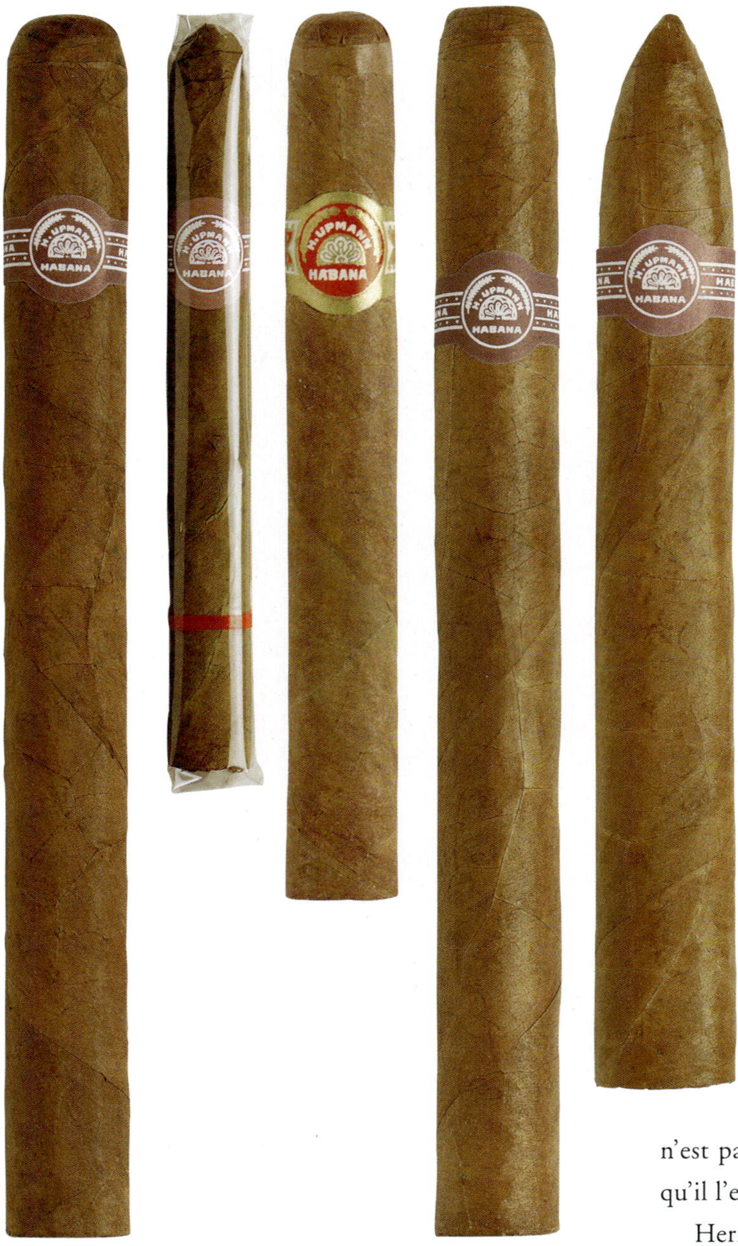

De gauche à droite : Monarcas, Petit Upmanns, Regalias, Sir Winston, Upmann N° 2

à Cuba, décidèrent d'ouvrir un magasin de cigares à La Havane et créèrent peu de temps après une marque de cigares, fondant ainsi également la fabrique nécessaire au bon fonctionnement de l'ensemble. Un an plus tard, les deux frères obtinrent le soutien d'un nouvel associé, un certain Enrique Claufsen, allemand lui aussi. Cigares, magasin et fabrique avaient besoin d'un nom, et celui des deux frères s'imposa tout naturellement : H. Upmann était né. Le H ne renvoie pas ici au prénom de l'un des deux frères mais fait partie de leur patronyme, qui s'écrit « Hupmann » (et non « Upmann »). Augustin et Hermann Hupmann ont choisi le H pour *hermanos*, qui signifie « frères » en espagnol, et ont supprimé le H de Hupmann car cette lettre n'est pas prononcée en espagnol (alors qu'il l'est en allemand).

Hermann Hupmann avait deux neveux, Alberto et Germán, qui étaient également banquiers. Quand ces derniers créèrent la Banco Comercial à La Havane, la firme H. Upmann participa officiellement à cette entreprise. Mais c'en est assez sur l'histoire de la création de cette marque et sur les relations qui liaient la famille Upmann, les cigares et le domaine bancaire.

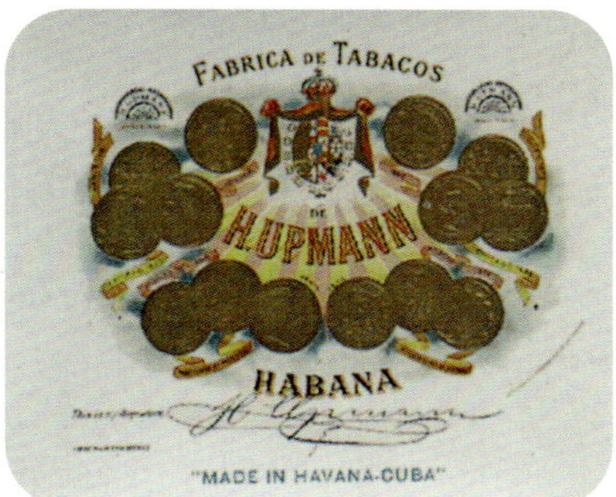

Ce qui suit a été transmis de la même façon pour les deux versions. Les affaires étaient florissantes, aussi bien celles de la banque que celles des trois fabriques de cigares. Les différents honneurs que la marque H. Upmann reçut entre 1855 et 1893 rendent bien compte de l'excellente réputation dont elle jouissait : sept médailles d'or, dont six sont aujourd'hui encore illustrées sur les *vistas* des boîtes Upmann, reçues à Paris (deux fois), Londres, Porto, Moscou, Vienne et en dernier à Chicago, témoignent largement de la renommée de la marque à l'époque (et du talent de ses nombreux pères).

Jusqu'au début des années 1920, une symbiose totale entre art et commerce caractérisait le fonctionnement de la société H. Upmann. Toutefois, une crise économique importante toucha alors Cuba et vint assombrir le tableau. En 1922, la banque dut fermer ses portes, et fut bientôt suivie par la fabrique, qui était dans l'impossibilité de payer pour rembourser les dettes de la banque et d'assurer dans le même temps sa survie. C'est l'entreprise Frankau & Co. – devenue aujourd'hui Hunters & Frankau, plus grand importateur britannique de havanes et de cigares antillais –, qui racheta la fabrique. Les Britanniques, experts en commerce mais pas en fabrication de cigares, donnèrent l'entreprise à bail à une société germano-espagnole, qui continua à diriger l'entreprise et la hissa au niveau des plus grands noms de l'industrie cigarière. Cette entreprise apporta une nouveauté dans le domaine de l'emballage en créant les étuis en aluminium tapissés de bois de cèdre.

Cette union ne dura que 14 ans, car le bailleur ne disposait pas du capital suffisant pour assurer une production parfaite à des niveaux de quantité élevés. Frankau & Co. dénonça donc le contrat de bail en 1936, et l'entreprise Menéndez y García, anciennement Menéndez y Cia, reprit à la fois le nom et la fabrique. Peu de temps après, la société H. Upmann enregistra de nouveau des profits. La raison essentielle en était l'introduction d'une nouvelle marque, dont l'apparition marqua le début d'une période particulièrement faste. Les modules Montecristo comptent aujourd'hui encore parmi les plus grands havanes.

En 1944, soit 100 ans exactement après la création de la société par les Upmann – ou Hupmann –, un nouvel atelier de fabrication fit son apparition à La Havane dans la calle Amistad. Au sein de cet atelier, la marque légendaire prit en compte la demande de plus en plus forte pour des modules diversifiés. Jusqu'à ce jour, les Upmann sont fabriqués ici.

S'il existait, il y a encore quelques années, pas moins de 50 modules, la fabrique en produit aujourd'hui moins de 20, dont les H. Upmann N° 2 et les Magnum 46, qui sont sans doute les pièces les plus réussies.

J

John Aylesbury

L'année au cours de laquelle l'Allemagne remporta son deuxième titre de Champion du monde de football se produisit un autre fait formidable, dans un domaine qui peut paraître aussi futile que le sport, celui des cigares. L'année 1974 marqua en effet un événement très important pour les fumeurs de cigares allemands.

Cette année-là, huit commerçants, représentant sept magasins de tabac, se réunirent. Leur but est de mettre en place un large réseau de magasins d'articles destinés aux fumeurs, avec une plate-forme commune permettant de répondre aux exigences de ces derniers dans le domaine des produits de haute qualité. Cette plate-forme devait bien entendu avoir un nom, marquant et unique, capable de frapper les esprits, et synonyme de qualité pour les produits qui seraient proposés par la société. Or la recherche d'un nom approprié se révéla beaucoup difficile que prévue, et la proposition du nom « John Aylesbury », qui fut finalement retenue, vint de l'extérieur du groupe.

Le nom était enfin trouvé, de même que quelque 30 détaillants susceptibles d'être intéressés par le concept. L'entreprise, qui débuta il y a plus de 30 ans avec quatre variétés de tabac à pipes et qui portait le nom d'une banlieue londonienne située près de Wimbledon, auquel on avait simplement accolé le prénom « John », a pris depuis une place importante sur le marché. Après quelques années, les tout premiers cigares vinrent s'ajouter à la palette des produits proposés et John Aylesbury vend aujourd'hui, parallèlement aux divers accessoires, pipes et tabac à pipes, un assortiment, certes peu étendu mais de bonne qualité, de cigares et de cigarillos, caractérisés par leur prix modéré.

Les 30 magasins se sont depuis multipliés : on en compte aujourd'hui pas moins de 50, ce qui est finalement très peu pour ces 25 années d'existence, mais telle est la philosophie de la maison. On ne sélectionne que les magasins qui jouissent d'une excellente réputation et qui tiennent à la défendre. Ce sont les membres qui décident si un candidat est accepté ou non. Le magasin candidat ne doit pas seulement jouir d'une bonne réputation mais doit également être dirigé par son propriétaire. Même si ces critères sont remplis, une candidature ne peut pas être retenue s'il existe déjà un magasin du groupe John Aylesbury dans la ville concernée. Une seule franchise par ville : c'est la garantie de l'exclusivité et de la qualité.

José Gener

Il s'agit, avec Hoyo de Monterrey, de la deuxième marque créée par José Gener. Les Gener furent très demandés pendant toute une époque, notamment également sous les logos José Gener La Escepción et La Escepción. Aujourd'hui, les cigares de cette marque ne sont plus fabriqués, ce que ne déplore certes pas le fumeur débutant, qui aurait sans doute éprouvé quelques difficultés avec ces havanes corsés.

José L. Piedra

Les cigares Piedras font partie des havanes qui sont apparus sur le marché vers la fin du XIXe siècle. Leurs créateurs sont des aventuriers originaires des Asturies, qui se sont installés à Santa Clara, une ville située dans la région de Remedios, où le tabac est cultivé depuis le XVIe siècle.

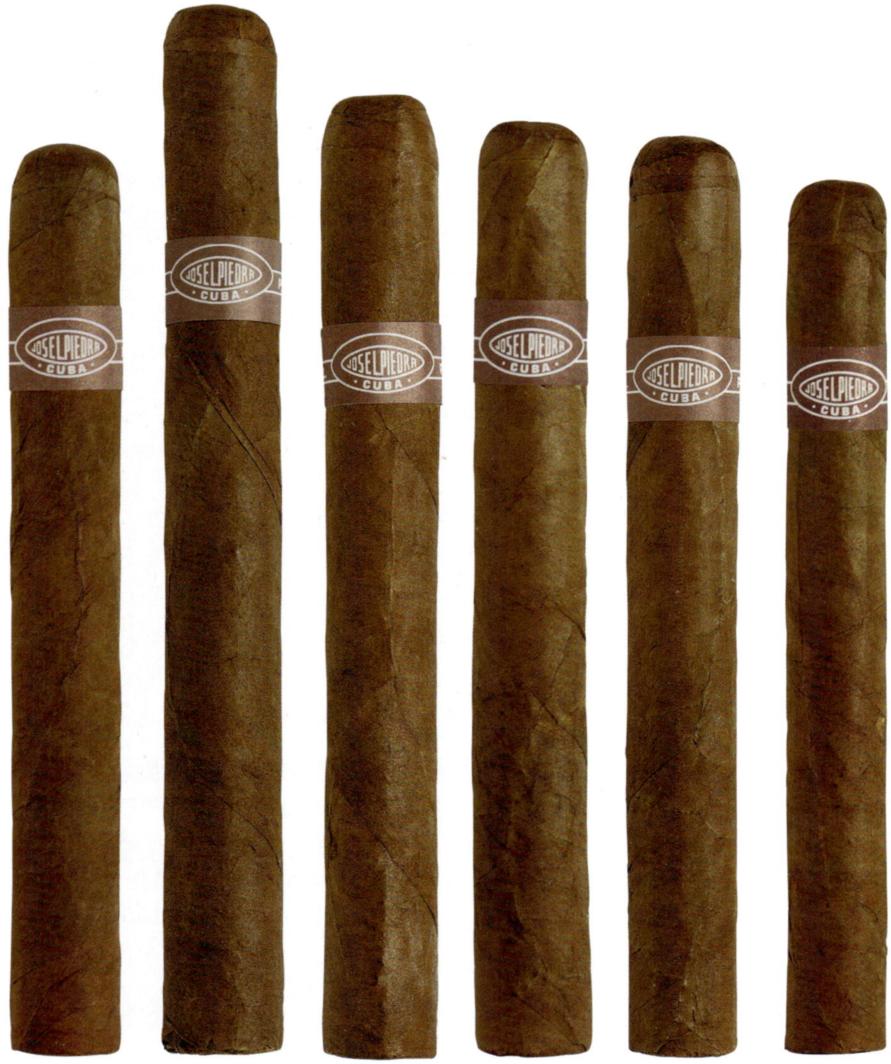

De gauche à droite : Brevas, Cazadores, Conservas, Cremas, Nacionales, Petit Cetros

José L. Piedra

Nom commercial Vitola de salida	*Nom de production Vitola de galera*	*Longueur en mm (≈ po)*	*Diamètre ∅ en pouces (mm)*	*Appellation internationale*	*Temps de fumage*
Brevas	Breva JLP	133 (5¼)	42 (16,7)	Corona	½ – ¾ h
Cazadores	Cazadores JLP	152 (6)	43 (17,1)	Long Corona	1¼ – 1½ h
Conservas	Conserva JLP	140 (5½)	44 (17,5)	Corona	¾ – 1 h
Cremas	Crema JLP	136 (5⅜)	40 (15,9)	Corona	½ – ¾ h
Nacionales	Nacionales JLP	134 (5¼)	42 (16,7)	Corona	¾ – 1 h
Petit Cetros	Petit Cetro JLP	127 (= 5)	38 (15,1)	Short Panatela	½ h

Les cigares José L. Piedra sont des shortfillers roulés à la main. À la dégustation, ils délivrent à l'*aficionado* une forte puissance aromatique.

Joya de Nicaragua

Le « joyau du Nicaragua » – tel que l'on pourrait traduire ce nom espagnol – a un passé mouvementé, caractérisé, comme tel est souvent le cas, par une alternance de hauts et de bas. Suite à l'embargo américain, de nombreux Cubains tournèrent le dos à leur île natale pour s'installer au Nicaragua. Les planteurs de tabac trouvèrent dans ce pays d'adoption un sol comparable à celui de Cuba qui leur permit de continuer à produire de bons cigares, une activité qui donnait un véritable sens à leur vie. Résultat : dès 1965, la marque Joya de Nicaragua fait son apparition sur le marché. Par la suite, la marque réussit à fidéliser sa clientèle en proposant de très bons cigares.

Les différents tabacs utilisés sont cultivés dans les régions les plus fertiles du Nicaragua : des tabacs locaux, cultivés avec des semences havanna, fournissent la tripe ; la sous-cape est réalisée en feuilles Jalapa ; tandis que la feuille de cape est fabriquée avec un tabac Connecticut cultivé au Nicaragua. C'est ainsi que les Joya de Nicaragua peuvent être qualifiés de « Puros ».

Puis vint l'année 1978. Quand le leader de l'opposition politique, Chamorro, fut assassiné en janvier lors de sa campagne électorale par des partisans du dictateur Somoza, une guerre civile sanglante vint ébranler le pays. Au terme de ces troubles, les sandinistes d'obédience marxiste-léniniste prirent le pouvoir. En 1979, Somoza fut forcé de s'exiler. L'année 1980 vit la création de la junte sandiniste et, en 1981, l'opposition armée

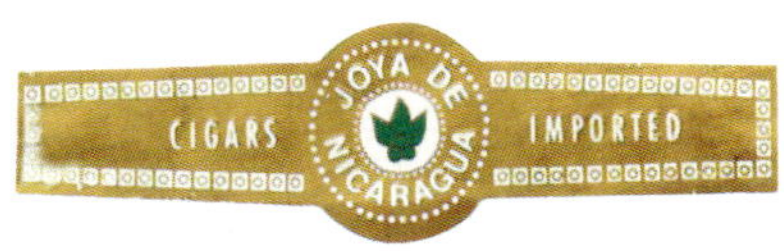

des *contras* de droite se mit en place. Ces derniers reçurent le soutien des États-Unis, qui imposèrent également un embargo contre le Nicaragua en 1985 – embargo qui ne fut levé qu'en 1990.

Cette année-là, le calme revint enfin au Nicaragua. Il était plus que temps, car l'instabilité politique, apportée de l'extérieur, avait beaucoup fait souffrir l'économie nationale. L'industrie du tabac n'avait bien sûr pas été épargnée : les champs étaient dévastés, les fabriques avaient été bombardées, de nombreux ouvriers avaient péri. Comme les autres secteurs économiques, l'industrie du tabac renaquit également de ses cendres et se remit des suites des affrontements sanglants qui avaient ravagé le pays pendant plus d'une décennie.

Tout cela explique sans doute pourquoi les Joya de Nicaragua qui furent produits après la fin de la guerre civile, tandis que la production de cigares reprenait progressivement son cours, sont de bien moins bonne qualité que ceux qui avaient été fabriqués avant le déclenchement des événements. Quoi qu'il en soit, ces cigares ont aujourd'hui retrouvé leur niveau d'antan et n'ont cessé de gagner en qualité, récolte après récolte, ces dernières années.

Juan Clemente

Comme chacun le sait, le génie et la folie sont souvent très proches. Il faut parfois être un peu fou, tout au moins terriblement passionné, pour surprendre tout le monde avec ce que l'on met en scène.

Pour la marque Juan Clemente, cette mise en scène eut lieu en 1982. Mais tout commença en réalité beaucoup plus tôt. Le Français Jean Clément, un grand voyageur ainsi qu'un grand connaisseur, passa quelque temps en Amérique latine. Il n'y rencontra pas que des beautés caraïbes, mais y découvrit également des produits naturels d'une qualité exceptionnelle qu'il sut, en tant qu'épicurien, apprécier à leur juste valeur.

Il séjourna de nombreuses années dans la région avant de laisser parler son amour de la profession : le dynamique entrepreneur fonda en 1975 une petite fabrique de cigares à Santiago de los Caballeros, en République dominicaine, et, en 1982, les premiers Clementes quittent la manufacture.

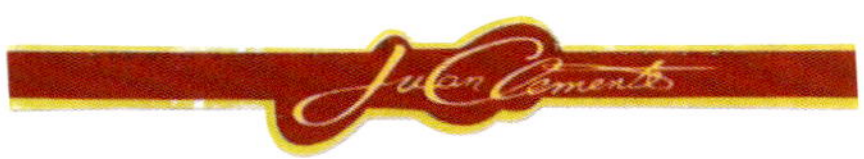

Les cigares des trois séries de Juan Clemente présentent une excellente souscape (Santo Domingo), ainsi qu'une cape Connecticut Colorado. Cette construction, certes très réjouissante, n'est pas exceptionnelle, car de nombreux autres cigares sont également roulés avec ces feuilles de tabac.

La particularité des Clemente réside toutefois dans leur bague. En effet, cette dernière ne s'enroule pas autour du cigare, bien qu'il semble qu'il en soit ainsi : elle est seulement placée sur la partie inférieure du cigare, afin de le protéger, dès la « naissance », en son point le plus fragile.

Justus van Maurik

L'art de la fabrication des cigares jouit d'une très longue tradition aux Pays-Bas, tradition qui remonte jusqu'au XVIIIe siècle. L'une des marques les plus connues de cette ancienne puissance coloniale est Justus van Maurik, des cigares qui ont, eux aussi, une bien longue histoire derrière eux. Les Justus van Maurik, qui portent le nom d'une très ancienne famille d'aristocrates, sont apparus au cours de la seconde moitié du XVIIIe siècle, plus précisément en 1794.

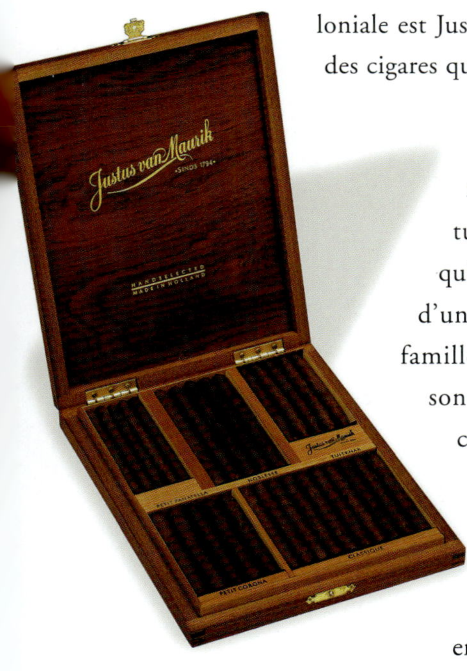

Compte tenu de cette tradition vieille de plus de deux siècles, les cigares Justus van Maurik sont considérés comme figurant parmi les fers de lance de l'industrie cigarière néerlandaise.

La Aurora

Il s'agit ici de longfillers fabriqués au sein de la manufacture la plus ancienne de République dominicaine.

Les modules de la série standard étant, de par leur qualité, un *must* absolu, les Preferidos (série exclusive avec différentes vitoles) méritent d'être examinés d'un peu plus près. Beaucoup plus récents que la série standard, les Aurora Preferidos Editionen renvoient cependant à des temps anciens puisqu'ils s'appuient sur des critères établis en 1903 par Eduardo León Jimenes, qui se concentrait exclusivement sur le format Perfecto (Torpedo).

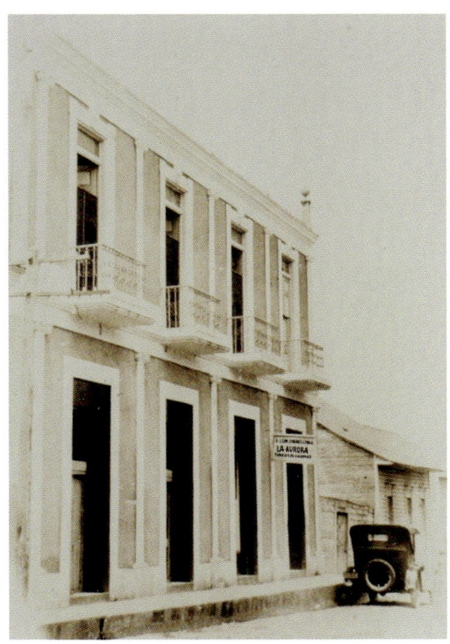

Maison mère de La Aurora

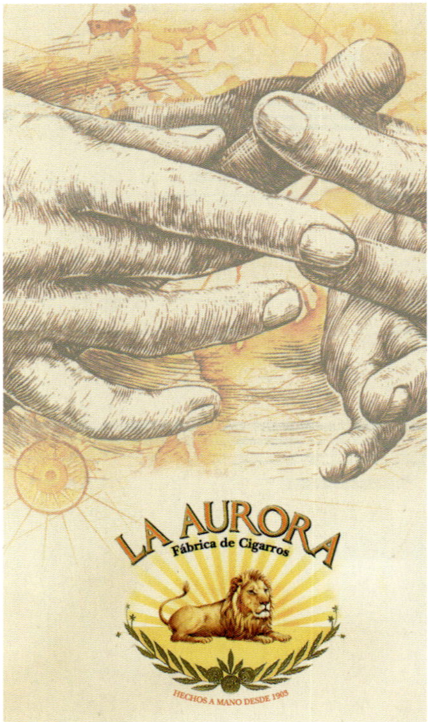

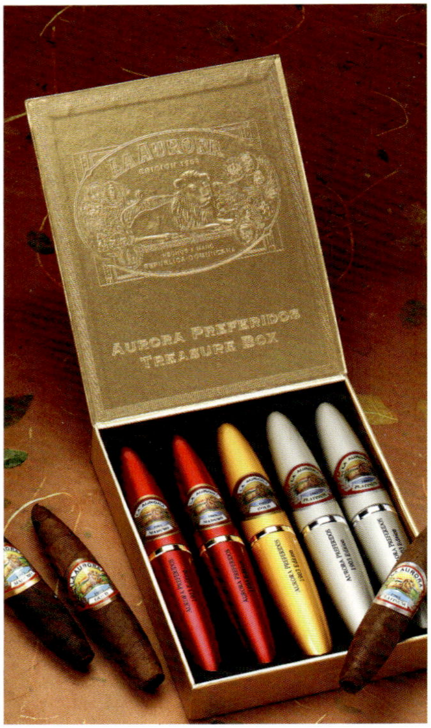

Outre les vitoles Preferidos Platinum, déjà bien établies sur le marché, cette série comporte trois autres pièces cigarières : les Corojo Gold, les Maduro de Luxe et les Sapphire.

Les Aurora Preferidos sont élaborés selon des directives de qualité extrêmement strictes. Ainsi, seuls les *torcedores* les plus expérimentés sont habilités à rouler les cigares de ces éditions ; en outre, ils ne sont pas autorisés à rouler plus d'une centaine de cigares par jour et s'astreignent ainsi à prendre tout le temps n'écessaire pour développer leur art. Les tabacs utilisés sont entreposés plusieurs années, puis mis un an à mûrir dans des tonneaux en chêne, et sont encore entreposés six mois dans une salle de vieillissement après la fabrication. Une fois roulés, les Preferidos sont conditionnés dans des tubes métalliques brillants.

Les Preferidos sont des cigares Premium par excellence, de nature à réjouir tout *aficionado.* Ces longfillers parfaitement travaillés ont également un prix… et le valent bien.

La Corona

La marque La Corona fit son apparition sur le marché en 1845 et fait ainsi partie des plus anciennes marques de havanes. On devrait d'ailleurs plutôt dire « faisait partie » car la production des La Corona cubains a définitivement cessé en 1999. Ceci est fort dommage, car cette vénérable marque incarnait le plus pur style cubain traditionnel.

Depuis longtemps déjà, les « couronnes » étaient fabriquées en République dominicaine, puis exportées vers de nombreux pays. Il s'agit de cigares bien différents de ceux, plus corsés, fabriqués à La Havane et autrefois appréciés de si nombreux *aficionados*. Toutefois, ces cigares dominicains, doux à moyennement corsés, sont également dignes d'être conseillés aux amateurs. Ils se distinguent par une très bonne construction, délivrent des arômes subtils et sont ainsi parfaitement adaptés aux fumeurs débutants.

La Flor de Cano

La Flor de Cano – mots qui signifient « fleurs des Canos » – possède un nom qui renvoie aux frères José et Tomás Cano à l'origine de cette marque. Ces derniers accordèrent le plus grand soin à l'élaboration de la tripe de leurs cigares avant de les proposer sur le marché en 1884.

Malheureusement, seuls quatre modules sont encore produits : deux short-fillers roulés à la main, deux autres formats fabriqués à la machine. Les quatre modules ont en commun de développer un arôme moyennement corsé.

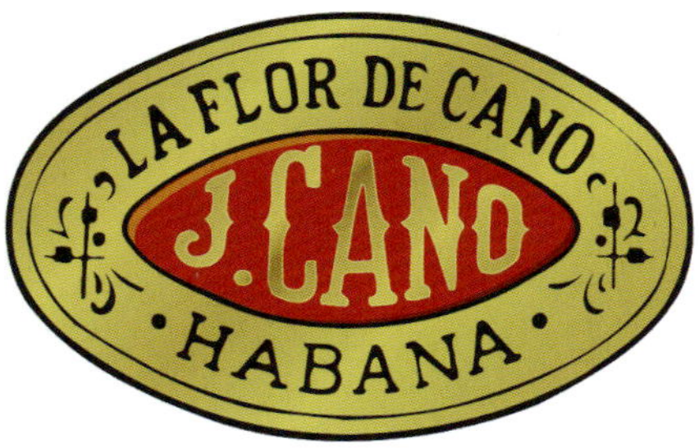

La Flor de Cano

Nom commercial Vitola de salida	*Nom de production Vitola de galera*	*Longueur en mm (≈ po)*	*Diamètre ∅ en pouces (mm)*	*Appellation internationale*	*Temps de fumage*
Petit Coronas	Standard mano	123 (4⅞)	40 (15,9)	Petit Corona	½ – 3/4 h
Predilectos Tubulares	Standard	123 (4⅞)	40 (15,9)	Petit Corona	½ – 3/4 h
Preferidos	Veguerito	127 (= 5)	36 (14,3)	Short Panatela	½ h
Selectos	Cristales mano	150 (5⅞)	41 (16,3)	Long Corona	¾ – 1 h

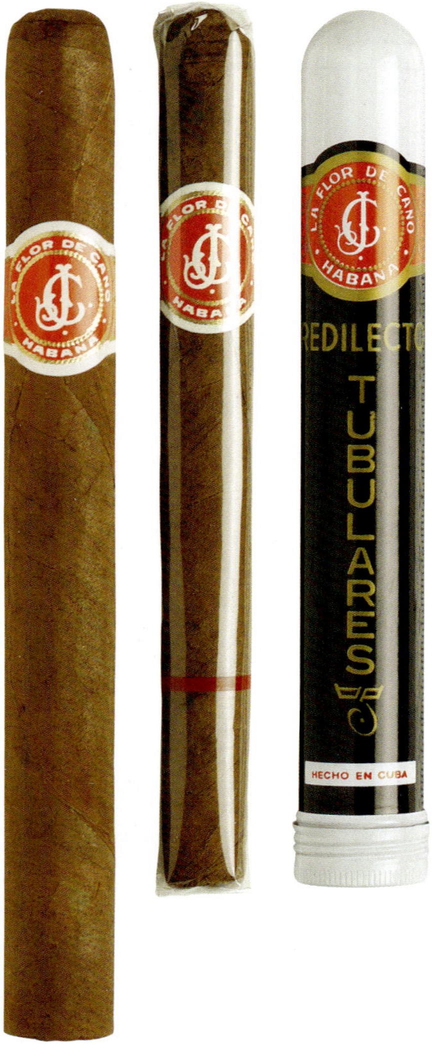

De gauche à droite : Selectos, Preferidos, Predilectos Tubulares

La Fontana

Les La Fontana, commercialisés sous le nom « La Fontana Vintage » et sous la forme de cigares millésimés dans certains pays, sont des cigares parfaitement conseillés aux débutants et aux fumeurs qui ont déjà fait leurs premières expériences cigarières.

En lisant le nom de la marque, on pourrait facilement penser, à tort, que ces cigares sont fabriqués en Italie. La manufacture La Fontana est en fait implantée au Honduras, dans la région de Danlí. La fabrique appartient à la famille Eiroa et emploie des *torcedores* plein de talent, qui roulent à merveille ces cigares à l'arôme doux.

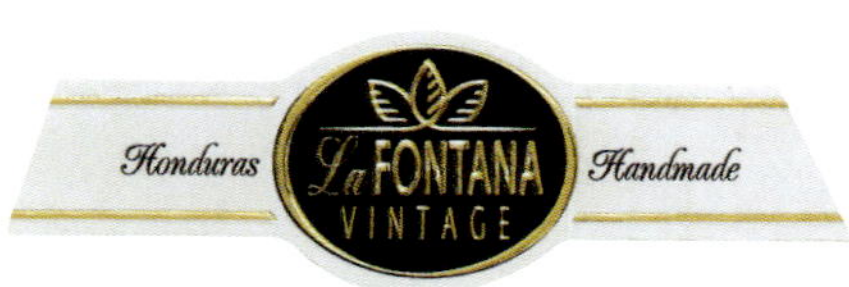

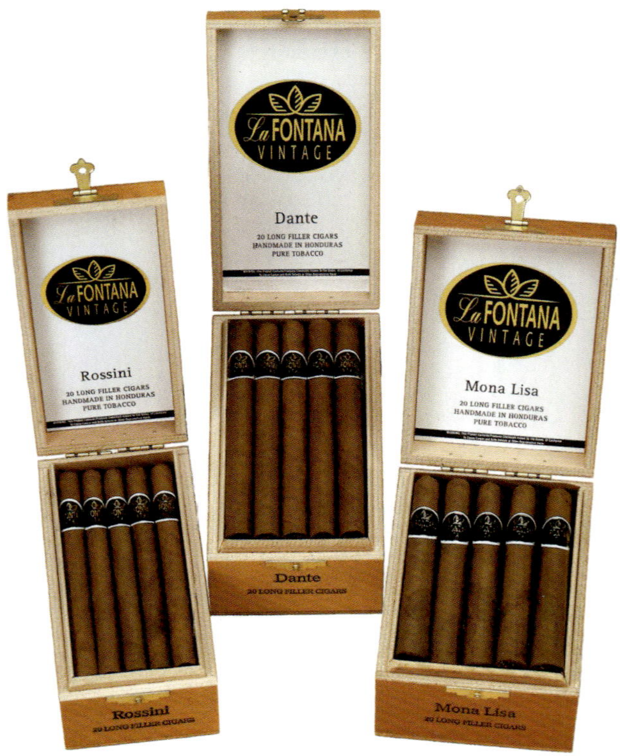

La Gloria Cubana

Cette marque trouve bizarrement sa place dans le plan de production de la fabrique Partagás, car cette manufacture roule les Bolívar, les Partagás et les Ramón Allones, qui comptent parmi les havanes les plus forts qui soient, alors que les Glorias Cubana sont au contraire des havanes moyennement corsés.

Par chance pour les amateurs de havanes plutôt doux, les Glorias existent encore de nos jours. On devrait plutôt dire qu'ils existent de nouveau car, pendant un certain temps, ils n'ont plus été produits du tout, après avoir figuré, avant la révolution cubaine, parmi les cigares qui faisaient l'objet d'une demande de plus en plus forte. Cependant, comme de nombreuses autres marques, le destin a également frappé les Gloria Cubana et les a un temps enlevés de la liste des marques de tradition autrefois considérées comme symbole de luxe et d'exclusivité. La production a néanmoins été reprise tout de suite après l'intermède El Siboney – devenus temporairement seuls représentants des havanes.

Les Glorias Cubana ont de nouveau réussi à fidéliser de nombreux amateurs, par chance pour ceux qui veulent se familiariser avec le monde des havanes, car, malgré leur douceur, les Glorias délivrent une note épicée incomparable, propre à presque tous les havanes.

La Gloria Cubana

Nom commercial Vitola de salida	*Nom de production Vitola de galera*	*Longueur en mm (≈ po)*	*Diamètre ∅ en pouces (mm)*	*Appellation internationale*	*Temps de fumage*
Médaille d'Or N° 1	Delicado Extra	185 (7¼)	36 (14,3)	Long Panatela	1 – 1¼ h
Médaille d'Or N° 2	Dalia	170 (6¾)	43 (17,1)	Lonsdale	1¼ – 1½ h
Médaille d'Or N° 3	Panetela Larga	175 (6⅞)	28 (11,1)	Slim Panatela	½ – ¾ h
Médaille d'Or N° 4	Palmita	152 (6)	32 (12,7)	Slim Panatela	½ – ¾ h
Taínos	Julieta N° 2	178 (7)	47 (18,7)	Churchill	1½ – 1¾ h

De gauche
à droite :
Médaille d'Or
N° 1 à 4

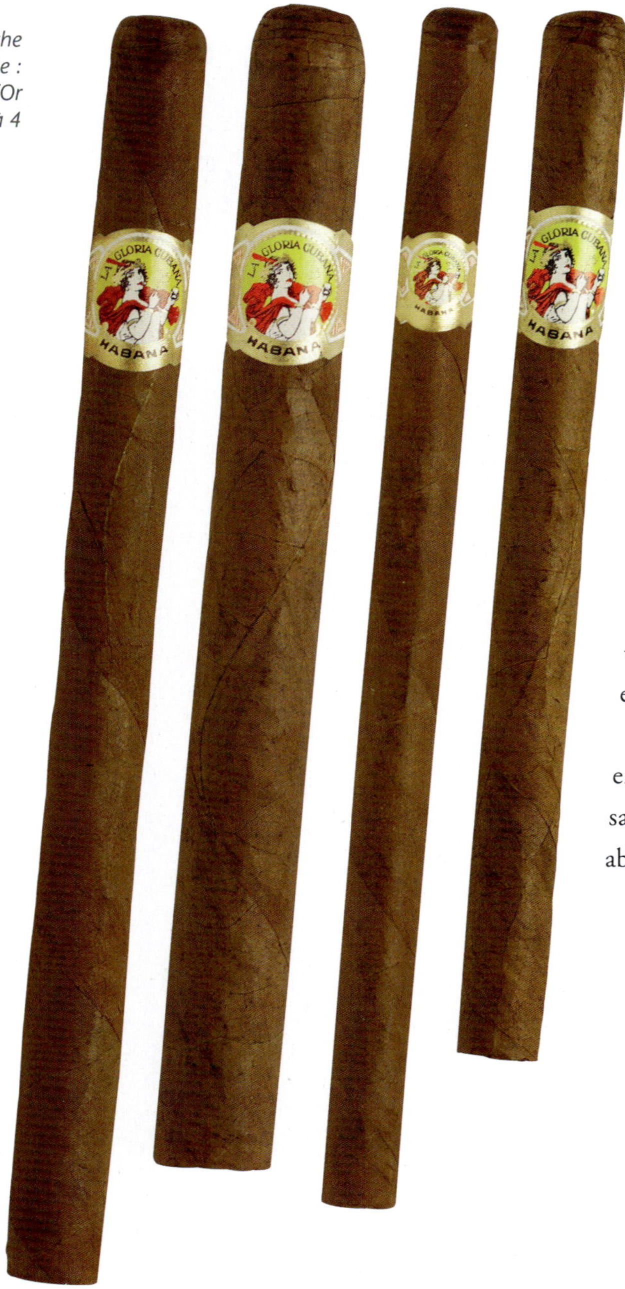

La Rica

L'adjectif espagnol *rico* signifie « fortuné » ou « riche » , mais également « substantiel » et « savoureux », ce qui laisse supposer que les créateurs de cette marque encore jeune ont choisi ce nom à dessein.

Les La Ricas nicaraguayens délivrent un arôme plutôt réservé mais présentent un autre avantage : ils sont très concentrés et s'harmonisent parfaitement avec tous les rhums des Caraïbes et d'Amérique centrale.

Ces longfillers présentent en outre une qualité intéressante : leur prix relativement abordable.

Laura Chavin

Le designer industriel Helmut Bührle, issu d'une famille de commerçants de originaire de Stuttgart et liée depuis des décennies au commerce du tabac, est à l'origine de la marque de cigares Laura Chavin, qui porte le nom de sa fille. Pour ce faire, il s'est entouré des experts de la Tabacalera de García, et c'est là-bas, en République dominicaine, que les cigares Laura Chavins sont aujourd'hui fabriqués à la main.

Les séries Concours des meilleurs Connaisseurs et Pur Sang sont particulièrement convaincantes. Ces deux lignes de produits sont toutefois proposées à un prix très élevé. Quant à savoir si les prix sont en adéquation avec la qualité des produits, nous laissons à chacun la liberté de se faire sa propre opinion.

León Jimenes

Tout comme de nombreuses marques dominicaines, les cigares León Jimenes entrent dans la catégorie des cigares moyennement corsés, ce qui laisse supposer que l'équilibre entre tripe, sous-cape et cape est parfaitement réussi.

Les León Jimenes bénéficient également d'une longue tradition. Fabriquée pour la première fois en 1903, cette marque est en effet la plus ancienne des marques dominicaines.

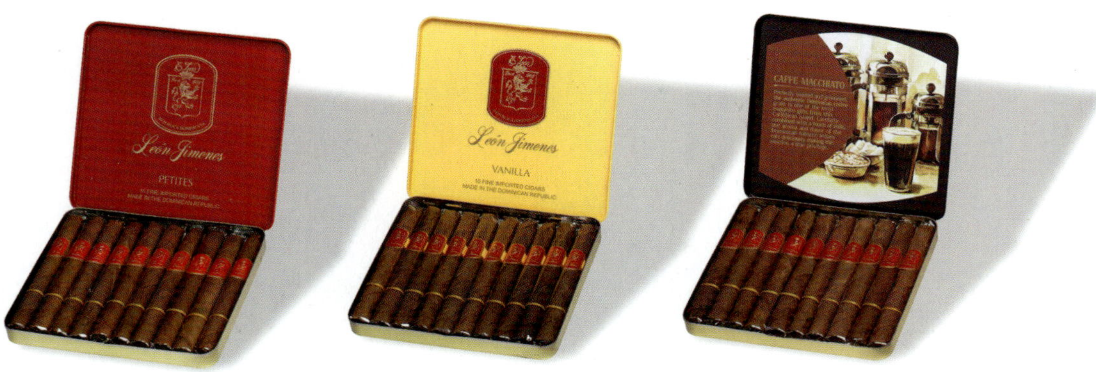

Depuis tout ce temps, la marque n'a jamais pris le risque de se reposer sur ses lauriers. Ses rouleurs ont toujours trouvé les ressources nécessaires pour parvenir à améliorer les mélanges existants, à les affiner. Dans ces conditions, il n'est pas étonnant que les cigares León Jimenes continuent, aujourd'hui encore, à fidéliser de nombreux amateurs dans le monde entier.

Los Statos de Luxe

Ces cigares ne sont malheureusement pas disponibles partout car ils ne sont plus fabriqués qu'en très petites quantités. Il s'agit pourtant de cigares fidèles au plus pur style des havanes.

Les Statos sont des cigares relativement corsés et séduisent en conséquence tout particulièrement les amateurs de havanes qui sont à la recherche de pièces corsées.

M

Macanudo

Comme de nombreuses marques de cigares caraïbes, cette marque a été créée à Cuba. Au départ, le Macanudo n'était qu'un simple module de Punch, une marque de havanes qui, au cours de la seconde moitié du XIXe siècle, était presque exclusivement produite pour le marché britannique. Or, ce cigare obtint relativement vite son indépendance, après que les premiers modules furent roulés en 1868 en Jamaïque par une fabrique possédée par des Cubains. Cette situation dura pendant près de 90 ans.

Puis arriva la révolution castriste, qui contraignit les propriétaires cubains de Macanudo à vendre les ateliers de production des célèbres cigares, ainsi qu'à céder les droits de la marque à une société jamaïcaine, qui se mit ensuite à fabriquer les Macanudo sous sa propre régie.

Los Statos de Luxe

Nom commercial Vitola de salida	*Nom de production Vitola de galera*	*Longueur en mm (≈ po)*	*Diamètre ∅ en pouces (mm)*	*Appellation internationale*	*Temps de fumage*
Brevas	**Nacionales**	**140 (5½)**	**40 (15,9)**	**Corona**	**½ – ¾ h**
Cremas	**Nacionales**	**140 (5½)**	**40 (15,9)**	**Corona**	**½ – ¾ h**
Delirios	**Standard**	**123 (4⅞)**	**40 (15,9)**	**Petit Corona**	**½ – ¾ h**
Selectos	**Nacionales**	**140 (5½)**	**40 (15,9)**	**Corona**	**½ – ¾ h**

Or cette nouvelle situation ne dura pas très longtemps, car les Jamaïcains ne s'en sortaient pas aussi bien qu'ils l'avaient espéré dans le domaine de la production et de la distribution. Ils finirent donc par revendre les droits à une entreprise de Tampa, qui, à son tour, les céda par la suite à la General Cigar Company.

General Cigar Company, un des leaders américains du secteur du tabac et des cigares, assure aujourd'hui encore la fabrication des Macanudo, qui sont presque exclusivement roulés en République dominicaine.

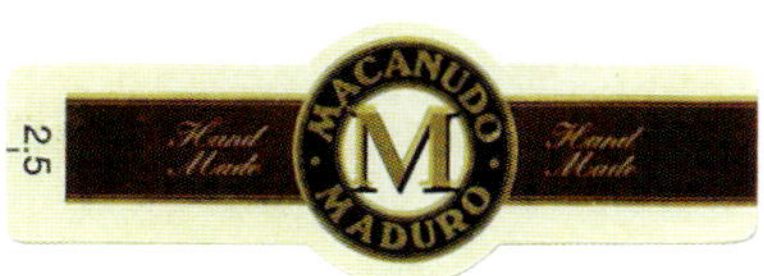

Il y a encore quelques années, les choses étaient tout autres. Après avoir quitté les îles Canaries pour prendre la responsabilité de la production des Partagás, une marque appartenant à General Cigar, en République dominicaine, le cigarier Benjamín Menéndez se consacra, jusqu'au milieu des années 1980, de plus en plus à la fabrication des Macanudo. Au fil des ans, ce spécialiste est pour ainsi dire devenu un « voyageur entre deux mondes », car les cigares de cette marque riche en tradition sont produits en parts égales à la Jamaïque et en République dominicaine.

Les cigares commercialisés en Europe sont pour la plupart originaires de la Jamaïque, et cela s'explique par plusieurs bonnes raisons : d'une part, l'île fait partie du Commonwealth britannique, d'autre part, elle bénéficie d'une politique fiscale modérée qui influe largement sur ses exportations vers « l'Empire », et, enfin, la Grande-Bretagne faisant partie de l'Union européenne, les importations des différents biens jamaïcains dans l'Ancien Monde se révèlent économiquement très intéressantes.

Avantages fiscaux ou pas, les Américains décidèrent de déplacer la production de tous les Macanudo en République dominicaine, et ce afin de faciliter la logistique dans le secteur de la fabrication. Quant à savoir si les avantages financiers dans le secteur de la logistique ont causé des dépenses supplémentaires dans le secteur fiscal... Quoi qu'il en soit, la qualité et la construction des Macanudo n'ont aucunement été affectées par ces divers changements : comme par le passé, la marque est l'une des meilleures du marché international et il en va de même pour les cinq séries qu'elle propose – à l'exception peut-être de la Robust, qui n'a pas réussi à s'imposer sur le marché autant que ses créateurs l'auraient souhaité, mais qui fait néanmoins partie des produits d'excellente qualité.

Sans vouloir déprécier les autres séries, il en est deux qui se démarquent tout particulièrement : la série Vintage Cabinet Selection et la série Maduro. Les cigares millésimés de Vintage Cabinet Selection ont fait leur première apparition en 1989, avec une cape Connecticut récoltée dix ans plus tôt et qui, du fait de son stockage extrêmement long, avait pu mûrir de façon prolongée. Après les Vintage 1979, les millésimes 1984, 1988 et 1993 ont également été lancés sur le marché. En plus de la bague habituelle, ces cigares portent une autre bague indiquant, celle-ci, leur année de fabrication. Tous les Vintages relativement doux de Macanudo, fabriqués sous la direction du très expérimenté Daniel Núñez, se distinguent par une construction très équilibrée, recourant à des variétés de tabac qui s'harmonisent à la perfection.

Il en va de même pour les Maduros. L'apparence de ces cigares risque d'effrayer le débutant car la cape, que l'on peut sans aucune hésitation qualifier de negros, donne l'impression de vitoles très corsées. Pour peu qu'il surmonte ses craintes et se laisse tenter par un Macanudo Maduro », l'amateur sera surpris par la douceur de ce cigare qui délivre de nombreux arômes, exhalés notamment par la cape Connecticut-Broadleaf noire. Celle-ci est longtemps exposée au soleil, ce qui la rend bien huileuse et renforce sa teneur en arômes sucrés.

Maria Mancini

« Et il tira de son porte-cigares en cuir, orné d'un monogramme d'argent, un Maria Mancini, un bel exemplaire de la couche supérieure de la boîte, aplati d'un côté ainsi qu'il les aimait particulière-

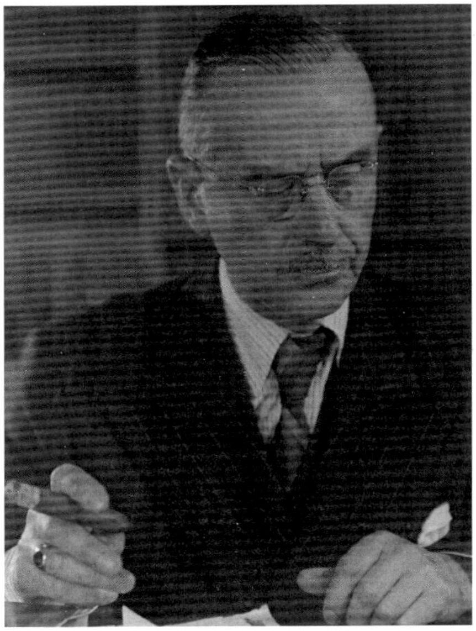

Thomas Mann

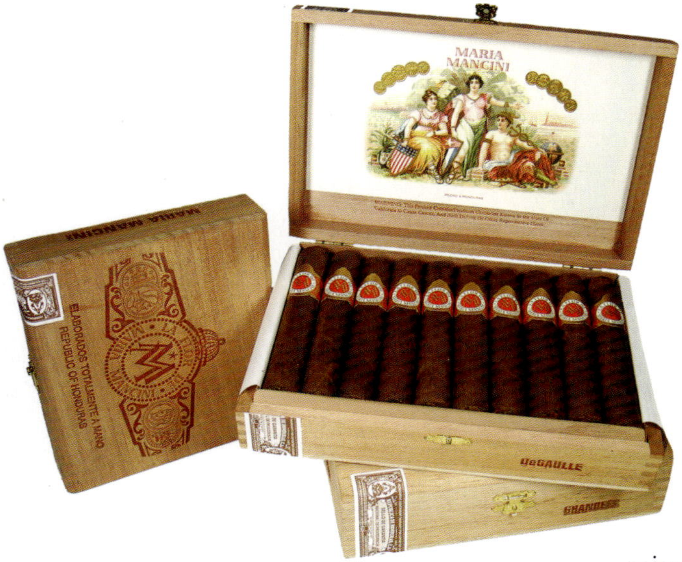

ment, coupa la pointe à l'aide d'un petit couperet pendu à sa chaîne de montre, fit flamber son briquet et alluma le cigare assez long et arrondi en avant, en en tirant quelques bouffées pleines d'une ferveur satisfaite. »

Et plus loin : « Je ne comprends pas que l'on puisse ne pas fumer. C'est se priver de toute façon de la meilleure part de l'existence et en tout cas d'un plaisir tout à fait éminent. Lorsque je m'éveille, je me réjouis déjà de pouvoir fumer pendant la journée, et pendant que je mange, j'ai la même pensée, oui, je peux dire qu'en somme je mange seulement pour pouvoir ensuite fumer, et je crois que j'exagère à peine. Mais un jour sans tabac, ce serait pour moi le comble de la fadeur, ce serait une journée absolument vide et insipide. »

Ces paroles sont tirées d'un roman de Thomas Mann, et l'homme qui les prononce est Hans Castorp, héros du roman *La Montagne magique.*

Les Maria Mancini sont longtemps restés dans l'oubli, avant de connaître une renaissance bien méritée, il y a quelques années. Par quoi se distinguent ces longfillers honduriens ? La réponse est donnée par le prix Nobel de littérature de 1929, car les paroles qu'il prête à Hans Castorp sont toujours d'actualité : « C'est un mélange plein de ressources et très

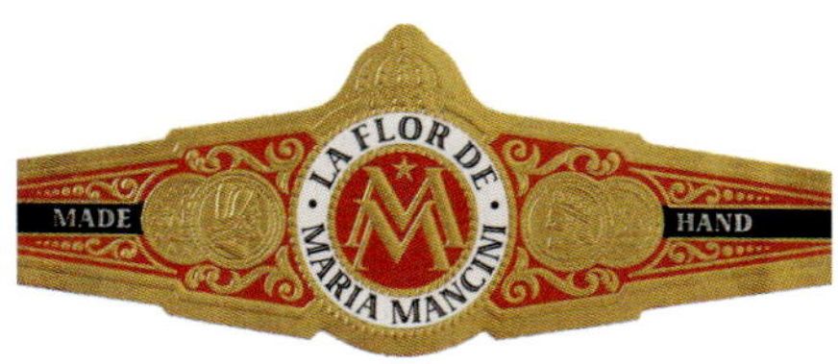

savoureux, mais léger sur la langue. Il aime qu'on lui laisse longtemps ses cendres, je les fais tomber deux fois au plus. Naturellement, il a aussi ses petits caprices, mais le contrôle de la fabrication doit être très minutieux, car le Maria est très solide et tire avec une régularité parfaite. »

Montecristo

Si de nombreux experts considèrent les Cohiba comme LA marque de havanes par excellence, ils sont également légion à estimer que les A de Montecristo méritent très largement l'appellation de « meilleurs cigares » cubains.

L'avis des experts est une chose mais, comme le dit l'adage, les goûts et les couleurs ne se discutent pas. Il revient à chacun de découvrir ce qui lui plaît le plus et le moins. Il en va de même pour tous les produits d'agrément et il n'existe donc pas à proprement parler de « meilleur cigare ». Comme l'a si bien énoncé Zino Davidoff, connaisseur averti et notoire : « Le meilleur cigare est celui que l'on préfère à un moment donné. »

Les A de Montecristo » figurent sans conteste parmi les meilleurs havanes qui soient au monde ; ils sont aussi les plus onéreux proposés par la marque Montecristo. De tous les havanes commercialisés en dehors des *Casas del Habano* dans les civettes « normales », ce sont en effet les cigares les plus chers que l'on puisse se procurer.

Toutefois, la marque Montecristo ne comprend pas uniquement les A. D'autres modules ont également contribué à faire de la marque Montecristo (avec Cohiba) la marque cubaine la plus célèbre au monde.

Le succès planétaire que connaît la marque est essentiellement dû à José Manuel González, qui prit le contrôle exclusif de la production des Montecristo après l'exil des familles Menéndez et García, qui étaient propriétaires de la marque, suite au coup d'État castriste. González, considéré par beaucoup comme l'un des meilleurs fabricants de cigares, est réputé pour être d'une intransigeance absolue envers ses *torcedores*, à qui il ne pardonne pas la moindre faute d'inattention, ni la moindre erreur. C'est lui qui choisit les différentes feuilles qui rendent les Montecristo si irremplaçables et qui font de chaque module une pièce unique.

Les *aficionados* qui apprécient des havanes ayant un goût plutôt corsé seront toutefois également séduits par les Montecristo à l'arôme moyennement corsé mais généreux.

La voie du succès n'était pourtant pas toute tracée pour de Montecristo au moment de la création de la marque en 1935 par Alonzo Menéndez et Pepe García. Au départ, Montecristo n'était pas une marque mais simplement un module d'une autre marque que les deux hommes vennaient d'acquérir. De fait, la marque Montecristo est née à partir du module H. Upmann Montecristo Selection. Peu de temps après, on assista à un succès phénoménal.

On ne sait plus très bien pourquoi le fondateur de la marque a décidé de la

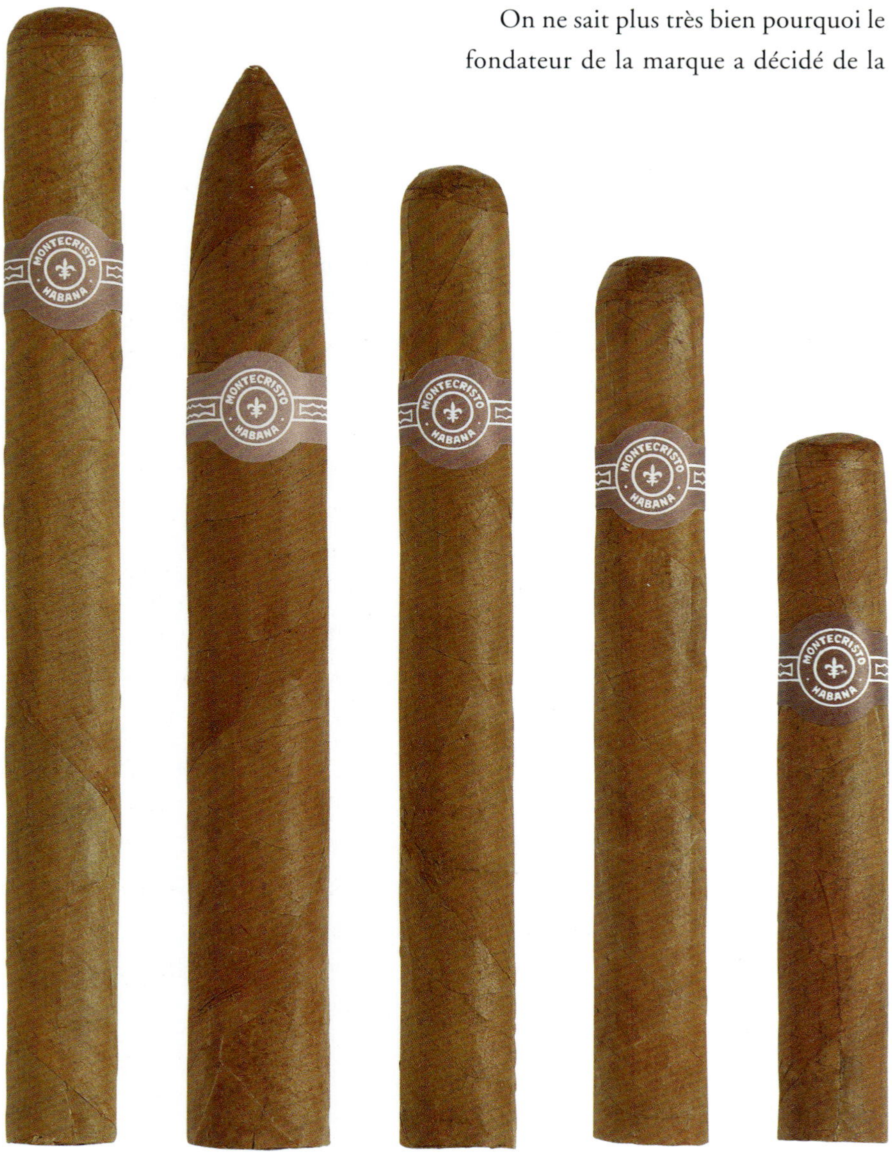

De gauche à droite : Montecristo N° 1, Montecristo N° 2, Montecristo N° 3, Montecristo N° 4, Montecristo N° 5

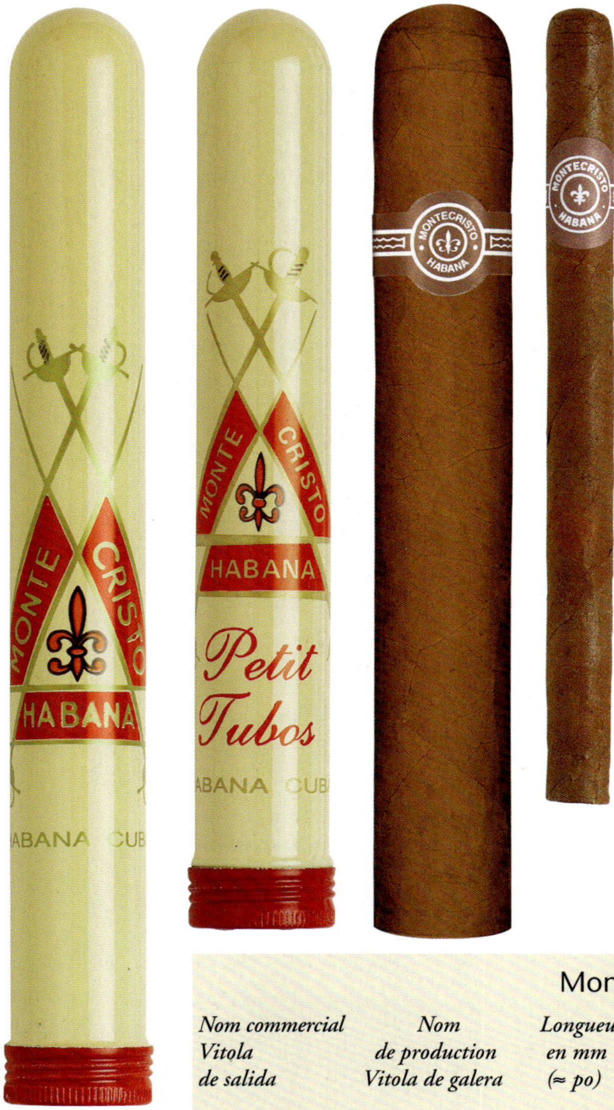

De gauche à droite : Tubos, Petit Tubos, Edmundos, Joyitas

baptiser « Montecristo ». Comme pour bien d'autres choses en relation avec les cigares fabriqués à Cuba, nombre d'histoires merveilleuses sont relatées au sujet du choix du nom des marques. Bien souvent cependant, la vérité est moins spectaculaire. Dans le cas de Montecristo, il se peut que l'un des « pères » de la marque ait simplement entendu un *lector* donner lecture de l'œuvre d'Alexandre Dumas, *Le Comte de Montecristo*, et que celle-ci ait particulièrement marqué sa mémoire : le nom était alors trouvé.

Montecristo

Nom commercial Vitola de salida	*Nom de production Vitola de galera*	*Longueur en mm (≈ po)*	*Diamètre ∅ en pouces (mm)*	*Appellation internationale*	*Temps de fumage*
Edmundos	Edmundo	135 (5⅜)	52 (20,6)	Robusto	1½ – 1¾ h
Especiales	Laguito N° 1	192 (7½)	38 (15,1)	Long Panatela	1¼ – 1½ h
Especiales N° 2	Laguito N° 2	152 (6)	38 (15,1)	Panatela	¾ – 1 h
Joyitas	Laguito N° 3	115 (4½)	26 (10,3)	Cigarillo	¼ h
Montecristo ›A‹	Gran Corona	235 (9¼)	47 (18,7)	Giant	2½ h
Montecristo N° 1	Cervante	165 (6½)	42 (16,7)	Lonsdale	1¼ – 1½ h
Montecristo N° 2	Pirámide	156 (6⅛)	52 (20,6)	Pyramid	1½ – 1¾ h
Montecristo N° 3	Corona	142 (5⅝)	42 (16,7)	Corona	¾ – 1 h
Montecristo N° 4	Mareva	129 (5⅛)	42 (16,7)	Petit Corona	½ – ¾ h
Montecristo N° 5	Perla	102 (4)	40 (15,9)	Petit Corona	½ h
Petit Tubos	Mareva	129 (5⅛)	42 (16,7)	Petit Corona	½ – ¾ h
Tubos	Corona Grande	155 (6⅛)	42 (16,7)	Long Corona	1 – 1¼ h

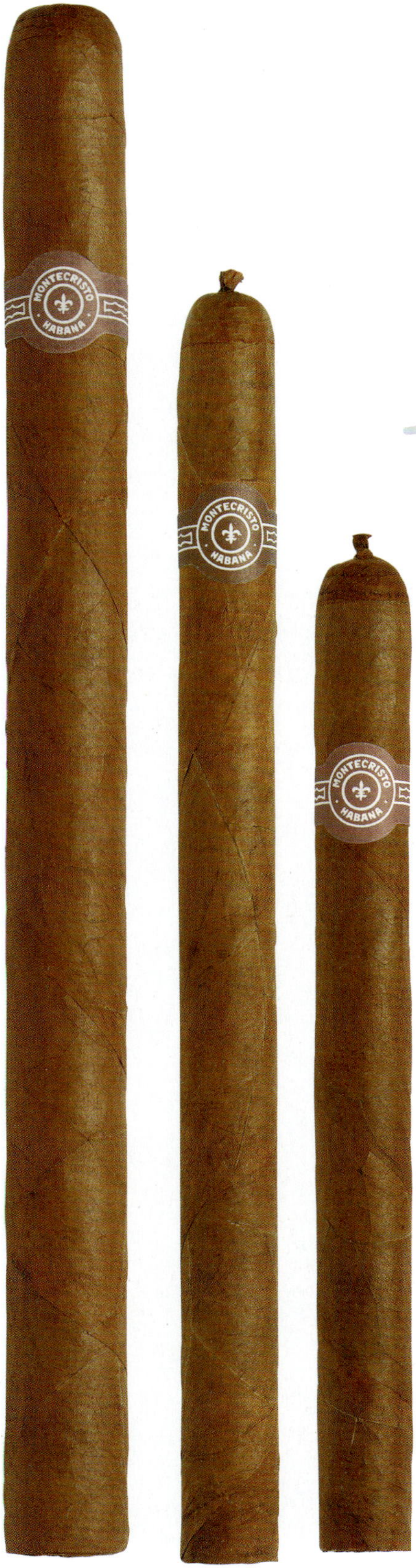

Nobel

NLa firme danoise fondée en 1835 par Emilius Nobel sera évoquée brièvement dans cet ouvrage, bien qu'elle se concentre essentiellement sur la fabrication de cigarillos. Mais, dans ce secteur, l'entreprise E. Nobel fait partie des grands noms au niveau mondial. Les Danois sont en outre parmi les premiers à fabriquer de petits modules 100 % tabac entièrement à la machine et qui font la joie de nombreux amateurs.

De gauche à droite : Montecristo A, Especiales, Especiales N° 2

O

Oud Kampen

« Sumatra cum Laude » indique chaque boîte de la marque Oud Kampen. Cette mention désigne la cape Sumatra fine, qui recouvre chaque cigare de cette marque néerlandaise réputée. Pour la sous-cape et la tripe des Oud Kampen, aujourd'hui fabriqués sous le contrôle de l'entreprise de renom Ritmeester, une filiale du groupe suisse Burger Söhne AG, on utilise d'autres tabacs sélectionnés, provenant des meilleures régions de culture. Ces shortfillers doux, 100 % tabac, fabriqués dans le respect de la plus pure tradition hollandaise, révèlent au tirage un mélange équilibré, qui délivre une large palette d'arômes.

P

Partagás

Fabriqués pour la première fois en 1845, ces cigares appartiennent à l'une des marques de havanes les plus anciennes encore en existence aujourd'hui, et pouvant se targuer de séduire un grand nombre d'*aficionados*, en particulier ceux qui apprécient le goût typique des havanes. Le créateur de cette marque éponyme est Jaime Partagás, et ses cigares sont roulés dans la *fábrica* du même nom, qui, coïncidence, a commencé ses activités en 1845.

C'est derrière ces murs ancestraux que sont encore fabriqués aujourd'hui les nombreux modules de la marque Partagás, dont quelques-uns à la machine, mais la *fábrica* s'appelle aujourd'hui « Francisco Pérez Germán ». Abstraction faite de ce changement de raison sociale, la fabrique Partagás est le plus ancien centre de production industrielle de havanes.

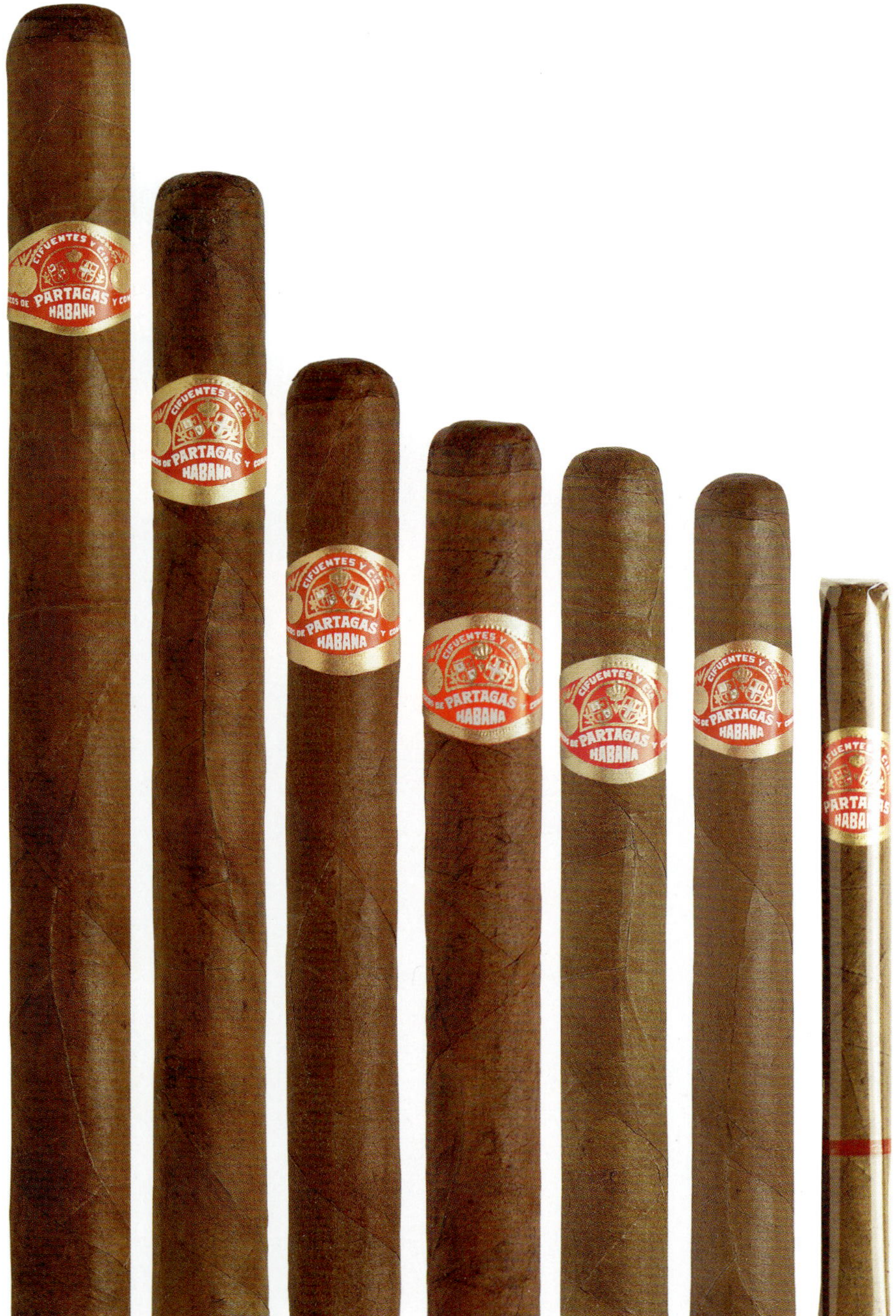

De gauche à droite : Lusitanias, 8·9·8 Cabinet Selection, Coronas, Petit Coronas Especiales, Aristócrats, Habaneros, Chicos

Coronas Junior
et Coronas Senior

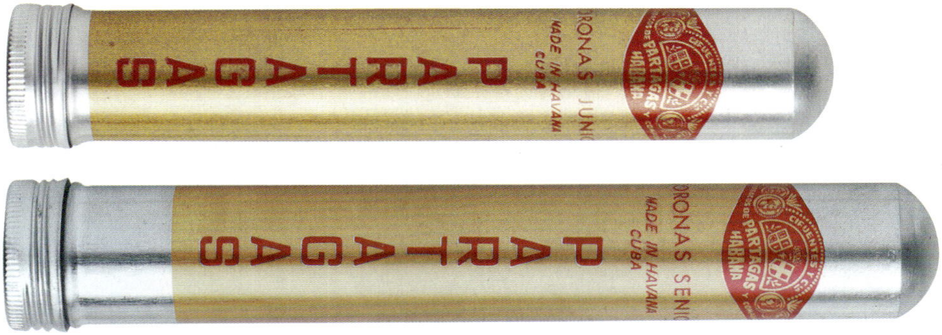

Partagás

Nom commercial Vitola de salida	*Nom de production Vitola de galera*	*Longueur en mm (≈ po)*	*Diamètre ∅ en pouces (mm)*	*Appellation internationale*	*Temps de fumage*
8·9·8 Cabinet Selection	Corona Grande	155 (6⅛)	42 (16,7)	Long Corona	1 – 1¼ h
8·9·8 Cabinet Varnished	Dalia	170 (6¾)	43 (17,1)	Lonsdale	1¼ – 1½ h
Aristócrats	Petit Cetro	129 (5⅛)	40 (15,9)	Petit Corona	½ -- ¾ h
Chicos	Chico	106 (4⅛)	29 (11,5)	Small Panatela	¼ h
Churchills de Luxe	Julieta N° 2	178 (7)	47 (18,7)	Churchill	1½ – 1¾ h
Coronas	Corona	142 (5⅝)	42 (16,7)	Corona	¾ – 1 h
Coronas Junior	Coronita	117 (4⅝)	40 (15,9)	Petit Corona	½ h
Coronas Senior	Eminente	132 (5¼)	42 (16,7)	Petit Corona	¾ – 1 h
Culebras	Culebra	146 (5¾)	39 (15,5)	Panatela	¾ – 1 h
Habaneros	Belvederes	125 (4⅞)	39 (15,5)	Short Panatela	½ – ¾ h
Lonsdales	Cervante	165 (6½)	42 (16,7)	Lonsdale	1¼ – 1½ h
Lusitanias	Prominente	194 (7⅝)	49 (19,5)	Double Corona	2 – 2¼ h
Mille Fleurs	Petit Corona	129 (5⅛)	42 (16,7)	Petit Corona	½ – ¾ h
Partagás de Luxe	Crema	140 (5½)	40 (15,9)	Corona	½ – ¾ h
Partagás de Partagás N° 1	Dalia	170 (6¾)	43 (17,1)	Lonsdale	1¼ – 1½ h
Petit Coronas Especiales	Eminente	132 (5¼)	42 (16,7)	Petit Corona	¾ – 1 h
Presidentes	Taco	158 (6¼)	47 (18,7)	Perfecto	1¼ – 1½ h
Princess	Conchita	127 (= 5)	35 (13,9)	Short Panatela	½ h
Serie D N° 4	Robusto	124 (4⅞)	50 (19,8)	Robusto	¾ – 1 h
Serie Du Connaisseur N° 1	Delicado	192 (71/2)	38 (15,1)	Long Panatela	1¼ – 1½ h
Serie Du Connaisseur N° 2	Parejo	166 (61/2)	38 (15,1)	Panatela	¾ – 1 h
Serie Du Connaisseur N° 3	Carlota	143 (55/8)	35 (13,9)	Panatela	½ – ¾ h
Serie P N° 2	Pirámide	156 (6⅛)	52 (20,6)	Pyramid	1½ – 1¾ h
Shorts	Minuto	110 (4⅜)	42 (16,7)	Petit Corona	½ h
Super Partagás	Crema	140 (5½)	40 (15,9)	Corona	½ – ¾ h

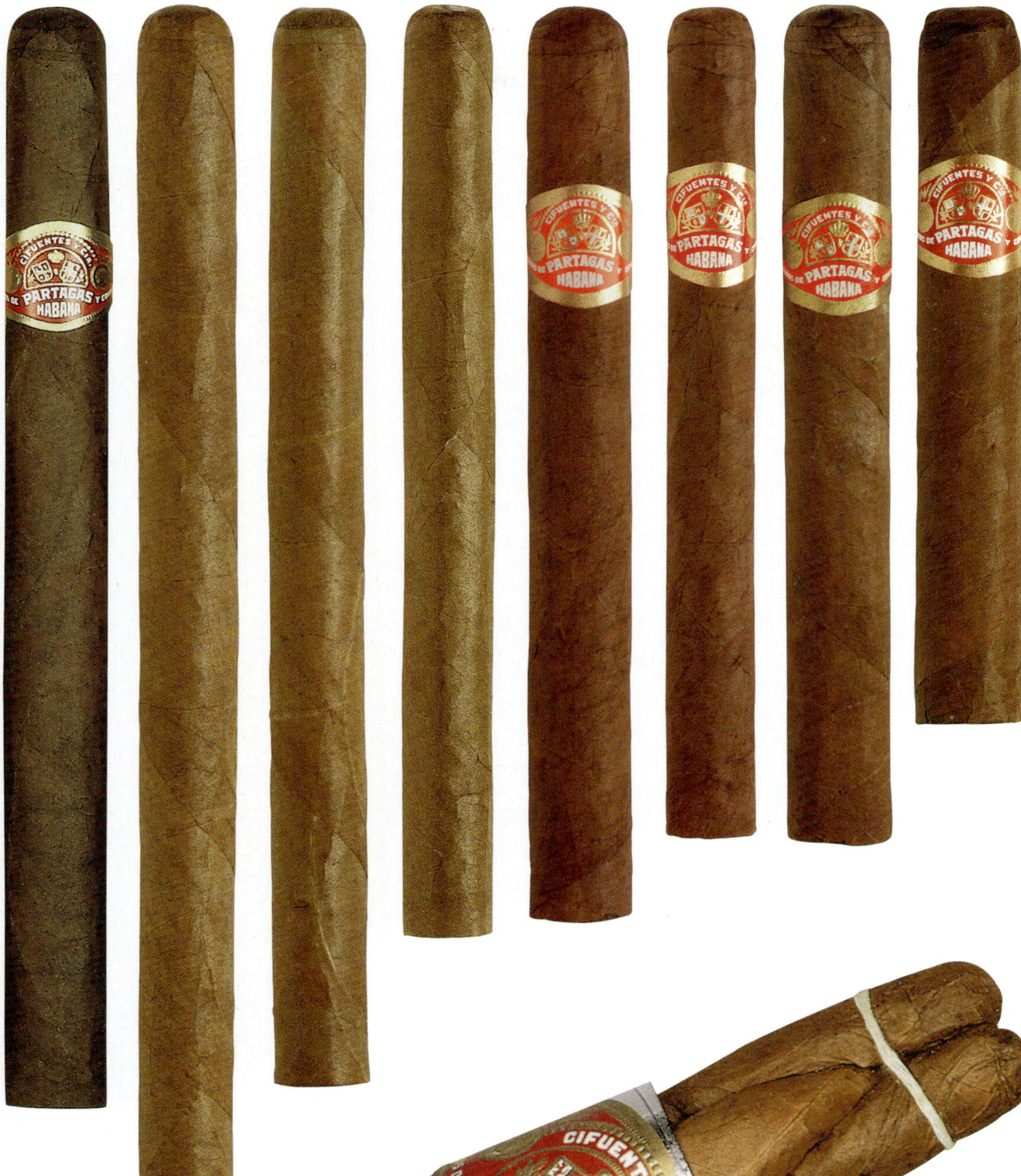

De gauche à droite : Partagás de Partagás N° 1, Serie Du Connaisseur N° 1, Serie Du Connaisseur N° 2, Serie Du Connaisseur N° 3, Super Partagás, Princess, Mille Fleurs, Shorts

Ci-dessous : Culebras

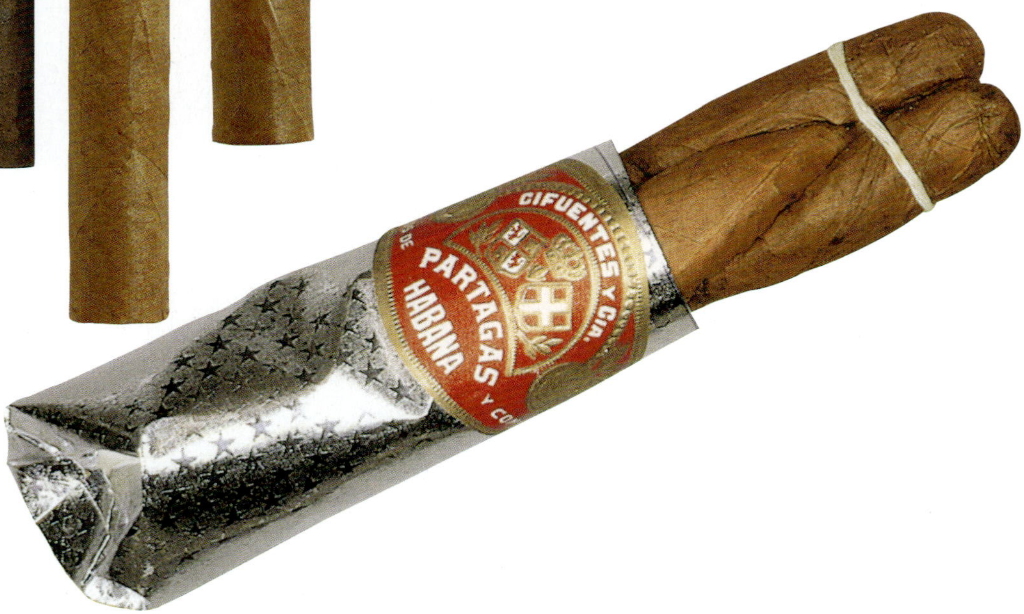

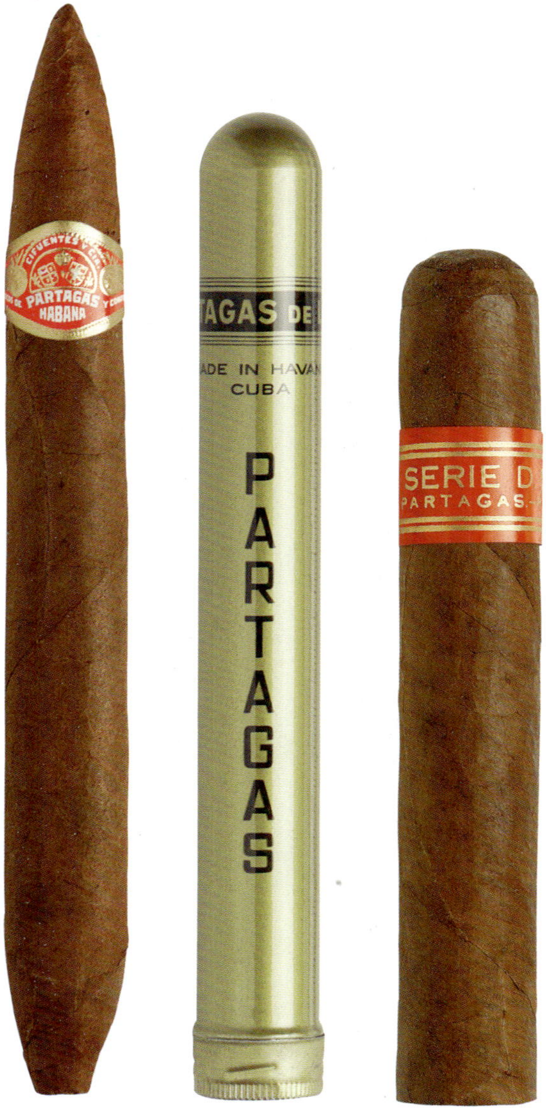

De gauche à droite : Presidentes, Partagás de Luxe, Serie D N° 4

Comme nous l'avons déjà mentionné, les Partagás sont des cigares corsés, ronds en bouche, se distinguant par leurs arômes terreux. Sous la direction technique de *tabacaleros* expérimentés, travaillant dans la calle de la Industria n° 520, au cœur de la vieille ville face au Capitolio, naquit une large gamme de cigares, caractérisés par une construction de très grande qualité.

Peñamil

Ces cigares, originaires des îles Canaries, ont fait leur première apparition sur le marché en 1939. Ils ont été créés par un certain José Martin Lesmes, qui a donné à la marque le nom de sa femme : Peñamil. Ces cigares faits main conquirent rapidement de nombreux amateurs, tout d'abord dans les îles Canaries, puis en Espagne et enfin en Europe, avant de tomber dans l'oubli au début des années 1970. Après le rachat de l'entreprise par la société Cita-Tabacos de Canarias S. A. en 1991, la marque connut une véritable renaissance et attira de nouveau de nombreux *aficionados*.

Ce n'est que justice car, pour la jeune série des Peñamil Oro, le tabac de la tripe provient entre autres de la région de la Vuelta Abajo à Cuba, ce qui confère à ces cigares, relativement doux mais néanmoins aromatiques, une note quelque peu épicée.

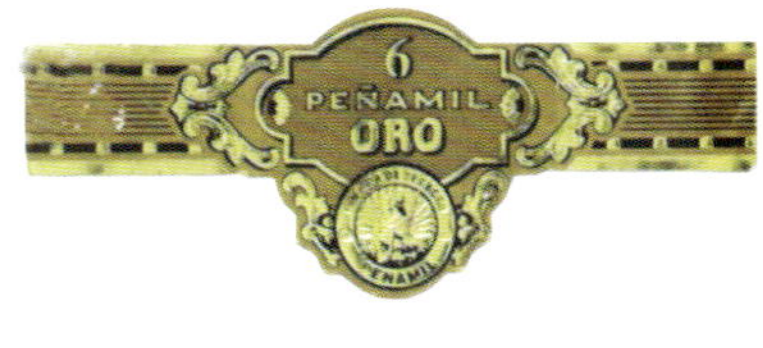

Les Peñamils ne sont pas fabriqués à Las Palmas, centre de production de cigares aux îles Canaries, mais à Santa Cruz de Tenerife, sous la direction de José Lorenzo González, un Cubain exilé aux îles Canaries.

P. J. Landfried

Sur la Bergheimer strasse, à Heidelberg en Allemagne, se trouvent les services administratifs de la plus ancienne fabrique de cigares allemande encore en activité : P. J. Landfried.

Fondée en 1810 par Philipp Jakob Landfried, la jeune manufacture vit rapidement augmenter le volume de ses commandes. Vers la fin du XIXe siècle, l'entreprise comptait quelque 2 000 employés et fait ainsi partie des poids lourds du secteur. Aujourd'hui, elle est dirigée par la sixième génération de Landfried et emploie environ 25 personnes, qui fabriquent des shortfillers selon la meilleure tradition européenne, sous la direction de Dieter Schinz.

Plasencia

Fabriqués au Nicaragua dans l'Estelí, les cigares de cette marque sont considérés comme étant d'excellents longfillers fabriqués à la main. Le nom même de Plasencia est en outre une garantie de qualité, car Néstor Plasencia est un homme qui compte parmi les grands fabricants de cigares de la région des Caraïbes proposant sans cesse de nouvelles créations intéressantes.

Pour la sous-cape, Néstor Plasencia utilise du tabac local, alors que pour la cape Colorado Claro, il choisit plutôt du tabac équatorien. Au final, on obtient un longfiller agréable à fumer, moyennement corsé et délivrant une grande multitude d'arômes.

Pléiades

Chaque Pléiade a déjà une longue histoire derrière lui quand il finit entre les mains d'un *aficionado*. Au terme de leur fabrication, ces cigares, roulés à La Romana en république Dominicaine, commencent en effet par faire un long voyage vers la France, plus précisément à destination de Strasbourg, où ils sont encore entreposés pendant au maximum six mois. Ils y subis-

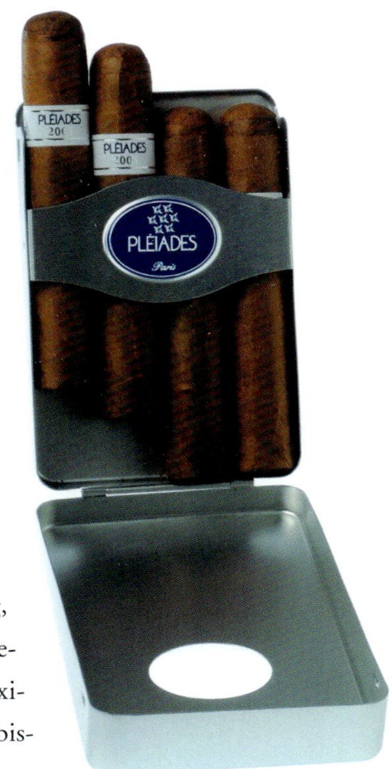

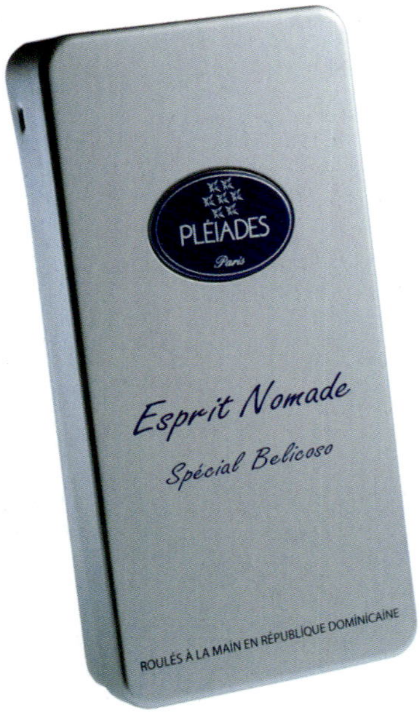

sent un contrôle final avant d'être mis dans des boîtes en bois, dans lesquelles sont intégrés de petits humidificateurs, puis expédiés.

Apparus sur le marché au milieu des années 1980, les Pléiades font partie – si l'on exclut les quelques marques encore en existence à l'époque qui méritent cette évaluation – des premiers cigares Premium de République dominicaine. On peut ainsi les considérer comme les précurseurs de ce « boom des cigares » qu'a par la suite connu l'État insulaire.

Les Pléiades sont des longfillers très bien construits. Relativement doux et roulés à la main, ils possèdent une cape Connecticut-Shade Colorado Claro et une sous-cape en tabacs dominicains, qui séduisent de très nombreux amateurs par leur équilibre.

Por Larrañaga

Il s'agit là de la plus ancienne marque de havanes encore fabriqués de nos jours – si l'on exclut Cabañas et son histoire plutôt mouvementée. Il fut un temps où cette marque était également la plus célèbre, grâce notamment à l'auteur anglais Rudyard Kipling, qui déclara dans l'un de ses poèmes : « Une femme est seulement une femme, mais un bon cigare, c'est tout un arôme. »

La citation en anglais dit : « *[...] but a good cigar is a Smoke.* » La signification du mot *smoke* est très difficile à rendre en français, le traducteur « officiel » a choisi « arôme », mais le mot pourrait tout aussi bien vouloir dire « plaisir ». Des générations entières de traducteurs se sont arraché les cheveux sur ce terme, en particulier ceux qui n'ont jamais fumé un cigare de leur vie. Le mot *smoke* ne peut pas être réellement rendu en français, nous n'avons en effet pas de mot approprié pour décrire le contenu de cette expression. Ce n'est toutefois pas dramatique, de nom-

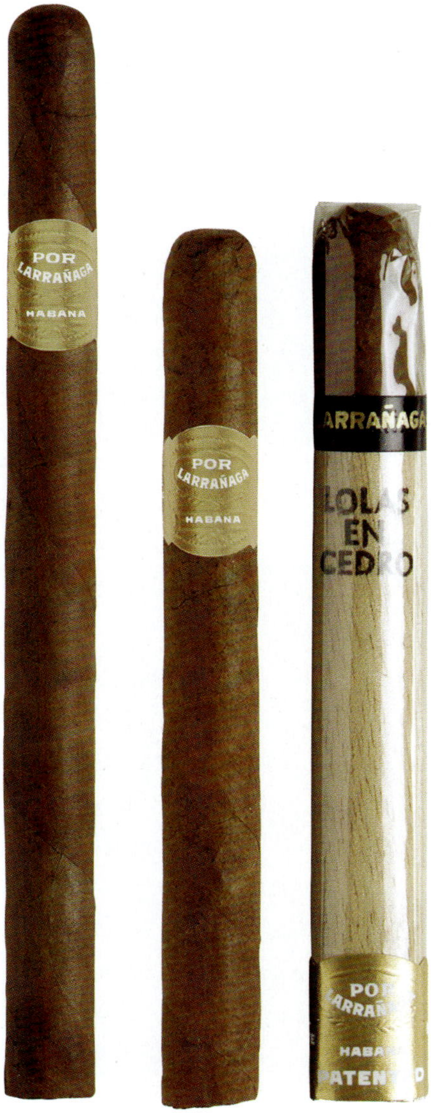

De gauche à droite : Montecarlos, Panetelas, Lolas en Cedro

breux mots anglo-saxons n'ont en effet aucun équivalent dans notre langue et sont de préférence utilisés tels quels (« manager » par exemple).

Il en va de même pour *smoke*, ce terme qui désigne un concept beaucoup plus large que le mot « arôme ». Il peut par exemple désigner le « plaisir de fumer », concept plus fort que le simple terme « fumer ». On pourrait également parler « d'expérience » car, pour de nombreux connaisseurs, il s'agit bien d'une véritable expérience qu'ils vivent lorsqu'ils s'allument un cigare le soir, au calme, pour passer en revue la journée. Le cigare requiert alors toute l'attention du fumeur, qui doit s'en occuper pour lui donner vie. Tous les sens sont mis en œuvre, *smoke* représente ainsi bien plus que la simple action de fumer un cigare.

Les citations sont parfois trompeuses, surtout lorsqu'elles sont utilisées

Por Larrañaga

Nom commercial Vitola de salida	*Nom de production Vitola de galera*	*Longueur en mm (≈ po)*	*Diamètre ∅ en pouces (mm)*	*Appellation internationale*	*Temps de fumage*
Juanitos	Chico	106 (4⅛)	29 (11,5)	Small Panatela	¼ h
Lolas en Cedro	Petit Corona	129 (5⅛)	42 (16,7)	Petit Corona	½ – ¾ h
Montecarlos	Delicioso	159 (6¼)	33 (13,1)	Slim Panatela	½ – ¾ h
Panetelas	Veguerito mano	127 (= 5)	37 (14,7)	Short Panatela	½ h

hors de leur contexte. Il en va peut-être ainsi pour celle que nous venons d'utiliser. Elle appelle peut-être en effet une tout autre interprétation. Un cigare n'est qu'un cigare si on ne lui accorde pas toute l'attention nécessaire, et qu'on ne s'occupe pas de lui avec tout le respect qui lui est dû, tout comme une femme ou un homme ne sont que des êtres humains parmi tant d'autres, si l'on ne cherche pas à mieux les connaître. Ainsi, il convient

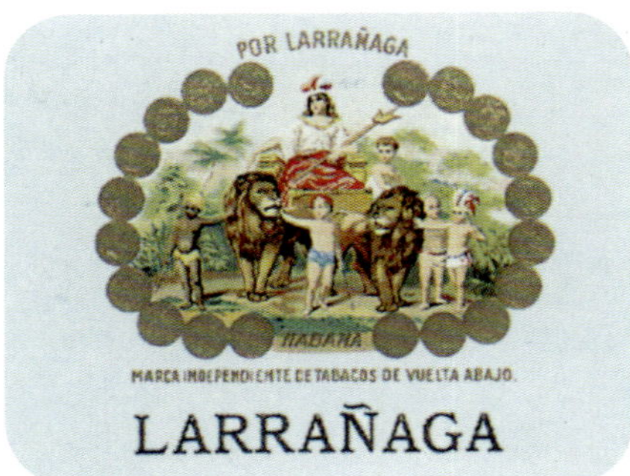

de faire de l'acte de fumer une expérience de rencontre et de confrontation.

Une expérience – pour les amateurs de havanes moyennement corsés : voilà bien ce que promettent les quatre modules de la marque Por Larrañaga, encore fabriqués aujourd'hui, et notamment les Montecarlo, car ces vitoles sont les seules à porter le sceau *« Totalmente a mano – Tripa Larga »*, caractérisant des longfillers entièrement fabriqués à la main.

Les trois autres portent l'étiquette *« Totalmente a mano – Tripa Corta »* (shortfiller fabriqué à la main) ou *Mecanizado* (fabriqué à la machine).

Notons pour finir que les cigares commercialisés par Por Larrañaga ne sont pas très faciles à trouver, car ils ne sont pas fabriqués en grande quantité et ne sont pas distribués partout.

Private Stock

Les cigares Private Stock, du groupe Oettinger Davidoff, font partie des marques Premium fabriquées en République dominicaine à recommander tout particulièrement. Pour ces cigares doux à moyennement corsés, on sélectionne en première ligne des tabacs de la valle del Cibao, utilisés aussi bien pour la tripe que pour la sous-cape, auxquels vient s'ajouter une cape brun moyen Connecticut-Shade, qui finalise idéalement l'harmonieux mélange interne.

Les dix modules, qui vont du cigarillo au Churchill, sont des longfillers « unselected » et « ungraded », c'est-à-dire « non triés » et « inégaux ». La couleur de la cape, de même que le diamètre de chaque vitole, présentent parfois quelques irrégularités, preuve infaillible d'une fabrication totalement réalisée à la main.

L'étape du triage par couleur étant ici supprimée, la réduction des coûts de fabrication se répercute sur le prix de vente au client final, qui peut ainsi s'offrir un cigare de toute première classe à un prix très raisonnable.

Depuis 1999, la gamme des formats standard s'est enrichie d'une nouvelle série, dont les cigares ont représenté, et représentent aujourd'hui encore, une véritable innovation dans le monde des cigares Premium. Son nom : Private Stock Medium Filler, le mot « Medium » revêtant ici une importance décisive (*voir* le mot-clé « medium-filler »).

Comme tous les Private Stocks, ces cigares sont roulés au sein de la fabrique Davidoff, sous la direction du très expérimenté Hendrik Kelner. On utilise des tabacs dominicains de très haute qualité pour la tripe, des feuilles Connecticut-Shade pour la sous-cape, et des feuilles Connecticut Seed, qui sont cultivées en Équateur, pour la cape. Ce mélange donne des medium-fillers doux mais très aromatiques, s'adressant surtout aux fumeurs novices.

Pro Cigar

Pro Cigar est une association de grands cigariers dominicains qui s'est fixée pour but principal de (mieux) faire connaître les produits locaux à l'étranger. Parmi ses membres figurent Juan Clemente, Hendrik Kelner ou encore Manuel Quesada, qui représentent leurs entreprises – pour ne nommer que les cigariers *hispaniolas* les plus célèbres.

General Cigar Dominicana, La Aurora, Tabacalera de García ainsi que UST Industries International sont les quatre autres entreprises qui sont membres de Pro Cigar.

L'association, qui aurait certainement beaucoup de choses à dire, semble malheureusement œuvrer dans l'ombre, contrairement aux dynamiques Cubains de la société Habanos S. A. Une apparition publique de Pro Cigar est ainsi extrêmement rare.

Profesor Sila

La marque Profesor Sila fait partie des diverses marques dominicaines qui proposent des cigares allant de doux à moyennement corsés.

Les Profesor Sila n'ont élu domicile en République dominicaine qu'en 1997. Ils étaient auparavant fabriqués à Las Palmas de Gran Canaria. Ils y étaient produits depuis 1934, année où ils furent commercialisés pour la première fois.

Bien après la Seconde guerre mondiale, la marque était encore largement considérée comme étant le fer de lance des cigariers canariens. Des clients aussi célèbres que Winston Churchill lui-même contribuèrent à faire la renommée de cette marque.

La renommée perdure mais avec le temps, les chiffres de vente se mettent peu à peu à décliner, en particulier à partir du moment où les avantages fiscaux dont bénéficiaient les Îles Canaries disparaissent du fait de l'entrée de l'Espagne dans l'Europe en 1986. La fabrique Profesor Sila doit alors se battre pour survivre. En 1993 tout s'arrange : l'homme d'affaires Nader Bayzid, d'origine syrienne mais ayant grandi au Liban, rachète la fabrique avec les droits de la marque, continue à faire produire les Profesor Sila aux îles Canaries pendant encore quelques années, avant de délocaliser la production à Saint-Domingue, capitale de la République dominicaine, en 1997.

La construction de chaque module est demeurée pendant très longtemps un secret bien gardé. Les choses ont cependant bien changé, car aujourd'hui la transparence à l'égard du consommateur est devenue un critère de vente primordial, que les responsables de Profesor Sila prennent depuis quelques années en considération.

Coronations, à droite ; Petit Coronations, à gauche

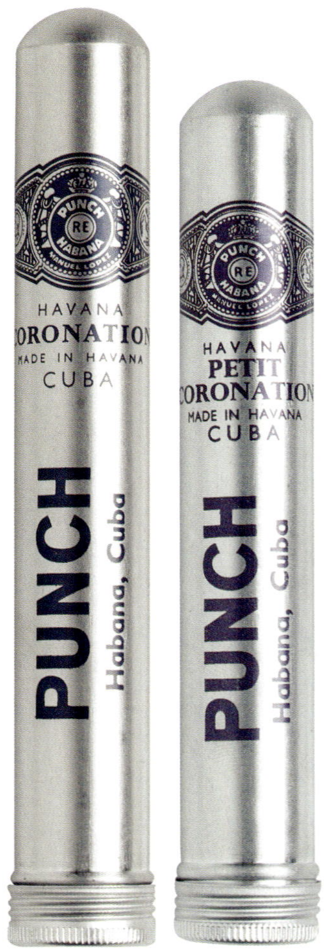

Punch

C'est un Allemand qui, en 1840, aurait créé cette marque très prisée. Cette dernière ne portait alors pas encore le nom qui devait, quelque temps plus tard, évoquer l'un des havanes les plus célèbres au monde. La marque Punch – si l'on fait abstraction des Cabañas – est la marque la plus ancienne de havanes encore fabriqués de nos jours après Por Larrañaga et Ramón Allones.

À la veille de l'apogée mondiale des cigares cubains et à une époque où la Grande-Bretagne était considérée comme LE marché de prédilection pour ces produits, tous les grands cigariers cherchaient par tous les moyens à accroître leur pouvoir de séduction vis-à-vis des Anglais avec leurs havanes.

C'est ce que firent notamment les responsables de la fabrique qui produisait les cigares précédemment mentionnés. Les créateurs de Punch reçurent finalement une aide inattendue venant de l'extérieur, en outre d'un pays dont ils cherchaient tout particulièrement à attirer l'attention : de l'Angleterre elle-même. En 1841, un journal satirique y fut créé et intitulé *Punch*. La figure de proue de ce journal était un personnage du même

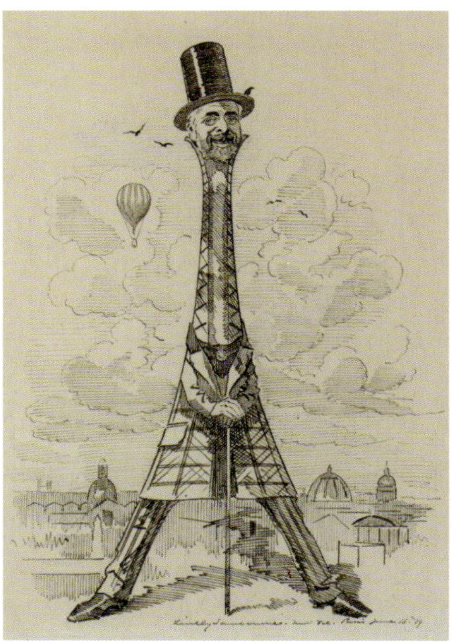

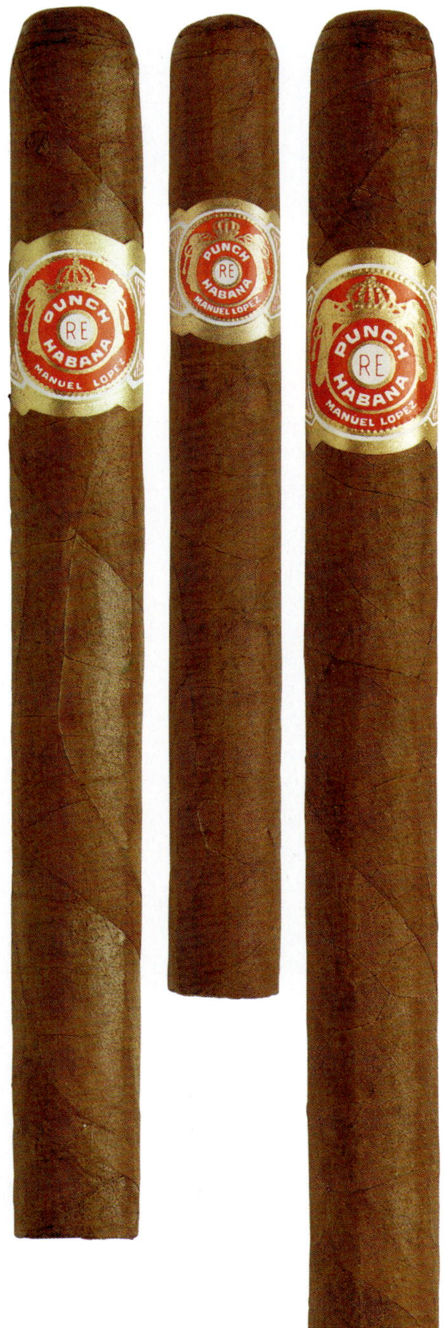

De gauche à droite : Churchill, Coronas, Doble Coronas

nom, un bouffon qui, semaine après semaine, apparaissait dans les pages humoristiques du magazine sous la forme d'une petite bande dessinée. Le magazine rencontrait un succès croissant auprès du grand public, il vint donc à l'idée des cigariers d'utiliser cette popularité en donnant à leur nouvelle marque, encore anonyme, le nom de ce magazine. Pour séduire encore davantage les Britanniques avec leurs produits, ils décidèrent d'orner chaque boîte de Punch de l'effigie de ce petit personnage, son chien à ses pieds et fumant un cigare. Ce joyeux duo est entouré de quelques scénettes illustrant le processus de fabrication des cigares. Aujourd'hui encore, cette *cubierta* est apposée sur chaque boîte de

Punch

Nom commercial Vitola de salida	*Nom de production Vitola de galera*	*Longueur en mm (≈ po)*	*Diamètre ∅ en pouces (mm)*	*Appellation internationale*	*Temps de fumage*
Belvederes	Belvederes	125 (4⅞)	39 (15,5)	Short Panatela	½ – ¾ h
Churchills	Julieta N° 2	178 (7)	47 (18,7)	Churchill	1½ – 1¾ h
Cigarillos	Chico	106 (4⅛)	29 (11,5)	Small Panatela	¼ h
Coronas	Corona	142 (5⅝)	42 (16,7)	Corona	¾ – 1 h
Coronations	Petit Corona	129 (5⅛)	42 (16,7)	Petit Corona	½ – ¾ h
Doble Coronas	Prominente	194 (7⅝)	49 (19,5)	Double Corona	2 – 2¼ h
Margaritas	Carolina	121 (4¾)	26 (10,3)	Cigarillo	¼ h
Petit Coronas del Punch	Mareva	129 (5⅛)	42 (16,7)	Petit Corona	½ – ¾ h
Petit Coronations	Coronita	117 (4⅝)	40 (15,9)	Petit Corona	½ h
Petit Punch	Perla	102 (4)	40 (15,9)	Petit Corona	½ h
Punch Punch	Corona Gorda	143 (5⅝)	46 (18,3)	Grand Corona	1 – 1¼ h
Royal Coronations	Conserva	145 (5¾)	43 (17,1)	Corona	¾ – 1 h
Royal Selection N° 11	Corona Gorda	143 (5⅝)	46 (18,3)	Grand Corona	1 – 1¼ h
Royal Selection N° 12	Mareva	129 (5⅛)	42 (16,7)	Petit Corona	½ – ¾ h
Super Selection N° 1	Corona Grande	155 (6⅛)	42 (16,7)	Long Corona	1 – 1¼ h

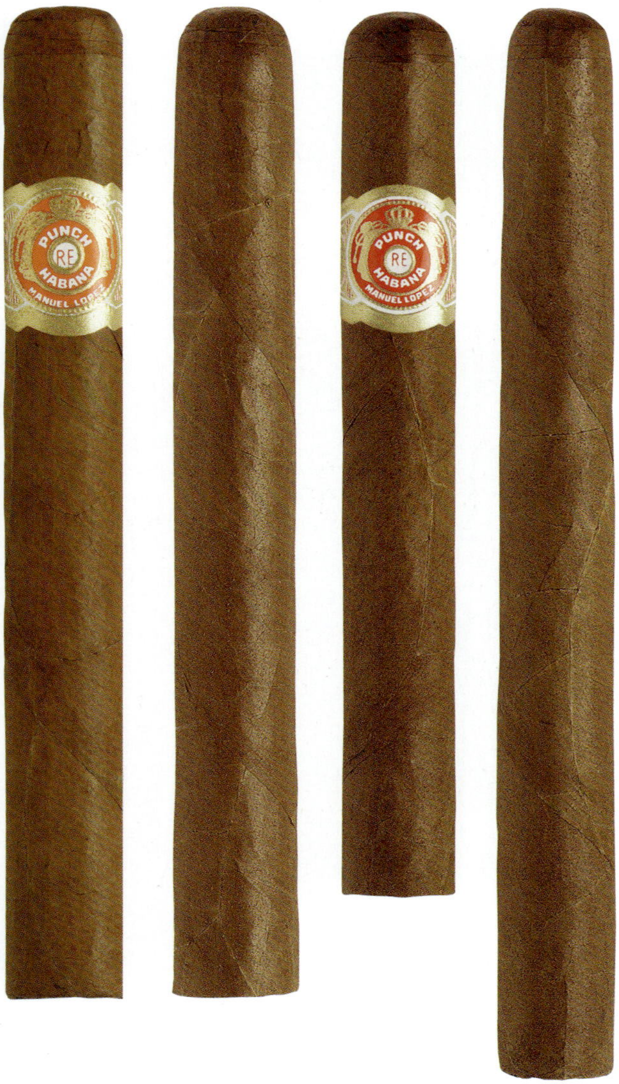

De gauche à droite : Punch Punch, Royal Selection N° 11, Royal Selection N° 12, Super Selection N° 1

Punch et, comme par le passé, ces cigares moyennement corsés séduisent un grand nombre d'amateurs, non seulement en Grande-Bretagne, mais aussi un peu partout dans le monde.

Une autre indication relative à l'histoire mouvementée des Punch figure sur la bague des cigares. On peut en effet y lire l'inscription « Manuel López ». C'est sous la direction de ce dernier que furent produits les Punch à partir du milieu des années 1880, au sein de la firme Juan Valle y Cia, depuis que son frère Fernando, propriétaire de l'entreprise, avait racheté les droits de cette marque – qui avait d'ailleurs déjà changé une fois de propriétaire.

La présence de la marque à l'échelle mondiale peut parfois engendrer quelques confusions : en effet, tous les modules ne sont pas vendus sous le même nom partout. Il est par conséquent préférable de recourir au savoir d'un commerçant expérimenté pour ne pas se tromper lors de l'achat d'un cigare Punch.

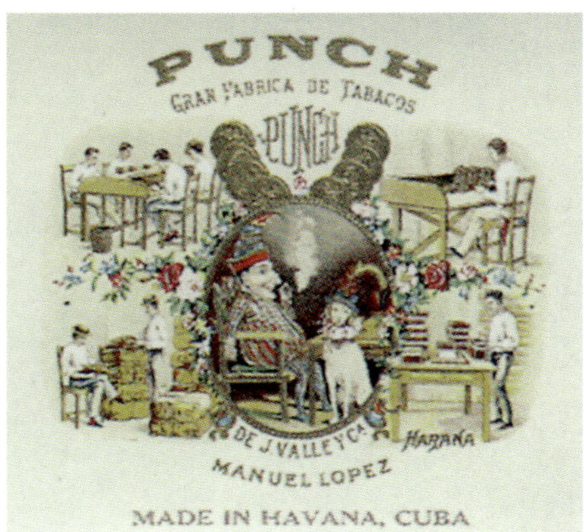

Quai d'Orsay

Q Ainsi que leur nom le laisse deviner, ces cigares ont quelque chose à voir avec la France. Cette marque de havanes encore jeune – développée dans les années 1970 – n'était en effet proposée au départ que dans les bonnes civettes françaises.

Depuis, ces havanes longfillers fabriqués à la main qui portent le nom du célèbre quai parisien ont quitté l'Hexagone, même si les quatres modules de la marque ne sont pas distribués partout.

Ces cigares ne séduiront toutefois pas l'*aficionado* endurci, amateur de havanes de style traditionnel, qui aime à fumer un cigare corsé. Il s'agit en effet ici de cigares réellement doux, particulièrement adaptés aux fumeurs débutants.

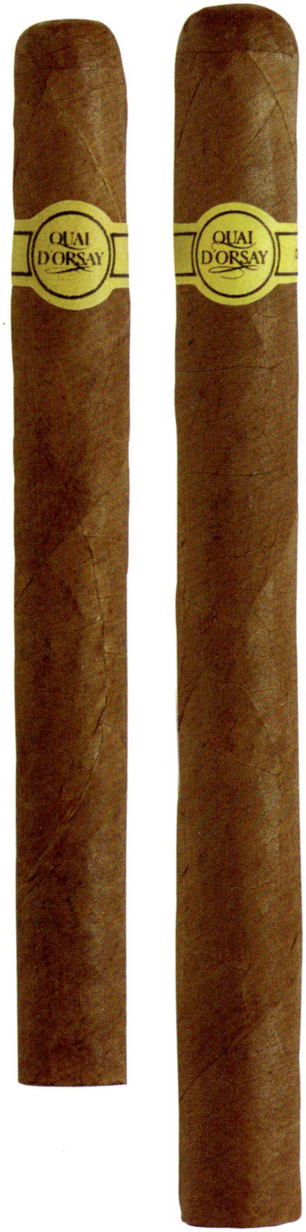

De gauche à droite : Gran Coronas, Imperiales

Quai d'Orsay

Nom commercial Vitola de salida	*Nom de production Vitola de galera*	*Longueur en mm (≈ po)*	*Diamètre ∅ en pouces (mm)*	*Appellation internationale*	*Temps de fumage*
Coronas Claro	Corona	142 (5⅝)	42 (16,7)	Corona	¾ – 1 h
Gran Coronas	Corona Grande	155 (6⅛)	42 (16,7)	Long Corona	1 – 1¼ h
Imperiales	Julieta N° 2	178 (7)	47 (18,7)	Churchill	1½ – 1¾ h
Panetelas	Ninfa	178 (7)	33 (13,1)	Slim Panatela	¾ – 1 h

Quintero					
Nom commercial Vitola de salida	*Nom de production Vitola de galera*	*Longueur en mm (≈ po)*	*Diamètre ∅ en pouces (mm)*	*Appellation internationale*	*Temps de fumage*
Brevas	Nacionales mano	140 (5½)	40 (15,9)	Corona	½ – ¾ h
Londres Extra	Standard mano	123 (4⅞)	40 (15,9)	Petit Corona	½ – ¾ h
Nacionales	Nacionales mano	140 (5½)	40 (15,9)	Corona	½ – ¾ h
Panetelas	Veguerito mano	127 (= 5)	37 (14,7)	Short Panatela	½ h
Puritos	Chico	106 (4⅛)	29 (11,5)	Small Panatela	¼ h

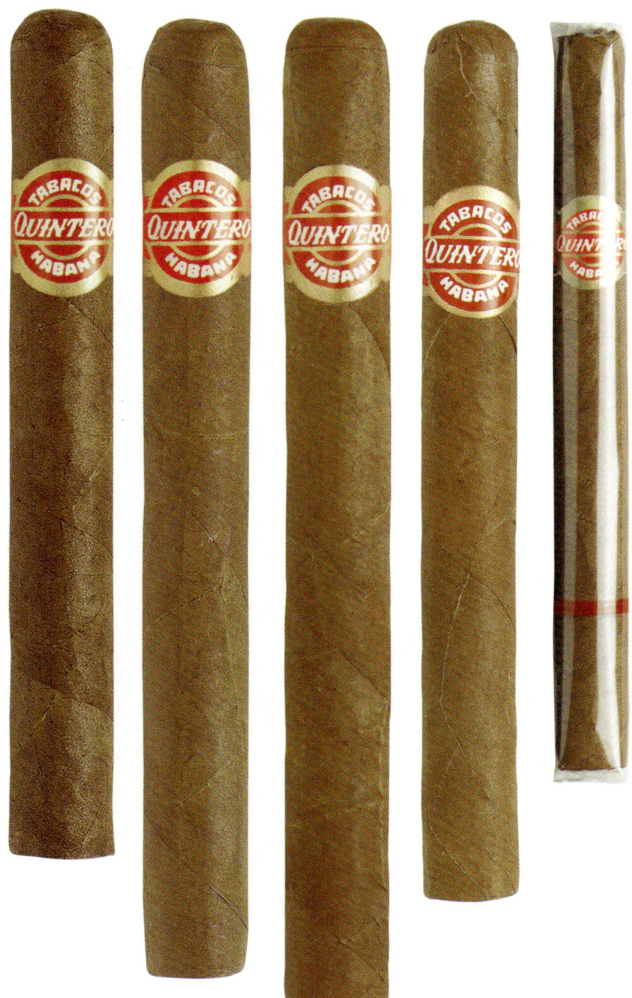

De gauche à droite : Londres Extra, Nacionales, Brevas, Panetelas, Puritos

Quintero

Cette marque compte parmi les marques de havanes les plus célèbres, notamment parce qu'elle est présente partout dans le monde et jouit ainsi d'un cercle d'amateurs convaincus dans de très nombreux pays. Les Quintero ont un corps moyennement corsé.

Au départ, les Quintero n'étaient pas des havanes et n'étaient d'ailleurs pas fabriqués à La Havane mais à Cienfuegos, une ville située sur la côte sud de Cuba, à l'ouest de la région de Remedios. C'est à Cienfuegos qu'Agustín Quintero ouvrit au milieu des années 1920 une petite fabrique de cigares, après s'être installé, avec ses quatre frères, dans la région de Remedios. Il faut croire que les cigares qu'il proposait étaient de très bonne qualité et que son affaire était plutôt bien gérée, puisqu'en 1940 il déménagea dans la capitale et réalisa son grand rêve : fabriquer des havanes de toute première qualité.

Avec son frère aîné, il fonda la fabrique de cigares Quintero y Hno. et commercialisa sous le même nom des cigares relativement doux, qui se démarquaient ainsi nettement des produits plus corsés des autres fabricants. Ils restèrent fidèles à leur ligne d'action.

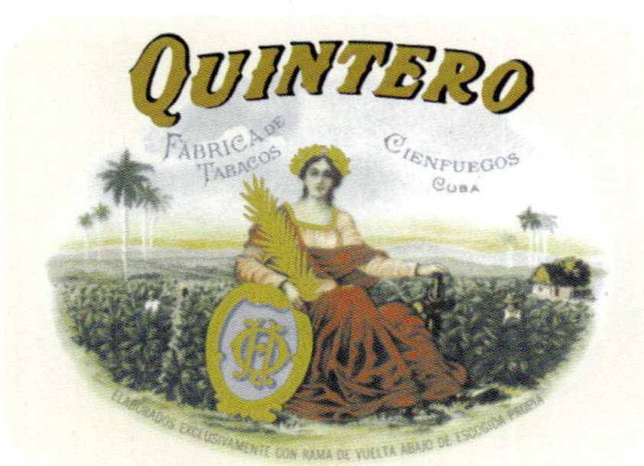

Aujourd'hui encore, les Quintero ne comptent pas parmi les cigares les plus corsés, mais ils possèdent malgré tout ce caractère incomparable qui différencie les havanes des cigares qui proviennent d'une autre partie du monde.

Il s'agit d'un cigare idéal pour un *aficionado* un peu averti qui souhaite tenter l'expérience.

Ramón Allones

Après Por Larrañaga – et si l'on exclut Cabañas, Ramón Allones est la plus ancienne marque de havanes encore produite aujourd'hui.

Ces cigares sont roulés au sein de la fabrique Partagás depuis le milieu des années 1820, époque à laquelle la célèbre famille de cigariers Cifuente reprit la fabrique et racheta simultanément les droits de Ramón Allones. C'est dans cette fabrique également que sont produits les cigares des marques Bolívar et Partagás ; la marque Ramón Allones est donc en très bonne compagnie.

Comme ces deux autres marques, les Allones livrent au fumeur un arôme corsé du fait de leur très haute teneur en *ligero*.

RAMON ALLONES

Il en était déjà ainsi en 1837, quand Ramón Allones, originaire de Galice, créa la marque qui porte son nom. Allones n'était pas seulement un cigarier talentueux, c'était aussi un homme qui

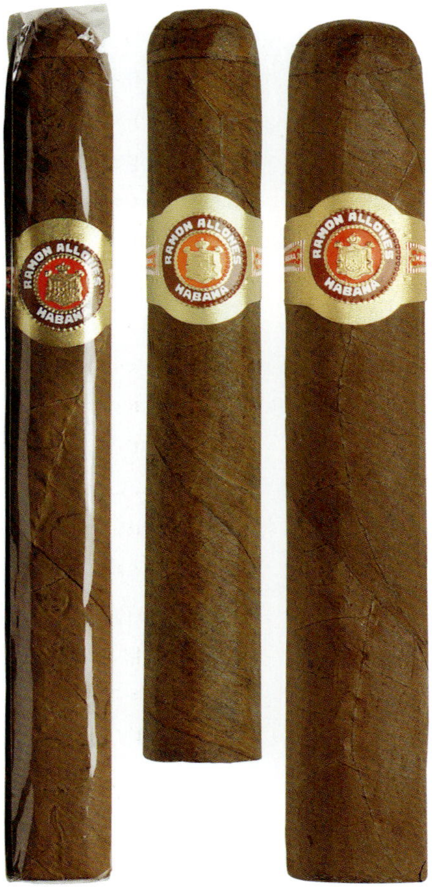

De gauche à droite : Gigantes, Mille Fleurs, Small Club Coronas, Specially Selected

maîtrisait parfaitement l'art du marketing (même si le mot n'était pas encore connu à l'époque). Il fut ainsi le premier à apposer sur ses boîtes de cigares des étiquettes colorées qu'il fait fabriquer en lithographie, avec un estampage doré. Il introduisit par ailleurs les boîtes 8-9-8 et ouvrit la voie aux cigares « ronds » (*voir* le mot-clé « 8-9-8 »).

Romeo y Julieta

Bien que créée en 1850, cette marque ne commença réellement à se développer qu'en 1903, soit près d'un demi-siècle plus tard. C'est au tournant du siècle que Fernández Rodríguez, dit « Pepín », racheta les droits de la marque Romeo y Julieta à la firme Álvarez y García, qui les possédait depuis 1875 et qui fabriquait également les cigares correspon-

Ramón Allones

Nom commercial Vitola de salida	*Nom de production Vitola de galera*	*Longueur en mm (≈ po)*	*Diamètre ∅ en pouces (mm)*	*Appellation internationale*	*Temps de fumage*
Belvederes	Belvederes	125 (4⅞)	39 (15,5)	Short Panatela	½ – ¾ h
Bits of Havana	Chico	106 (4⅛)	29 (11,5)	Small Panatela	¼ h
Gigantes	Prominente	194 (7⅝)	49 (19,5)	Double Corona	2 – 2¼ h
Mille Fleurs	Petit Corona	129 (5⅛)	42 (16,7)	Petit Corona	½ – ¾ h
Small Club Coronas	Minuto	110 (4⅜)	42 (16,7)	Petit Corona	½ h
Specially Selected	Robusto	124 (4⅞)	50 (19,8)	Robusto	¾ – 1 h

dants (toutefois uniquement pour le marché national).

Les choses changèrent radicalement quand Pepín prit en main le destin de Romeo y Julieta. Ancien directeur de la fabrique de cigares Cabañas, autrefois l'une des plus grandes entreprises de Cuba, il saisit l'occasion d'arrêter de travailler pour cette firme quand elle fut rachetée par le groupe américain American Sumatra Tobacco, et se lança comme entrepreneur, en acceptant la proposition de rachat de la fabrique Álvarez y García – et par conséquent de la marque Romeo

Romeo y Julieta

Nom commercial Vitola de salida	*Nom de production Vitola de galera*	*Longueur en mm (≈ po)*	*Diamètre ∅ en pouces (mm)*	*Appellation internationale*	*Temps de fumage*
Belicosos	Campana	140 (5½)	52 (20,6)	Pyramid	1¼ – 1½ h
Belvederes	Belvederes	125 (4⅞)	39 (15,5)	Short Panatela	½ – ¾ h
Cazadores	Cazadores	162 (6⅜)	43 (17,1)	Long Corona	1¼ – 1½ h
Cedros de Luxe N° 1	Cervante	165 (6½)	42 (16,7)	Lonsdale	1¼ – 1½ h
Cedros de Luxe N° 2	Corona	142 (5⅝)	42 (16,7)	Corona	¾ – 1 h
Cedros de Luxe N° 3	Mareva	129 (5⅛)	42 (16,7)	Petit Corona	½ – ¾ h
Churchills	Julieta N° 2	178 (7)	47 (18,7)	Churchill	1½ – 1¾ h
Coronas	Corona	142 (5⅝)	42 (16,7)	Corona	¾ – 1 h
Coronitas en Cedro	Petit Cetro	129 (5⅛)	40 (15,9)	Petit Corona	½ – ¾ h
Exhibición N° 3	Corona Gorda	143 (5⅝)	46 (18,3)	Grand Corona	1 – 1¼ h
Exhibición N° 4	Hermoso N° 4	127 (= 5)	48 (19,1)	Robusto	¾ – 1 h
Mille Fleurs	Petit Corona	129 (5⅛)	42 (16,7)	Petit Corona	½ – ¾ h
Petit Coronas	Mareva	129 (5⅛)	42 (16,7)	Petit Corona	½ – ¾ h
Petit Julietas	Entreacto	100 (3⅞)	30 (11,9)	Small Panatela	¼ h
Petit Princess	Perla	102 (4)	40 (15,9)	Petit Corona	½ h
Prince of Wales	Julieta N° 2	178 (7)	47 (18,7)	Churchill	1½ – 1¾ h
Regalias de Londres	Coronita	117 (4⅝)	40 (15,9)	Petit Corona	½ h
Romeo N° 1	Crema	140 (5½)	40 (15,9)	Corona	½ – ¾ h
Romeo N° 2	Petit Corona	129 (5⅛)	42 (16,7)	Petit Corona	½ – ¾ h
Romeo N° 3	Coronita	117 (4⅝)	40 (15,9)	Petit Corona	½ h
Sports Largos	Sport	117 (4⅝)	35 (13,9)	Short Panatela	¼ – ½ h
Très Petit Coronas	Franciscano	116 (4⅝)	40 (15,9)	Petit Corona	½ h

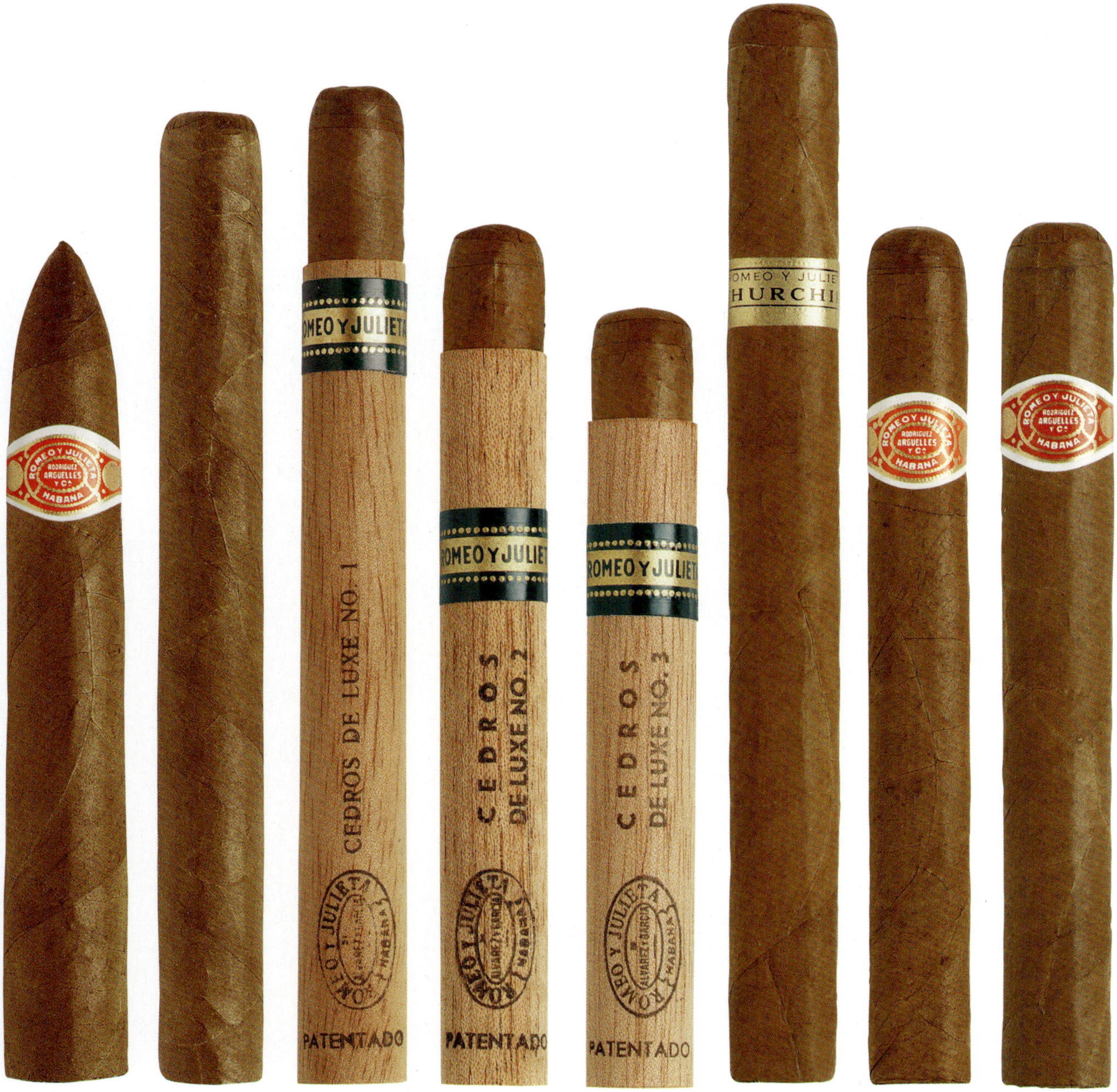

y Julieta, puisque c'était à l'époque les seuls cigares qu'elle produisait.

Ce qui arriva ensuite ne s'était encore jamais produit dans le monde des cigares. Pepín, convaincu, en sa qualité d'expert, de la qualité des Romeo y Julieta, ne tarda pas à entrevoir tous les avantages qu'il pouvait tirer du nom de cette marque, qui évoquait le couple d'amoureux le plus célèbre du monde, et lança bientôt un véritable feu d'artifice marketing pour ses cigares : publicité, événements, produits dérivés, tournées de promotion – tout ce qui devait, 90 ans plus tard, faire partie du répertoire classique d'une bonne agence de publicité.

De gauche à droite : Belicosos, Cazadores, Cedros de Luxe N° 1, Cedros de Luxe N° 2, Cedros de Luxe N° 3, Churchills, Coronas, Exhibición N° 3

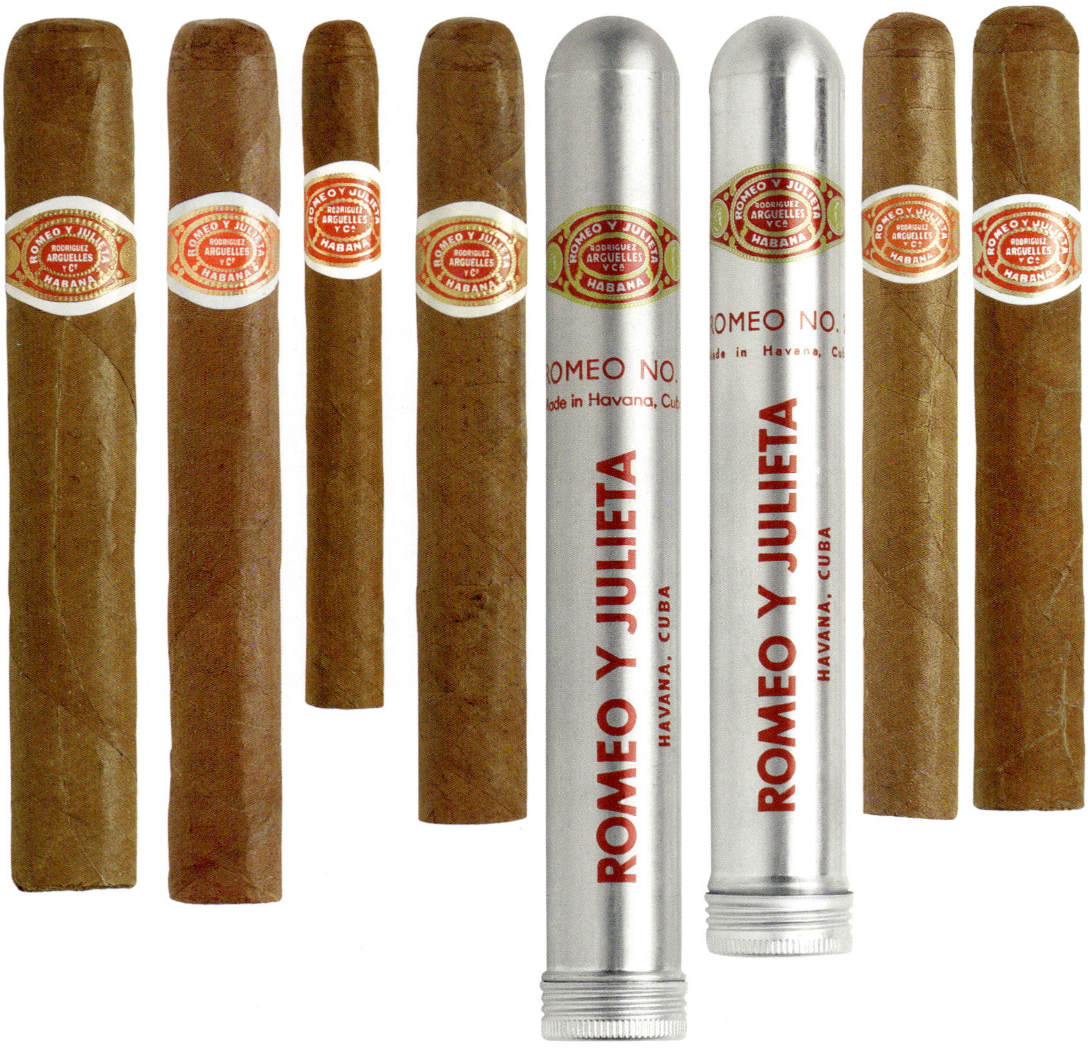

De gauche à droite : Exhibición N° 4, Mille Fleurs, Petit Julietas, Regalias de Londres, Romeo N° 1, Romeo N° 2, Sports Largos, Très Petit Coronas

Quelques années plus tard, les Romeo y Julieta n'avaient pas seulement franchi les frontières de l'île, mais ils étaient connus dans chaque recoin du monde et avaient atteint une popularité qui n'avait d'égale que celle des amoureux de Shakespeare.

Cette situation était due à l'engagement inépuisable de Pepín, qui parcourait sans cesse le monde pour faire la publicité de ses Romeo y Julieta. Il baptisa l'un de ses chevaux de course Julieta, et le fit participer à toutes les grandes courses hippiques d'Europe, contre les meilleurs galopeurs du monde. Il essaya même de racheter à la commune de Vérone la Casa Giulietta (« maison de Juliette ») avec son célèbre balcon, dans la via Cappello, théâtre du drame de Shakespeare. Sa tentative échoua mais il obtient tout de même l'autorisation d'offrir un cigare à chaque visiteur de la maison (cette pratique perdura jusqu'en 1930). Il fournit aux aristocrates et aux nantis, aux ministres et aux financiers, aux play-boys et aux jeunes premiers, aux empereurs et aux rois, bref au gratin de la société et à ceux qui croient en faire partie, des cigares Romeo y Julieta arborant des bagues à leur propre effigie. Les commandes d'impression spéciale des *anillos* affluaient alors par milliers et de nombreuses imprimeries de La Havane, qui s'étaient spécialisées dans la fabrication de lithographies colorées, durent mettre en place des équipes supplémentaires.

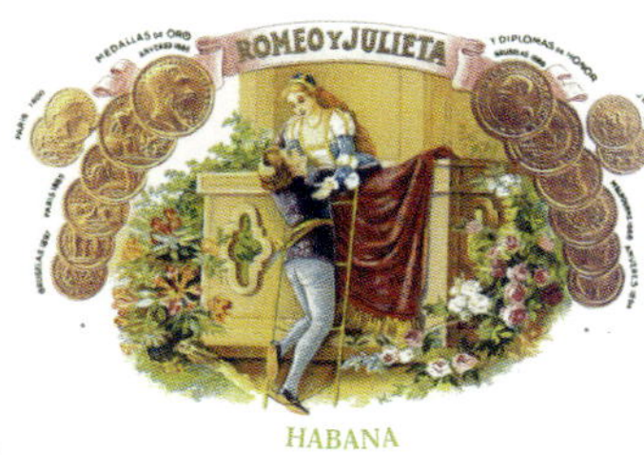

L'un de ces clients privilégiés n'était autre que Winston Churchill et, comme l'homme politique consommait essentiellement de gros cigares au format particulier, la légende veut que son nom fût finalement donné à ce format. Il n'existait certes aucun module cubain de ce type, mais cela ne ternit en rien l'histoire. Il n'est d'ailleurs pas non plus absolument certain que ce soit William Shakespeare qui ait écrit le drame sur les amoureux de Vérone. Ce qui importe, c'est que cette pièce, sans laquelle la littérature mondiale se trouverait bien appauvrie, existe vraiment, tout comme l'important, aux yeux de l'*aficionado*, est de connaître le module Churchill.

Les ouvriers et les employés de la fabrique, qui avait entre-temps pris le nom de la marque et des produits Romeo y Julieta qu'elle confectionnait, durent bientôt également constituer des équipes supplémentaires. La demande était de plus en plus forte pour les havanes les plus célèbres de tous les temps, de nouveaux ouvriers étaient constamment embauchés et l'effectif de la fabrique avoisinait 1 500 personnes. La marque dut donc déménager dans de nouveaux locaux, où les Romeo y Julieta sont encore fabriqués aujourd'hui. Comme par le passé, ces havanes figurent parmi les plus célèbres et les plus appréciés de leur genre.

Saint Luis Rey

Les cigares San Luis Rey, produits en quantité relativement peu élevée, font partie des meilleurs havanes qui soient et délivrent des arômes pleins. Ils sont très appréciés en Grande-Bretagne, peut-être parce qu'ils ont été créés par deux importateurs britaniques à Cuba, vers la fin des années 1930, mais aussi et surtout parce que de nombreux *aficionados* outre-manche apprécient le goût corsé d'un havane roulé selon la tradition. Si vous êtes amateur de ce genre de pièces, intéressez-vous donc à la marque San Luis Rey, vous devriez largement y trouver votre compte.

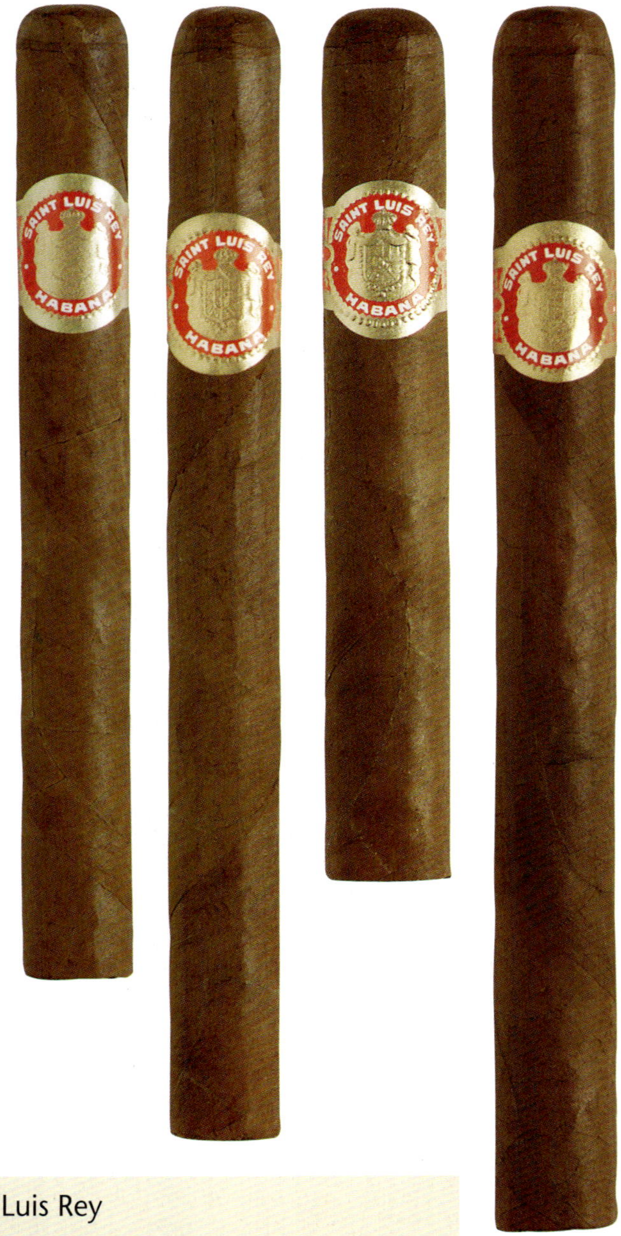

De gauche à droite : Coronas, Lonsdales, Regios, Churchills

Saint Luis Rey

Nom commercial Vitola de salida	*Nom de production Vitola de galera*	*Longueur en mm (≈ po)*	*Diamètre ∅ en pouces (mm)*	*Appellation internationale*	*Temps de fumage*
Churchills	Julieta N° 2	178 (7)	47 (18,7)	Churchill	1½ – 1¾ h
Coronas	Corona	142 (5⅛)	42 (16,7)	Corona	¾ – 1 h
Lonsdales	Cervante	165 (6½)	42 (16,7)	Lonsdale	1¼ – 1½ h
Petit Coronas	Mareva	129 (5⅛)	42 (16,7)	Petit Corona	½ – ¾ h
Regios	Hermoso N° 4	127 (= 5)	48 (19,1)	Robusto	¾ – 1 h
Serie A	Corona Gorda	143 (5⅝)	46 (18,3)	Grand Corona	1 – 1¼ h

Samaná

Les Samaná font partie des cigares provenant de République dominicaine les plus doux qui soient. On ne sait toutefois pas si le nom qui leur a été donné provient de la presqu'île de Samaná, de la province du même nom, ou bien encore de la capitale de cette même province.

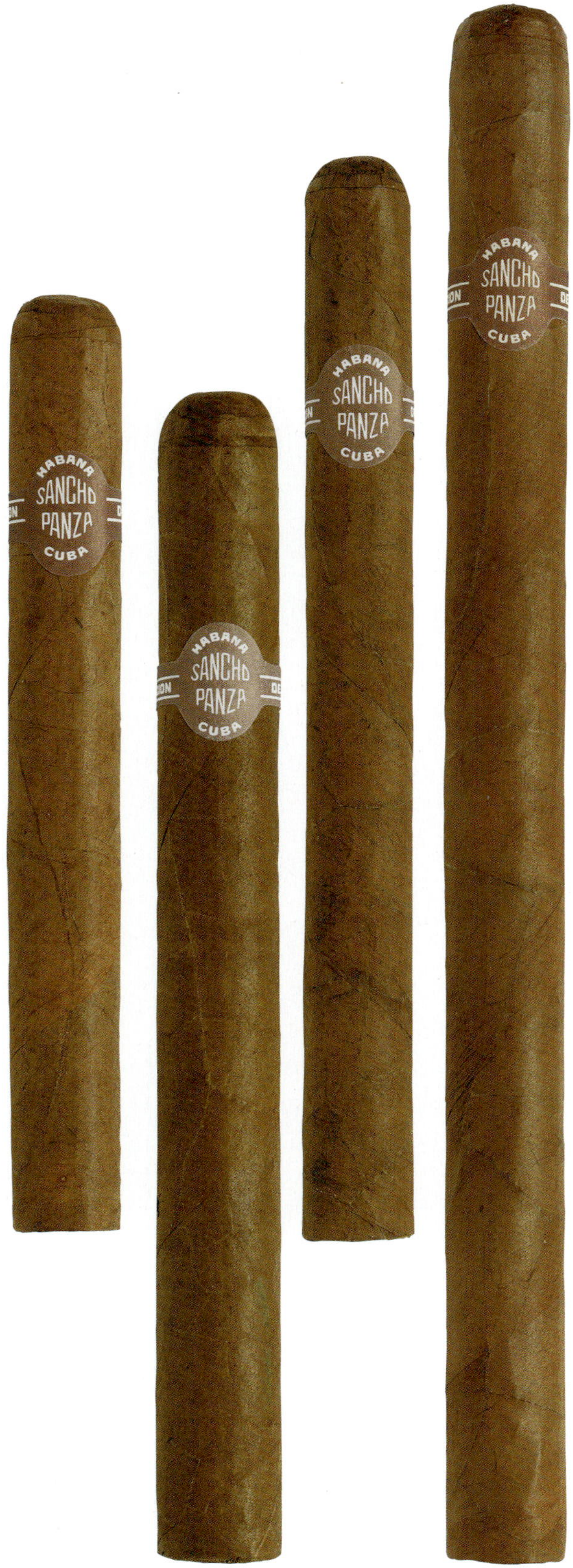

De gauche à droite : Coronas, Coronas Gigantes, Molinos, Sanchos

Cette question ne revêt toutefois pas d'importance primordiale. Produits pour la première fois en 1997, les cigares Samaná ne sont pas seulement extrêmement doux, ils présentent également une construction irréprochable, ce qui aussure une dégustation sans heurts, que ce soit aux novices ou aux fumeurs plus expérimentés, qui aiment à savourer leurs vitoles dès le matin.

Consacrons quelques mots rapides à la presqu'île de Samaná : on peut observer de décembre à mars des baleines à bosse qui viennent s'accoupler dans la baie.

Sancho Panza

Il y a encore seulement quelques années, on ne trouvait ces cigares quasiment qu'en Espagne. L'explication à cela réside peut-être dans le fait que leur nom se réfère à l'une des plus

Sancho Panza

Nom commercial Vitola de salida	*Nom de production Vitola de galera*	*Longueur en mm (≈ po)*	*Diamètre ∅ en pouces (mm)*	*Appellation internationale*	*Temps de fumage*
Bachilleres	Franciscano	116 (4⅝)	40 (15,9)	Petit Corona	½ h
Belicosos	Campana	140 (5½)	52 (20,6)	Pyramid	1¼ – 1½ h
Coronas	Corona	142 (5⅝)	42 (16,7)	Corona	¾ – 1 h
Coronas Gigantes	Julieta N° 2	178 (7)	47 (18,7)	Churchill	1½ – 1¾ h
Molinos	Cervante	165 (6½)	42 (16,7)	Lonsdale	1¼ – 1½ h
Non Plus	Mareva	129 (5⅛)	42 (16,7)	Petit Corona	½ – ¾ h
Sanchos	Gran Corona	235 (9¼)	47 (18,7)	Giant	2½ h

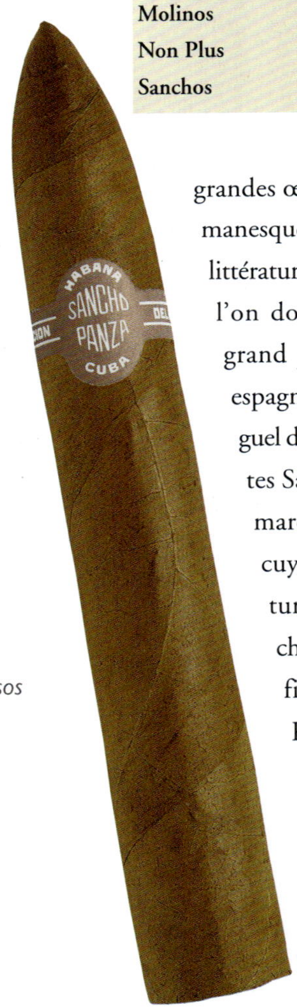

Belicosos

grandes œuvres romanesques de la littérature que l'on doit au grand poète espagnol Miguel de Cervantes Saavedra. Cette marque porte le nom de l'écuyer et compagnon d'aventures du célèbre Don Quichotte, le chevalier à la triste figure qui, sur son cheval Rossinante, galope d'aventure en aventure, et se bat courageusement contre des moulins à vents.

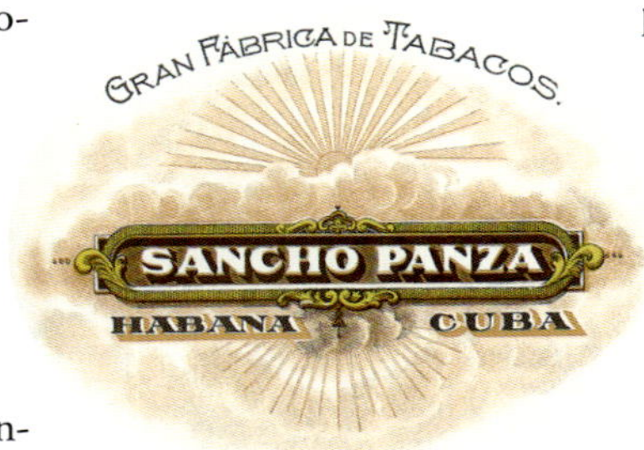

Les havanes Sancho Panza, moyennement corsés, ont désormais passé les frontières espagnoles et sont disponibles dans d'autres pays d'Europe.

San Cristóbal de La Habana

Cette marque, dont le nom fait référence à la capitale de Cuba, fut officiellement introduite en 1999.

Or si la ville est généralement appelée « La Habana », la marque est le plus souvent surnommée « Cristóbals » ou « Cristóbales ».

Certains fumeurs pourraient avoir un peu de mal à apprécier les San Cristobal, bien qu'on ne puisse nier que ces cigares possèdent un certain potentiel. Toutefois, ce potentiel ne se dément pas et

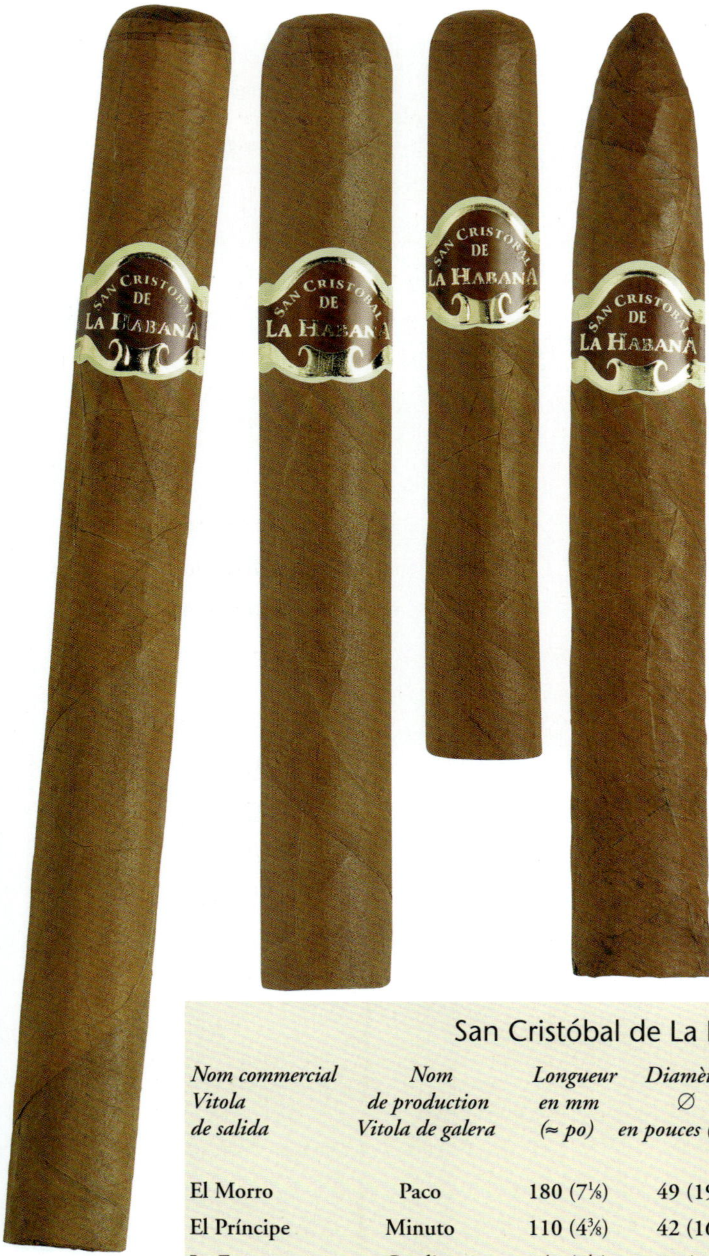

l'amateur qui choisit l'un des quatre modules Cristóbal a généralement peu de chances de se tromper.

De gauche à droite : El Morro, La Fuerza, El Príncipe, La Punta

Les *vitolas de salida* correspondent aux noms de quatre forts de défense cubains : le premier, El Morro, fut bâti au XVIe siècle et domine la baie de Santiago de Cuba, ancienne capitale de l'île. Les trois autres forts de défense, édifiés quant à eux entre le XVIe siècle et le XVIIIe siècle, encadrent l'entrée du port de la capitale actuelle, La Havane.

San Cristóbal de La Habana

Nom commercial Vitola de salida	*Nom de production Vitola de galera*	*Longueur en mm (≈ po)*	*Diamètre ∅ en pouces (mm)*	*Appellation internationale*	*Temps de fumage*
El Morro	Paco	180 (7⅛)	49 (19,5)	Double Corona	1¾ – 2 h
El Príncipe	Minuto	110 (4⅜)	42 (16,7)	Petit Corona	½ h
La Fuerza	Gordito	141 (5½)	50 (19,8)	Robusto	1¼ – 1½ h
La Punta	Campana	140 (5½)	52 (20,6)	Pyramid	1¼ – 1½ h

Santa Clara 1830

La marque Santa Clara est, avec Te Amo, la plus connue et la plus appréciée des marques mexicaines. Elle propose deux produits quelque peu particuliers. Ceci ne concerne certes pas le qualificatif « Puros », qui s'applique à tous les for-

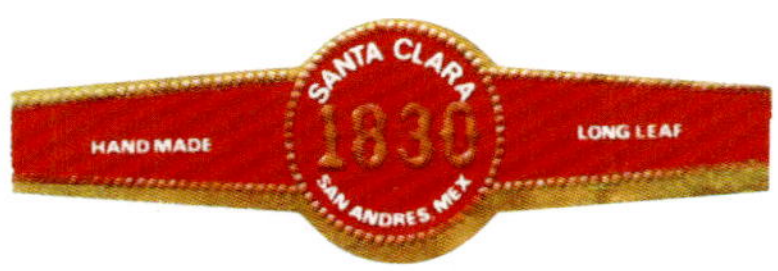

mats – n'oublions pas que le Mexique est réputé pour être le pays produisant le plus de cigares fabriqués à partir de tabacs nationaux.

Ces particularités concernent deux vitoles. La première est la Bolero, qui possède deux feuilles de cape – l'une de couleur Claro et l'autre de couleur Maduro, ce qui donne l'impression qu'elle a été roulée alternativement avec chaque feuille. La seconde est la Magnum, soit le cigare le plus long qui existe sur le marché, avec une longueur de 19 pouces, soit 482,6 mm, et un diamètre de 60 pouces (23,8 mm).

Il reste à préciser que tous les long-fillers – qui livrent une note légèrement épicée – sont roulés à la main. Cela vaut également pour les Magnum. On imagine aisément que, pour fabriquer de tels cigares, les *torcedores* doivent réellement avoir de grandes mains.

Santa Damiana

Bien que la marque Santa Damiana n'ait été créée qu'en 1992, elle est d'ores et déjà devenue une valeur sûre pour les *aficionados* qui apprécient les cigares relativement doux mais qui ne souhaitent pas pour autant renoncer à une large palette d'arômes.

La popularité grandissante des Santa Damiana, qui sont fabriqués à la main à La Romana, à l'ouest de la capitale Santo Domingo, est notamment due à leur excellente construction. Cela témoigne du haut niveau de qualité du travail réalisé

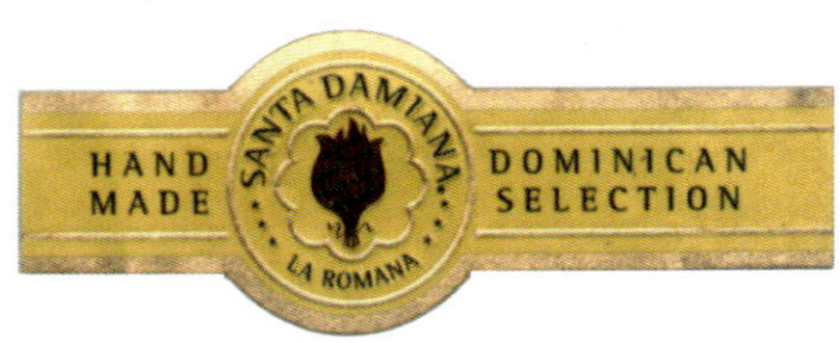

par les *torcedores*. Le nom de la marque semble d'ailleurs leur rendre hommage, car il renvoie à une *vega* cubaine fort réputée autrefois et à un ancien havane tout aussi célèbre.

S. T. Dupont

Il aura fallu attendre plus d'un siècle pour qu'une marque de cigares portant le nom de S. T. Dupont fasse son apparition sur le marché. Simon Tissot Dupont ne pensait certes pas aux cigares quand il fonda son entreprise de transport en 1872. Peu après l'incendie qui avait ravagé les bâtiments de sa jeune entreprise, il racheta la même année une manufacture de produits en cuir, comptant 30 employés. Il posa ainsi la première pierre d'une entreprise spécialisée dans la fabrication d'articles de luxe, qui jouit aujourd'hui d'une réputation mondiale.

Si, après la Seconde Guerre mondiale, Dupont se concentra sur la fabrication de briquets de luxe, la gamme vint s'enrichir au début des années 1970 d'articles en cuir et de stylos, puis, dans les années 1980, de montres, de coupe-cigares, d'étuis à cigares, de cendriers ainsi que d'*humidores*.

Il n'y avait alors qu'un pas à franchir pour ajouter une marque de cigares à la palette des produits de luxe – ne revêtant certes pas une importance vitale mais agrémentant la vie de façon agréable – proposés par la célèbre enseigne. Comme les cigares n'avaient rien à voir avec le métal, la laque de chine ou le cuir, les responsables de S. T. Dupont se mirent en quête d'experts. Ils les trouvèrent dans les îles Canaries, et des cigares de haute qualité virent finalement le jour en 1998 sous le nom « S. T. Dupont ».

La qualité demeure plus que satisfaisante mais les cigares Dupont provien-

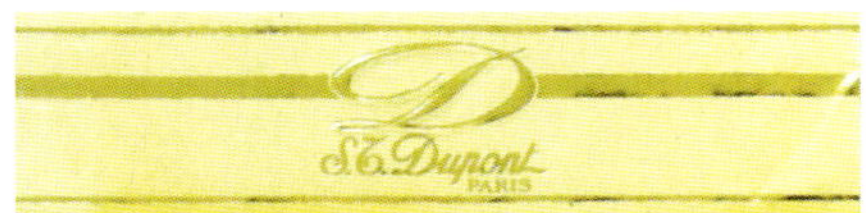

nent désormais de République dominicaine. Ils sont aujourd'hui un peu plus légers, et les longfillers fabriqués à la main se démarquent par leur mélange harmonieux et leurs arômes subtils.

T

Tabacalera

Il s’agit de cigares Premium originaires des Philippines, provenance à laquelle on ne penserait pourtant pas immédiatement. Il convient de saluer cette initiative, car les Tabacalera, du fait de leur style non-conventionnel, sont difficilement comparables aux autres cigares Premium, en particulier ceux originaires des Caraïbes.

Sous la direction d’un expert cubain maîtrisant l’art de la fabrication des cigares, la fabrique Compania General Tabacos de Filipinas produit des cigares très doux, aux arômes néanmoins subtils, roulés à la main, dotés d’une poupée en tabacs locaux (Region Isabela) et d’une feuille de cape Java-Besuki.

Le résultat est plaisant. Il promet une dégustation intéressante à un prix relativement raisonnable.

Te-Amo

Cette marque, dont les origines remontent à l’année 1830, représente, avec Santa Clara, la plus connue et la plus appréciée des marques de cigares mexicaines. Les modules de la marque Te Amo sont bien évidemment tous des Puros. Comment pourrait-il en être autrement ? Le fait que l’on aime ces cigares, comme leur nom nous y invite, ou non, dépend de la force que l’on préfère trouver lors de la dégustation d’une vitole.

Les Te-Amo sont des cigares doux à moyennement corsés. Leur puissance est conditionnée par les différentes feuilles de cape utilisées, car de nombreux formats sont proposés avec une cape Colorado Claro ou Colorado Maduro, ou encore Maduro. Comme ces cigares mexicains ne sont que difficilement comparables, en goût comme en arômes, aux autres cigares (non-)antillais, il est préférable de les essayer pour se faire sa propre opinion.

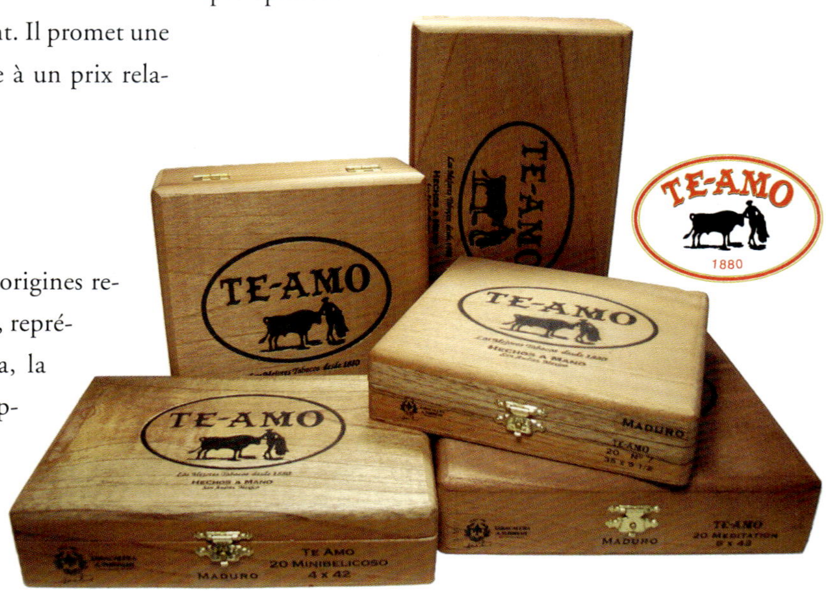

The Griffin's

Cette marque a été créée il y a plus de 20 ans par le propriétaire d'un club de Genève. Le nom de ce club : Griffin's. Celui du propriétaire et gérant : Bernard Grobet. On sait également dans quels ateliers les premiers Griffin's furent fabriqués : chez Tabadom en République dominicaine (filiale du groupe Oettinger Davidoff). Ils y sont encore produits aujourd'hui, sous la direction de Hendrik Kelner, qui, comme par le passé, s'assure les services expérimentés de son maître mélangeur Eladio Díaz.

Ces noms étant garants de qualité, l'*aficionado* ne risque pas de se tromper lorsqu'il opte pour l'un de ces merveilleux cigares.

L'amateur peut désormais opérer son choix parmi trois séries. Outre la Classic Line et la Maduro, la marque comprend une toute nouvelle création : la Griffin's Fuerte. L'*aficionado* peut toutefois choisir sans risque n'importe quel cigare de la vaste gamme proposée par la marque : tous portent en effet le titre bien mérité de « Premium ».

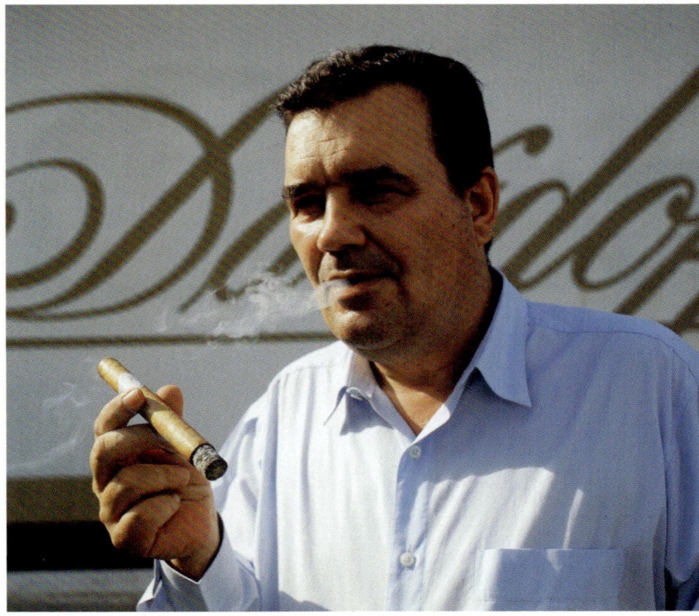

Hendrik Kelner

Toscano

Un vrai connaisseur de la marque commencera par couper ces cigares en deux, en leur milieu, afin de pouvoir les apprécier à pleines bouffées. Cela peut certes sembler un peu « barbare », mais les Toscano sont loin d'être des cigares comme les autres.

La particularité des Toscano réside tout d'abord dans le tabac, ou plus précisément dans les semences de tabac, qui sont utilisés. Ces dernières proviennent d'outre-Atlantique – non pas des Antilles mais des États-Unis –, et présentent une autre caractéristique notoire. Il ne s'agit aucunement des semences courantes du Connecticut : la poupée est au contraire entièrement constituée de tabacs italiens qui sont cultivés en Toscane (d'où le nom), mais dont les semences proviennent du Kentucky. La cape est également réalisée avec une feuille provenant du Kentucky, mais directement importée des États-Unis.

Les feuilles de la poupée et de la cape subissent toutes un intensif processus de fermentation, qui comprend une phase d'entreposage et de séchage s'étendant sur une période allant de un à neuf mois. On obtient ainsi des cigares très corsés, durs et secs, à l'arôme épicé incomparable. Les cigares Toscano sont par ailleurs des longfillers 100 % tabac, fabriqués à la machine. Une exception cependant : les Toscano Originale sont entièrement roulés à la main.

Aucune exception en revanche en ce qui concerne les formats : tous les Toscano sont identiques. Longs d'environ 155 mm, ils présentent des deux côtés un diamètre d'environ 10 mm et s'élargissent vers le centre, où leur diamètre atteint environ 15 mm. Ils possèdent ainsi une sorte de « ventre », que l'on remarque au premier regard. À la différence d'autres cigares, la bague n'est pas fixée de manière très serrée sur le corps du cigare, de sorte qu'il est facile de l'enlever. Ce geste est d'ailleurs absolument nécessaire car, pour le connaisseur, le plaisir de la dégustation commence par le coupage du cigare en son milieu. Cette étape se révèle superflue avec les Toscanelli, qui ont déjà été divisés en deux au préalable.

Trinidad

Ces cigares ont fait leur apparition sur le marché en février 1998 dans la capitale cubaine. Avant leur lancement, au moyen d'une fantastique opération médiatique, et leur ouverture à l'exportation, ces légendaires havanes étaient exclusivement réservés aux invités officiels du *Máximo Líder*.

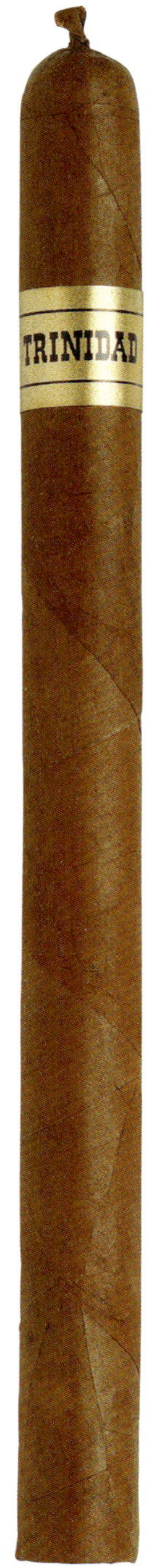

Fundadores

Cette légende vivante (ou plutôt, devrait-on dire, « fumante ») du cigare est à la hauteur de toutes les attentes. Produite dans la fabrique El Laguito, patrie des Cohiba, la marque comprend un seul et unique module, le Fundadores, qui constitue un excellent havane.

Il faudra encore attendre un peu pour déterminer si les trois autres modules qui ont été lancés sur le marché en 2004 sont à la hauteur de leur aîné, car on a constaté au départ de grandes variations de goût au sein d'un seul et même format. Attendre, telle doit être la devise des *aficionados*, car ces nouveaux modules possèdent sans aucun doute le potentiel qui leur permettra de parvenir au niveau des Fundadores.

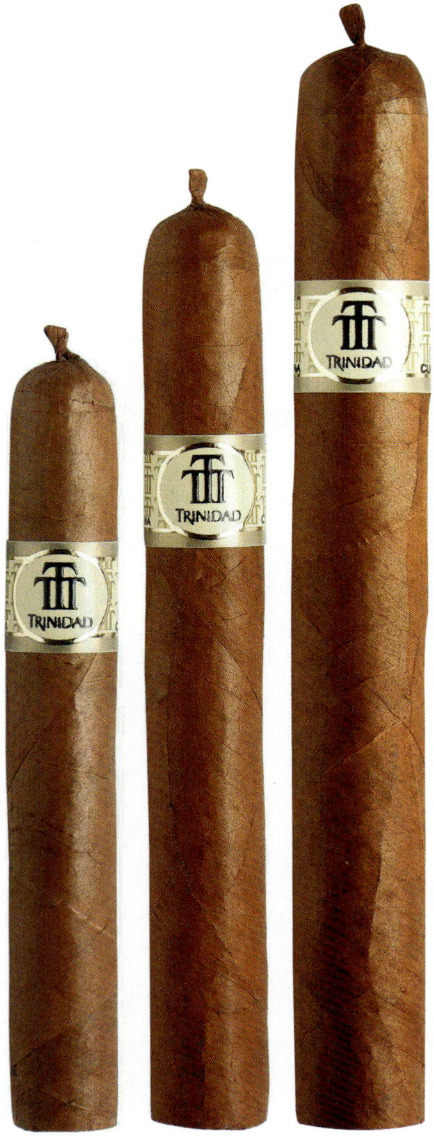

De gauche à droite : Reyes, Coloniales, Robustos Extra

Trinidad

Nom commercial Vitola de salida	*Nom de production Vitola de galera*	*Longueur en mm (≈ po)*	*Diamètre ∅ en pouces (mm)*	*Appellation internationale*	*Temps de fumage*
Coloniales	Coloniales	132 (5¼)	45 (17,9)	Corona Extra	¾ – 1 h
Fundadores	Trinidad N° 1	192 (7½)	40 (15,9)	Giant Corona	1½ h
Reyes	Reyes	110 (4⅜)	40 (15,9)	Petit Corona	½ h
Robustos Extra	Robusto Extra	155 (6⅛)	50 (19,8)	Toro	1½ h

Troya

Les cigares de cette marque de havanes créée en 1932 sont extrêmement difficiles à dénicher. Par ailleurs, il n'existe plus que deux modules de Troya, qui sont en outre fabriqués à la machine.

S'il n'est pas rebuté par cet état de fait et qu'il apprécie les havanes relativement doux, un *aficionado* aura tout à gagner à tenter l'expérience.

Vegas Robaina

Ces cigares ont été présentés officiellement à l'occasion du jubilé de la marque Cohiba, en juin 1977, et sont maintenant disponibles dans de nombreux pays, après n'avoir été tout d'abord proposés qu'en France et en Espagne. Les Vegas Robaina font partie des créations les plus récentes des cigariers cubains.

Le nom de cette marque désigne l'une des plus anciennes *vegas* de Cuba, l'une des dernières à se trouver encore sous possession privée. La plantation béné-

Troya

Nom commercial Vitola de salida	*Nom de production Vitola de galera*	*Longueur en mm (≈ po)*	*Diamètre ∅ en pouces (mm)*	*Appellation internationale*	*Temps de fumage*
Coronas Club Tubulares	Standard	123 ($4\frac{7}{8}$)	40 (15,9)	Petit Corona	$\frac{1}{2}$ – $\frac{3}{4}$ h
Universales	Universales	134 ($5\frac{1}{4}$)	38 (15,1)	Short Panatela	$\frac{1}{2}$ – $\frac{3}{4}$ h

Vegas Robaina

Nom commercial Vitola de salida	*Nom de production Vitola de galera*	*Longueur en mm (≈ po)*	*Diamètre ∅ en pouces (mm)*	*Appellation internationale*	*Temps de fumage*
Clásicos 42	Cervante	165 ($6\frac{1}{2}$)	42 (16,7)	Lonsdale	$1\frac{1}{4}$ – $1\frac{1}{2}$ h
Don Alejandro 49	Prominente	194 ($7\frac{5}{8}$)	49 (19,5)	Double Corona	2 – $2\frac{1}{4}$ h
Familiar 42	Corona	142 ($5\frac{5}{8}$)	42 (16,7)	Corona	$\frac{3}{4}$ – 1 h
Famosos 48	Hermoso N° 4	127 (= 5)	48 (19,1)	Robusto	$\frac{3}{4}$ – 1 h
Unicos 52	Pirámide	156 ($6\frac{1}{8}$)	52 (20,6)	Pyramid	$1\frac{1}{2}$ – $1\frac{3}{4}$ h

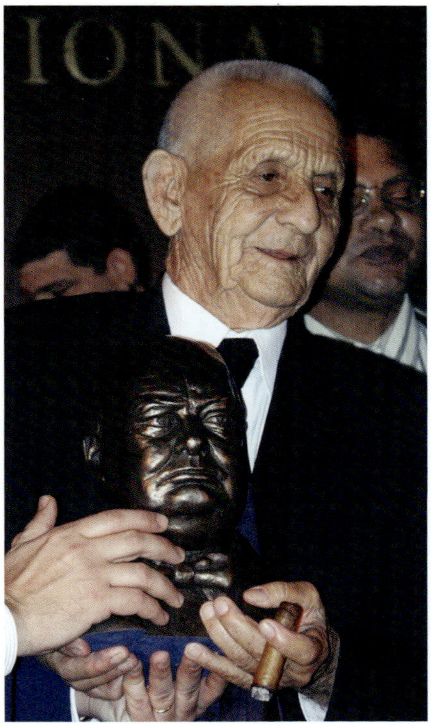

Alejandro Robaina

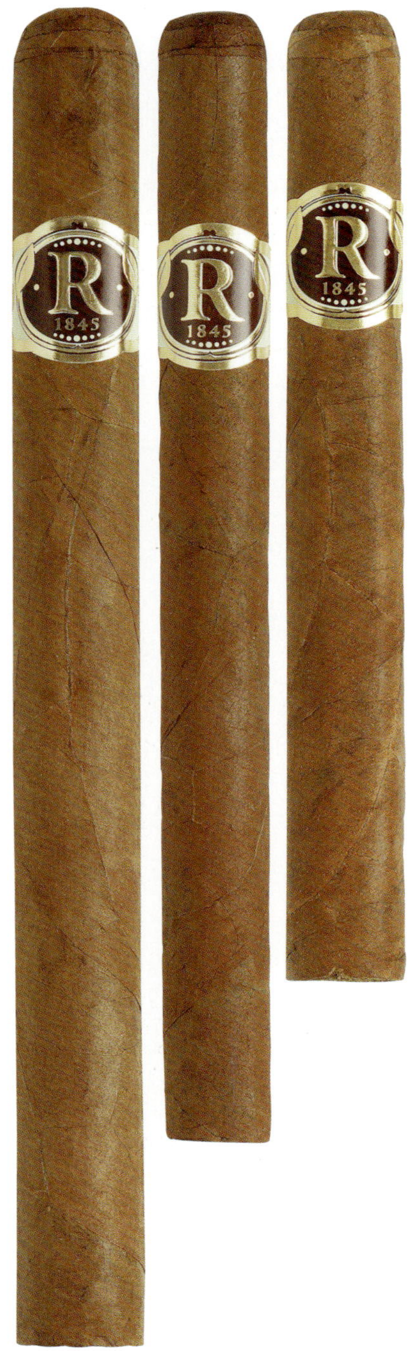

De gauche à droite : Don Alejandro 49, Clásicos 42, Familiar 42

ficie en outre d'une tradition de plus de 150 ans dans la culture du tabac, ce qu'indique la mention « 1845 » apposée sur les bagues des cigares Vegas Robaina. L'année 1845 est en effet celle de mise en production de cette *vega*, qui fabrique l'une des meilleures capes cultivées dans la région de la Vuelta Abajo.

Une référence à la famille de planteurs de tabac apparaît dans la *vitola de salida* du module Prominente, qui porte le nom du patriarche : Don Alejandro. Du haut de ses 85 ans, ce dernier continue à se rendre chaque jour dans les champs de tabac de sa *vega*.

Les chiffres qui accompagnent la description de chaque module fournissent des indications relatives au diamètre du cigare correspondant.

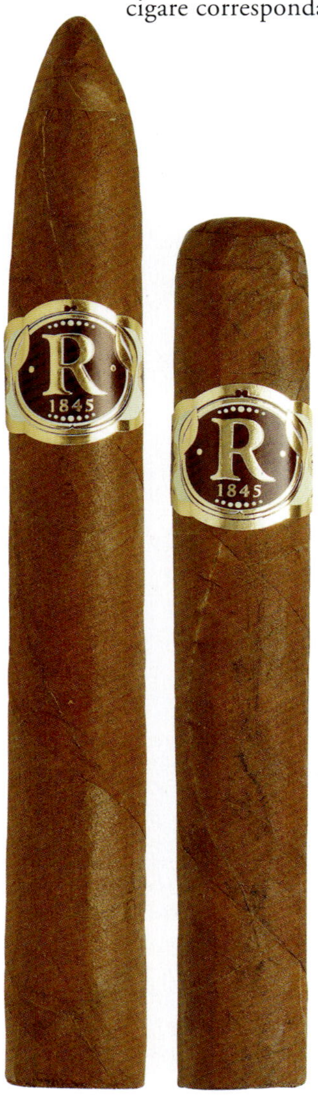

De gauche à droite : Unicos 52, Famosos 48

Les cigares Vegas Robaina sont des havanes de style traditionnel qui se démarquent par un corps puissant. Chaque module délivre un goût riche, souvent crémeux, et se distingue en outre par un très bel équilibre.

Vegueros

Les Vegueros, des longfillers apparus en 1996 et fabriqués à la machine, étaient au départ destinés au marché intérieur. Cependant, comme l'univers du cigare tourne autour de tout ce qui se passe à Cuba et de tout ce qui sort des fabriques cubaines au sein desquelles travaillent les *tabacaleros*, les responsables de Habanos S. A. ont décidé de céder aux pressions de plus en plus fortes des importateurs et de distribuer leurs cigares partout dans le monde.

Proposés depuis un certain temps déjà en Europe, les Vegueros sont des longfillers de très bonne construction, assez

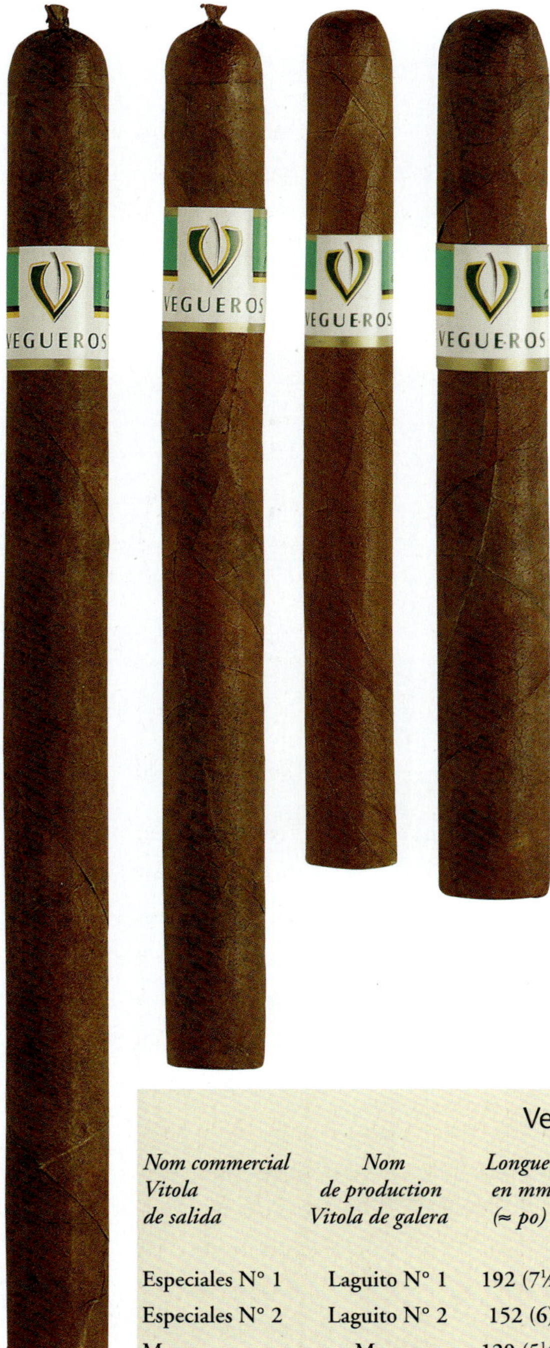

corsés, rappelant le style traditionnel cubain. Ils ne sont pas fabriqués à la machine, comme cela était prévu au départ, mais portent le label « *Totalmente a mano – Tripa Larga* ».

De gauche à droite : Especiales N° 1, Especiales N° 2, Seoanes, Marevas

VEGUEROS

Villiger

Le siège social de l'entreprise se situe à Wynental, et c'est là également, dans le nord du canton suisse de Lucerne, que l'entreprise a été créée il y a maintenant plus d'un siècle. Connue aujourd'hui

Vegueros

Nom commercial Vitola de salida	*Nom de production Vitola de galera*	*Longueur en mm (≈ po)*	*Diamètre ∅ en pouces (mm)*	*Appellation internationale*	*Temps de fumage*
Especiales N° 1	Laguito N° 1	192 (7½)	38 (15,1)	Long Panatela	1¼ – 1½ h
Especiales N° 2	Laguito N° 2	152 (6)	38 (15,1)	Panatela	¾ – 1 h
Marevas	Mareva	129 (5⅛)	42 (16,7)	Petit Corona	½ – ¾ h
Seoanes	Seoane	126 (5)	33 (13,1)	Small Panatela	½ h

sous le nom de « Villiger Söhne A. G. Cigarrenfabriken », elle figure désormais dans la liste des plus grandes fabriques de cigares européennes. Plusieurs chiffres viennent appuyer cette affirmation. Ainsi, quelque 300 millions de cigares et cigarillos quittent chaque année les fabriques de Pfeffikon en Suisse, de Waldshut-Tiengen en Allemagne dans le Bade-Wurtemberg, de Bünde en Westphalie orientale, de Ballaghaderreen en Irlande, dans le comté de Roscommon, ou encore de Ngoro en Indonésie, à l'est de l'île de Java, pour être proposés dans de nombreux pays. Il convient en outre de mentionner l'existence de Villiger Polska, une *joint-venture* conclue avec le fabricant de tabac polonais Polski Tyton, à Cracovie.

Quand il créa son entreprise en 1888, Jean Villiger n'avait sans doute aucune idée du succès qu'il allait rencontrer. À la grande époque de l'industrialisation, la création d'une fabrique de cigares n'avait rien d'extraordinaire. Du fait de la croissance économique globale que connaissait l'Europe à cette époque, les entreprises sortaient du sol comme des champignons. Presque chaque région avait son secteur économique désigné. Dans le nord du canton de Lucerne, il s'agissait de l'industrie du tabac.

Les choses étaient alors très faciles, mais elles devinrent beaucoup plus difficiles par la suite. Pendant et après la Première Guerre mondiale, et vers la fin des années 1920, les entreprises vivent des temps difficiles.

Pour la jeune entreprise Villiger, les ennuis commencèrent même beaucoup plus tôt, en 1902, année du décès de Jean Viliger. Si sa jeune veuve, Louise, n'avait pas alors courageusement repris les rênes de l'entreprise et pris les bonnes déci-

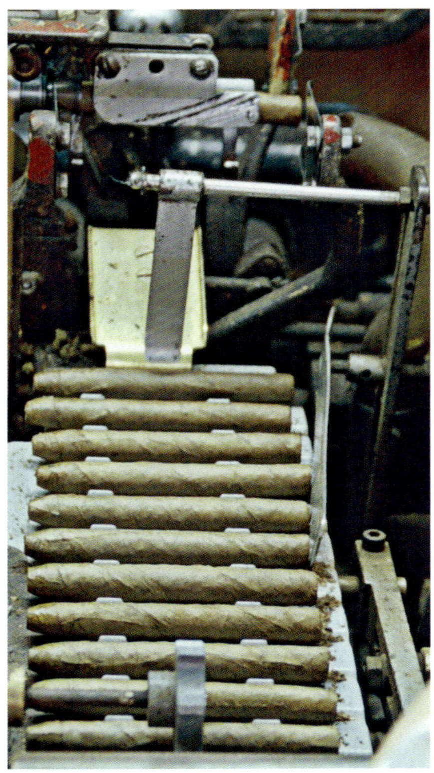

La mécanisation facilite le travail…

… mais ne remplace pas complètement l'habileté des ouvrières.

sions grâce à son grand sens de l'anticipation, l'entreprise aurait alors été contrainte, comme bien d'autres, à fermer ses portes.

Lorsque Louise Villiger ouvrit en 1910 une filiale à Waldhut-Tiengen en Allemagne, son acte fut non seulement prévoyant mais également très courageux, et représentait un signe fondamental pour l'avenir.

L'avenir d'alors est devenu notre présent, et l'entreprise, qui est désormais dirigée par Heinrich Villiger, un représentant la quatrième génération de Villinger, a devant elle de belles perspectives, grâce notamment à sa réputation basée sur ses innovations produits. Elle introduisit ainsi à la fin du siècle dernier le Villiger-Kiel, un cigare dont l'embout est en plumes d'oie. Puis vint le Rio 6, le « havane du petit homme », qui demeure le cigare le plus fumé en Suisse.

À propos des havanes, mentionnons ici que c'est Heinrich Villiger qui fonda en 1989, avec un partenaire cubain, la première *joint-venture* mondiale pour l'importation et la distribution exclusives de havanes. Aujourd'hui, 5th Avenue Products importe et distribue notamment quelque 6 millions de havanes en Allemagne.

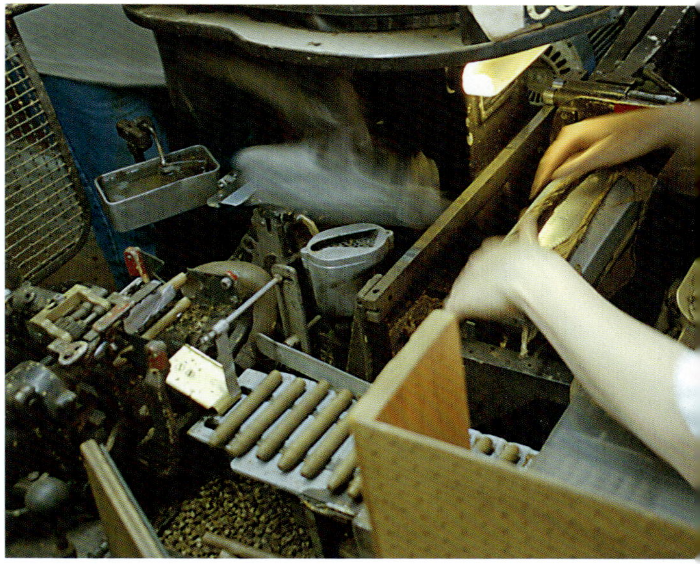

Woermann Cigars

Depuis 1963, les affaires marchent extrêmement bien pour l'entreprise familiale Woermann Cigars. Cette année-là, Heinz-Dieter Woermann entra dans l'entreprise H. Woermann et se rendit compte qu'il était vraiment difficile d'enregistrer en Allemagne des chiffres positifs avec des cigares faits à la main et produits en petites quantités. Il décida alors de faire fabriquer des machines permettant d'accroître considérablement le volume de production : en 1960, l'entreprise produisait 10 000 cigares, au début des années 1990, c'était près de 300 000 cigares qui quittaient chaque année la fabrique de Bünde en Rhénanie-du-Nord-Westphalie.

Le « H » du nom de l'entreprise ne désigne pas « Heinz-Dieter », mais bien « Heinrich ». C'est en effet ce dernier, c'est-à-dire Heinrich Woermann, qui créa l'entreprise en 1890 dans la « ville du cigare allemande », à une époque où la production de cigares enregistrait chaque année un taux de croissance à deux chiffres dans le pays.

De tels chiffres n'ont en revanche plus cours aujourd'hui, bien que l'entreprise traditionnelle, dont Peter Woermann a repris la direction en avril 1997 (suivi plus tard par Thomas Strickrock) n'ait cessé de progresser ces dernières années, tant en termes économiques qu'en termes de volume de cigares produits. Ainsi, en 1998, c'était près de 9 millions de cigares quittaient la fabrique de Rödinghausen-Ostkilver.

Le déménagement dans ce petit village situé à proximité de Bünde, en Rhénanie-du-Nord-Westphalie, était inévitable car les locaux d'origine étaient tout simplement devenus beaucoup trop exigus. Les nouveaux ateliers furent conçus pour répondre à l'ensemble des exigences d'une fabrique de cigares moderne : entreposage du tabac brut, fabrication des poupées, pose de la feuille de cape, etc. Tout est organisé pour que le travaille puisse se faire le plus rapidement possible.

Le produit phare de cette entreprise plus que centenaire est le La Grandeza. Ce cigare est un *panatela* dont la forme se rétrécit vers l'extrémité. La Grandeza, de même que tous les autres de la maison Woermann Cigars, est un cigare 100 % tabac.

C'est le cas également des marques d'importation qui viennent des îles Canaries, sur lesquelles l'entreprise s'est également spécialisée.

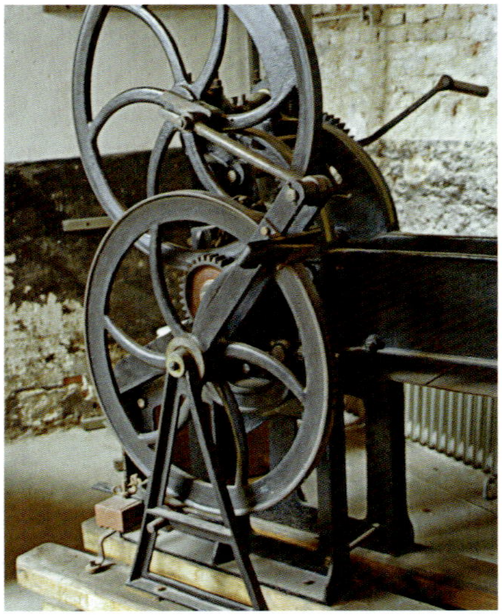

Wuhrmann Cigars

À Rheinfelden, en Suisse, petite ville du canton d'Argovie, sur la rive gauche du Rhin, cinq fabriques produisaient des cigares vers la fin du XIXe siècle – ce qui était un nombre considérable pour un village qui ne comptait à cette époque que 10 000 âmes. Il n'en existe aujourd'hui plus qu'une : la Wuhrmann Cigars A. G., dernière fabrique familiale helvétique de cigares.

L'entreprise, dirigée par la cinquième génération de Wuhrmann, reste fidèle aux traditions, car ce n'est qu'en continuant à occuper des niches délaissées par les grandes entreprises qu'elle peut assurer sa pérennité. Elle propose ainsi un produit courant autrefois et devenu rare aujourd'hui : les Bündli, des paquets de dix cigares suisses emballés dans du papier. Les Krumme Hunde – Havana, une spécialité rappelant également des temps révolus, figurent également dans sa palette de produits. Ces deux produits sont (comme tous les autres d'ailleurs) des cigares 100 % tabac.

Z

Zino

Lorsque, au milieu des années 1970, Zino Davidoff et Ernst Schneider se mirent à chercher une solution pour introduire les Davidoff sur le marché américain, leur regard se tourna finalement vers le Honduras (*voir* le mot-clé Davidoff). D'une part, parce que le pays pouvait compter sur une très longue tradition dans le domaine de la fabrication de cigares et, d'autre part, parce que c'était au Honduras, en Amérique latine, que le sol et le climat étaient les plus proches de ceux de la région de la Vuelta Abajo, à Cuba. Le Nicaragua était également considéré par de nombreux experts comme étant le « pays du cigare », mais la situation politique qui régnait alors dans cet État n'était pas propice à la mise en place sereine d'une entreprise durable. Le choix du Honduras se révéla donc des plus judicieux.

Quand la marque Zino commença à produire des longfillers au Honduras, avec des tabacs locaux pour la poupée et une feuille de cape Connecticut Shade de couleur Colorado Claro, puis quand cette marque fit son apparition sur le marché en 1977, une vague de mécontentement se fit entendre parmi les amateurs de havanes. Pour ces derniers, les cigares Davidoff étaient en effet forcément des cigares cubains et les Zino représentaient un sacrilège commis par Davidoff. Zino Davidoff et Ernst Schneider ont toutefois bien fait les choses. Les Zino honduriens, au goût léger et aux arômes rassasiants, firent très vite sensation chez les *aficionados* américains.

Ernst Schneider

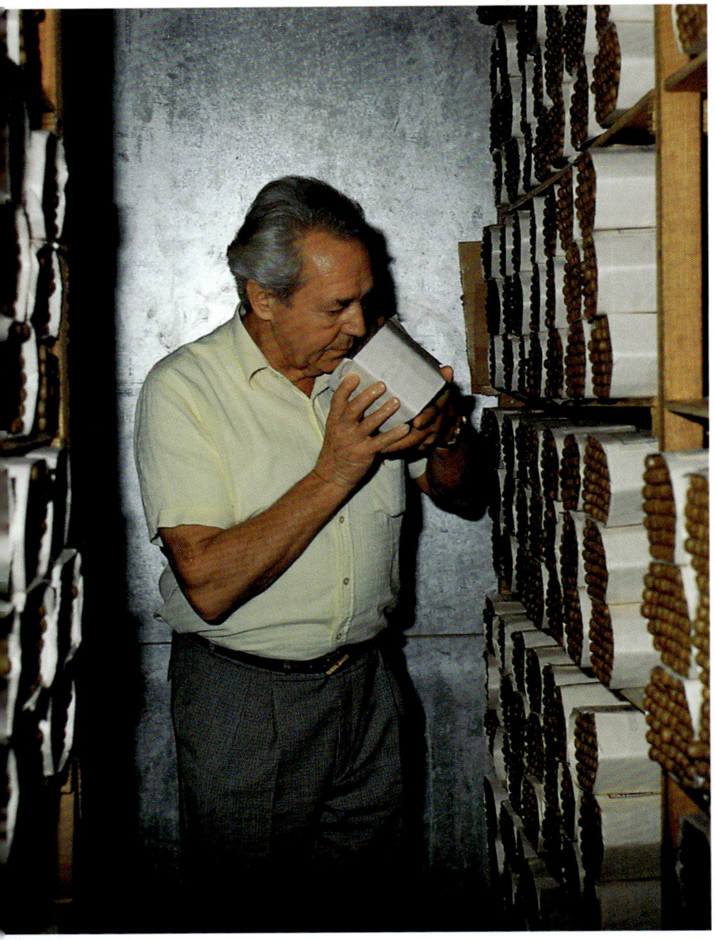

Aujourd'hui, seule une série est encore fabriquée au Honduras. Dès la commercialisation, à partir de 1983, des Zino Mouton Cadet, créés par Davidoff pour la baronne Philippine de Rothschild, le succès fut au rendez-vous. Aujourd'hui encore, les Zino Mouton Cadet moyennement corsés restent très demandés par les *aficionados* – il s'agit d'ailleurs de cigares Premium de première qualité.

Depuis la fin de l'année 2003, les *aficionados* ont la possibilité d'ajouter de nouveaux Zino dans leur *humidor* : les Zino Platinum Crown et les Zino Platinum Scepter. Il s'agit de deux séries dont les cigares possèdent une très grande puissance aromatique et qui, par leur mélange harmonieux, délivrent une note subtilement épicée. « Nouveaux produits, nouvelle patrie ! » C'est en tout cas ce qu'ont pensé les responsables de Davidoff quand ils décidèrent de développer ces deux séries avec Hendrik Kelner et son maître mélangeur Eladio Díaz. En plus d'excellents tabacs d'Équateur (cape) et du Connecticut (sous-cape), ainsi que des variétés San Vicente et Piloto Cubano (tripe), ils décidèrent d'utiliser un tabac qui n'était jusqu'alors pratiquement pas du tout pris en considération dans la fabrication des cigares :

un tabac péruvien (qui participe à l'harmonie du remplissage).

Depuis, d'autres manufactures ce sont pour ainsi dire converties au « goût » péruvien si particulier – Davidoff a, encore une fois, joué un rôle de précurseur dans le monde du cigare et a démontré sa capacité d'innovation.

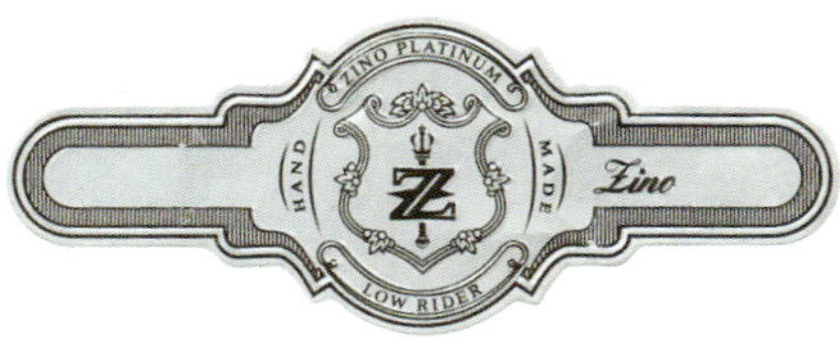

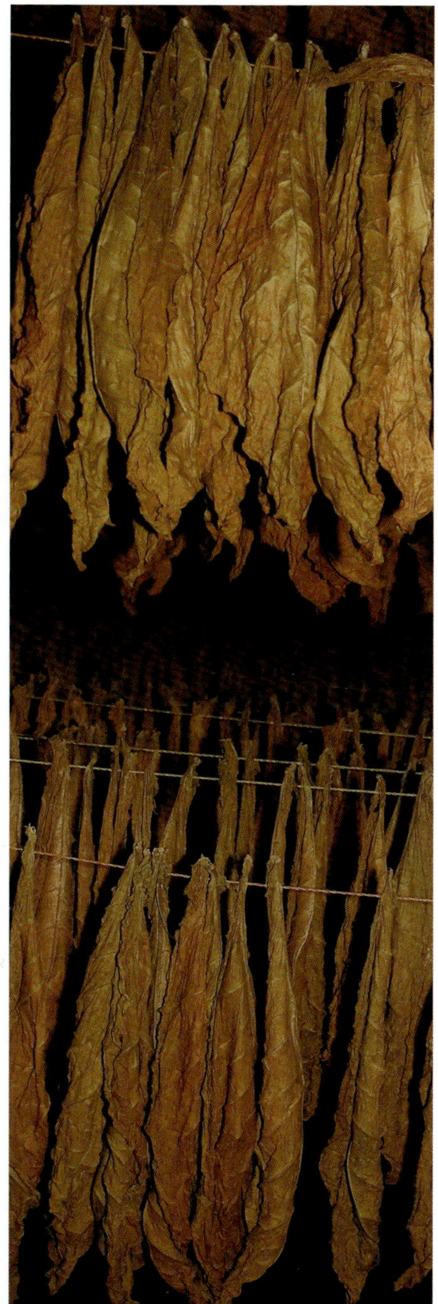

Pendant longtemps, la promotion des Zino a utilisé une citation, qui ne différait que d'une lettre de sa version originale, et qui nous vient de l'époque correspondant au zénith de l'Empire romain : *«…in Zino veritas »*.

Il n'y a rien de plus à ajouter. Comme il s'agit du dernier mot-clé de cet ouvrage, il convient de revenir à quelque chose de plus général sur les cigares. La culture du tabac ressemblant, par bien des aspects, à celle de la vigne, la vérité réside peut-être également dans les cigares, pour peu que l'on sache comment les déguster et que l'on soit prêt à s'impliquer dans cette relation.

Abréviations utilisées dans les tableaux

Ar	Arapiraca
Ba	Bahia
Br	Brésil
Ca	Cameroun
Cap	Cape
Co	Corojo
CoBr	Connecticut Broadleaf
CoCuSe	Connecticut Cuba Seed
Col	Colombie
Conn	Connecticut
CoRi	Costa Rica
CoSe	Connecticut Seed
CoSh	Connecticut Shade
Cr	Criollo
Cu	Cuba
CuSe	Cuba Seed
DoOlor	Dominican Olor
Éq	Équateur
Ha2000	Havana 2000
Ho	Honduras
In	Indonésie
Ja	Java
JaBe	Java Besuki

Lf	Longfiller
Ma	Maduro
MaFi	Mata Fina
Me	Mexique
MeSe	Mexico Seed
Mf	Medium Filler
Ni	Nicaragua
NiSe	Nicaragua Seed
Ph	Philippines
PiCu	Piloto Cubano
Rép. dom.	République dominicaine
SaVi	San Vicente
Sf	Shortfiller
Ssc	Sous-cape
Su	Sumatra
SuDe	Sumatra Deli
SuGr	Sun Grown
SuLi	Sumatra libre de pie
SuSe	Sumatra Seed
Tr	Tripe
Ts	Table Scrape
ViSe	Vicente Seed
ViSuGr	Virgin Sun Grown
Vola	Vorstenlanden

Marque/Série	Origine	Tripe
1881 (Lf)	Philippines	Philippines + Brésil
Acid (Lf)	Nicaragua	Nicaragua
Alameda (Lf)	République dominicaine	République dominicaine (PiCu + DoOlor)
Alhambra (Lf)	Philippines	Philippines
Alonso Menéndez (Lf)	Brésil	Puros : tous les tabacs cultivés au Brésil (Cap : MaFi)
Ambiente (Lf)	République dominicaine	République dominicaine
Aromas de San Andrés (Lf)	Mexique	Puros : tous les tabacs cultivés à San Andrés (Mex.)
A(rturo) Fuente		
• Château (Lf)	République dominicaine	Rép. dom. + Br + Me + Ni
• Classic Line (Lf)	République dominicaine	Rép. dom. + Br + Me + Ni
• Gran Reserva (Lf)	République dominicaine	Rép. dom. + Br + Me + Ni
• Opus X (Lf)	République dominicaine	Puros : tous les tabacs cultivés en Rép. dominicaine
Ashton		
• Cabinet Selection (Lf)	République dominicaine	République dominicaine
• Classic Line (Lf)	République dominicaine	République dominicaine
• Virgin Sun Grown (Lf)	République dominicaine	République dominicaine
Avo		
• Domaine (Lf)	République dominicaine	Rép. dom. (SaVi + PiCu + DoOlor)
• Puritos Classic (Sf)	République dominicaine	République dominicaine
• Puritos Domaine (Sf)	République dominicaine	République dominicaine
• Signature (Lf)	République dominicaine	Rép. dom. (PiCu + SaVi)
• XO (Lf)	République dominicaine	Rép. dom. (SaVi + DoOlor)
Backgammon (Sf)	Allemagne	Différentes provenances
Bahia		
• Blue (Lf)	Nicaragua	Puros : tous les tabacs cultivés au Nicaragua
• Gold (Lf)	Costa Rica	République dominicaine
• Trinidad (Lf)	Costa Rica	Nicaragua (CuSe)
Bahianos (Sf)	Suisse	Brésil (Ba) + Cuba + République dominicaine
Balboa (Lf)	Panama	Pure Panama : exclusiveent production panaméenne
Balmoral		
• Dominican Selection (Lf)	République dominicaine	République dominicaine + Brésil + Cuba
• Rich & Light (Sf)	Pays-Bas	Cuba + Brésil + Indonésie (Java)
• Royal Selection (Lf)	République dominicaine	Rép. dom. (DoOlor + PiCu) + Br (Ba)
• Royal Selection Maduro (Lf)	République dominicaine	République dominicaine + Brésil (Ba)
• Sumatra Selection (Sf)	Pays-Bas	Cuba + Brésil + Indonésie (Java)

Sous-cape	Cape	Force
Philippines	Indonésie (JaBe)	3
Nicaragua	Ca/Conn/In	3–4
République dominicaine (DoOlor)	CoSh	1–2
Philippines	Indonésie (JaBe)	1–2
		3–4
République dominicaine	Connecticut	2–3
		3–4
République dominicaine	CoSh/Ca	3
République dominicaine	CoSh/Ca	4–5
Mexique	Cameroun	3–4
		3–4
République dominicaine	CoSh	3–5
République dominicaine	CoSh	3–4
République dominicaine	Équateur (CoSe)	4–5
République dominicaine (SaVi)	Équateur (CoCuSe)	4–5
Équateur	Équateur (CoCuSe)	3
Équateur	Équateur (CoCuSe)	4
République dominicaine (SaVi)	Équateur (CoCuSe)	5
République dominicaine (SaVi)	Connecticut	3–4
Indonésie (JaBe)	Indonésie (Sumatra)	3–4
		3
République dominicaine	Équateur (CoSe)	3–4
Équateur (SuSe)	Équateur (SuSe)	4–5
Indonésie (Java)	Brésil (Ba)	4–5
		2–4
République dominicaine	Équateur (CoSe)	2–3
Indonésie (Java)	Cuba	2
République dominicaine (DoOlor)	Équateur (CoSe)	2–4
République dominicaine	Brésil (Ba)	2–3
Indonésie (Java)	Indonésie (Sumatra)	3

Marque/Série	Origine	Tripe
Bandera (Mf)	Nicaragua	Puros : tous les tabacs cultivés au Nicaragua
Bauza (Lf)	République dominicaine	République dominicaine + Nicaragua
Belinda (Sf)	Cuba	Puros : tous les tabacs cultivés à Cuba
Bering (Lf)	Honduras	République dominicaine + Mexique + Honduras
Bermudez (Lf)	République dominicaine	République dominicaine (PiCu)
Bock y Ca. (Lf)	République dominicaine	République dominicaine (PiCu) + Nicaragua (CuSe)
Bolívar (Lf + Sf)	Cuba	Puros : tous les tabacs cultivés à Cuba
Bossner		
• Dominican Selection	République dominicaine	République dominicaine
• Nicaraguan Selection	Nicaragua	Nicaragua
• Rolando	République dominicaine	République dominicaine (PiCu)
Braniff		
• Gran Panetela Brasil (Sf)	Allemagne	Différentes provenances
• Gran Panetela Sumatra (Sf)	Allemagne	Différentes provenances
Brazil Trüllerie (Sf)	Allemagne	Brésil + Cuba
Buena Cosecha (Lf)	Nicaragua	Puros : tous les tabacs cultivés au Nicaragua
Bundles (Lf)	République dominicaine	République dominicaine + Brésil
Bundles Best Buy (Lf)	République dominicaine	Nicaragua (CuSe)
Cabañas H-2000 (Lf)	République dominicaine	République dominicaine
Cabita (Lf)	République dominicaine	République dominicaine (PiCu)
Camacho		
• Corojo (Lf)	Honduras	Puros : tous les tabacs cultivés au Honduras
• Criollo (Lf)	Honduras	Puros : tous les tabacs cultivés au Honduras
Cameroon Legend (Lf)	République dominicaine	République dominicaine
C.A.O.		
• Black Line (Lf)	Honduras	Nicaragua + Honduras + Mexique (CuSe)
• Brazilia Line (Lf)	Honduras	Nicaragua
• Cameroon (Lf)	Nicaragua	Nicaragua
• Criollo Line (Lf)	Nicaragua	Nicaragua (Cr '98)
Capadoro (Lf)	République dominicaine	Rép. dom. (DoOlor + PiCu) + Brésil
Carlos Toraño		
• Nicaraguan Selection (Lf)	Nicaragua	Nicaragua
• Reserva Selecta (Lf)	Honduras	République dominicaine + Honduras + Nicaragua
• Signature Collection (Lf)	République dominicaine	République dominicaine (PiCu) + Nicaragua

Sous-cape	Cape	Force
		3–4
Mexique	Équateur (CoSe)	3–4
		2–4
Honduras	CoSh/Ho/Me/Ni	2–3
Indonésie	Équateur (CoSe)	3–4
Indonésie	Équateur (CoSe)	2–4
		3–6
République dominicaine	Connecticut	2–3
Nicaragua	Équateur (CoBr)	3–4
République dominicaine (DoOlor)	CoBr	2–3
Indonésie (JaBe)	Mexique	3
Indonésie (JaBe)	Indonésie (Sumatra)	3
secret de fabrication	Brésil (MaFi)	2–3
		3–4
Nicaragua (CuSe)	Nicaragua	2–3
Indonésie	Équateur (CoSe)	2–4
République dominicaine	Nicaragua (Ha2000)	3–4
République dominicaine (DoOlor)	CoSh	1–3
		3–6
		2–5
République dominicaine	Cameroun	3–4
Nicaragua (CuSe)	Équateur (SuSe)	4
Nicaragua	Brésil (Ar)	3
Nicaragua	Cameroun	3–4
Nicaragua (CuSe)	Nicaragua (CuSe)	4
République dominicaine	Équateur (CoSe)	2–3
Nicaragua	Honduras/CoSh	3–4
Indonésie	CoSh/Costa Rica	2–4
CoBr	Brésil	3–5

Marque/Série	Origine	Tripe
Carmen		
• Brasil (Sf)	Autriche	Indonésie (Java) + Cuba + Brésil
• Sumatra (Sf)	Autriche	Indonésie (Java) + Cuba + Brésil
Casa de Torres (Lf)	Nicaragua	Nicaragua (PiCu)
Cerdan (Lf)	République dominicaine	Puros: tous les tabacs Piloto-Cubano de Rép. domini
Cervantes (Lf)	République dominicaine	République dominicaine (PiCu + DoOlor)
Charatan (Lf)	Nicaragua	Nicaragua (CuSe)
Charles Fairmorn		
• Belmore Cameroon Selection (Lf)	République dominicaine	République dominicaine (PiCu)
• Belmore Classic Line (Lf)	République dominicaine	République dominicaine (DoOlor + PiCu) + Ni
• Belmore E.R.P. Selection (Lf)	République dominicaine	République dominicaine (PiCu + DoOlor)
• Colorado (Lf)	République dominicaine	République dominicaine (DoOlor) + Nicaragua
• Maduro (Lf)	République dominicaine	République dominicaine (PiCu)
• Puros de Nicaragua (Lf)	Nicaragua	Nicaragua (CuSe)
• Tradition Honduras Wrapper (Lf)	Honduras	Honduras + Nicaragua
• Tradition Puros Finos (Lf)	Honduras	Nicaragua + Honduras
Chinchalero (Lf)	Nicaragua	Nicaragua + Honduras
Churchill (Lf)	Nicaragua	Nicaragua
Cibao (Lf)	République dominicaine	République dominicaine + Cuba
Cigare de Chambrair Privée (Lf)	République dominicaine	République dominicaine
Cimero Exactos (Lf)	République dominicaine	République dominicaine
Club Galerie Edition (Lf)	Indonésie	In (Java) + République dominicaine + Br
C. Mendoza		
• Brasil (Sf)	Allemagne	République dominicaine + Br + Cu + In (Ja)
• Sumatra (Sf)	Allemagne	République dominicaine + Br + Cu + In (Ja)
Cohiba		
• Clásica (Lf)	Cuba	Puros : tous les tabacs cultivés à Cuba
• Linea 1492 (Lf)	Cuba	Puros : tous les tabacs cultivés à Cuba
Condal (Lf)	Canaries	Cuba + République dominicaine + Brésil
Corazón del Tabaco (Lf)	Nicaragua	Puros : tous les tabacs du Nicaragua (Cap : CuSe)
Corps Diplomatique (Sf)	Belgique	Brésil + Cuba + Indonésie (Java)
Cuaba (Lf)	Cuba	Puros : tous les tabacs cultivés à Cuba
Cuesta-Rey		
• Classic Line (Lf)	République dominicaine	République dominicaine
• Centenario Colección (Lf)	République dominicaine	République dominicaine

Sous-cape	Cape	Force
Indonésie (Java)	Brésil	3–4
Indonésie (Java)	Indonésie (Sumatra)	3–4
Nicaragua (PiCu)	CoSh	1–3
		4–5
République dominicaine	CoSh	2–3
Indonésie (JaBe)	Indonésie (Java)	3–4
République dominicaine (PiCu)	Cameroun	4
République dominicaine (DoOlor)	CoSh	3–4
République dominicaine (DoOlor)	Équateur (CoSh)	3–4
République dominicaine (DoOlor)	Nicaragua (Cr '98)	4–5
Indonésie (Java)	CoBr	3
République dominicaine (DoOlor)	Équateur (CoSe)	3–4
Équateur	Honduras (Ha2000)	4–5
Honduras (CuSe)	Équateur (CoSe)	3–4
Honduras	CoSh	1–2
Nicaragua	Indonésie (Sumatra)	2–3
République dominicaine	CoBr	3–5
République dominicaine	CoSh	3–4
République dominicaine	Connecticut	2–3
Indonésie (JaBe)	Indonésie (JaBe)	2
Indonésie (Java)	Brésil (MaFi)	2–3
Indonésie (Java)	Indonésie (Sumatra)	2–3
		3–5
		4–5
Mexique	CoSh	3–4
		2–3
Indonésie (Java)	Indonésie (Sumatra)	1–3
		2–3
République dominicaine	Cameroun/Connecticut	2–3
République dominicaine	CoSh	5

Marque/Série	Origine	Tripe
Culebras		
• Brasil (Sf)	Suisse	Brésil (Ba) + Cuba + République dominicaine
• Havana (Sf)	Suisse	Cu + Rép. dom. + In (Su)
Cumpay (Lf)	Nicaragua	Puros : tous les tabacs cultivés au Nicaragua
Cupido (Lf)	Nicaragua	Nicaragua
Dannemann		
• Artist Line HBPR (Lf)	Nicaragua	Puros : tous les tabacs cultivés au Nicaragua
• Artist Line Mata Fina (Lf)	Brésil	Puros : tous les tabacs cultivés dans la région de Bahi
• Espada Brasil (Sf)	Suisse	Brésil (Ba) + Indonésie (Java)
• Espada Sumatra (Sf)	Suisse	Br (Ba) + In (Ja) + Cu
• Tubes Brasil (Sf)	Allemagne	Br (Ba) + Rép. dom. + In (Ja)
• Tubes Havanna (Sf)	Allemagne	Cuba
• Tubes Sumatra (Sf)	Allemagne	Br (Ba) + Rép. dom. + In (Ja)
Davidoff		
• Aniversario (Lf)	République dominicaine	République dominicaine (SaVi + PiCu + DoOlor)
• Classic (Lf)	République dominicaine	République dominicaine (SaVi + PiCu + DoOlor)
• Exquisitos (Lf)	République dominicaine	République dominicaine (SaVi)
• Grand Cru (Lf)	République dominicaine	République dominicaine (SaVi + PiCu + DoOlor)
• Mille (Lf)	République dominicaine	République dominicaine (SaVi + PiCu + DoOlor)
• Millennium Blend (Lf)	République dominicaine	République dominicaine (PiCu + SaVi + DoOlor)
• Special (Lf)	République dominicaine	République dominicaine (PiCu + SaVi + DoOlor)
De Heeren van Ruysdael (Sf)	Pays-Bas	Indonésie + Brésil + Cuba
De Huifkar (Sf)	Pays-Bas	Indonésie (Java) + Brésil + Cuba
Delgados		
• Brasil (Sf)	Allemagne	Cu + Rép. dom. + In (Ja) + Br
• Sumatra (Sf)	Allemagne	Cu + Rép. dom. + In (Ja) + Br
De Olifant (Sf)	Pays-Bas	Indonésie (Java) + Brésil + Cuba
Diamond Crown (Lf)	République dominicaine	République dominicaine (PiCu)
Diplomáticos (Lf)	Cuba	Puros : tous les tabacs cultivés à Cuba
Dominican		
• Classic Line (Lf)	République dominicaine	République dominicaine
• Santiago Selection (Lf)	République dominicaine	Rép. dom. (DoOlor + PiCu) + Ni
Dominico (Lf)	République dominicaine	République dominicaine (PiCu)

Sous-cape	Cape	Force
Indonésie (Java)	Brésil (Ba)	4
Indonésie (Java)	Cuba	2–3
		3–5
Nicaragua	Indonésie	3
		3–4
		4
Indonésie (Java)	Brésil (Ba)	4
Indonésie (Java)	Indonésie	3
Indonésie (Java)	Brésil (Ba)	4
Cuba	Indonésie (Sumatra)	5
Indonésie (Java)	Indonésie	3
République dominicaine (SaVi)	Connecticut	4–5
République dominicaine (SaVi)	Équateur (CoSe)	2–3
République dominicaine (DoOlor)	Équateur (CoCuSe)	3
République dominicaine (SaVi)	Équateur (CoSe)	4
République dominicaine (SaVi)	Connecticut	3–4
République dominicaine (SaVi)	Équateur (CoCuSe)	5
République dominicaine (SaVi)	Connecticut	4
Indonésie (JaBe)	Indonésie (SuLi)	3–4
Indonésie (Java)	Indonésie (Sumatra)	2
Indonésie (Java)	Brésil	3–4
Indonésie (Java)	Indonésie (Sumatra)	3–4
Indonésie (Sumatra)	Indonésie (Sumatra)	3–4
République dominicaine (PiCu)	Connecticut	3–4
		3–5
Brésil	Connecticut	2–3
République dominicaine (PiCu)	Équateur (CoSe)	3
Indonésie	Équateur (CoSe)	3–4

Marque/Série	Origine	Tripe
Don Antonio		
• Brasil (Sf)	République dominicaine	Différentes provenances
• Havanna (Sf)	République dominicaine	Cuba
• Longfiller	République dominicaine	Br + Rép. dom. + Cu + In (Ja)
• Sumatra (Sf)	République dominicaine	Différentes provenances
Don Diego		
• Aniversario (Lf)	République dominicaine	République dominicaine
• Classic Line (Lf)	République dominicaine	République dominicaine
Don Juan Urquijo (Lf)	Philippines	République dominicaine + Brésil (MaFi)
Don Lino		
• Colorado (Lf)	République dominicaine	République dominicaine (CuSe)
• Havanna Reserva (Lf)	République dominicaine	République dominicaine (CuSe)
• Oro (Lf)	République dominicaine	Puros : tous les tabacs sont cultivés en Rép. dominicaine à partir de semences corojo
Don Sancho (Lf)	Canaries	Brésil + République dominicaine
Don Sebastian (Lf)	République dominicaine	République dominicaine + Mexique
Don Stefano		
• Corona Grande (Lf)	République dominicaine	République dominicaine + Nicaragua
• Honduras Longfiller	Honduras	Nicaragua + Honduras + République dominicaine
Dos Hermanos (Lf)	Indonésie	In (JaBe + Vola) + Rép. dom. + Br
Dos Rios (Lf)	Nicaragua	Nicaragua + République dominicaine
Dunhill		
• Aged Cigars (Lf)	République dominicaine	Rép. dom. (PiCu + DoOlor) + Brésil
• Honduran Selection (Lf)	Honduras	Rép. dom. (PiCu) + Mexique + Brésil
• Mild Cigars (Sf)	Pays-Bas	Brésil (Ba) + Indonésie (Java)
• Signed Range Cigars (Lf)	République dominicaine	République dominicaine (PiCu) + Colombie
El Credito (Lf)	République dominicaine	République dominicaine + Nicaragua
El Prado (Sf)	Suisse	Rép. dom. + In (Su) + Br + Cu
El Rey del Mundo (Lf)	Cuba	Puros : tous les tabacs cultivés à Cuba
Excalibur (Lf)	Honduras	Honduras + Nicaragua + République dominicaine
Felipe Gregorio		
• Dominican Selection (Lf)	République dominicaine	Nicaragua (CuSe)
• Honduran Selection (Lf)	Honduras	Puros : cultivés au Honduras à partir de semences cuba
Festividad	République dominicaine	République dominicaine

Sous-cape	Cape	Force
Indonésie (Java)	Brésil	1–3
République dominicaine (DoOlor)	Cuba	1–3
Indonésie (Java)	Connecticut	2–3
Indonésie (Java)	Indonésie (Sumatra)	1–3
République dominicaine	CoSh	3–4
République dominicaine (CuSe)	CoSh	2–4
République dominicaine	CoSh	3–4
République dominicaine	Indonésie (Sumatra)	2–4
République dominicaine	CoSh	2–3
		5
		5
République dominicaine	CoSh	3–4
Mexique	CoSh	1–2
République dominicaine	CoSh	2
Honduras	CoSh	3
Indonésie (JaBe)	Indonésie (SuDe)	2
Nicaragua	Équateur (NiSe)	3–4
République dominicaine	CoSh	2–4
Mexique	Indonésie	3–5
Indonésie (Java)	Indonésie (Sumatra)	2
CoBr	Équateur (Connecticut)	2–3
Nicaragua	Équateur (SuSe)	4–6
Indonésie (Java)	Indonésie (Sumatra)	2–3
		1–3
CoBr	CoSh	3–4
République dominicaine (PiCu)	CoSh	4
		3–4
République dominicaine	CoSh	1–2

Marque/Série	Origine	Tripe
Fire by Indian Tabac (Lf)	Honduras	Nicaragua + Honduras
Flor de Copán		
• Classic Line (Lf)	Honduras	Honduras + Nicaragua
• Linea Puros (Lf)	Honduras	Puros : tous les tabacs cultivés au Honduras
Flor de Juan López (Lf)	Cuba	Puros : tous les tabacs cultivés à Cuba
Flor de Rafael Gonzáles (Lf + Sf)	Cuba	Puros : tous les tabacs cultivés à Cuba
Flor de Selva (Lf)	Honduras	Honduras (CuSe)
Flor Real (Lf)	Costa Rica	Pure Nicaragua: tous les tabacs sont produits au Nica
Fonseca (Lf + Sf)	Cuba	Puros : tous les tabacs cultivés à Cuba
Fundadores (Lf)	Jamaïque	Jamaïque + République dominicaine + Mexique
Furore (Lf)	République dominicaine	République dominicaine (DoOlor + PiCu)
Fürst Bismarck (Lf)	République dominicaine	République dominicaine (CuSe) + Brésil + CoBr
Gilberto Oliva (Lf)	Nicaragua	Nicaragua + République dominicaine
Gispert (Sf)	Cuba	Puros : tous les tabacs cultivés à Cuba
Goya (Lf)	Canaries	Cuba
Grenadier (Sf)	Frankreich	République dominicaine
Guantanamera (Sf)	Cuba	Puros : tous les tabacs cultivés à Cuba
Guaranteed Jamaica (Lf)	Jamaïque	Jamaïque + République dominicaine + Mexique
Hacienda (Lf)	Canaries	Canaries + Cuba + Indonésie (Java)
Hajenius		
• Grand Finale Serie (Sf)	Pays-Bas	Indonésie (Su + Ja) + Brésil + Cuba
• HBPR (Lf)	Nicaragua	Puros : tous les tabacs cultivés au Nicaragua
• Sumatra Serie (Sf)	Pays-Bas	Indonésie (Su + Ja) + Brésil + Cuba
Hardy Rodenstock (Lf)	République dominicaine	République dominicaine
Harvill (Lf)	Jamaïque	Jamaïque + République dominicaine
Havana		
• Handrolled (Sf)	Suisse	Cuba + République dominicaine + Indonésie (Su)
• Seed (Sf)	Suisse	Cuba + République dominicaine + Brésil
H. de Cabañas y Carbajal (Sf)	Cuba	Puros : tous les tabacs cultivés à Cuba
Henry Clay		
• Classic Line (Lf)	République dominicaine	République dominicaine
• H-2000 (Lf)	République dominicaine	République dominicaine

Sous-cape	Cape	Force
Nicaragua	Honduras	3–5
Honduras	Équateur (CoSe)	3–4
		3–4
		3–4
		2–4
Nicaragua/Honduras	CoSh	3–4
		2–4
		2–3
Mexique	CoSh	2–4
République dominicaine	CoSh	2–3
République dominicaine (CuSe)	CoSh	2–4
Équateur	Équateur (CoSe)	3–5
		2
Cuba	Équateur (CuSe)	4–5
République dominicaine	Cameroun/CoBr/CoSh	1–2
		1
Mexique	Connecticut	2
Indonésie (Java)	CoSh	2–3
Indonésie (Java)	Indonésie (SuLi)	2–3
		3–4
Indonésie (Java)	Indonésie (SuLi)	1–4
République dominicaine	CoSh	3–4
Mexique	CoSh	3
Indonésie (Java)	Cuba	2
Indonésie (Java)	CoBr	3–4
		5–6
République dominicaine	CoSh	3–4
République dominicaine	Nicaragua (Ha2000)	4–5

Marque/Série	Origine	Tripe
Hommage 1492		
• Classic Line (Lf)	République dominicaine	République dominicaine (DoOlor + PiCu)
• Vintage (Lf)	République dominicaine	Peru + République dominicaine
Hoyo de la Romana	République dominicaine	République dominicaine
Hoyo de Monterrey		
• Clásica (Lf)	Cuba	Puros : tous les tabacs cultivés à Cuba
• Le Hoyo (Lf)	Cuba	Puros : tous les tabacs cultivés à Cuba
H. Upmann (Lf + Sf)	Cuba	Puros : tous les tabacs cultivés à Cuba
Hurricanos (Lf)	Honduras	Honduras
Impulso (Sf)	Suisse	Indonésie (Su) + République dominicaine + Brésil
Indian Tabac Cigar		
• Cameroon Legend (Lf)	République dominicaine	République dominicaine
• Classic Line (Lf)	Honduras	Nicaragua + Honduras + Costa Rica
• Tubos (Lf)	Honduras	Nicaragua + Honduras + Costa Rica
Industrial Press (Lf)	Nicaragua	Nicaragua
José Benito (Lf)	République dominicaine	République dominicaine + Équateur + Honduras
José L. Piedra (Sf)	Cuba	Puros : tous les tabacs cultivés à Cuba
José Llopis (Lf)	Panama	République dominicaine + Nicaragua
José Martí (Lf)	Nicaragua	Nicaragua + Honduras + République dominicaine
Joya de la Romana (Lf)	République dominicaine	République dominicaine
Joya de Nicaragua (Lf)	Nicaragua	Puros : tous les tabacs cultivés au Nicaragua
Juan Clemente		
• Classic Line (Lf)	République dominicaine	République dominicaine + Brésil
• Club Selection (Lf)	République dominicaine	République dominicaine + Brésil
• Reserve (Lf)	République dominicaine	République dominicaine (PiCu + DoOlor)
Justus van Maurik (Sf)	Pays-Bas	Br + Cu + In (Ja) + Ph
Krumme Hunde		
• Brasil (Sf)	Suisse	Brésil (Ba) + Cuba + République dominicaine
• Havana (Sf)	Suisse	Cuba + République dominicaine + Indonésie (Su)

Sous-cape	Cape	Force
République dominicaine (CuSe)	Indonésie (Vola)	3–4
République dominicaine	Honduras (Co)	2–4
République dominicaine	CoSh	2–3
		1–3
		3–5
		1–3
Honduras	Équateur (SuGr)	5
Indonésie (Java)	Indonésie (Sumatra)	2–3
République dominicaine	Cameroun	3–5
Nicaragua (MeSe)	Nicaragua (CuSe)	4–5
Nicaragua	Nicaragua	4–5
Nicaragua	Équateur (ViSuGr)	4–5
République dominicaine	CoSh	2–3
		3–5
République dominicaine	Équateur	4
Nicaragua	Équateur (SuSe)	3–4
République dominicaine	CoSh	2–3
(Tr : CuSe; Ssc : CoSe; Cap : CuSe)		2–4
République dominicaine (DoOlor)	CoSh	2–3
République dominicaine (DoOlor)	CoSh	2–3
République dominicaine (DoOlor)	CoSh	3–4
Indonésie (Vola)	Indonésie (SuLi)	4–5
Indonésie (Java)	Brésil (Ba)	4
Indonésie (Java)	Cuba	2–3

Marque/Série	Origine	Tripe
La Aurora		
• Classic Line (Lf)	République dominicaine	République dominicaine
• Preferidos Classic (Lf)	République dominicaine	République dominicaine
• Preferidos Gold (Lf)	République dominicaine	Cameroun + Brésil + République dominicaine
• Preferidos Maduro de Luxe (Lf)	République dominicaine	République dominicaine
• Preferidos Platinum (Lf)	République dominicaine	République dominicaine
• Preferidos Sapphire (Lf)	République dominicaine	République dominicaine
La Casa de Nicaragua (Lf)	Nicaragua	Puros : tous les tabacs cultivés au Nicaragua
La Corona (Lf)	République dominicaine	République dominicaine
La Diva (Lf)	République dominicaine	République dominicaine
La Flor de Cano (Sf)	Cuba	Puros : tous les tabacs cultivés à Cuba
La Flor de Ynclan (Lf)	République dominicaine	République dominicaine (PiCu) + Nicaragua (CuSe)
La Flor Dominicana		
• Classic Line (Lf)	République dominicaine	République dominicaine (PiCu) + Nicaragua (CuSe)
• Double Ligero (Lf)	République dominicaine	République dominicaine (PiCu) + Nicaragua (CuSe)
La Fontana (Lf)	Honduras	Honduras (CuSe)
La Gloria Cubana (Lf)	Cuba	Puros : tous les tabacs cultivés à Cuba
La Hoja Tribal (Lf)	Honduras	Nicaragua + République dominicaine
La Intimidad de A. Caruncho (Lf)	Honduras	Nicaragua (CuSe) + Honduras
La Libertad (Lf)	Honduras	Honduras + Nicaragua
La Meridiana		
• Cameroon Selection (Lf)	Nicaragua	Nicaragua (CuSe)
• Classic Line (Lf)	Nicaragua	Puros : tous les tabacs cultivés au Nicaragua
La Paz		
• Corona (Sf)	Pays-Bas	Pure Indonesian : tous les tabacs sont de production
• Wilde Brazil (Sf)	Pays-Bas	Brésil (MaFi)
• Wilde Cigarros (Sf)	Pays-Bas	Pure Indonesian : tous les tabacs sont de production
La Regenta (Lf)	Canaries	Cuba + Brésil (MaFi)
La Rica (Lf)	Nicaragua	Nicaragua
Las Cabrillas (Lf)	Honduras	Honduras + Nicaragua
La Única (Lf)	République dominicaine	République dominicaine
Laura Chavin		
• Classic Line (Lf)	République dominicaine	Rép. dom. (DoOlor + PiCu)
• Concours des meilleurs Conn. (Lf)	République dominicaine	République dominicaine
• Pur Sang (Lf)	République dominicaine	République dominicaine

Sous-cape	Cape	Force
République dominicaine (PiCu)	Cameroun	3
République dominicaine (PiCu)	Cameroun	5
République dominicaine (PiCu)	République dominicaine (Co)	4
République dominicaine (PiCu)	Brésil	3
République dominicaine (PiCu)	Cameroun	3
République dominicaine (PiCu)	Connecticut	2
		1–2
République dominicaine (PiCu)	CoSh	2–3
République dominicaine	CoSh	3
		2–3
Indonésie	Équateur (CoSe)	2–4
République dominicaine (DoOlor)	CoSh	2–3
République dominicaine (DoOlor)	CoSh	6
Mexique	Honduras (CoSe)	2–3
		2–3
Honduras	Équateur	2–3
Honduras (CoSe)	Indonésie	2–3
Honduras	Honduras (CuSe)	4–5
Nicaragua (CuSe)	Cameroun	4–5
(Tr : CuSe; Ssc : CoSe; Cap : CuSe)		3–5
		5
Indonésie (JaBe)	Brésil (MaFi)	5
		5
République dominicaine	CoSh	2–3
Indonésie (Java)	Équateur (CoSe)	3
Mexique	CoSh	3–4
République dominicaine	Connecticut	1–2
Mexique	CoSh	2–3
aucune indication	aucune indication	4
aucune indication	aucune indication	3–4

Marque/Série	Origine	Tripe
La Vencedora (Lf)	Nicaragua	Nicaragua + République dominicaine
La Villa de Chavon (Lf)	République dominicaine	République dominicaine
León Jimenes		
• Classic Line (Lf)	République dominicaine	République dominicaine
• Maduro (Lf)	République dominicaine	République dominicaine
Longchamp (Sf)	Frankreich	Pure Havana: tous les tabacs sont de production cuba
Los Statos de Luxe (Sf)	Cuba	Puros : tous les tabacs cultivés à Cuba
Macanudo		
• Café (Lf)	République dominicaine	République dominicaine + Mexique
• Gold (Lf)	République dominicaine	République dominicaine + Mexique
• Maduro (Lf)	République dominicaine	République dominicaine + Mexique
• Robust (Lf)	République dominicaine	République dominicaine + Mexique
• Vintage Cabinet Selection (Lf)	République dominicaine	République dominicaine + Mexique
Maria Mancini (Lf)	Honduras	Puros : tous les tabacs cultivés au Honduras
Marqués		
• de Coronas (Lf)	République dominicaine	Cuba
• de Habana (Lf)	République dominicaine	Pure Havana: tous les tabacs sont de production cuba
• de León (Lf)	République dominicaine	République dominicaine + Cuba + Nicaragua
• de Montego (Lf)	République dominicaine	Rép. dom. + Cu + Br + Ni
• de Moran (Lf)	République dominicaine	République dominicaine
Máxima Reserva (Lf)	Honduras	Brésil + République dominicaine + Nicaragua
Maya (Lf)	Honduras	Honduras (CuSe) + Nicaragua (CuSe)
Montecristo (Lf)	Cuba	Puros : tous les tabacs cultivés à Cuba
Monte Palma (Lf)	Canaries	Indonésie (Java) + Canaries
Montero		
• Conn. Broadleaf Maduro (Lf)	République dominicaine	République dominicaine (SaVi + DoOlor + PiCu)
• Équateur Connecticut . Shade (Lf)	République dominicaine	République dominicaine (SaVi + DoOlor + PiCu)
Montesino (Lf)	République dominicaine	République dominicaine
My own Blend (Lf)	République dominicaine	Rép. dom. (PiCu + DoOlor) + Brésil
Mythos Solitude (Lf)	Costa Rica	Pure Nicaragua: tous les tabacs sont de production ni
Navegador (Lf)	République dominicaine	République dominicaine + Cuba
Nicaragua by Drew Estate (Lf)	Nicaragua	jusqu'à 12 provenances différentes
Nostalgia (Lf)	Honduras	Honduras + Mexique + Indonésie

	Sous-cape	Cape	Force
	Équateur	Équateur (CoSe)	2–4
	République dominicaine	CoSh	1
	République dominicaine (PiCu)	CoSh	2–4
	République dominicaine (PiCu)	Brésil (MaFi)	2–3
			4
			4–5
	Mexique	CoSh	1–2
	Mexique	CoSh	1–2
	CoSh	CoBr	1–3
	République dominicaine (CuSe)	CoSh	3–4
	Mexique	CoSh	1–2
	(Tr : CuSe; Cap : Ha2000)		1–3
	Cuba	CoSh	1–2
			5–6
	République dominicaine	Indonésie	2–4
	République dominicaine	Indonésie	2–4
	République dominicaine	Indonésie	1–2
	Équateur	Équateur	3–5
	Honduras (CuSe)	Honduras (CuSe)	2–4
			3–6
	Indonésie (Java)	Indonésie (Sumatra)	2–4
	République dominicaine (PiCu)	CoBr	2
	République dominicaine (PiCu)	Équateur (CoSe)	3–4
	République dominicaine	Équateur/CoBr/CoSh	2–3
	Cameroun	Connecticut	1–2
ne			2–4
	République dominicaine	Indonésie	2–4
	Cameroun/ConnMe		2–4
	Nicaragua (CuSe)	Honduras (CoSh)	2–3

Marque/Série	Origine	Tripe
Orient Express (Lf)	République dominicaine	République dominicaine (PiCu)
Ortolan (Lf)	Honduras	Honduras + Nicaragua
Oud Kampen (Sf)	Pays-Bas	Brésil + Karibik + Indonésie
Padron		
• 1964 Aniversario (Lf)	Nicaragua	Puros : tous les tabacs cultivés au Nicaragua
• Classic Line (Lf)	Nicaragua	Puros : tous les tabacs cultivés au Nicaragua
Palmar Arriba (Lf)	République dominicaine	République dominicaine (DoOlor + PiCu)
Palmarito (Lf)	République dominicaine	République dominicaine (DoOlor + PiCu) + Ni
Partagás (Lf + Sf)	Cuba	Puros : tous les tabacs cultivés à Cuba
Partageno y Cia		
• Brasil (Sf)	Allemagne	Rép. dom. + Br + Cu + In (Ja)
• Sumatra (Sf)	Allemagne	Rép. dom. + Br + Cu + In (Ja)
Particulares (Lf)	République dominicaine	République dominicaine (PiCu) + Nicaragua (CuSe)
Peñamil		
• Clásico (Lf)	République dominicaine	République dominicaine + Brésil + Mexique
• Oro (Lf)	Canaries	Cuba + Brésil + République dominicaine
• Plata (Lf)	Canaries	Cuba + Brésil + République dominicaine + Mexique
Perdomo the Cigar (Lf)	Nicaragua	Puros : tous les tabacs cultivés au Nicaragua
Petrus		
• Classic Line (Lf)	Nicaragua	Puros : tous les tabacs cultivés au Nicaragua (Ssc : Co
• Special Selection (Lf)	Honduras	Honduras
Placeres (Lf)	Honduras	Puros : tous les tabacs sont cultivés au Honduras à pa
Plasencia (Lf)	Nicaragua	Nicaragua
Playboy by Don Diego (Lf)	République dominicaine	République dominicaine (CuSe)
Pléiades (Lf)	République dominicaine	République dominicaine
Por Larrañaga (Lf + Sf)	Cuba	Puros : tous les tabacs cultivés à Cuba
Pride of Jamaica (Lf)	Jamaïque	Jamaïque + République dominicaine + Mexique
Private Stock		
• Long Filler	République dominicaine	République dominicaine (SaVi + DoOlor + PiCu)
• Medium Filler	République dominicaine	République dominicaine (SaVi + DoOlorTs + PiCuTs
Profesor Sila (Lf)	République dominicaine	République dominicaine + Cuba
Punch (Lf + Sf)	Cuba	Puros : tous les tabacs cultivés à Cuba

	Sous-cape	Cape	Force
	République dominicaine (PiCu)	CoSh	3–4
	Équateur	CoSh	3–4
	Indonésie (Java)	Indonésie (Sumatra)	2–3
			5
			3–5
	République dominicaine	CoSh	2–3
	République dominicaine	CoSh	3–4
			4–6
	Indonésie (Java)	Brésil (MaFi)	2
	Indonésie (Java)	Indonésie (Sumatra)	2
	République dominicaine (PiCu)	Équateur (CoSe)	3–4
	Indonésie (Java)	Connecticut	2–3
	Mexique	CoSh	2–3
	Mexique	Indonésie	2–3
			3–4
			2–3
	Honduras	Connecticut	2–3
…ences cubaines			2–4
	Nicaragua	Équateur	3–4
	République dominicaine	CoSh	2–3
	République dominicaine	CoSh	2–3
			2–4
	Mexique	Cameroun	4
	CoSh	Équateur (CoSe)	2–4
	CoSh	Connecticut	2
	République dominicaine	CoSh	2–4
			2–5

Marque/Série	Origine	Tripe
Puros Indios		
• Classic Line (Lf)	Honduras	Brésil + République dominicaine + Nicaragua
• Maxima Reserva (Lf)	Honduras	Nicaragua + Brésil + République dominicaine
Puros Irene (Lf)	Mexique	Pure Honduran : tous les tabacs sont cultivés au Hondur
Quai d'Orsay (Lf)	Cuba	Puros : tous les tabacs cultivés à Cuba
Quevedo (Lf)	Équateur	Puros : tous les tabacs cultivés en Équateur
Quintero (Sf)	Cuba	Puros : tous les tabacs cultivés à Cuba
Quisquea		
• Bundle (Mf)	République dominicaine	République dominicaine + Nicaragua (Fr + Ts)
• Forte Bundle (Mf)	République dominicaine	République dominicaine (PiCu Fr + Ts)
Quorum Toro (Lf)	Nicaragua	Puros : tous les tabacs cultivés au Nicaragua
Ramón Allones (Lf + Sf)	Cuba	Puros : tous les tabacs cultivés à Cuba
Rattray's (Lf)	Nicaragua	Nicaragua
R.C. Bundles (Lf)	Nicaragua	Nicaragua + Honduras
Regalia Fina		
• Longfiller	Brésil	Puros : tous les tabacs cultivés au Brésil (Cap : MaFi)
• Shortfiller	Allemagne	Brésil + Cuba
Remedios (Lf)	Nicaragua	Nicaragua (CuSe) + République dominicaine (CuSe)
Rey de Reyes (Lf)	République dominicaine	République dominicaine (CuSe)
Rocky Patel Vintage 1990 (Lf)	Honduras	Puros : tous les tabacs cultivés au Honduras (Cap : Br
Romeo y Julieta (Lf)	Cuba	Puros : tous les tabacs cultivés à Cuba
Royal Barbados (Lf)	Barbados	Cuba
Royal Jamaica (Lf)	Jamaïque	Jamaïque + République dominicaine
Saint Luis Rey (Lf)	Cuba	Puros : tous les tabacs cultivés à Cuba
Samaná (Lf)	République dominicaine	République dominicaine (DoOlor + PiCu)
Sancho Panza (Lf)	Cuba	Puros : tous les tabacs cultivés à Cuba
San Cristóbal de La Habana (Lf)	Cuba	Puros : tous les tabacs cultivés à Cuba
San Fernando (Lf)	Honduras	Honduras
San Gonzalo (Sf)	Suisse	Brésil (Ba) + Cuba + République dominicaine
San Martín (Lf)	Honduras	Honduras (CoSe)
Santa Clara 1830	Mexique	Puros : tous les tabacs cultivés à San Andrés (Mex.)
Santa Damiana (Lf)	République dominicaine	République dominicaine + Mexique

	Sous-cape	Cape	Force
	Équateur	Équateur	2–3
	Nicaragua	Équateur	4–5
mences cubaines			2–3
			2–3
	(Tr : SuSe + CuSe; Ub + Cap : SuSe)		3–4
			3–4
	Indonésie	CoSh	3
	République dominicaine (DoOlor)	Équateur (CoSe)	4–5
			2–3
			4–5
	Nicaragua (CuSe)	Équateur (CoSe)	1–2
	Nicaragua	Équateur (SuSe)	2–3
			2–4
	Brésil	Brésil (MaFi)	2–4
	Nicaragua (CuSe)	CoSh	3–4
	République dominicaine (DoOlor)	Connecticut	4–5
			3–5
			1–6
	Cameroun	Équateur	3–5
	Indonésie (Java)	Cameroun	2–3
			4–5
	République dominicaine	CoSh	1–2
			3–4
			2–3
	Honduras	Connecticut	2–3
	Indonésie (Java)	Brésil (Ba)	4
	Indonésie	Honduras (NiSe)	3–4
			2–3
	Mexique	CoSh	2–3

Marque/Série	Origine	Tripe
Savinelli		
• Classic Line (Lf)	République dominicaine	République dominicaine
• Oro (Lf)	République dominicaine	République dominicaine (CuSe)
Sillem's (Lf)	République dominicaine	République dominicaine (PiCu)
Star Clippers (Sf)	République dominicaine	République dominicaine + Cuba
S. T. Dupont (Lf)	République dominicaine	République dominicaine (PiCu + DoOlor + Ha2000)
Tabacalera (Lf)	Philippines	Philippines
Te-Amo		
• Clásico (Lf)	Mexique	Puros : tous les tabacs cultivés à San Andrés (Mex.)
• Maduro (Lf)	Mexique	Puros : tous les tabacs cultivés à San Andrés (Mex.)
Temple Hall (Lf)	République dominicaine	Jamaïque + République dominicaine + Mexique
Tesoros de Copán (Lf)	Honduras	Honduras
The Cigar (Lf)	Nicaragua	Puros: tous les tabacs sont cultivés au Nicaragua avec
The Griffin's		
• Classic Line (Lf)	République dominicaine	République dominicaine (SaVi + DoOlor)
• Fuerte (Lf)	République dominicaine	République dominicaine (SaVi + DoOlor)
• Maduro (Lf)	République dominicaine	République dominicaine (SaVi + DoOlor) + CoBr
Thomas Hinds (Lf)	Honduras	Honduras
Tobajara		
• Importados (Sf)	Brésil	Puros : tous les tabacs cultivés au Brésil
• Panetela Brasil (Sf)	Allemagne	Cuba + Brésil (50:50)
• Panetela Sumatra (Sf)	Allemagne	Cuba + Brésil (50:50)
• Premium No. 1 (Sf)	Brésil	Puros : tous les tabacs cultivés au Brésil
• Presidente Brasil (Sf)	Suisse	Cuba + Brésil (50:50)
• Presidente Sumatra (Sf)	Suisse	Cuba + Brésil (50:50)
Toscano (Lf)	Italien	Tabacs du Kentucky fermentés à l'humidité (C) + cultiv
Trinidad (Lf)	Cuba	Puros : tous les tabacs cultivés à Cuba
Troya (Sf)	Cuba	Puros : tous les tabacs cultivés à Cuba
Val Condega (Lf)	Nicaragua	Puros : tous les tabacs sont cultivés au Honduras à pa
Vargas (Lf)	Canaries	Canaries

	Sous-cape	Cape	Force
	République dominicaine	CoSh	2–3
	République dominicaine	Indonésie	3
	République dominicaine	Équateur (CoSe)	2–3
	République dominicaine	Indonésie	1–2
	Cameroun	Nicaragua (Ha2000)	2–4
	Philippines	Indonésie (JaBe)	2–3
			2–4
			2–3
	Mexique	CoSh	1–2
	Honduras	Connecticut	2–3
es cubaines			3–4
	République dominicaine (SaVi)	Équateur (CoSe)	2–3
	République dominicaine (SaVi)	CoBr	4–5
	République dominicaine (SaVi)	CoBr	3
	Honduras	Équateur	3–4
			2
	Indonésie (JaBe)	Mexique (Ma)	3
	Indonésie (JaBe)	Indonésie (Sumatra)	3
			2
	Indonésie (JaBe)	Brésil	3
	Indonésie (JaBe)	Indonésie (Sumatra)	3
(pas Sc))			5–6
			3–4
			2–3
nces cubaines			2–4
	Canaries	CoSh	2–4

Marque/Série	Origine	Tripe
Vasco da Gama		
• Fina Corona Brasil (Sf)	Allemagne	Cuba + République dominicaine
• Fina Corona Capa de Cuba (Sf)	Allemagne	Cuba + République dominicaine
• Fina Corona Sumatra (Sf)	Allemagne	Cuba + République dominicaine
Vega Dominicana (Lf)	République dominicaine	République dominicaine (PiCu)
Vegafina (Lf)	République dominicaine	République dominicaine (DoOlor + PiCu)
5 Vegas (Lf)	Nicaragua	Nicaragua + République dominicaine
Vegas Robaina (Lf)	Cuba	Puros : tous les tabacs cultivés à Cuba
Vegueros (Lf)	Cuba	Puros : tous les tabacs cultivés à Cuba
Villa Dominicana (Lf)	République dominicaine	République dominicaine (PiCu)
Villiger		
• Long (Sf)	Allemagne	Cuba
• Noblesse (Sf)	Suisse	Cuba
• Perfecto (Sf)	Suisse	Cuba
• Premium A (Sf)	Irlande	Différentes provenances
• President (Sf)	Suisse	Différentes provenances
• Tubos (Sf)	Allemagne	Différentes provenances
Wallstreet		
• Broker (Lf)	Canaries	Nicaragua (ViSe)
• Classic Coronas (Sf)	Autriche	Cuba + Indonésie (Java) + Brésil
• Double Coronas (Lf)	Canaries	République dominicaine + Brésil (MaFi)
• Especiales (Lf)	Canaries	Nicaragua
• Panetelas (Sf)	Autriche	Cuba + Indonésie (Java) + Brésil
• Pyramides (Lf)	Canaries	République dominicaine + Brésil (MaFi)
• Robustos (Lf)	Canaries	République dominicaine + Brésil (MaFi)
Zino		
• Mouton Cadet (Lf)	Honduras	Honduras
• Platinum Crown Serie (Lf)	République dominicaine	République dominicaine (SaVi + PiCu) + Peru
• Platinum Scepter Serie (Lf)	République dominicaine	République dominicaine (SaVi + PiCu) + Peru

Sous-cape	Cape	Force
Indonésie (JaBe)	Brésil	2
Indonésie (JaBe)	Cuba	2
Indonésie (JaBe)	Indonésie (SuLi)	2
République dominicaine (DoOlor)	Équateur (CoSe)	2–3
Équateur	Équateur (CoSe)	2–3
Nicaragua	Indonésie	5
		4–5
		4–5
Indonésie	Équateur (CoSe)	3–4
Équateur	Cuba	4
Indonésie (Vola)	Cuba	4
Indonésie (JaBe)	Cuba	4
Indonésie (JaBe)	Indonésie (Sumatra)	3
Indonésie (JaBe)	Cuba	3
Indonésie (JaBe)	Indonésie (Sumatra)	3
Nicaragua	Connecticut	3
aucune indication	Indonésie (Sumatra)	2
République dominicaine	CoSh	2
Nicaragua	Connecticut	3
aucune indication	Indonésie (Sumatra)	2
République dominicaine	CoSh	2
République dominicaine	CoSh	2
Honduras	Équateur (CoCuSe)	3–4
CoSh	Équateur (CoSe)	5
CoSh	Équateur (CoSe)	4–5

Crédits photographiques

Fonds de l'auteur : 146, 148 (2), 161, 164, 166, 167, 196 h, 197 (2), 199, 206 d, 211 d, 214 d, 215 (2), 218 b, 230, 231, 233, 234, 238 b g, 243, 250 g, 254 d b, 260 g, 276 (2), 277, 279 g

Fonds de l'auteur, illustrations Inge Ulbricht : 9, 35 h

Arnold André GmbH, Bünde: 25, 36, 43, 54, 145, 163, 195, 202, 203 (3), 217 (2), 218 h, 235 (2), 245 (2), 241 (2)

August Schuster, Bünde : 80, 149 (2), 150, 160 b, 162, 168 g, 238 b d (3), 245 (2), 278

British American Tobaco (Allemagne) GmbH, Hambourg : 200

Chambrair GmbH, Hambourg: 38 d, 46, 165

Dannemann Cigarrenfabrik GmbH, Berlin : 16 b g, 31, 48 g, 48 d, 61, 73, 179, 180 (4), 181 (4), 182

Darier & Cleef GmbH, Marbach : 132 g, 152, 153 (4)

dpa, Francfort : 21, 49, 51, 52, 55, 57, 82, 86, 244, 261 g

Golden Mile GmbH, Berlin : 158 (7), 159 (10), 160 h

Habanos S. A., La Havane : 10, 11, 12, 13, 15, 16 b d, 17 (2), 18, 19, 24, 27 (2), 28, 33, 34, 35 b (2), 38 g, 40 (2), 42, 48 M., 64 (2), 74 (3), 75, 76, 81, 85, 87 (2), 88, 89, 90, 94, 95, 97, 99 (3), 100 (3), 101 (2), 102 (3), 103 d, 104, 105 (2), 106 (2), 107 (2), 108 g, 109 (2), 111 (2), 112 (2), 113 (2), 114 g, 115 (2), 116 d, 117 (2), 118 (2), 119 g, 120 d, 121 (2), 122 (2), 123 (3), 124 d (2), 125 (2), 126 g, 127 (2), 128 (2), 129 M., 131, 132 d, 143 (5), 155 d (3), 156, 157 (8), 168 d, 169, 170, 172 (6), 173 (6), 174, 175, 176 (4), 177, 204, 205 (3), 207 (4), 208, 209 (6), 210 d, 211 g (4), 214 g (4), 219, 220, 221 (6), 223 (6), 225 (4), 227 (6), 228 (5), 229, 232 (6), 237, 238 h g (3), 239, 240 (4), 246, 247 (5), 248 (4), 249 (3), 250 d, 251 (7), 252 (2), 253 (9), 254 g b (3), 257 (3), 258, 260 d (2), 261 d (3), 262, 263 (5), 264 (2), 265 (5), 266 (3), 267 (3), 269 (8), 270 (8), 271, 272 (5), 273 (4), 274 (2), 275 (5), 280, 281 (4), 283 (4), 284 (3), 285 (5)

Interfoto, Munich : 22

Kohlhase, Kopp & Co., Rellingen : 9, 41, 44, 45, 58, 59, 91, 178 (2), 206 g, 210 g. 212, 255, 256

Oettinger Davidoff Group, Bâle : 8, 14 (2), 29, 37, 62, 66, 67, 68, 103 g, 108 d, 110, 114 d, 116 g, 119 d, 120 g, 124 g, 126, 127 d, 130 g, 130 d, 142, 151, 185, 186, 187, 188 (2), 189 (2), 190, 191, 192, 193, 194 (5), 279 d, 290, 291

P. G. C. Hajenius, Amsterdam : 78, 98, 144, 216

TLC Fotostudio : 196 b, 286, 287, 288

Villiger Söhne GmbH, Waldshut-Tiengen : 155 g